College Physics

大学物理

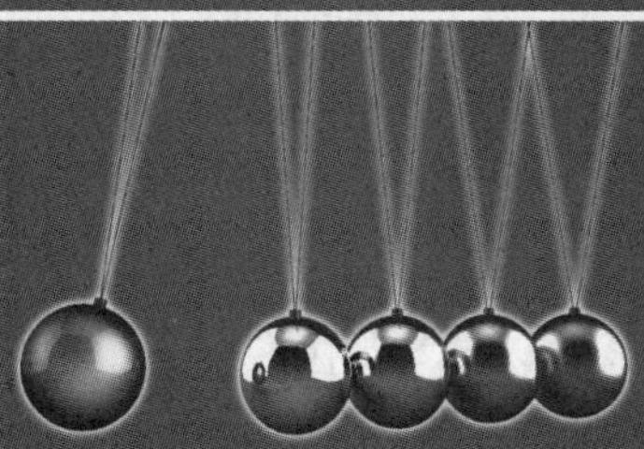

附微课视频

主　编　魏英智　孙　佳　蔡　雨
副主编　杨婉姣　宿淑晶　石宏新
赵树军　陈秋立　佟跃辉
王婉茹　于佳会

大连理工大学出版社

图书在版编目(CIP)数据

大学物理 / 魏英智，孙佳，蔡雨主编. -- 大连 ：
大连理工大学出版社，2024. 9.（2025.8 重印）-- ISBN 978-7-5685
-5120-5
Ⅰ. O4
中国国家版本馆 CIP 数据核字第 2024FQ4855 号

内容简介

本教材是根据教育部高等学校非物理类专业物理基础课程教学指导分委员会制定的《非物理类理工学科大学物理课程教学基本要求》，结合哈尔滨信息工程学院人才培养方案要求编写而成的。在选材上突出物理图像、物理思维和知识细节。本教材设有详述和略述二维码微课视频展示两个模块，其中详述模块包括力学、振动与波、电磁学，略述二维码微课视频展示模块包括波动光学、热学和近代物理学。在教学模式上，为线上、线下混合式教学提供了方便；在内容的选择上，除讲解经典基础内容，还通过渗透式教学方法，注重物理思想、物理方法的融入，着重对运用数学工具求解物理问题的思维能力培养；为适应 CDIO 教学模式改革的需要，积极渗透和融入与教学内容紧密结合的工程教育素材，适时插入现代物理概念与物理思想，选用了许多与现代实际应用联系密切的例题。同时，各知识点的二维码微课视频更是方便学生预习、学习和复习，并在每章末尾编排了本章小结。

本教材既可作为高等院校理工科各专业少学时的大学物理基础课程的教材，也可以作为其他有关专业师生教学或其他读者自学的参考书。

大连理工大学出版社出版
地址：大连市软件园路 80 号　邮政编码：116023
营销中心：0411-84707410　84708842　邮购及零售：0411-84706041
E-mail：dutp@dutp.cn　URL：https://www.dutp.cn
大连雪莲彩印有限公司印刷　　大连理工大学出版社发行

幅面尺寸：185mm×260mm　印张：16.75　字数：429 千字
2024 年 9 月第 1 版　　2025 年 8 月第 3 次印刷

责任编辑：王晓历　　责任校对：齐　欣
封面设计：张　莹

ISBN 978-7-5685-5120-5　　定　价：52.80 元

本教材如有印装质量问题，请与我社营销中心联系更换。

前言

“大学物理”是理工科大学生必修的基础理论课程。随着时代的飞速发展，科技日新月异，作为自然科学和工程技术的基础，物理学有着突飞猛进的发展。为适应现代化建设的需要，大学物理教学必须适时更新教学内容、教学手段和方法，不仅要培养学生的思维能力、主动学习能力，以及应用物理知识解决问题的能力，还要培养学生将物理知识应用于交叉领域的能力和创新能力。因此，本教材设置了许多应用方面的内容，并简要介绍了某些前沿问题。

为响应教育部全面推进高等学校课程思政建设工作的要求，本教材编写团队深入推进党的二十大精神融入教材，不仅围绕专业育人目标，结合课程特点，注重知识传授能力的培养与价值塑造统一，还体现了对专业素养、科研学术道德等教育的重视，立志培养有理想、敢担当、能吃苦、肯奋斗的新时代好青年，让青春在全面建设社会主义现代化国家的火热实践中谱写绚丽华章。

为保持教材内容与形式的和谐性，同时也考虑教学的实际需求，本教材包括力学、振动与波、电磁学、波动光学、热学和近代物理。全书在编写过程中，既吸收了经典的物理理论精华，尽可能系统、完整、准确地讲解有关的物理学知识，同时又注入了科技发展的新观点和新方法，注重对运用数学工具求解物理问题的思维能力的培养，介绍了近代物理及高新技术的现代发展，注重物理思想的渗透和工程教育素材的开发与融入，使本教材的学习内容具有鲜明的时代特色和工程气息。

此外，本教材还注重对方法论的教授，如归纳和演绎、分析和综合、类比和等效、对称和守恒、决定性和概然性等。在能力培养方面，本教材注重培养学生把握本质、提出问题和分析、解决问题的能力。本教材包含一定的自学内容，以及一些半定量的延伸性、扩展性知识，学生可以在教师的指导下通过自学来获取，借以培养学生的自学能力，确立“终身学习”的习惯。

本教材在知识体系上力求完整、全面，对部分难点内容力求从多种角度加以分析归纳，以满足不同层次读者的需求。为了方便读者的学习，本教材还链接了各个知识点的视频讲解，并在每章末尾给出了本章小结。

本教材由哈尔滨信息工程学院魏英智、孙佳、蔡雨任主编；哈尔滨信息工程学院杨婉姣、宿淑晶，黑龙江科技大学石宏新，黑龙江工程学院赵树军，哈尔滨信息工程学院陈秋立、佟跃辉、王婉茹，东北农业大学于佳会任副主编；哈尔滨信息工程学院吴迪参与了编写。具体编写分工如下：魏英智编写前言，第 6 章至第 8 章、第 12 章；孙佳编写第 1 章至第 3 章，以及知识点视频的编辑;蔡雨编写第 4 章、第 5 章;杨婉姣编写第 9 章;宿淑晶编写第 10 章;佟跃辉编写第 13 章;王婉茹编写第 11 章;杨婉姣、宿淑晶、石宏新、赵树军、陈秋立负责附录、每章小结及校稿。视频知识点录制分工如下:魏英智录制相对论、量子物理、质点运动学部分视频;孙佳录制静电场部分视频;石宏新录制稳恒磁场、波动光学部分视频;赵树军录制机械振动与波动、电磁感应部分视频;于佳会录制质点动力学、刚体力学部分视频;吴迪录制热力学基础部分视频。

在编写本教材的过程中,编者参考、引用和改编了国内外出版物中的相关资料及网络资源,在此表示深深的谢意!相关著作权人看到本教材后,请与出版社联系,出版社将按照相关法律的规定支付稿酬。

尽管我们在教材建设的特色方面做出了许多努力,但由于编者水平有限,书中不足之处在所难免,恳请各教学单位、教师及广大读者批评指正。

编　者

2024 年 9 月

所有意见和建议请发往:dutpbk@163.com

欢迎访问高教数字化服务平台:https://www.dutp.cn/hep/

联系电话:0411-84708445　84708462

目录

第1篇　力　学

第2篇　振动与波

第3篇　电磁学

第4篇　光　学

第5篇　热　学

第6篇　近代物理

第1篇

力 学

物理学是其他自然科学的基础,而力学是物理学的基础。

力学是物理学中重要且古老的基础学科之一,也是现代工程技术的基础。它的主要任务是研究物体的机械运动规律。物体间的位置变化或物体内部各部分之间的相对位置随时间的改变都称为“机械运动”。机械运动是物质最简单、最基本的运动形式之一。物质运动的所有形式几乎都包含机械运动。

力学的建立和发展经过了漫长的时期。早在公元前 300 多年,古希腊哲学家和科学家亚里士多德发展的最早的运动理论,他认为物体下落的快慢由它们的重量决定,必须有力的作用才能维持物体的运动等。由于他的这些论断符合当时人们的日常观察,因而统治了学术界长达 2000 年之久。16 世纪末,伽利略通过大量的实验,得出了重物与轻物下落的同样快的结论,首创实验、物理思维、科学演绎相结合的科学方法。使得物理学成为一门科学。牛顿在总结了伽利略、笛卡儿等人研究成果的基础上,使物理学成为了一门精密科学。牛顿于 1687 年提出了著名的牛顿运动 3 定律及万有引力定律,并从数学上导出了由开普勒发现但半个世纪以来未能得到解释的开普勒定律,海王星和冥王星的发现正是万有引力定律的杰作。以牛顿运动定律为基础发展而来的力学理论称为“牛顿力学”,又称“经典力学”。牛顿力学是研究宏观低速物体的运动规律。

随着科学技术的发展,新的实验事实不断出现,牛顿力学的局限性也随之凸显,它不适用于高速运动物体及微观粒子的运动规律。于是,人们在牛顿力学的基础上创立了相对论和量子力学。但相对论和量子力学并未否定牛顿力学,相反,它们都包含了牛顿力学。因此,牛顿力学仍然是人们学习物理学的重要基础。本篇主要内容包括质点运动学、质点动力学,刚体的定轴转动等。

第 1 章 质点运动学

物理学是一门研究物质运动中最普遍、最基本运动形式的基本规律的学科。力学是一门古老的学科，它是研究物体的机械运动规律的科学。力学中描述物体运动的内容叫“运动学”。自然界中的物质都处于不停的运动和变化之中。物质的运动形式多种多样，其中最简单的是物质的机械运动，牛顿力学（经典力学）就是研究物质的机械运动的学科。本章中，我们将讨论对物质运动的基本描述，引入描述物质运动的基本物理思想和方法，讨论质点运动学的问题。运动学以几何观点来研究和描述物体的机械运动，而不考虑物体的质量及其所受的力。本章在引入质点、参考系、坐标系等概念的基础上，介绍确定质点位置的方法及描述质点运动的重要物理量——位移、速度和加速度，并讨论质点匀变速圆周运动等。

1.1 质点运动的描述

1.1.1 质点 参考系 坐标系

质点 参考系
坐标系

物体的运动一般比较复杂。由于物体本身具有一定的形状和大小，物体上各点处于空间的不同位置，因而在运动时，物体上各点的位置变动通常也不同；同时，物体本身的大小和形状也可能不断变化，因此，要详细描述物体的运动并不容易。例如，炮弹在空中飞行时，除了整体沿一定的曲线平移，它还做复杂的转动。

如果我们要研究的只是物体整体的平移运动规律，例如，只研究炮弹沿空间轨迹的整体平移，我们可以忽略那些与整体运动关系不大的次要运动，把物体上各点的运动都看成完全一样。这时就不需要考虑物体的大小和形状，物体的运动可用一个点的运动来表示。这种把物体看成没有大小和形状，只具有物体全部质量的点，称为**“质点”**。质点是一种理想化的模型，是对实际物体的一种科学抽象和简化。通过这样的科学抽象和简化，可以使问题的研究简化且不影响所得到的主要结论。

能否把一个物体视为质点的关键并不在于物体本身的大小，而是取决于对这个物体进行研究的问题的性质和具体的情况。比如，地球的半径约为 6 731 km，算得上是个庞然大物。

然而，当研究地球绕太阳的公转运动时，由于地球的半径与地球公转的轨迹半径（约为 1.5×10^{11} m）相比，还不到它的万分之一，地球上各点绕太阳的公转运动可视为基本相同，因而可以不考虑地球的大小和形状，而是把整个地球当作质点。又比如，炮弹的尺寸大小（0.5 m 左右）比起地球来讲，小 7 个数量级，真可谓沧海一粟。若是在研究空气阻力对炮弹高速飞行的影响（这种阻力明显与炮弹的几何形状和大小有关）时，就不能把炮弹视为质点。

同一个物体是否可以被看成质点不是一成不变的，而是取决于问题的性质和具体情况。同样是地球，在研究它绕太阳的公转运动时，可以将它看作质点；在研究它的自转问题时，就不能把它看作质点。另外，当物体单纯做平移运动时，物体上各点的运动情况完全相同，可以把它简化成一个质点来看待。当然，在很多问题中，物体的大小和形状不能忽略。这时就不能把整个物体当作质点。但是质点的概念仍然十分有用。因为能够把物体视为由许多小的体积元组成，每个体积元都小到可以按质点（有时也称为"质元"）来处理，则可以将整个物体看成是由若干质点（质元）组成的系统（质点系）或是由无数质点组成的整体，通过分析这些质点的运动，便可弄清楚整个物体的运动。所以，研究质点运动也是进一步研究物体（如刚体、弹性体和流体等）复杂运动的基础。

物体的机械运动是指它的位置随时间的改变。在自然界中，所有的物体都在不停运动，绝对静止不动的物体是没有的，这就是说，任何物体的位置总是相对于其他物体或物体系来确定的。在观察一个物体的位置及其位置变化时，总要选取其他物体作为标准，选取的标准物不同，对物体运动情况的描述结果也不同，这就是运动描述的相对性。为描述物体的运动而选择的标准物叫作**参考系**。不同的参考系对同一物体运动情况的描述是不同的。因此，在描述物体运动情况时，必须指明是对什么参考系而言的。例如，一个自由下落的石块的运动，在地面参考系上观察，它做的是直线运动。如果在近旁驶过的车厢内观察，即以行进的车厢为参考系，则石块做曲线运动。参考系的选择是任意的，在讨论地面上物体的运动时，通常选用固定在地面上的一些物体作为参考系，这样的参考系叫作地面参考系。

选定参考系后，只能对物体的机械运动做定性描述，要定量地说明一个质点相对于此参考系的位置，还必须在参考系中建立固定的**坐标系**。运动物体的位置就由它在固联于参考系的坐标系中的坐标值来描述。这个坐标系一旦与参考系固联，则物体相对于坐标系的运动，就是相对于参考系的运动。

坐标系的类型有不同的选取方法，常用的是直角坐标系。设某时刻质点在 P 点，建立一个固联在参考系上的三维直角坐标系 $OXYZ$，坐标轴上的单位矢量如图 1-1 所示，这样 P 点的位置就可以用直角坐标 (x, y, z) 来确定。在二维空间所取的平面直角坐标系 OXY 中，用两个坐标 (x, y) 便可确定一物体的位置；在一维空间中所取的直线坐标轴 OX 或 OY 上，用一个坐标 x 或 y 便可确定一物体的位置。而且，需要在各坐标轴取上相应的单位矢量。

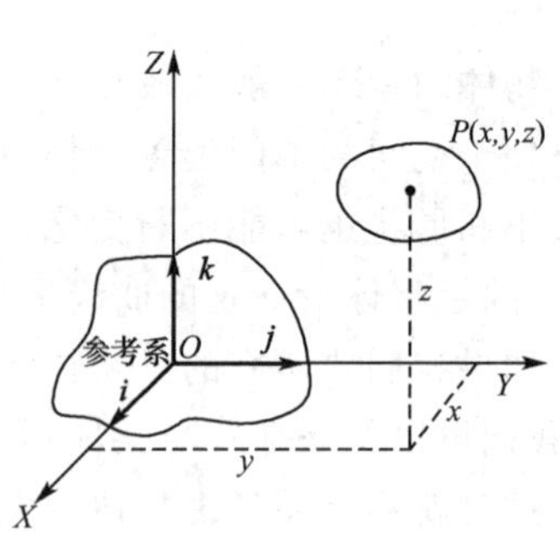

图 1-1　坐标轴上的单位矢量

如图 1-1 所示，P 点的直角坐标为 $P(x, y, z)$，用 $\boldsymbol{i}$，$\boldsymbol{j}$，$\boldsymbol{k}$ 分别表示沿 X，Y，Z 三个坐标轴正方向的单位矢量。有时还会用到自然坐标系。这种坐标系常用于质点做曲线运动的情况。自然坐标系由相互垂直的两个坐标轴组成。例如，质点在做圆周运动时，以质点运动到圆周上某点 P 为坐标原点，P 点处切线为切向坐标轴，在其运动前进的方向取单位矢量 $\boldsymbol{\tau}$，P 点处指向圆心的法线为法向坐标轴，在其上取单位矢量 $\boldsymbol{n}$。

虽然坐标系与参考系有联系，但两者不能混同。参考系是实物，而坐标系是参考系的数学抽象，这是它们的区别。然而，从另一个角度来说，在研究物体的具体运动时常把坐标系与参考系联系在一起。从而，一经建立了坐标系，就意味着参考系也已选定。在没有特殊说明的情况下，本书后面的内容就不对它们进行仔细区分了。

1.1.2　描述质点运动状态及状态变化的基本物理量

为了定量地研究质点的运动，必须对质点的位置做定量描述。为此，我们引入**位置矢量**的概念。先选好参考系，再在参考系上建立一个固定的坐标系。如图 1-2 所示，表示一个直角坐标系，质点的位置还可以用一个矢量来确定。设某时刻质点在 P 点，我们在选定的参考系上任选一固定点 O，由 O 点向 P 点做一矢量 $\boldsymbol{r}$（图 1-2）。矢量 $\boldsymbol{r}$ 的大小和方向完全确定了坐标原点到质点所在位置的一有向线段，称为位置矢量，简称“**位矢**”。

位置矢量

以位矢 $\boldsymbol{r}$ 的起点 O 为原点，建立直角坐标系 $OXYZ$，这样 P 点的直角坐标 (x,y,z) 就是位矢 $\boldsymbol{r}$ 沿坐标轴 X,Y,Z 的投影。用 $\boldsymbol{i},\boldsymbol{j},\boldsymbol{k}$ 分别表示沿 X，Y,Z 三个坐标轴正方向的单位矢量，则位矢为

$$\boldsymbol{r}=x\boldsymbol{i}+y\boldsymbol{j}+z\boldsymbol{k} \tag{1-1}$$

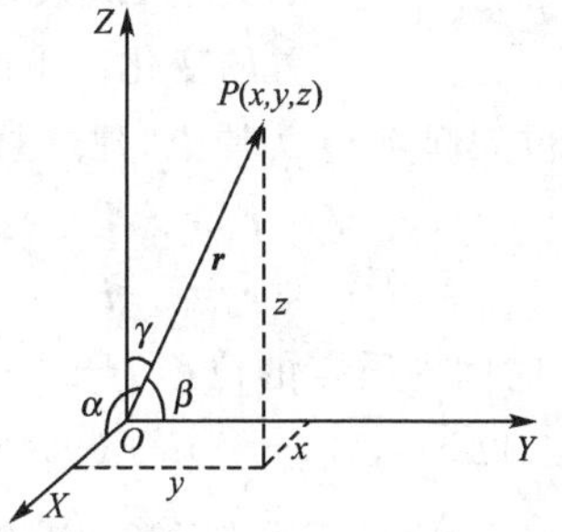

图 1-2　位矢

例如，一个质点在 t 时刻的直角坐标为（-3 cm，2 cm，5 cm），则该质点在 t 时刻以坐标原点为起点的位矢是 $\boldsymbol{r}=-3\boldsymbol{i}+2\boldsymbol{j}+5\boldsymbol{k}$，位矢 $\boldsymbol{r}$ 沿 OX,OY,OZ 三个坐标轴的投影分别为 $x=-3$ cm，$y=2$ cm，$z=5$ cm。用 $|\boldsymbol{r}|$ 表示 $\boldsymbol{r}$ 的大小，则

$$|\boldsymbol{r}|=\sqrt{x^2+y^2+z^2} \tag{1-2}$$

令 α,β,γ 分别表示 $\boldsymbol{r}$ 与 X,Y,Z 三个坐标轴的夹角，则有

$$\begin{cases}\cos\alpha=\dfrac{x}{|\boldsymbol{r}|}\\[2ex]\cos\beta=\dfrac{y}{|\boldsymbol{r}|}\\[2ex]\cos\gamma=\dfrac{z}{|\boldsymbol{r}|}\end{cases} \tag{1-3}$$

质点运动时，它的位置随时间变化，这时，质点的位置矢量和坐标是时间的函数，即

$$\boldsymbol{r}=\boldsymbol{r}(t) \tag{1-4}$$

这称为“质点的**运动学方程**”，其在直角坐标系中的分量式为

$$x=x(t),y=y(t),z=z(t) \tag{1-5}$$

从式(1-5)中消去 t，可得运动质点的**轨迹方程**。例如，已知质点的运动方程为

$$x=R\sin\omega t,y=R\cos\omega t,z=0$$

式中，R,ω 为大于 0 的常数。消去 t 得轨迹方程为

$$x^2+y^2=R^2,z=0$$

它表示质点在 X,Y 平面内做以原点为圆心、半径为 R 的圆周运动。式(1-5)也称为“轨迹的**参数方程**”（参数为 t）。

【例 1-1】　一质点做匀速圆周运动，圆周半径为 r，角速度为 ω（图 1-3）。分别写出用直角

坐标、位矢、自然坐标表示的质点运动学方程。

解　以圆心 O 为原点，建立直角坐标系 Oxy，取质点经过 x 轴上 O' 点的时刻为计时开始时刻，即 $t=0$。设 t 时刻质点位于 P，P 点的直角坐标为 (x,y)。

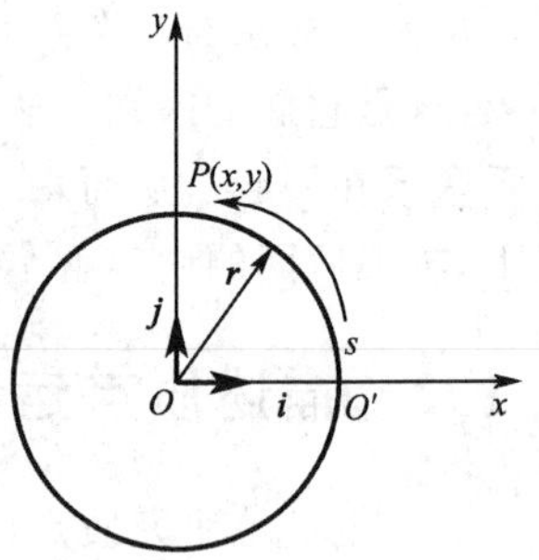

图 1-3　匀速圆周运动

根据题设条件，质点做匀速圆周运动，$\angle O'OP=\omega t$，用直角坐标表示的质点运动学方程为

$$x=r\cos\omega t$$
$$y=r\sin\omega t$$

从圆心 O 向 P 点做位矢 $\boldsymbol{r}$，用位矢表示的质点运动学方程为

$$\boldsymbol{r}=x\boldsymbol{i}+y\boldsymbol{j}=r\cos\omega t\boldsymbol{i}+r\sin\omega t\boldsymbol{j}$$

位移矢量

质点在一段时间内位置的改变叫作它在这段时间内的**位移**。质点做一般曲线运动，在 t 时刻位于 A 点，位矢为 $\boldsymbol{r}_1$，在 $t+\Delta t$ 时刻运动到 B 点，位矢为 $\boldsymbol{r}_2$，显然在时间间隔 Δt 内位矢的大小和方向都发生了变化，我们用由 A 指向 B 的矢量 $\Delta\boldsymbol{r}$ 表示 Δt 时间间隔内质点位置的变化。由图 1-4 可知 $\Delta\boldsymbol{r}=\boldsymbol{r}_2-\boldsymbol{r}_1$。

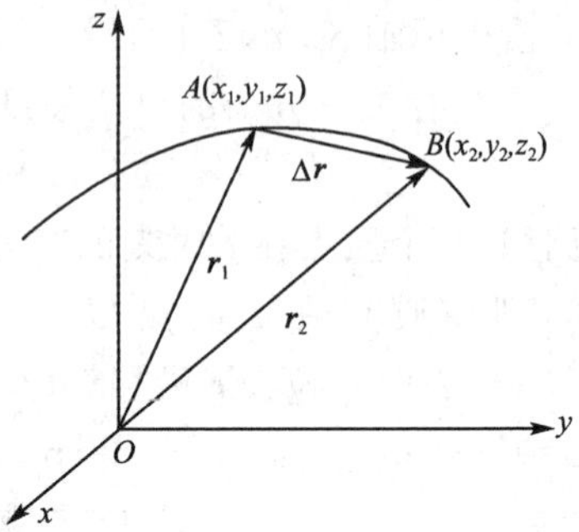

图 1-4　位移

以位矢起点 O 为原点，建立直角坐标系 $Oxyz$，则有

$$\boldsymbol{r}_1=x_1\boldsymbol{i}+y_1\boldsymbol{j}+z_1\boldsymbol{k}$$
$$\boldsymbol{r}_2=x_2\boldsymbol{i}+y_2\boldsymbol{j}+z_2\boldsymbol{k}$$

Δt 时间内质点的位移为

$$\Delta\boldsymbol{r}=(x_2-x_1)\boldsymbol{i}+(y_2-y_1)\boldsymbol{j}+(z_2-z_1)\boldsymbol{k}$$

令 $\Delta x,\Delta y,\Delta z$ 分别表示 $\Delta\boldsymbol{r}$ 沿坐标轴 x,y,z 的投影，则有

$$\Delta\boldsymbol{r}=\Delta x\boldsymbol{i}+\Delta y\boldsymbol{j}+\Delta z\boldsymbol{k} \tag{1-6}$$

显然

$$\Delta x=x_2-x_1,\Delta y=y_2-y_1,\Delta z=z_2-z_1$$

位移的大小和方向可以表示为

$$|\Delta\boldsymbol{r}|=\sqrt{\Delta x^2+\Delta y^2+\Delta z^2}$$
$$=\sqrt{(x_2-x_1)^2+(y_2-y_1)^2+(z_2-z_1)^2}$$
$$\cos\alpha=\frac{\Delta x}{|\Delta\boldsymbol{r}|},\cos\beta=\frac{\Delta y}{|\Delta\boldsymbol{r}|},\cos\gamma=\frac{\Delta z}{|\Delta\boldsymbol{r}|}$$

$|\Delta\boldsymbol{r}|$ 不能简写为 Δr，因为 $\Delta\boldsymbol{r}=\boldsymbol{r}(t+\Delta t)-\boldsymbol{r}(t)$，$|\Delta\boldsymbol{r}|$ 是位矢的大小在 t 到 $t+\Delta t$ 这一段时间内的增量，Δr 表示在这段时间内位矢大小的增量。一般情况下，$|\Delta\boldsymbol{r}|\neq\Delta r$。

位移与路程不同，位移是矢量，是一段有方向的线段。一般情况下，这一线段并不表示质点运动的实际轨迹；路程既可以是直线，也可以是曲线，它代表了质点运动的实际轨迹，如图 1-4 中从 A 到 B 的曲线段，常用 Δs 表示。路程是标量，因而位移的大小与路程一般不等，如质点沿圆周绕行一圈后回到起点，相应的位移大小等于 0，而路程等于圆的周长。

质点的位置随着时间变化，产生了位移，而位移一般也是随时间变化的，那么位移 $\Delta\boldsymbol{r}$ 和产生这段位移所用的时间 Δt 之间有怎样的关系呢？$\dfrac{\Delta\boldsymbol{r}}{\Delta t}$ 是一个怎样的物理量呢？

1. 平均速度

从物理意义上来看，$\frac{\Delta \boldsymbol{r}}{\Delta t}$描述的是质点位置变化的快慢和位置变化的方向，由于它对应的是时间间隔，而不是某一时刻或位置，所以我们称其为在 Δt 时间内的**平均速度**，用$\bar{\boldsymbol{v}}$ 表示，即

速度加速度

$$\bar{\boldsymbol{v}}=\frac{\boldsymbol{r}(t+\Delta t)-\boldsymbol{r}(t)}{\Delta t}=\frac{\Delta \boldsymbol{r}}{\Delta t} \tag{1-7}$$

平均速度是矢量，其方向与位移 $\Delta \boldsymbol{r}$ 的方向相同（图 1-4）。它表示在 Δt 时间内位矢 $\boldsymbol{r}(t)$ 随时间的平均变化率。

2. 瞬时速度

当 Δt 趋于 0 时，式(1-7)的极限，即质点位矢对时间的变化率，叫作质点在时刻 t 的**瞬时速度**，简称“速度”。用$\boldsymbol{v}$ 表示速度，就有

$$\boldsymbol{v}=\lim_{\Delta t\to 0}\frac{\Delta \boldsymbol{r}}{\Delta t}=\frac{\mathrm{d}\boldsymbol{r}}{\mathrm{d}t} \tag{1-8}$$

速度的方向，就是 $\Delta t\to 0$ 时，$\Delta \boldsymbol{r}$ 的方向（图 1-4）。当 $\Delta t\to 0$ 时，$A\to B$，而 $\Delta \boldsymbol{r}$ 的方向最后将与质点运动轨迹在 B 点的切线一致。因此，质点在时刻 t 的速度方向就沿着该时刻质点所在处运动轨迹的切线而指向运动的前方。质点在做曲线运动时，速度方向为沿轨迹的切线方向。这在日常生活中经常可见，如转动雨伞时，雨滴将沿切线方向离开雨伞等。

速度的大小叫“**速率**”，用v表示，则有

$$v=|\boldsymbol{v}|=\left|\frac{\mathrm{d}\boldsymbol{r}}{\mathrm{d}t}\right|=\lim_{\Delta t\to 0}\frac{|\Delta \boldsymbol{r}|}{\Delta t} \tag{1-9}$$

用 Δs 表示在 Δt 时间内质点沿轨迹所经过的路程。当 $\Delta t\to 0$ 时，$|\Delta \boldsymbol{r}|$ 和 Δs 趋于相同，因此可以得到

$$v=|\boldsymbol{v}|=\lim_{\Delta t\to 0}\frac{|\Delta \boldsymbol{r}|}{\Delta t}=\lim_{\Delta t\to 0}\frac{\Delta s}{\Delta t}=\frac{\mathrm{d}s}{\mathrm{d}t} \tag{1-10}$$

这就是说，速率的大小又等于质点所走过的路程对时间的变化率。

设时刻 t 质点在 P 点，位矢为 $\boldsymbol{r}$，速度为$\boldsymbol{v}$，加速度为 $\boldsymbol{a}$（图 1-5）。用 x,y,z 分别表示位矢 $\boldsymbol{r}$ 沿坐标轴 X,Y,Z 的投影，则有

$$\boldsymbol{r}=x\boldsymbol{i}+y\boldsymbol{j}+z\boldsymbol{k}$$

根据速度的定义，有

$$\boldsymbol{v}=\frac{\mathrm{d}\boldsymbol{r}}{\mathrm{d}t}=\frac{\mathrm{d}}{\mathrm{d}t}(x\boldsymbol{i}+y\boldsymbol{j}+z\boldsymbol{k})$$

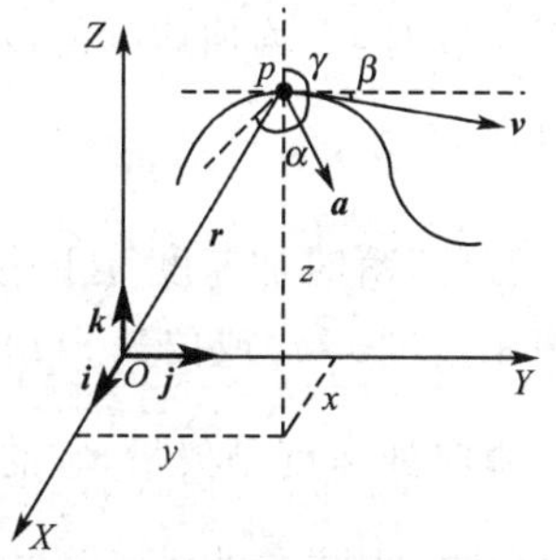

图 1-5　质点在 t 时刻的矢量

考虑到所选用的是固定坐标系，单位矢量 $\boldsymbol{i},\boldsymbol{j},\boldsymbol{k}$ 的大小和方向都不随时间变化，故有

$$\boldsymbol{v}=\frac{\mathrm{d}x}{\mathrm{d}t}\boldsymbol{i}+\frac{\mathrm{d}y}{\mathrm{d}t}\boldsymbol{j}+\frac{\mathrm{d}z}{\mathrm{d}t}\boldsymbol{k} \tag{1-11}$$

用 v_x,v_y,v_z 分别表示速度$\boldsymbol{v}$ 沿坐标轴 x,y,z 的投影，则有

$$\boldsymbol{v}=v_x\boldsymbol{i}+v_y\boldsymbol{j}+v_z\boldsymbol{k} \tag{1-12}$$

比较式(1-11)和式(1-12)，可得

$$v_x=\frac{\mathrm{d}x}{\mathrm{d}t},\ v_y=\frac{\mathrm{d}y}{\mathrm{d}t},\ v_z=\frac{\mathrm{d}z}{\mathrm{d}t} \tag{1-13}$$

即速度沿直角坐标系中某一坐标轴的投影，等于质点对应该轴的坐标对时间的一阶导数。速度的大小可表示为

$$|\boldsymbol{v}|=\sqrt{v_x^2+v_y^2+v_z^2}=\sqrt{\left(\frac{\mathrm{d}x}{\mathrm{d}t}\right)^2+\left(\frac{\mathrm{d}y}{\mathrm{d}t}\right)^2+\left(\frac{\mathrm{d}z}{\mathrm{d}t}\right)^2} \tag{1-14}$$

令 α,β,γ 分别表示速度$\boldsymbol{v}$ 与 X,Y,Z 三个坐标轴的夹角，则速度的方向由式(1-15)决定

$$\cos\alpha=\frac{v_x}{|\boldsymbol{v}|},\cos\beta=\frac{v_y}{|\boldsymbol{v}|},\cos\gamma=\frac{v_z}{|\boldsymbol{v}|} \tag{1-15}$$

如果已知用直角坐标表示的质点运动学方程 $x=f_1(t),y=f_2(t),z=f_3(t)$，就可以求出质点在任意时刻 t 的速度的大小和方向。

根据位移的大小 $|\Delta\boldsymbol{r}|$ 与 Δr 的区别可以知道，一般地，$v=\left|\frac{\mathrm{d}\boldsymbol{r}}{\mathrm{d}t}\right|\neq\frac{\mathrm{d}r}{\mathrm{d}t}$。

当质点的运动速度随时间改变时，常常要搞清速度的变化情况，速度的变化情况常以另一个物理量——**加速度**来表示。加速度的定义方法与速度类似，先定义**平均加速度**，再用极限方法定义**瞬时加速度**。

1. 平均加速度

设质点在 t 时刻的速度为$\boldsymbol{v}(t)$，在 $t+\Delta t$ 时刻的速度为$\boldsymbol{v}(t+\Delta t)$，则 Δt 时间内速度的增量 $\Delta\boldsymbol{v}=\boldsymbol{v}(t)-\boldsymbol{v}(t+\Delta t)$，我们将速度增量 $\Delta\boldsymbol{v}$ 与发生这一增量经历的时间间隔 Δt 的比值称为质点在这段时间内的**平均加速度**。用 $\overline{\boldsymbol{a}}$ 表示，即 $\overline{\boldsymbol{a}}=\frac{\Delta\boldsymbol{v}}{\Delta t}$。显然，平均加速度是矢量，其大小 $|\overline{\boldsymbol{a}}|=\left|\frac{\Delta\boldsymbol{v}}{\Delta t}\right|$，其方向与速度增量 $\Delta\boldsymbol{v}$ 方向相同。

2. 瞬时加速度

为了精确描述质点在某一瞬时速度变化的情况，我们引入瞬时加速度的概念。定义在 Δt 趋近于 0 时，平均加速度的极限为**瞬时加速度**，简称“加速度”。即

$$\boldsymbol{a}=\lim_{\Delta t\to 0}\frac{\Delta\boldsymbol{v}}{\Delta t}=\frac{\mathrm{d}\boldsymbol{v}}{\mathrm{d}t}=\frac{\mathrm{d}^2\boldsymbol{r}}{\mathrm{d}t^2} \tag{1-16}$$

显然，瞬时加速度等于速度对时间的一阶导数，也等于位矢对时间的二阶导数。因此只要知道了速度$\boldsymbol{v}(t)$或位矢 $\boldsymbol{r}(t)$就可以求出加速度。

瞬时加速度是矢量，它的大小 $|\boldsymbol{a}|=\frac{|\mathrm{d}\boldsymbol{v}|}{\mathrm{d}t}$，其方向与 $\Delta\boldsymbol{v}$ 的极限方向相同(图 1-6)。$\Delta\boldsymbol{v}$ 的方向和它的极限方向一般并不在速度$\boldsymbol{v}$ 的方向上，因而瞬时加速度的方向一般与该时刻速度的方向并不一致。由于 $\Delta\boldsymbol{v}$ 的极限方向总是指向轨迹曲线凹侧，所以曲线运动中加速度总是指向运动轨迹凹侧。在一维运动情况下，$\boldsymbol{a}$ 与$\boldsymbol{v}$ 的方向在同一直线上。

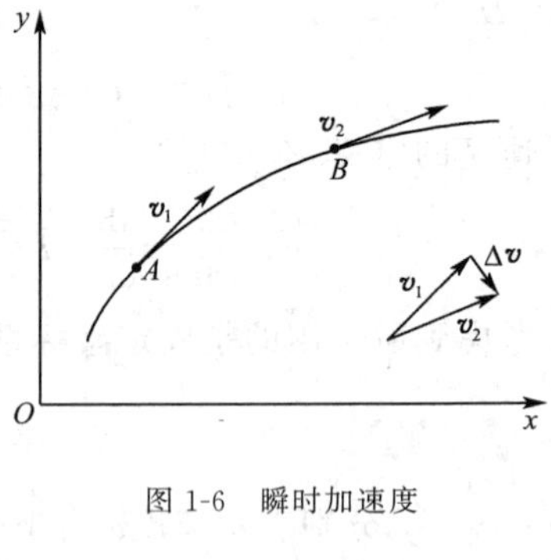

图 1-6 瞬时加速度

在直角坐标系中，加速度的矢量表达式为

$$\boldsymbol{a}=\frac{\mathrm{d}\boldsymbol{v}}{\mathrm{d}t}=\frac{\mathrm{d}v_x}{\mathrm{d}t}\boldsymbol{i}+\frac{\mathrm{d}v_y}{\mathrm{d}t}\boldsymbol{j}+\frac{\mathrm{d}v_z}{\mathrm{d}t}\boldsymbol{k}$$

$$=a_x\boldsymbol{i}+a_y\boldsymbol{j}+a_z\boldsymbol{k} \tag{1-17}$$

式中

$$a_x=\frac{\mathrm{d}v_x}{\mathrm{d}t}=\frac{\mathrm{d}^2x}{\mathrm{d}t^2}$$

$$a_y=\frac{\mathrm{d}v_y}{\mathrm{d}t}=\frac{\mathrm{d}^2y}{\mathrm{d}t^2}$$

$$a_z=\frac{\mathrm{d}v_z}{\mathrm{d}t}=\frac{\mathrm{d}^2z}{\mathrm{d}t^2}$$

加速度矢量在某一坐标轴上的分量等于速度沿同一坐标轴的分量对时间的一阶导数，或等于质点对应该坐标轴的位置坐标对时间的二阶导数。加速度的大小和方向余弦可表示为

$$a=|\boldsymbol{a}|=\sqrt{a_x^2+a_y^2+a_z^2}$$

$$\cos\alpha=\frac{a_x}{|\boldsymbol{a}|},\cos\beta=\frac{a_y}{|\boldsymbol{a}|},\cos\gamma=\frac{a_z}{|\boldsymbol{a}|}$$

在一维运动的情况下，加速度 $\boldsymbol{a}=a_x\boldsymbol{i}=\frac{\mathrm{d}v_x}{\mathrm{d}t}\boldsymbol{i}=\frac{\mathrm{d}^2x}{\mathrm{d}t^2}\boldsymbol{i}$，其方向可用正号或负号来表示：$\boldsymbol{a}>0$ 时，其方向沿 x 轴正向；$\boldsymbol{a}<0$ 时，其方向沿 x 轴负向。应该注意，$\boldsymbol{a}<0$ 时，质点不一定做减速运动。质点做加速运动还是减速运动并不是由 $\boldsymbol{a}$ 的正负确定的，而是由 $\boldsymbol{a}$ 与 $\boldsymbol{v}$ 的符号（正或负）相同或相反来确定。$\boldsymbol{v}$ 与 $\boldsymbol{a}$ 同号，质点做加速运动，$\boldsymbol{v}$ 与 $\boldsymbol{a}$ 异号，质点做减速运动。对此，我们只要联系自由落体和上抛运动的实例是不难理解的。

在定义速度和加速度时，都用到了求极限的方法，这种做法在物理学中经常出现。求极限是人类对物质和运动做定量描述时在准确程度上的一次重大飞跃。实际上，极限概念是牛顿在 17 世纪对物体的运动做定量研究时提出的，可见微积分的创立是与对物体运动的定量研究分不开的。微积分是数学的一个重要分支，也是研究物理学不可缺少的重要工具。

1.1.3 质点运动学的两类问题

质点运动学中比较常见的需要求解的基本问题，大致可分为两类。

质点运动学的两类问题

已知质点的运动学方程，求某一时刻质点的位置矢量，质点的速度、加速度，某一时刻的值，某一段时间内的位移或轨迹方程，其中主要是求质点的速度和加速度。这些称为**“第一类问题”**。解这类题的基本方法是将运动学方程 $\boldsymbol{r}=\boldsymbol{r}(t)$ 对时间求一阶导数，即 $\frac{\mathrm{d}\boldsymbol{r}}{\mathrm{d}t}=\boldsymbol{v}$，可求得速度；对时间求二阶导数，即 $\frac{\mathrm{d}^2\boldsymbol{r}}{\mathrm{d}t^2}=\frac{\mathrm{d}\boldsymbol{v}}{\mathrm{d}t}=\boldsymbol{a}$，可求得加速度。

【例 1-2】 设小木块在斜面顶端 O 点，由静止状态开始下滑，沿斜面向下取为 Ox 轴，小木块沿着斜面上 Ox 方向做变速直线运动，其运动学方程为 $x=4t^2$，式中物理量依照国际单位制(SI)要求。求出小木块 $v=v(t)$ 和 $a=a(t)$。

解 已知小木块(质点)的运动学方程为

$$x=4t^2$$

速度为

$$v=\frac{\mathrm{d}x}{\mathrm{d}t}=\frac{\mathrm{d}(4t^2)}{\mathrm{d}t}=8t$$

加速度为

$$a=\frac{\mathrm{d}v}{\mathrm{d}t}=\frac{\mathrm{d}(8t)}{\mathrm{d}t}=8\ \mathrm{m\cdot s^{-2}}$$

这里得到加速度 $a=8\ \mathrm{m\cdot s^{-2}}$，为正值，表明其方向沿 Ox 轴正向且为一常量，说明小木块在斜面上下滑时做匀加速直线运动。

【例 1-3】 在 xy 平面内运动的质点，其运动学方程为

$$\boldsymbol{r}=[2t\boldsymbol{i}+(19-2t^2)\boldsymbol{j}]\ \mathrm{m}$$

(1)写出该质点的轨迹方程；

(2)求 $t=1$ s 时和 $t=2$ s 时质点的位矢，并求出质点在这一秒内的平均速度；

(3)计算该质点在 3 s 末的速度和加速度。

解 (1)轨迹方程由运动学方程中消去 t 而得。现在的运动学方程为

$$\boldsymbol{r}=[2t\boldsymbol{i}+(19-2t^2)\boldsymbol{j}]\mathrm{m}$$

与 $\boldsymbol{r}=x\boldsymbol{i}+y\boldsymbol{j}$ 比较，可得运动学方程的分量式(轨迹的参数方程)为

$$x=2t\ \mathrm{m},y=(19-2t^2)\mathrm{m}$$

将参数 t 消去可得质点运动的轨迹方程，即将 $x=2t$ 写成 $t=\frac{x}{2}$ 代入，有

$$y=19-2t^2=19-2\times\left(\frac{x}{2}\right)^2=19-\frac{1}{2}x^2$$

(2)运动学方程是表示任一时刻质点的位矢的运动函数式。在此方程中代入某时刻 t 的值，便可得这一时刻的位矢。

设 $t=1\ \mathrm{s}=t_1,x=x_1,y=y_1;t=2\ \mathrm{s}=t_2,x=x_2,y=y_2$。当 $t=1$ s 时，其位矢为

$$\boldsymbol{r}_1=x_1\boldsymbol{i}+y_1\boldsymbol{j}=[2t_1\boldsymbol{i}+(19-2t_1^2)\boldsymbol{j}]\mathrm{m}=(2\boldsymbol{i}+17\boldsymbol{j})\mathrm{m}$$

大小为

$$r_1=|\boldsymbol{r}_1|=\sqrt{x_1^2+y_1^2}=\sqrt{2^2+17^2}\ \mathrm{m}\approx17.1\ \mathrm{m}$$

方向用 $\boldsymbol{r}_1$ 与 x 轴正方向的夹角 α_{r_1} 表示

$$\alpha_{r_1}=\arctan\frac{y_1}{x_1}=\arctan\frac{17}{2}\approx83.3^\circ$$

当 $t=2$ s 时，其位矢为

$$\boldsymbol{r}_2=x_2\boldsymbol{i}+y_2\boldsymbol{j}=[2t_2\boldsymbol{i}+(19-2t_2^2)\boldsymbol{j}]\mathrm{m}=(4\boldsymbol{i}+11\boldsymbol{j})\mathrm{m}$$

大小为

$$r_2=|\boldsymbol{r}_2|=\sqrt{x_2^2+y_2^2}=\sqrt{4^2+11^2}\ \mathrm{m}\approx11.7\ \mathrm{m}$$

方向用 $\boldsymbol{r}_2$ 与 x 轴正方向的夹角 α_{r_2} 表示

$$\alpha_{r_2}=\arctan\frac{y_2}{x_2}=\arctan\frac{11}{4}\approx70.0^\circ$$

"求质点在这一秒内的平均速度"就是求质点在 $t_1=1$ s 到 $t_2=2$ s 这一秒内的平均速度。因为

$$\Delta t=t_2-t_1=(2-1)\ \mathrm{s}=1\ \mathrm{s}$$

$$\Delta x=x_2-x_1=(4-2)\ \mathrm{m}=2\ \mathrm{m}$$

$$\Delta y=y_2-y_1=(11-17)\ \mathrm{m}=-6\ \mathrm{m}$$

所以平均速度为

$$|\bar{\boldsymbol{v}}|=\frac{\Delta \boldsymbol{r}}{\Delta t}=\frac{\Delta x}{\Delta t}\boldsymbol{i}+\frac{\Delta y}{\Delta t}\boldsymbol{j}=(2\boldsymbol{i}-6\boldsymbol{j})\ \mathrm{m}\cdot\mathrm{s}^{-1}$$

大小为

$$\overline{v}=\sqrt{\left(\frac{\Delta x}{\Delta t}\right)^2+\left(\frac{\Delta y}{\Delta t}\right)^2}\approx 6.32\ \mathrm{m}\cdot\mathrm{s}^{-1}$$

方向

$$\alpha=\arctan\frac{\frac{\Delta y}{\Delta t}}{\frac{\Delta x}{\Delta t}}\approx -71.6°$$

(3)已知 $\boldsymbol{r}=x\boldsymbol{i}+y\boldsymbol{j}=[2t\boldsymbol{i}+(19-2t^2)\boldsymbol{j}]\ \mathrm{m}$，则

$$\boldsymbol{v}=\frac{\mathrm{d}\boldsymbol{r}}{\mathrm{d}t}=\frac{\mathrm{d}}{\mathrm{d}t}[2t\boldsymbol{i}+(19-2t^2)\boldsymbol{j}]=(2\boldsymbol{i}-4t\boldsymbol{j})\ \mathrm{m}\cdot\mathrm{s}^{-1}$$

$$\boldsymbol{a}=\frac{\mathrm{d}\boldsymbol{v}}{\mathrm{d}t}=\frac{\mathrm{d}}{\mathrm{d}t}(2\boldsymbol{i}-4t\boldsymbol{j})=-4\boldsymbol{j}\ \ \mathrm{m}\cdot\mathrm{s}^{-2}$$

在 $t=3$ s 时，

$$\boldsymbol{v}_3=[2\boldsymbol{i}-(4\times 3)\boldsymbol{j}]\ \mathrm{m}\cdot\mathrm{s}^{-1}=(2\boldsymbol{i}-12\boldsymbol{j})\ \mathrm{m}\cdot\mathrm{s}^{-1}$$

$$v_3=\sqrt{v_x^2+v_y^2}=\sqrt{2^2+(-12)^2}\ \mathrm{m}\cdot\mathrm{s}^{-1}\approx 12.2\ \mathrm{m}\cdot\mathrm{s}^{-1}$$

$$\alpha_{v_3}=\arctan\frac{v_y}{v_x}\approx -80.5°$$

$$\boldsymbol{a}_3=-4\boldsymbol{j}\ \ \mathrm{m}\cdot\mathrm{s}^{-2}$$

$$a_3=\sqrt{a_x^2+a_y^2}=\sqrt{0^2+(-4)^2}\ \mathrm{m}\cdot\mathrm{s}^{-2}=4\ \mathrm{m}\cdot\mathrm{s}^{-2}$$

$$\alpha_{a_3}=\arctan\frac{a_y}{a_x}=-90°$$

已知质点的加速度(或速度)和其初始条件($t=0$ 时，质点的 $\boldsymbol{r}_0,\boldsymbol{v}_0,\boldsymbol{a}_0$)，求质点的速度、运动学方程，某一时刻的速度、位置矢量或轨迹方程等，但主要是求速度和运动学方程，称为**"第二类问题"**。解这类题的基本方法是按有关物理量的定义式，写出有关该物理量的微分方程；用分离变量法，运用初始条件并积分，可求得相应的物理量(对有关变量的函数关系)。

【例 1-4】 质点在一维空间(x 轴上)运动。设 $t=0$ 时，质点的位置坐标为 x_0。相应的速度大小为 v_0。加速度随时间的变化关系为 $a=Ct^2$，其中 C 为正的常量。

(1)求质点在 t 时刻的速度大小随时间变化的函数关系式 $v(t)$。

(2)求质点的运动学方程 $x(t)$。

解　(1)已知初始条件，$t=0$ 时，$v=v_0$，又知 $a=Ct^2$，有

$$a=\frac{\mathrm{d}v}{\mathrm{d}t}=Ct^2$$

分离变量，即

$$\mathrm{d}v=Ct^2\mathrm{d}t$$

运用初始条件并积分为

$$\int_{v_0}^{v}\mathrm{d}v=\int_0^t Ct^2\mathrm{d}t=C\int_0^t t^2\mathrm{d}t$$

得 $v-v_0=\frac{C}{3}t^3$，故速度大小（速率）对时间的函数关系式为

$$v=\frac{C}{3}t^3+v_0$$

（2）已知初始条件，$t=0$ 时，$x=x_0$，又知 $v=\frac{dx}{dt}$，故有

$$\frac{dx}{dt}=v_0+\frac{C}{3}t^3$$

分离变量为

$$dx=\left(v_0+\frac{C}{3}t^3\right)dt$$

等式两边积分并运用初始条件，得

$$\int_0^x dx=\int_0^t\left(v_0+\frac{C}{3}t^3\right)dt$$

得质点的运动学方程为

$$x=x_0+v_0\int_0^t dt+\frac{C}{3}\int_0^t t^3\ dt=x_0+v_0t+\frac{C}{12}t^4$$

【例 1-5】 潜水艇自静止开始以加速度 $a=A\beta e^{-\beta t}$ 垂直下沉，其中 A 与 β 皆为常量。求任一时刻 t 的速度和运动学方程。

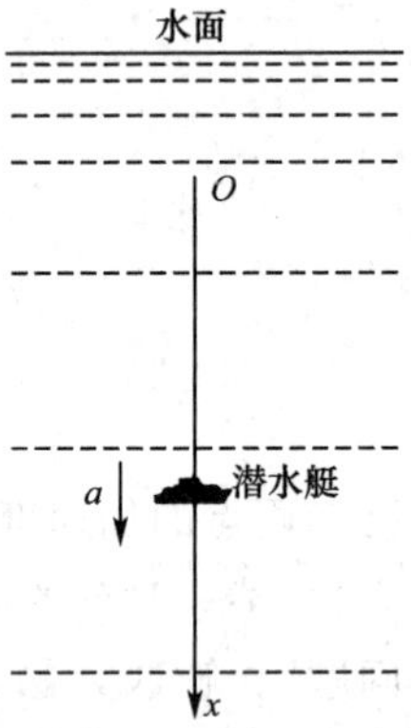

图 1-7 例 1-5

解 以潜水艇开始下沉处为坐标原点 O，做垂直向下的坐标轴 Ox（图 1-7）。此潜水艇的运动为一维运动，其加速度定义式为 $a=\frac{dv}{dt}$。分离变量有

$$dv=a\,dt$$

"开始下沉"，可将此时刻作为计时零点。按题意，当 $t=0$ 时，$x=0$，$v=0$，这就是潜水艇运动的位置和速度的初始条件。将 $a=A\beta e^{-\beta t}$ 代入上式，得微分方程

$$\int_0^t dv=\int_0^t A\beta e^{-\beta t}dt$$

式中，A 与 β 是常量。积分运算得到质点速度对时间的函数式（潜水艇在任一时刻 t 的速度）为

$$v=A(1-e^{-\beta t})$$

将此式代入一维运动的速度定义式 $v=\frac{dx}{dt}$ 中，有

$$\frac{dx}{dt}=A(1-e^{-\beta t})$$

分离变量，上式写成

$$dx=A(1-e^{-\beta t})dt$$

根据前文所述的初始条件确定相应的积分的上、下限，对式两边积分，即

$$\int_0^x dx=\int_0^t A(1-e^{-\beta t})dt$$

积分运算得到质点坐标对时间的函数式（潜水艇在任一时刻 t 的坐标表达式——运动学方

程)为

$$x=\frac{A}{\beta}(e^{-\beta t}-1)+At$$

运动学的两类问题可简单表述如下。

第一类问题是已知运动学方程 $\boldsymbol{r}=\boldsymbol{r}(t)$,求速度 $\boldsymbol{v}=\boldsymbol{v}(t)$,加速度 $\boldsymbol{a}=\boldsymbol{a}(t)$。需要用到数学工具求导(微分运算),或者说用物理公式

$$\boldsymbol{v}=\frac{\mathrm{d}\boldsymbol{r}}{\mathrm{d}t}$$

和

$$\boldsymbol{a}=\frac{\mathrm{d}\boldsymbol{v}}{\mathrm{d}t}$$

第二类问题是已知加速度 $\boldsymbol{a}=\boldsymbol{a}(t)$ 与初始条件 $t=0$ 时,质点的 $\boldsymbol{r}_0$,$\boldsymbol{v}_0$,$\boldsymbol{a}_0$,求速度 $\boldsymbol{v}=\boldsymbol{v}(t)$、运动学方程 $\boldsymbol{r}=\boldsymbol{r}(t)$。需要用到数学工具或物理公式进行积分

$$\boldsymbol{v}=\boldsymbol{v}_0+\int_{t_0}^{t}\boldsymbol{a}\,\mathrm{d}t \tag{1-18}$$

和

$$\boldsymbol{r}=\boldsymbol{r}_0+\int_{t_0}^{t}\boldsymbol{v}\,\mathrm{d}t \tag{1-19}$$

在解这两类问题时要注意的是:有时问题给出的只是其中的一段,例如,在第一类问题中,已知 $\boldsymbol{v}=\boldsymbol{v}(t)$,求 $\boldsymbol{a}=\boldsymbol{a}(t)$;此外,在第二类问题中,已知 $\boldsymbol{a}=\boldsymbol{a}(t)$ 和初始条件,只求 $\boldsymbol{v}=\boldsymbol{v}(t)$。这样的问题也属于运动学的两类问题。此外,有时两类问题会同处于一个大问题之中,存在部分混合。

1.2 曲线运动的描述

昆虫(如蜜蜂等)在空中飞舞时,通常是曲线飞行,即做曲线运动。质点的曲线运动多样复杂。本节仅研究质点在一平面上所做的一种简单而常见的基本曲线运动——圆周运动。

1.2.1 平面曲线运动 切向加速度 法向加速度

以地心为坐标原点,建立一个坐标系。地球上所有能视为质点的物体,包括生物,尽管其中有的可以保持原地不动,然而,这些物体都绕着地球的自转而转动着,运动轨迹为圆。正所谓"坐地日行八万里",也就是说,人坐着不动,一日之中便可运转八万里的路程(地表赤道附近的纬线一圈约八万里,1 里为 500 米)。质点的运动轨迹在某一坐标系为圆的运动,称为"**圆周运动**"。圆周运动是二维运动,它是一种常见的平面曲线运动之一,也是研究物体转动的基础。例如,机器上的轮子转动时,除轮轴外,轮上各点都绕轮轴在做半径不同的圆周运动。在圆周运动中,位矢 $\boldsymbol{r}$、路程 Δs、位移 $\Delta\boldsymbol{r}$、速度 $\boldsymbol{v}$、加速度 $\boldsymbol{a}$ 等统称为"**线量**"。

平面曲线运动
切向加速度
法向加速度

1. 速度

设质点沿曲线轨迹 LM 运动(图 1-8),时刻 t 质点在 P 点,自然坐标为 s,时刻 $t+\Delta t$ 质点在 Q 点,自然坐标为 $s+\Delta s$。Δs 是质点在时间间隔 Δt 内沿轨迹的自然坐标的增量,同一时间内质点的位移 $\Delta \boldsymbol{r}=PQ$。根据速度的一般定义,可将质点的速度$\boldsymbol{v}$ 表示为

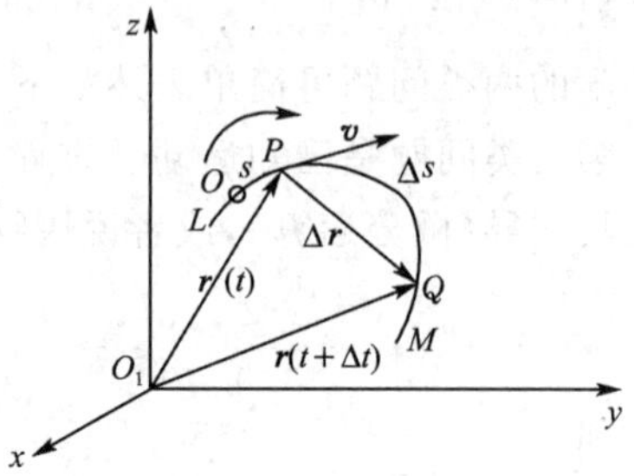

图 1-8 质点沿曲线轨迹 LM 运动

$$\begin{aligned}\boldsymbol{v} &= \lim_{\Delta t\to 0}\frac{\Delta \boldsymbol{r}}{\Delta t}=\lim_{\substack{\Delta t\to 0\\ \Delta s\to 0}}\left(\frac{\Delta \boldsymbol{r}}{\Delta s}\frac{\Delta s}{\Delta t}\right)\\ &=\left(\lim_{\Delta s\to 0}\frac{\Delta \boldsymbol{r}}{\Delta s}\right)\left(\lim_{\Delta t\to 0}\frac{\Delta s}{\Delta t}\right)\\ &=\left(\lim_{\Delta s\to 0}\frac{\Delta \boldsymbol{r}}{\Delta s}\right)\cdot\frac{\mathrm{d}s}{\mathrm{d}t}\end{aligned}\tag{1-20}$$

因为在 $\Delta t\to 0$ 时,Q 点趋近于 P 点,此时 $|\Delta s|\to|\Delta \boldsymbol{r}|$,式(1-20)右边第一部分的绝对值为

$$\lim_{\Delta t\to 0}\left|\frac{\Delta \boldsymbol{r}}{\Delta s}\right|=1$$

当 $\Delta s\to 0$ 时,$\Delta \boldsymbol{r}$ 的方向(PQ 的方向)将趋近于 P 点处轨迹的切线方向,若以 $\boldsymbol{\tau}$ 表示该处切线正方向的单位矢量(指向自然坐标 s 的正向),则式(1-20)右边第一部分可写为

$$\lim_{\Delta s\to 0}\frac{\Delta \boldsymbol{r}}{\Delta s}=\boldsymbol{\tau}$$

应该注意,Δs 本身也有正负,从而可得

$$\boldsymbol{v}=\frac{\mathrm{d}s}{\mathrm{d}t}\boldsymbol{\tau}\tag{1-21}$$

由式(1-21)可知,运动质点速度的大小由轨迹上自然坐标 s 对时间的一阶导数决定,方向沿着质点所在处轨迹的切线,指向则由$\frac{\mathrm{d}s}{\mathrm{d}t}$的正负号决定。当$\frac{\mathrm{d}s}{\mathrm{d}t}>0$ 时,速度指向为切线的正方向;当$\frac{\mathrm{d}s}{\mathrm{d}t}<0$ 时,速度指向为切线的负方向。$v=\frac{\mathrm{d}s}{\mathrm{d}t}$是速度矢量沿切线方向的投影,是一个代数量。这一结果与前面所得到的结果一致。

只要已知用自然法表示的质点运动方程 $s=f(t)$,就很容易求出质点在任意时刻 t 的速度$\boldsymbol{v}$ 的大小和方向。

2. 加速度

质点做圆周运动时,如果在任意相等的时间间隔内沿着圆弧走过的弧长都相等,即它的速率保持不变,这种运动称为**“匀速(率)圆周运动”**。

如果质点以 O 点为圆心做半径为 r 的匀速圆周运动,在时刻 t 位于 P 点,离定点 O'的自然坐标为 s,速度为$\boldsymbol{v}_P$;在时刻 $t+\Delta t$ 位于 Q 点,离定点 O' 的自然坐标为 $s+\Delta s$,速度为$\boldsymbol{v}_Q$[图 1-9(a)]。在匀速圆周运动中,速度的大小在各处都相等,即 $|\boldsymbol{v}_P|=|\boldsymbol{v}_Q|=v$,但速度的方向一般在各处并不相同。为求速度增量 $\Delta\boldsymbol{v}$,用$\boldsymbol{v}_P$、$\boldsymbol{v}_Q$作速度三角形 $O''P'Q'$[图 1-9(b)]。可以看出,在时间间隔 Δt 内,速度增量为

$$\Delta\boldsymbol{v}=\boldsymbol{v}_Q-\boldsymbol{v}_P$$

按照加速度的一般定义,应有

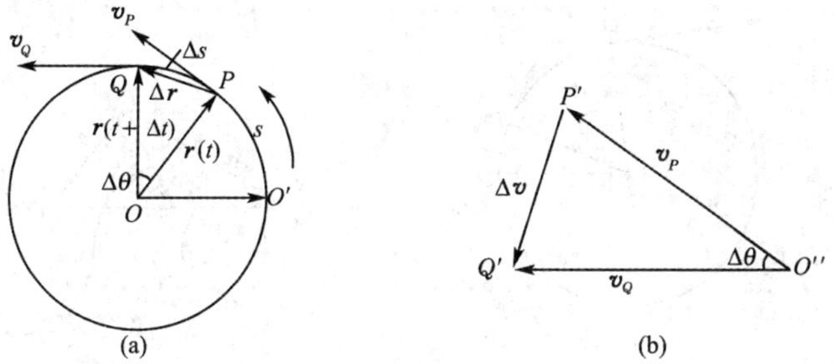

图 1-9　质点做匀速圆周运动

$$\boldsymbol{a}=\lim_{\Delta t\to 0}\frac{\Delta \boldsymbol{v}}{\Delta t}$$

现在分别研究做匀速圆周运动的质点的加速度 $\boldsymbol{a}$ 的大小和方向。

先讨论加速度的大小。因为等腰三角形 OPQ 与 $O''P'Q'$ 相似，故有

$$\frac{|\Delta \boldsymbol{v}|}{v}=\frac{|\Delta \boldsymbol{r}|}{r} \tag{1-22}$$

$|\Delta \boldsymbol{r}|$ 为质点在 Δt 内位移的大小。显然，当 $\Delta t\to 0$ 时，Q 点趋近于 P 点。因而 $|\Delta \boldsymbol{r}|\to|\Delta s|$，将式(1-22)两边各除以 Δt，再加以整理，可得

$$\frac{|\Delta \boldsymbol{v}|}{\Delta t}=\frac{v}{r}\frac{|\Delta \boldsymbol{r}|}{\Delta t}$$

因而加速度 $\boldsymbol{a}$ 的大小为

$$a=|\boldsymbol{a}|=\lim_{\Delta t\to 0}\frac{|\Delta \boldsymbol{v}|}{\Delta t}=\lim_{\Delta t\to 0}\frac{v}{r}\frac{|\Delta \boldsymbol{r}|}{\Delta t}=\lim_{\Delta t\to 0}\frac{v}{r}\frac{|\Delta s|}{\Delta t}$$

即

$$a=\frac{v^2}{r} \tag{1-23}$$

至于加速度的方向，可以由速度增量 $\Delta\boldsymbol{v}$ 在 $\Delta t\to 0$ 时的极限方向来确定。由图 1-9(a)可知，当 $\Delta t\to 0$ 时，角度 $\Delta\theta$ 也趋近于 0，$\Delta\boldsymbol{v}$ 的极限方向垂直于 $\boldsymbol{v}_P$。因此质点位于 P 点时，加速度的方向沿着轨迹曲线的法线方向，即沿着半径 OP 并指向圆心。我们把这种指向圆轨迹中心的加速度，称为**“向心加速度”**或**“法向加速度”**。

从上面的讨论可知，质点做匀速圆周运动时，加速度的大小等于 $\frac{v^2}{r}$，是一个常量；加速度的方向永远指向圆心。向心加速度只改变速度的方向，不改变速度的大小，而且在任何时刻都与该时刻的速度方向垂直。

规定：平面曲线在各点的法线正方向都指向曲线凹的一面，对于圆来说，圆上任何一点的法线的正方向总是指向圆心，如以 $\boldsymbol{n}$ 表示法线正方向的单位矢量，则匀速圆周运动中质点的加速度可以表示为

$$\boldsymbol{a}_n=\frac{v^2}{r}\boldsymbol{n} \tag{1-24}$$

在变速圆周运动中，质点在圆周上各点的速率是随时间变化的[(图 1-10(a)]。质点在时刻 t 位于 P 点，速度为 $\boldsymbol{v}_P$；在时刻 $t+\Delta t$ 位于 Q 点，速度为 $\boldsymbol{v}_Q$。$\boldsymbol{v}_P$ 与 $\boldsymbol{v}_Q$ 除方向不同外，大小也有所不同。在时间间隔 Δt 内的速度增量是 $\Delta\boldsymbol{v}$ [图 1-10(b)]。

为便于研究，在速度三角形 $O''P'Q'$ 中，作矢量 $\overrightarrow{O''E}$，使它的大小与 $\boldsymbol{v}_P$ 的大小相等，即

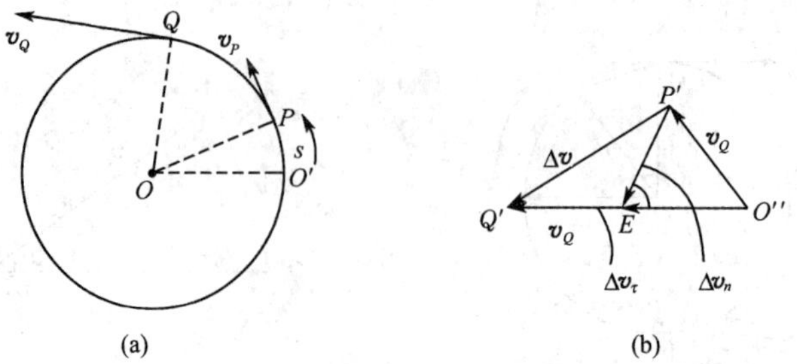

图 1-10　变速圆周运动中质点运动情况

$|\overrightarrow{O''E}|=|\boldsymbol{v}_P|$,方向沿 $O''Q'$。连接 $P'E$,令 $\overrightarrow{P'E}=\Delta\boldsymbol{v}_n$,$EQ'=\Delta\overline{v}_\tau$ 这样,我们就将速度增量 $\Delta\boldsymbol{v}$ 分解为 $\Delta\boldsymbol{v}_n$ 和 $\Delta\boldsymbol{v}_\tau$ 两个部分,即

$$\Delta\boldsymbol{v}=\Delta\boldsymbol{v}_n+\Delta\boldsymbol{v}_\tau$$

由图 1-9 与图 1-10 对比可知,$\Delta\boldsymbol{v}_n$ 只反映速度方向的改变,显然 $\Delta\boldsymbol{v}_\tau$ 只反映速度大小的改变。根据加速度的一般定义,可得

$$\boldsymbol{a}=\lim_{\Delta t\to 0}\frac{\Delta\boldsymbol{v}}{\Delta t}=\lim_{\Delta t\to 0}\frac{\Delta\boldsymbol{v}_n}{\Delta t}+\lim_{\Delta t\to 0}\frac{\Delta\boldsymbol{v}_\tau}{\Delta t}=\boldsymbol{a}_n+\boldsymbol{a}_\tau \tag{1-25}$$

显然,$\boldsymbol{a}_n=\lim\limits_{\Delta t\to 0}\dfrac{\Delta\boldsymbol{v}_n}{\Delta t}$ 就是上面研究匀速圆周运动时所讨论的法向加速度,也可表示为 $a_n\boldsymbol{n}$。a_n 是加速度 $\boldsymbol{a}$ 在法线 $\boldsymbol{n}$ 方向上的投影,大小等于 $\dfrac{v^2}{r}$,$\boldsymbol{a}_\tau=\lim\limits_{\Delta t\to 0}\dfrac{|\Delta\boldsymbol{v}_\tau|}{\Delta t}$,它的方向应为 $\Delta t\to 0$ 时 $\Delta\boldsymbol{v}_\tau$ 的极限方向,也可以表示为 $a_\tau\boldsymbol{\tau}$。a_τ 是加速度 $\boldsymbol{a}$ 在切线 $\boldsymbol{\tau}$ 方向上的投影。

$$a_\tau=\lim_{\Delta t\to 0}\frac{|\Delta\boldsymbol{v}_\tau|}{\Delta t}=\lim_{\Delta t\to 0}\frac{\Delta v}{\Delta t}=\frac{\mathrm{d}v}{\mathrm{d}t}=\frac{\mathrm{d}^2 s}{\mathrm{d}t^2} \tag{1-26}$$

一般规定:当 $t\to 0$ 时,$\Delta\boldsymbol{v}>0$[在图 1-10 (b)中,$\overline{O''Q'}>\overline{O''P'}$ 的情形],质点的切向加速度指向切线的正方向;当 $\Delta t\to 0$ 时,$\Delta\boldsymbol{v}<0$[在图 1-10 (b)中,$\overline{O''Q'}<\overline{O''P'}$ 的情形],质点的切向加速度指向切线的负方向。

当 $\boldsymbol{a}_\tau$ 与 $\boldsymbol{v}$ 同方向时,质点的运动是加速的,速度 $\boldsymbol{v}$ 和加速度 $\boldsymbol{a}$ 之间的夹角 θ 为锐角;当 $\boldsymbol{a}_\tau$ 与 $\boldsymbol{v}$ 反方向时,质点的运动是减速的,速度 $\boldsymbol{v}$ 和加速度 $\boldsymbol{a}$ 之间的夹角 θ 为钝角(图 1-11)。

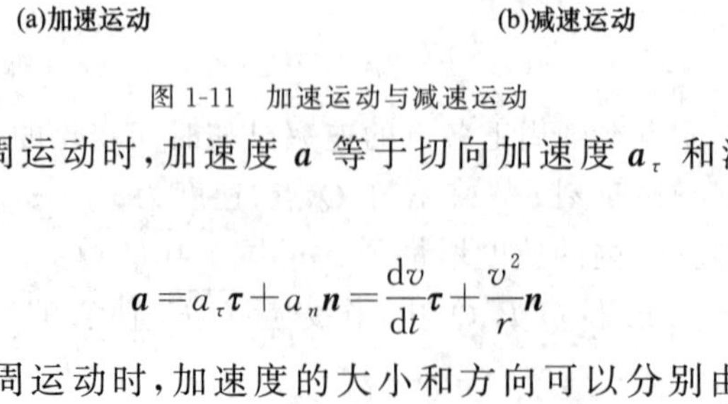

图 1-11　加速运动与减速运动

综上,质点做变速圆周运动时,加速度 $\boldsymbol{a}$ 等于切向加速度 $\boldsymbol{a}_\tau$ 和法向加速度 $\boldsymbol{a}_n$ 的矢量和,即

$$\boldsymbol{a}=a_\tau\boldsymbol{\tau}+a_n\boldsymbol{n}=\frac{\mathrm{d}v}{\mathrm{d}t}\boldsymbol{\tau}+\frac{v^2}{r}\boldsymbol{n} \tag{1-27}$$

因此,质点做变速圆周运动时,加速度的大小和方向可以分别由下面的公式(1-28a)、

(1-28b)确定。

$$|\boldsymbol{a}|=\sqrt{a_\tau^2+a_n^2}=\sqrt{\left(\frac{\mathrm{d}v}{\mathrm{d}t}\right)^2+\left(\frac{v^2}{r}\right)^2} \tag{1-28a}$$

$$\tan\theta=\frac{a_n}{a_\tau} \tag{1-28b}$$

式中，θ 是 $\boldsymbol{a}$ 和 $\boldsymbol{\tau}$ 之间的夹角，当质点做匀速圆周运动时，$a_\tau=0$，$\theta=90°$。

1.2.2　圆周运动的角量描述

在研究质点的平面曲线运动时，有时选用平面极坐标系较方便。一质点绕 O 点做半径为 r 的圆周运动，选圆心 O 为极坐标的原点，OO' 为极轴(图 1-12)。质点沿圆周运动时半径 r 是一个常量。在任意时刻，t 质点的位置可用角坐标 θ 完全确定，这时 θ 是时间 t 的函数，可表示为

圆周运动的角量描述

$$\theta=\theta(t) \tag{1-29}$$

这就是质点做圆周运动时以角速度表示的运动学方程。

在时刻 t，质点位于 A，角坐标为 θ；在时刻 $t+\Delta t$，质点位于 B，角坐标为 $\theta+\Delta\theta$，$\Delta\theta$ 为质点在时间 Δt 内的角位移。角位移也是代数量，它的正负号取决于 Δt 内质点角坐标变化的方向与选定的 θ 正方向是相同还是相反。二者同向时取正号，反向时取负号。

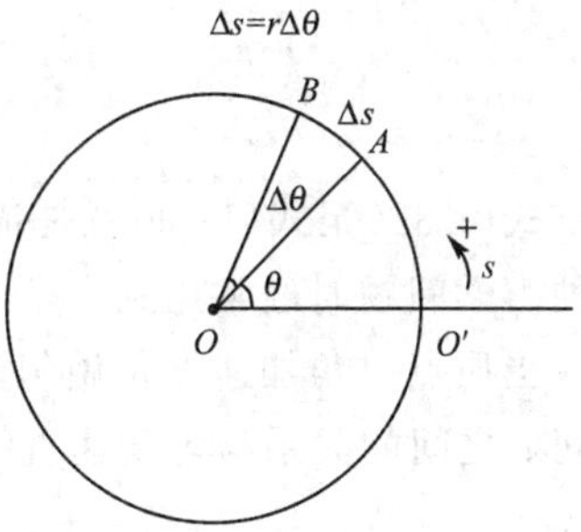

图 1-12　角量与线量的关系

角位移 $\Delta\theta$ 与发生这一角位移所经历时间 Δt 的比值，称为“在这段时间内质点做圆周运动的平均角速度”，用符号 $\overline{\omega}$ 表示，即

$$\overline{\omega}=\frac{\Delta\theta}{\Delta t}$$

当时间 Δt 趋近于 0 时，$\overline{\omega}$ 将趋近一个确定的极限值 ω，即

$$\omega=\lim_{\Delta t\to 0}\frac{\Delta\theta}{\Delta t}=\frac{\mathrm{d}\theta}{\mathrm{d}t} \tag{1-30}$$

ω 称为“质点在时刻 t 的**瞬时角速度**”(简称角速度)。角速度等于做圆周运动的质点的角坐标对时间的一阶导数。在圆周运动中，质点的角速度也可以看作代数量，它的正负号取决于质点的运动方向。设在时刻 t，质点的角速度为 ω，在时刻 $t+\Delta t$，质点的角速度为 ω'，则角速度增量 $\Delta\omega=\omega'-\omega$ 与发生这一增量所经历时间 Δt 的比值，称为在这段时间内质点的平均角加速度，用符号 $\overline{\alpha}$ 表示，即

$$\overline{\alpha}=\frac{\Delta\omega}{\Delta t}$$

当时间 Δt 趋近于 0 时，$\overline{\alpha}$ 将趋近于极限值 α，从而有

$$\alpha=\lim_{\Delta t\to 0}\frac{\Delta\omega}{\Delta t}=\frac{\mathrm{d}\omega}{\mathrm{d}t}=\frac{\mathrm{d}^2\theta}{\mathrm{d}t^2} \tag{1-31}$$

α 称为“质点在时刻 t 的**瞬时角加速度**”(简称“角加速度”)。角加速度等于做圆周运动质点的角速度对时间的一阶导数，也等于角坐标对时间的二阶导数。在圆周运动中，角加速度也可以看作代数量。当质点沿圆周做加速(速率随时间增大)运动时，ω 与 α 同号；做减速运动

时，ω 与 α 异号；做匀速运动时，ω 为常量，α 等于 0。当质点做匀变速圆周运动时，α 为常量；在一般情况下，α 不是常量。

1.2.3 角量与线量的关系

我们看到，质点做圆周运动时，既可以用线量描述，也可以用角量描述。显然，线量与角量之间一定存在着某种联系，由图 1-12 可知

$$\Delta s = r\Delta\theta$$

Δs 就是做圆周运动的质点在时间 Δt 内沿轨迹自然坐标的增量，因而质点的速度沿切线方向的投影 v 可以表示为

$$v=\lim_{\Delta t\to 0}\frac{\Delta s}{\Delta t}=\lim_{\Delta t\to 0}r\frac{\Delta\theta}{\Delta t}=r\omega \tag{1-32}$$

根据式(1-32)，并按照切向加速度和法向加速度的定义，可得

$$a_\tau=\frac{\mathrm{d}v}{\mathrm{d}t}=r\frac{\mathrm{d}\omega}{\mathrm{d}t}=r\alpha \tag{1-33}$$

$$a_n=\frac{v^2}{r}=\omega v=r\omega^2 \tag{1-34}$$

式(1-32)至式(1-34)就是描述圆周运动的线量 v、a_τ、a_n 与角量 ω、α 之间的关系，在分析各种力学问题时经常用到。

当质点以角加速度 α 做匀变速圆周运动时，角坐标 θ、角位移 $\Delta\theta$、角速度 ω、角加速度 α 和时间 t 之间的关系与匀变速直线运动中相应线量间的关系相似，即

$$\theta=\theta_0+\omega_0 t+\frac{1}{2}\alpha t^2 \tag{1-35}$$

$$\omega=\omega_0+\alpha t \tag{1-36}$$

$$\omega^2=\omega_0^2+2\alpha(\theta-\theta_0) \tag{1-37}$$

式中 θ_0，ω_0 分别为在 $t=0$ 时，质点的角坐标和角速度；θ，ω 分别为 t 时刻质点的角坐标和角速度。

【例 1-6】 半径 $r=0.2$ m 的飞轮，可绕 O 轴转动(图 1-13)。已知轮缘上任一点 M 的运动学方程为 $\varphi=-t^2+4t$，式中 φ 和 t 的单位分别为弧度(rad)和秒(s)，试求 $t=1$ s 时，M 点的速度和加速度。

解 飞轮转动时，M 点将做半径为 r 的圆周运动，其角速度、角加速度分别为

$$\omega=\frac{\mathrm{d}\varphi}{\mathrm{d}t}=(-2t+4)\,\mathrm{rad}\cdot\mathrm{s}^{-1}$$

$$\alpha=\frac{\mathrm{d}\omega}{\mathrm{d}t}=-2\ \mathrm{rad}\cdot\mathrm{s}^{-2}$$

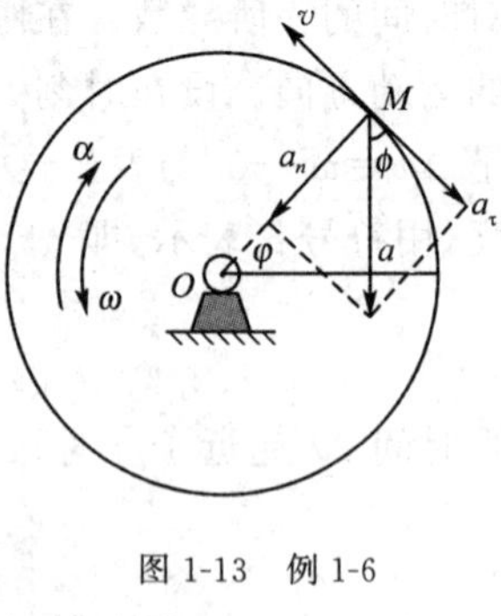

图 1-13 例 1-6

$t=1$ s 时，M 点的速度为

$$v=r\omega=r(-2t+4)=0.2\times(-2\times1+4)=0.4\ \mathrm{m}\cdot\mathrm{s}^{-1}$$

v 的方向沿 M 点的切线，指向如图 1-13 所示。M 点的切向加速度为

$$a_\tau=r\alpha=0.2\times(-2)m\cdot s^{-2}=-0.4\ \mathrm{m}\cdot\mathrm{s}^{-2}$$

法向加速度为

$$a_n = r\omega^2 = 0.2 \times 2^2 = 0.8\ \text{m} \cdot \text{s}^{-2}$$

加速度为

$$a = \sqrt{a_\tau^2 + a_n^2} = \sqrt{(-0.4)^2 + (0.8)^2}\ \text{m} \cdot \text{s}^{-2} \approx 0.89\ \text{m} \cdot \text{s}^2$$

$$\tan\theta = \left|\frac{a_n}{a_\tau}\right| = \frac{\omega^2}{|\alpha|} = \frac{4}{2} = 2, \theta \approx 63.4°$$

从该题的计算中可以看出，飞轮转动时，M 点的 α、a_τ 均为常量。这表明 M 点做匀变速圆周运动。还可以看出，在 $0 \leqslant t \leqslant 2$ s 间隔内，ω 为正，α 为负；v 为正，a_τ 为负。这表明在这一时间间隔内，角速度和速度的大小均随时间减小，即 M 点做匀减速圆周运动。当 $t=2$ s 时，$\omega=0$，$v=0$。当 $t>2$ s 时，M 点沿顺时针方向做匀加速圆周运动。

第 2 章
质点动力学

上一章讨论了质点运动学，即如何描述一个质点的运动。从本章开始将转入质点动力学的研究。动力学探讨质点运动状态变化的原因、物体间的相互作用及在运动中各物体之间的相互关系。动力学问题中既有以牛顿运动定律为代表描述的力的瞬时效应，又有通过动量定理、动能定理等描述的力在时空过程中的积累效应。

2.1 牛顿运动定律

2.1.1 牛顿运动定律

牛顿运动定律

1. 牛顿第一定律

牛顿第一定律可以陈述为任何物体都要保持其静止或匀速直线运动状态，直到外力迫使它改变运动状态。

牛顿第一定律表明，任何物体都具有保持其运动状态不变的性质，这个性质叫作“**惯性**”，所以牛顿第一定律又称作“惯性定律”。

牛顿第一定律还表明，由于物体具有惯性，所以要使物体的运动状态发生变化，一定要有其他物体对它的作用，这种作用被称为“**力**”。在自然界中完全不受其他物体作用的物体实际上是不存在的，物体总要受到接触力或场力的作用，因此，牛顿第一定律不能直接用实验加以验证。我们确信牛顿第一定律的正确性，是因为从它所导出的其他结果都和实验事实相符。从长期实践和实验中总结归纳的一些基本规律，虽不能用实验等方法直接验证其正确性，但以它们为基础导出的定理都与实验和实践结果相符合，所以人们公认这些基本规律是正确的。物理学中的牛顿第一定律、能量守恒定律、热力学第二定律、爱因斯坦狭义相对论的两条基本假设都属于这类基本规律。

如果有几个外力作用在同一个质点上且合力为零，这时质点的运动情况与它不受外力作用时的情况是一样的。因此，在实际应用中，牛顿第一定律可以陈述为任何质点，只要其他物体作用于它的合力为零，则该质点就保持其静止或匀速直线运动状态不变。这也就给出了惯性系(牛顿运动定律适用的参考系)的定义。

2. 牛顿第二定律

牛顿第一定律给出了质点的平衡条件，牛顿第二定律则研究质点在合力作用下，其运动状态如何变化的问题。物体在运动时总具有速度，我们把物体的质量 m 与其运动速度 $\boldsymbol{v}$ 的乘积叫作“**物体的动量**”，用 $\boldsymbol{p}$ 表示(图 2-1)，即

$$\boldsymbol{p}=m\boldsymbol{v}$$

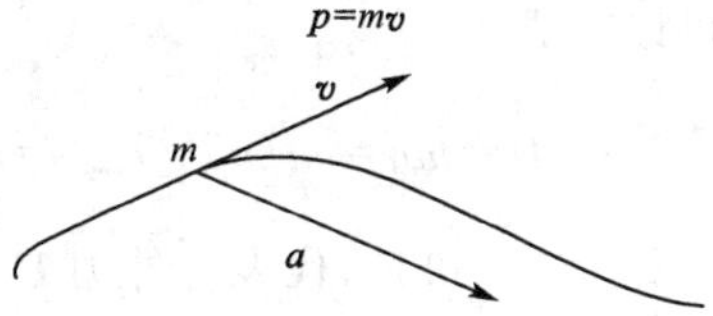

图 2-1　动量示意

质点受到不为零的合力作用时，它的动量会发生改变。牛顿第二定律表明，动量为 $\boldsymbol{p}$ 的物体，在合力 $\boldsymbol{F}=\sum \boldsymbol{F}_i$ 的作用下，其动量随时间的变化率等于作用于物体的合外力，即

$$\boldsymbol{F}=\frac{\mathrm{d}\boldsymbol{p}}{\mathrm{d}t}=\frac{\mathrm{d}(m\boldsymbol{v})}{\mathrm{d}t} \tag{2-1}$$

当物体在低速情况下运动时，即物体的运动速度远小于光速时，物体的质量可以视为不依赖速度的常量。于是(2-1)式可写成

$$\boldsymbol{F}=m\frac{\mathrm{d}\boldsymbol{v}}{\mathrm{d}t}=m\boldsymbol{a} \tag{2-2}$$

这就是大家熟悉的牛顿第二定律的表示形式。它表明质点受力的作用时，在某时刻的加速度的大小与质点在该时刻所受合力的大小成正比，与质点的质量成反比；加速度的方向与合力的方向相同。应当指出，若运动物体的速度接近于光速时，物体的质量依赖其速度，式(2-2)也可写成

$$\boldsymbol{F}=m\frac{\mathrm{d}\boldsymbol{v}}{\mathrm{d}t}=m\frac{\mathrm{d}v_x}{\mathrm{d}t}\boldsymbol{i}+m\frac{\mathrm{d}v_y}{\mathrm{d}t}\boldsymbol{j}+m\frac{\mathrm{d}v_z}{\mathrm{d}t}\boldsymbol{k}$$

即

$$\boldsymbol{F}=ma_x\boldsymbol{i}+ma_y\boldsymbol{j}+ma_z\boldsymbol{k} \tag{2-3}$$

式(2-3)是牛顿第二定律的数学表达式，又称为“**牛顿力学的质点动力学方程**”。

牛顿第二定律是牛顿力学的核心定律，应用它解决问题时必须注意以下几点：

(1)牛顿第二定律只适用于质点的运动。物体做平动时，物体上各质点的运动情况完全相同，所以物体的运动可看作质点的运动，此时这个质点的质量就是整个物体的质量。本书中如不特别指明，在论及物体的平动时，都是把物体当作质点来处理的。

(2)牛顿第二定律所表示的合外力与加速度之间的关系是瞬时关系。也就是说，加速度只在外力有作用时才产生，外力改变了，加速度也随之改变。

(3)力的叠加原理。当几个外力同时作用于物体时，其合外力所产生的加速度 $\boldsymbol{a}$ 与每个外力 $\boldsymbol{F}_i$ 所产生的加速度 $\boldsymbol{a}_i$ 的矢量是一样的，这就是力的叠加原理。式(2-3)是牛顿第二定律的矢量式，它在直角坐标系 Ox、Oy 和 Oz 轴上的分量式分别为

$$F_x=ma_x,F_y=ma_y,F_z=ma_z \tag{2-4}$$

式中($F_x=\sum_{i=1}^{n}F_{ix},F_y=\sum_{i=1}^{n}F_{iy},F_z=\sum_{i=1}^{n}F_{iz}$)；$F_x$、$F_y$ 和 F_z 分别表示作用在物体上所有的外力在 Ox、Oy 和 Oz 轴上的分量之和；a_x、a_y 和 a_z 分别表示物体加速度在 Ox、Oy 和 Oz 轴上的分量。

当质点在平面上做曲线运动时，可取如图 2-2 所示的自然坐标系，$\boldsymbol{n}$ 为法向单位矢量，$\boldsymbol{\tau}$ 为

切向单位矢量。于是，质点在点 A 的加速度 $\boldsymbol{a}$ 在自然坐标系的 2 个相互垂直方向上的分矢量为 $\boldsymbol{a}_\tau$ 和 $\boldsymbol{a}_n$。这样，质点在平面上做曲线运动时，在自然坐标系中，牛顿第二定律可以写成

$$\boldsymbol{F}=m\boldsymbol{a}=m(\boldsymbol{a}_\tau+\boldsymbol{a}_n)=m\frac{\mathrm{d}v}{\mathrm{d}t}\boldsymbol{\tau}+m\frac{v^2}{\rho}\boldsymbol{n} \tag{2-5}$$

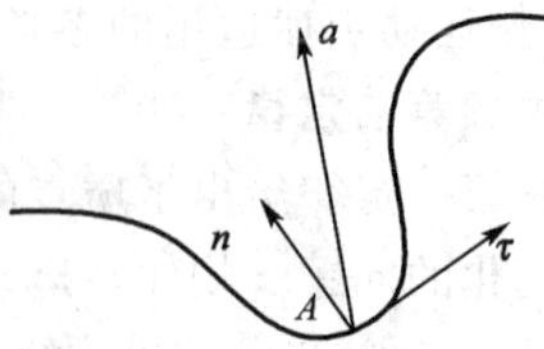

图 2-2 质点在平面上做曲线运动

如以 $\boldsymbol{F}_\tau$ 和 $\boldsymbol{F}_n$ 代表合外力 $\boldsymbol{F}$ 在切向和法向的分矢量，则有

$$\begin{cases}\boldsymbol{F}_\tau=m\boldsymbol{a}_\tau=m\dfrac{\mathrm{d}\boldsymbol{v}}{\mathrm{d}t}\boldsymbol{\tau}\\ \boldsymbol{F}_n=m\boldsymbol{a}_n=m\dfrac{v^2}{\rho}\boldsymbol{\tau}\end{cases} \tag{2-6}$$

$\boldsymbol{F}_\tau$ 叫“切向力”，$\boldsymbol{F}_n$ 叫作“法向力”（或向心力）；$\boldsymbol{a}_\tau$ 和 $\boldsymbol{a}_n$ 分别称作“切向加速度”和“法向加速度”。

3. 牛顿第三定律

牛顿第一定律指出，物体只有在外力的作用下才能改变其运动状态，牛顿第二定律给出了物体的加速度与作用于物体的力和物体质量之间的数量关系，牛顿第三定律则说明力具有物体间相互作用的性质。

两个物体之间的作用力 $\boldsymbol{F}$ 和反作用力 $\boldsymbol{F}'$ 沿同一直线，大小相等、方向相反，分别作用在两个物体上。这就是牛顿第三定律，其数学表达式为

$$\boldsymbol{F}=-\boldsymbol{F}' \tag{2-7}$$

如果把物体 A 作用于物体 B 的力称为“作用力”，那么物体 B 作用于物体 A 的力就称为“反作用力”，或者反过来把后者称为“作用力”，前者称为“反作用力”。值得注意的是，作用力与反作用力总是成对出现，同时消失，彼此相互作用，而且属于同种类型。

2.1.2 物理量的单位和量纲

从本章开始，计算逐渐增多。几乎每个物理量都有单位。在历史上，物理量的单位制有很多种。这不仅给工农业生产、人民生活带来诸多不便，而且也不规范。1984 年 2 月 27 日，我国国务院颁布实行以国际单位制为基础的法定单位制。本书采用以国际单位制为基础的我国法定单位制。

国际单位制规定，力学的基本量是长度、质量和时间并规定长度的基本单位称为“米”，单位符号为 m；质量的基本单位名称为“千克”，单位符号为 kg；时间的基本单位名称为“秒”，单位符号为 s。由两个或两个以上基本量表示的其他物理量称为“导出量”。

按照上述基本量和基本单位的规定，速度的单位名称为“米每秒”，单位符号为 $\mathrm{m\cdot s^{-1}}$；角速度的单位名称为“弧度每秒”，单位符号为 $\mathrm{rad\cdot s^{-1}}$；加速度的单位名称为“米每二次方秒”，单位符号为 $\mathrm{m\cdot s^{-2}}$；角加速度的单位名称为“弧度每二次方秒”，单位符号为 $\mathrm{rad\cdot s^{-2}}$；力的单位名称为“牛顿”，单位符号为 N，$1\ \mathrm{N}=1\ \mathrm{kg\cdot m\cdot s^{-2}}$。其他物理量的名称、符号，以后将陆续介绍。

在物理学中，导出量与基本量之间的关系可以用量纲来表示。用 L、M 和 T 分别表示长度、质量和时间三个基本量的量纲，其他力学量 Q 的量纲与基本量的量纲之间的关系可按下

列形式表达

$$\dim Q = L^p M^q T^s$$

例如,速度的量纲是 LT^{-1},角速度的量纲是 T^{-1},加速度的纲量是 LT^{-2},角加速度的量纲是 T^{-2},力的量纲是 MLT^{-2} 等。

由于只有量纲相同的物理量才能相加减和用等号连接,因此只要考查等式两端各项量纲是否相等,就可以初步校验其正确性。这种方法在求解问题和科学实验中经常用到。同学们应当学会在求证、解题过程中使用量纲来检查所得结果。

2.1.3 力学中几种常见的力

作为受力分析的基础,这里介绍几种常见的力。力学中常见的力有万有引力、弹性力和摩擦力等,它们分属不同性质的力,弹性力和摩擦力属接触力,而万有引力属场力。下面我们将分别介绍这几种力。

1. 万有引力

17 世纪初,德国天文学家开普勒通过分析第谷・布拉赫观察行星所得的大量数据,提出了开普勒定律。牛顿继承了前人的研究成果,在此基础上,通过深入研究,提出了著名的**万有引力定律**。这个定律指出,星体之间、地球与地球表面附近的物体之间,以及所有物体与物体之间都存在着一种相互吸引的力。所有力都遵循同一规律。这种相互吸引的力叫作"**万有引力**"。

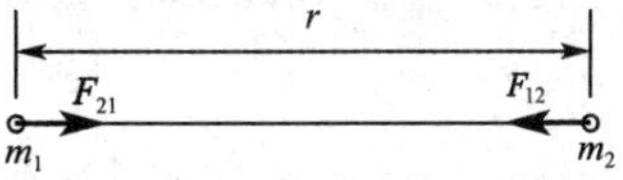

图 2-3 两个质点之间的万有引力

设有两个质点,质量分别为 m_1 和 m_2,相隔距离为 r(图 2-3)。实践表明,它们之间相互作用的万有引力的大小 F 与两个质点质量的乘积 $m_1 m_两$ 成正比,与它们之间的距离的平方 r^2 成反比;方向沿着两个质点的连线,即

$$F = G\frac{m_1 m_2}{r^2} \tag{2-8}$$

式中,G 为比例常数,称为"引力常量"。式(2-8)是万有引力定律的数学表达式。G 的数值与式中的力、质量及距离的单位有关。根据实验测定

$$G = 6.67 \times 10^{-11}\ \mathrm{m^3/(kg \cdot s^2)}$$

万有引力定律还可以用矢量形式表示。设质点 m_1 作用于质点 m_2 的万有引力为 $\boldsymbol{F}_{21}$,现以质点 m_1 为原点作一个由 m_1 指向 m_2 的单位矢量 $\boldsymbol{r}_0$,那么质点 m_1 对 m_2 的万有引力可表示为

$$\boldsymbol{F}_{21} = -G\frac{m_1 m_2}{r^2}\boldsymbol{r}_0 \tag{2-9}$$

式中,负号表示 $\boldsymbol{F}_{21}$ 的方向与 $\boldsymbol{r}_0$ 的方向相反。在一般工程实际中,物体之间的万有引力与其所受的其他力相比十分微小,故可忽略不计。

应当注意,万有引力定律中的 $\boldsymbol{F}$ 是两个质点之间的引力。若求的是两个物体间的引力,则需要把每个物体分成很多小部分,把每个小部分看成一个质点,然后计算所有这些质点间的相互作用力。计算表明,对于两个密度均匀的球体,或者球的密度只是两球心距离 r 的函数 $\rho(r)$,它们之间的引力可以直接用公式计算。这时 r 表示两球球心间的距离。也就是说,这两球体之间的引力与把球的质量当作集中于球心(把球当作质点来处理)的引力是一样的。

例如，计算地球与某质点 A 之间的万有引力时，通常把地球近似地看作质量均匀分布的球体，其质量集中于球心。设地球的质量为 M，质点 A 的质量为 m，质点与地球中心的距离为 x（图 2-4）。根据万有引力定律，地球作用于质点 A 的万有引力的大小为

$$F=G\frac{Mm}{x^2} \tag{2-10}$$

方向沿 x 轴指向地心。

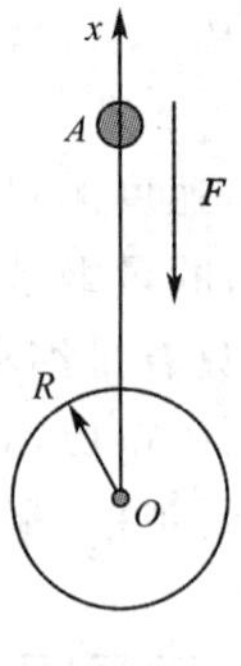

图 2-4　质点 A 的万有引力

通常把地球对其表面附近尺寸不大的物体的万有引力称为该物体的**重力**，其大小也就是物体的重量。设地球的半径为 R，按式(2-10)，一个处于地球表面附近、质量为 m 的物体的重量 P 为

$$P=G\frac{Mm}{R^2} \tag{2-11}$$

重力的方向铅直向下。若令式(2-11)中 $G\frac{M}{R^2}=g$（g 称为"重力加速度"），则有

$$P=mg \tag{2-12}$$

把引力常量 G、地球质量 M 及半径 R 的量值代入式 $g=G\frac{M}{R^2}$，可得

$$g\approx 9.8\ \mathrm{m/s^2}$$

事实上，地球并不是一个质量均匀分布的球体且存在自转，使得地球表面不同地方的重力加速度 g 的值略有差异，不过在一般工程问题中，这种差异可忽略不计。

2. 弹性力

当两个物体相互接触而挤压时，它们要发生形变。物体形变时欲恢复其原来的形状，物体间会有作用力产生。这种物体因形变而产生的欲使其恢复原来形状的力叫作"**弹性力**"。弹性力的表现形式有很多种，下面只讨论常见的三种表现形式。

第一种是两个物体通过一定面积相接触的情况。这时互相压紧的两个物体都会发生形变（这种形变十分微小，难观察），因而产生对对方的弹性力作用。这种弹性力通常叫作"正压力"或"支持力"。它们的大小取决于相互压紧的程度，它们的方向总是垂直于接触面而指向对方。

第二种是绳或线对物体的拉力。这种拉力是由于绳发生了形变（通常十分微小）而产生的。它的大小取决于绳被拉紧的程度，它的方向总是沿着绳并指向绳要收缩的方向。

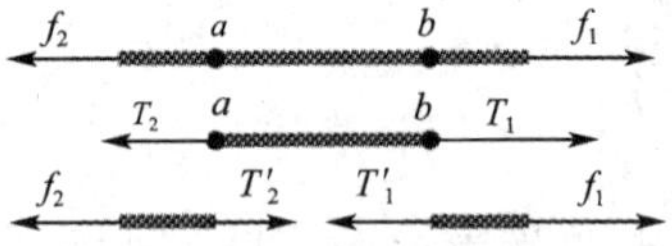

图 2-5　绳的内部各段之间的弹力

绳产生拉力时，绳的内部各段之间也有相互的弹力作用，这种内部的弹力叫作"张力"。很多实际问题中，绳的质量往往可以忽略。在这种情况下，对其中任意一段，如图 2-5 中的 ab 段，应用牛顿第二定律就有 $T_1-T_2=ma=0\cdot a=0$，由此可得 $T_1=T_2$。再由牛顿第三定律可知相邻各段的相互作用力相等，即 $T_1=T'_1$，$T_2=T'_2$，因此，$T'_1=T_1=T_2=T'_2$。这就是说，忽略绳的质量时，绳内各处的张力都相等；而且用同样的方法可以证明张力等于连接体对它的拉力 f_1 和 f_2，以及它对连接体的拉力，即 f_1 和 f_2 的反作用力 f'_1 和 f'_2。

第三种是弹簧的弹力。当弹簧被拉伸或压缩时，它就会对连接体有弹力的作用（图 2-6），这种弹力总要使弹簧恢复原长。弹力遵守胡克定律：在弹性限度内，弹力和形变成正比。以 f

表示弹力，以 x 表示形变，即弹簧的长度相对于原长的变化，则根据胡克定律就有

$$f=-kx \tag{2-13}$$

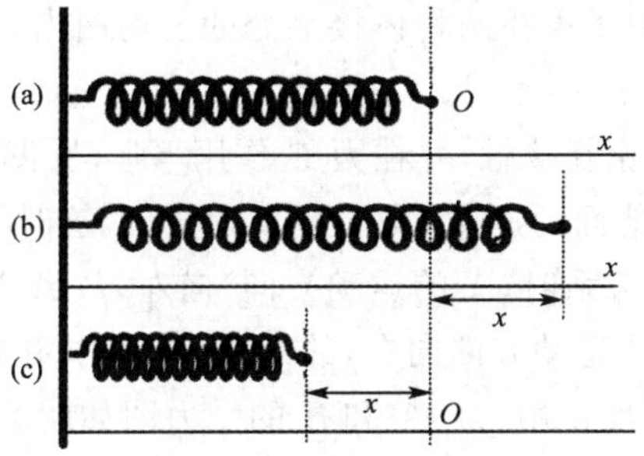

图 2-6　弹簧所受的弹力作用

式中，k 为弹簧的劲度系数，其大小决定于弹簧本身的性质；负号表示弹力的方向：当 x 为正，也就是弹簧被拉长时，f 为负，即与被拉长的方向相反；当 x 为负，也就是弹簧被压缩时，f 为正，即与被压缩的方向相反。总之，弹簧的弹力总是指向要恢复它原长的方向。

3. 摩擦力

(1)静摩擦力

两物体相互接触，彼此之间保持相对静止，但却有相对运动趋势时，两物体接触面间出现的相互作用的摩擦力，称为“**静摩擦力**”。

静摩擦力的作用线在两物体的接触面内，更确切地说，在两物体接触处的公切面内。静摩擦力的方向按以下方法确定：某物体受到的静摩擦力的方向总是与该物体相对滑动趋势的方向相反。假定静摩擦力消失，物体相对运动的方向即相对滑动趋势的方向。

例如，物体 A 与物体 B 相互接触[图 2-7(a)]，当用一水平向左的力 $\boldsymbol{F}$ 拉物体 A(尚未拉动)时，A 相对于 B 有向左滑动的趋势，故 A 受到 B 作用于它的静摩擦力 $\boldsymbol{f}$ 的方向向右[图 2-7(b)]；与此同时，B 相对于 A 有向右滑动的趋势，故 B 受到 A 作用于它的静摩擦力 $\boldsymbol{f}'$ 的方向向左，物体 B 的受力如[图 2-7(c)]所示。$\boldsymbol{f}$，$\boldsymbol{f}'$ 是一对作用力与反作用力。

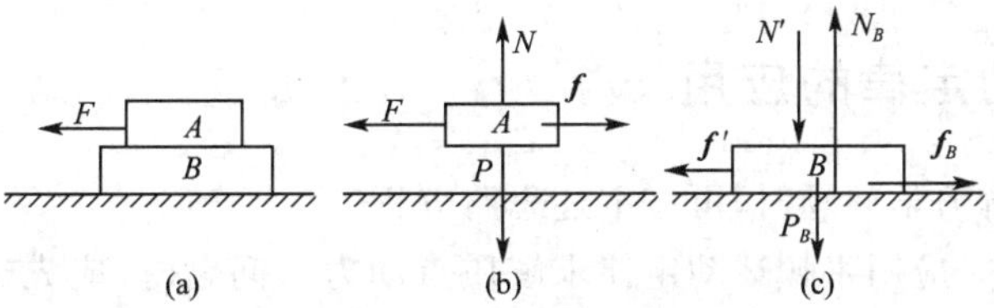

图 2-7　物体受水平向左拉力的力

静摩擦力的大小需要根据受力情况来确定。上例中，当拉力 $\boldsymbol{F}$ 一定时，静摩擦力 $\boldsymbol{f}$ 一定且由平衡条件知 $\boldsymbol{F}$ 和 $\boldsymbol{f}$ 等值反向；当拉力增大或减小时，相应地，静摩擦力也随着增大或减小。当拉力增大到某一数值时，物体 A 将开始滑动，可见静摩擦力增加到这一数值后不能再增加。这时的静摩擦力称为“**最大静摩擦力**”，用 $f_{\max}$ 表示。由此可见，静摩擦力大小的变化范围是 $0\leqslant f\leqslant f_{\max}$。实验表明，作用在物体上的最大静摩擦力的大小 $f_{\max}$ 与物体受到的法向力 N 成正比，即

$$f_{\max}=\mu_0 N \tag{2-14}$$

式中，μ_0 称为“**最大静摩擦系数**”，它与相互接触物体的表面材料、表面状况(如粗糙程度、温度、湿度等)有关。

(2)滑动摩擦力

两物体相互接触,并有相对滑动时,在两物体接触处出现的相互作用的摩擦力,称为“**滑动摩擦力**”。滑动摩擦力的作用线也在两物体接触处的公切面内,其方向总是与物体相对运动的方向相反。

例如,物体 A 与物体 B 相互接触,并在力 $\boldsymbol{F}$ 作用下运动[图 2-8(a)]。设某时刻 A 相对于地面的速度为 $\boldsymbol{v}_A$,B 相对于地面的速度为 $\boldsymbol{v}_B$,且 $v_B > v_A$。这时 A,B 之间有相对运动,A 相对于 B 的运动方向(以 B 为参考系时,A 的运动方向)向左,故 A 受到 B 作用于它的滑动摩擦力 $\boldsymbol{f}$ 的方向向右;B 相对于 A 的运动方向向右,故 B 受到 A 作用于它的滑动摩擦力 $\boldsymbol{f}'$ 的方向向左。$\boldsymbol{f}$ 和 $\boldsymbol{f}'$ 是一对作用力与反作用力。A 和 B 的受力图如图 2-8(b)和图 2-8(c)所示。

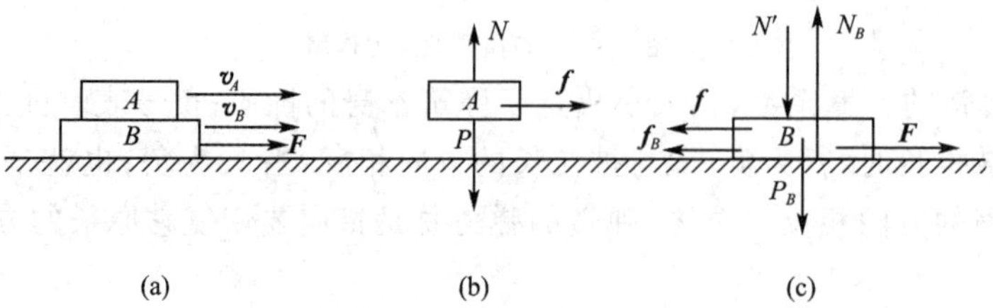

图 2-8　相互接触物体的受力

实验表明,作用在物体上的滑动摩擦力的大小也与物体受到的法向力的大小 N 成正比,即

$$f = \mu N \tag{2-15}$$

式中,μ 称为“**滑动摩擦系数**”,它不仅与物体接触表面的材料和状况有关,而且与相对滑动速度的大小有关。通常 μ 随相对滑动速度的增加而稍有减小,当相对速度不大时,μ 可近似看作常数。

在其他条件相同的情况下,一般来说,滑动摩擦系数小于最大静摩擦系数。摩擦力的规律是比较复杂的,式(2-14)、式(2-15)都是实验总结出的近似规律。至于摩擦力的起源问题,一般认为来自电磁相互作用。

2.1.4　牛顿运动定律的应用

利用牛顿定律求解力学问题时,可按下述思路分析:

(1)选取研究对象。应用牛顿运动定律求解质点动力学问题时,应先选定一个物体(当成质点)作为分析对象。进行具体分析时,可以把研究对象从一切和它有关联的物体中隔离出来,称之为“**隔离体**”。隔离体可以是几个物体的组合或某个特定物体,也可以是某个物体的一部分,视问题性质而定。

(2)画出受力图。分析研究对象的运动状态,包括它的轨迹、速度和加速度。问题涉及几个物体时,还要找出它们的运动之间的联系,并进而找出研究对象所受的所有外力。可画出简单的示意图表示物体受力情况与运动情况,这种图叫作“**受力图**”。

(3)选取坐标系。根据题目具体条件选取坐标系是求解动力学问题的一个重要步骤,坐标系选取得适当可使运算简化。

(4)列方程求解。根据选取的坐标系,列出研究对象的运动学方程和其他辅助性方程。

(5)讨论结果的物理意义,判断其是否合理和正确。

动力学问题一般有两类：一类是已知力的作用情况求运动；另一类是已知运动情况求力。这 2 类问题的分析方法是一样的，都可以按上面的步骤进行，只是未知数不同。

【例 2-1】 如图 2-9(a)所示的皮带运输机，设砖块与皮带间的静摩擦系数为 μ_S，砖块的质量为 m，皮带的倾斜角为 α。皮带向上匀速输送砖块时，它对砖块的静摩擦力多大？

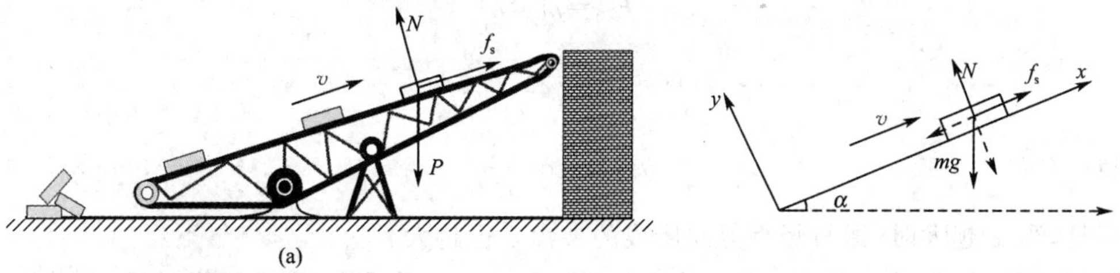

图 2-9　例 2-1

解　以砖块为研究对象。它向上匀速运动，因而加速度为 0。在上升过程中，它的受力情况如图 2-9(b)所示。

选 x 轴沿着皮带方向，则对砖块用牛顿第二定律，可得 x 方向的分量式为

$$-mg\sin\alpha+f_s=ma_x=0$$

由此得砖块受到的静摩擦力为

$$f_s=mg\sin\alpha$$

注意，此题不能用公式 $f_s=\mu_s N$ 求静摩擦力，因为这一公式只对最大静摩擦力适用。在静摩擦力不是最大的情况下，只能根据牛顿第二定律的要求求出静摩擦力。

【例 2-2】 如图 2-10(a)所示的圆锥摆，长为 l 的细绳一端固定在天花板上，另一端悬挂质量为 m 的小球，小球经推动后，在水平面内绕通过圆心 O 的铅直轴做角速率为 ω 的匀速率圆周运动。问：绳和铅直方向所成的角度 θ 为多少(空气阻力不计)？

解　小球受重力 $\boldsymbol{P}$ 和绳的拉力 $\boldsymbol{F}_T$ 作用，其运动方程为

$$\boldsymbol{F}_T+\boldsymbol{P}=m\boldsymbol{a} \tag{1}$$

式中，$\boldsymbol{a}$ 为小球的加速度。

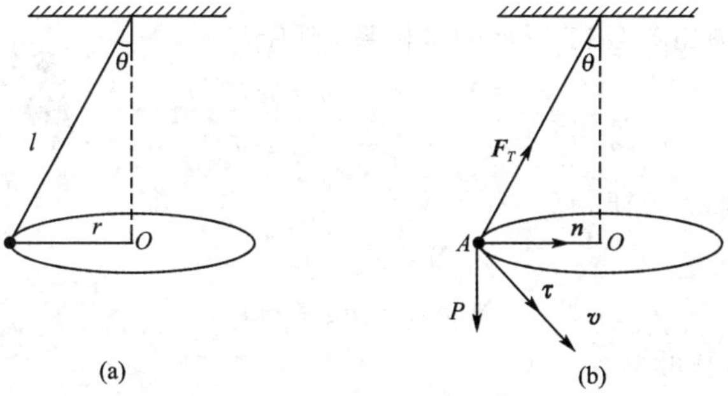

图 2-10　例 2-2

由于小球在水平面内做线速率 $v=r\omega$ 的匀速圆周运动，过圆周上任意点 A，取自然坐标系，其轴线方向的单位矢量分别为 $\boldsymbol{n}$ 和 $\boldsymbol{\tau}$，小球的法向加速度的大小 $a_n=\dfrac{v^2}{r}$，而切向加速度 $a_\tau=0$，且小球在任意位置的速度 $\boldsymbol{v}$ 的方向均与 $\boldsymbol{P}$ 和 $\boldsymbol{F}_T$ 所成的平面垂直。因此，按图 2-10(b)所选的坐标系，式(1)的分量式为

$$F_T\sin\theta=ma_n=m\frac{v^2}{r}=mr\omega^2$$

和 $$F_T\cos\theta-P=0 \tag{2}$$

由图 2-10 知 $r=l\sin\theta$，故由式(1)和(2)，得

$$F_T=m\omega^2 l$$

$$\cos\theta=\frac{mg}{m\omega^2 l}=\frac{g}{\omega^2 l} \tag{3}$$

得 $$\theta=\arccos\frac{g}{\omega^2 l}$$

可见，当 ω 越大时，绳与竖直方向所成的夹角 θ 也越大。

【例 2-3】 如图 2-11 所示，在光滑的水平地面上放一质量为 M 的楔块，楔块底角为 θ，斜边光滑。今在其斜边上放一质量为 m 的物块，求物块沿楔块下滑时对楔块和对地面的加速度。

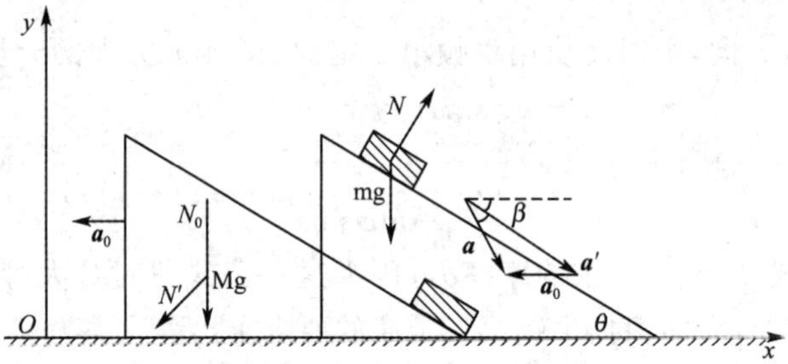

图 2-11 例 2-3

解 分别以楔块和物体为研究对象，它们受力情况如图 2-11 所示，其中 N 和 N'为二者之间的相互作用。由于水平地面光滑，在物块下滑过程中，楔块会向后退。以 $\boldsymbol{a}$ 表示物块对地面的加速度，它的方向与水平面成 β 角向下。以 $\boldsymbol{a}_0$ 表示楔块的加速度，它的方向水平向后。物体相对于楔块的加速度为 $\boldsymbol{a}'$。根据运动的相对性，有

$$\boldsymbol{a}=\boldsymbol{a}'+\boldsymbol{a}_0 \tag{1}$$

在地面参考系中选如图 2-11 所示的坐标系，则有

$$\begin{aligned} a_x&=a'_x-a_0=a'\cos\theta-a_0 \\ a_y&=a'_y=-a'\sin\theta \end{aligned} \tag{2}$$

对滑块应用牛顿第二定律，有

x 向： $$N\sin\theta=ma_x$$

y 向： $$N\cos\theta-mg=ma_y$$

利用上面的关系式，可得

$$N\sin\theta=ma'\cos\theta-ma_0 \tag{3}$$

$$N\cos\theta-mg=-ma'\sin\theta \tag{4}$$

对楔块应用牛顿第二定律，注意到 $N'=N$，就有 x 向：

$$N\sin\theta=Ma_0 \tag{5}$$

联立解(3)～(5)，得

$$a'=\frac{(M+m)\sin\theta}{M+m\sin^2\theta}g,\ a_0=\frac{m\sin\theta\cos\theta}{M+m\sin^2\theta}g$$

由此得

$$a=\sqrt{a_x^2+a_y^2}=\frac{\sin\theta\sqrt{M^2+m(2M+m)\sin^2\theta}}{M+m^2\sin^2\theta}g$$

方向角 β 由式给出：

$$\tan\beta=\left|\frac{a_y}{a_x}\right|=\left(1+\frac{m}{M}\right)\tan\theta$$

【例 2-4】 顶角为 2θ 的直圆锥体，底面固定在水平面上[图 2-12(a)]。质量为 m 的小球系在绳的一端，绳的另一端系在圆锥的顶点。绳长为 l，且不能伸长，质量不计，圆锥面是光滑的，今使小球在圆锥面上以角速度 ω 绕 OH 轴匀速转动，求

(1)锥面对小球的支持力 N 和细绳的张力 T；

(2)当 ω 增大到某一值 ω_c 时小球离开锥面，这时 ω_c 及 T 各是多少？

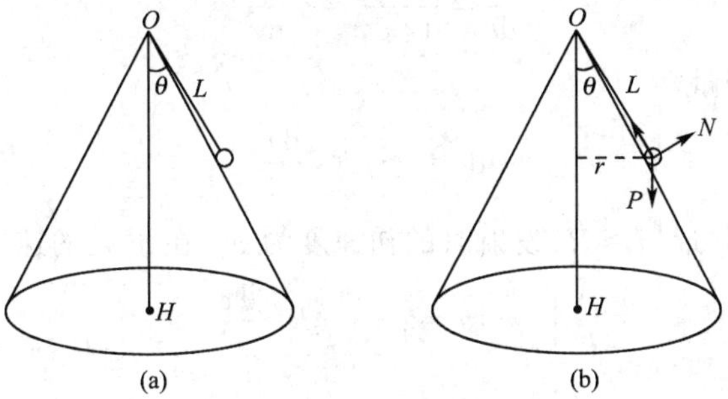

图 2-12　例 2-4

解　(1)小球受到绳的拉力 T、支持力 N 和重力 P 的作用，受力如图 2-12(b)所示，以 r 表示小球所在处圆锥体的水平截面半径，对小球列方程，则

$$T\sin\theta-N\cos\theta=ma_n=m\omega^2 r \tag{1}$$

$$T\cos\theta+N\sin\theta-mg=0 \tag{2}$$

式中 $r=l\sin\theta$，解得

$$N=mg\sin\theta-m\omega^2 l\sin\theta\cos\theta$$

$$T=mg\cos\theta+m\omega^2 l\sin^2\theta$$

(2) $\omega=\omega_c$，小球离开锥面，$N=0$，则

$$mg\sin\theta-m\omega_c^2 l\sin\theta\cos\theta=0$$

$$\omega_c=\sqrt{\frac{g}{l\cos\theta}}$$

$$T=\frac{mg}{\cos\theta}$$

【例 2-5】 由地面沿铅直方向发射质量为 m 的宇宙飞船(图 2-13)。试求宇宙飞船能脱离地球引力所需要的最小初速度。不计空气阻力及其他作用力。

解　选宇宙飞船为研究对象，取坐标轴向上为正。宇宙飞船只受地球引力的作用，根据万有引力定律，地球对宇宙飞船的引力大小为

$$F=G\frac{Mm}{x^2} \tag{1}$$

用 R 表示地球的半径，把 $G=\frac{gR^2}{M}$ 代入式(1)，得

$$F=\frac{mgR^2}{x^2} \tag{2}$$

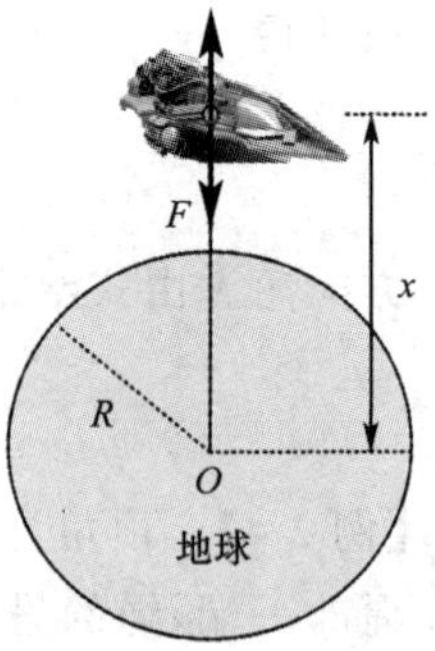

图 2-13　例 2-5

根据质点运动微分方程，有

$$m\frac{\mathrm{d}v}{\mathrm{d}t}=-\frac{mgR^2}{x^2}$$

$$\frac{\mathrm{d}v}{\mathrm{d}t}=-gR^2\frac{1}{x^2} \tag{3}$$

将 $\frac{\mathrm{d}v}{\mathrm{d}t}$ 改写为

$$\frac{\mathrm{d}v}{\mathrm{d}t}=\frac{\mathrm{d}v}{\mathrm{d}x}\frac{\mathrm{d}x}{\mathrm{d}t}=v\frac{\mathrm{d}v}{\mathrm{d}x} \tag{4}$$

代入式(3)并分离变量得

$$v\mathrm{d}v=-gR^2\frac{\mathrm{d}x}{x^2} \tag{5}$$

设宇宙飞船在地面附近($x\approx R$)发射时的初速度为 v_0，在 x 处的速度为 v，将式(5)积分，

$$\int_{v_0}^{v}v\mathrm{d}v=\int_{R}^{x}-gR^2\frac{\mathrm{d}x}{x^2}$$

故
$$v^2=v_0^2-2gR^2\left(\frac{1}{R}-\frac{1}{x}\right) \tag{6}$$

飞船要脱离地球引力的作用，这是一个物理条件，现要用数学关系式将其表示。这在处理各种实际问题时是经常遇到的，也是解决实际问题的很关键的一步。这里要宇宙飞船脱离地球引力的作用，意味着宇宙飞船的末位置 x 趋于无限大而 $v\geqslant 0$。把 $x\to\infty$ 时 $v=0$ 代入上式，即可求得宇宙飞船脱离地球引力所需的最小初速度(取地球的平均半径为 6 370 km)。

$$v_0=\sqrt{2gR}=11.2\ \mathrm{km/s}$$

这个速度称为“第二宇宙速度”。

理论计算表明，物体从地球表面附近以 $v_0=\sqrt{gR}=7.9\ \mathrm{km/s}$ 的速度沿水平方向发射后，将沿地面而绕地球做圆周运动，成为人造地球卫星，这个速度称为“第一宇宙速度”。而物体从地球表面附近以 $v_0=16.7\ \mathrm{km/s}$ 的速度被发射时，物体不仅能脱离地球引力，而且能脱离太阳引力(逃出太阳系)，这个速度称为“第三宇宙速度”。

值得指出的是，宇宙速度随发射地点而异，如果发射不在地面附近而在与地心距离为 r 处，这时第一、第二宇宙速度的表达式中的 R 都应该换成 r，g 都应换成 r 处的引力加速度 $\frac{GM}{r^2}$，因而该处的第一、第二宇宙速度可分别表示为

$$v_{\mathrm{I}}=\sqrt{\frac{GM}{r}}$$

$$v_{\mathrm{II}}=\sqrt{\frac{2GM}{r}}$$

【例 2-6】 一个水平的木制圆盘绕其中心竖直轴匀速转动(图 2-14)。在盘上离中心 $r=$

20 cm 处放一小铁块，如果铁块与木板间的静摩擦系数 $\mu_s = 0.4$，求圆盘转速增大到多少（以 r/min 表示）时，铁块开始在圆盘上移动？

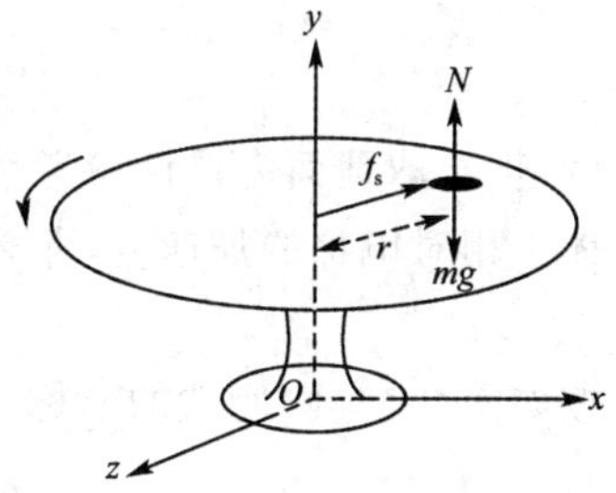

图 2-14　例 2-6

解　对铁块进行分析。它在盘上不动时，做半径为 r 的匀速圆周运动，具有法向加速度 $a_n = r\omega^2$。图 2-14 给出铁块受力情况，$\boldsymbol{f}_s$ 为静摩擦力。

对铁块用牛顿第二定律，得法向分量式为

$$f_s = ma_n = mr\omega^2 \tag{1}$$

由于

$$f_s \leqslant \mu_s N = \mu_s mg \tag{2}$$

因此

$$\mu_s mg \geqslant mr\omega^2 \tag{3}$$

即

$$\omega \leqslant \sqrt{\frac{\mu_s g}{r}} = \sqrt{\frac{0.4 \times 9.8}{0.2}} = 4.43 \text{ rad/s}$$

由此得

$$n = \frac{\omega}{2\pi} \leqslant 42.3 \text{ r/min}$$

这一结果说明，圆盘转速达到 42.3 r/min 时，铁块开始在盘上移动。

【例 2-7】　阿特伍德(Atwood)机

(1)如图 2-15(a)所示，一根细绳跨过定滑轮，在细绳两侧悬挂质量分别为 m_1 和 m_2 的物体，且 $m_1 > m_2$。假设滑轮的质量与细绳的质量均略去不计，滑轮与细绳间的摩擦力以及轮轴的摩擦力亦略去不计，试求重物释放后，物体的加速度和细绳的张力。

(2)若将上述装置固定在如图 2-15(b)所示的电梯顶部，当电梯以加速度 $\boldsymbol{a}$ 相对于地面竖直向上运动时，试求两物体相对电梯的加速度和细绳的张力。

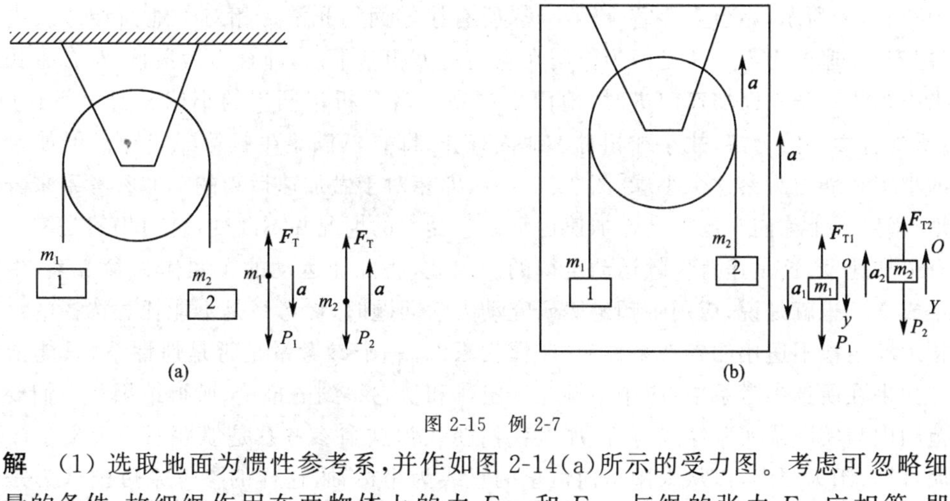

图 2-15　例 2-7

解　(1) 选取地面为惯性参考系，并作如图 2-14(a)所示的受力图。考虑可忽略细绳和滑轮质量的条件，故细绳作用在两物体上的力 F_{T1} 和 F_{T2}，与绳的张力 F_T 应相等，即 $F_{T1} = F_{T2} = F_T$，又按图 2-15 所示的加速度 $\boldsymbol{a}$，根据牛顿第二定律，有

$$\begin{aligned} m_1 g - F_T &= m_1 a \\ F_T - m_2 g &= m_2 a \end{aligned} \tag{1}$$

联立求解上式,可得两物体的加速度的大小和绳的张力分别为

$$a=\frac{m_1-m_2}{m_1+m_2}g,F_T=\frac{2m_1m_2}{m_1+m_2}g$$

(2)仍选取地面为惯性参考系,电梯相对地面的加速度为 $\boldsymbol{a}$。如图 2-15(b)所示,如以 $\boldsymbol{a}_r$ 为物体 1 相对电梯的加速度,那么物体 1 相对地面的加速度 $\boldsymbol{a}_1=\boldsymbol{a}_r+\boldsymbol{a}$。由牛顿第二定律,有

$$\boldsymbol{p}_1+\boldsymbol{F}_{T1}=m_1\boldsymbol{a}_1$$

按如图 2-15(b)所选的坐标,考虑到物体 1 被限制在 y 轴上运动,且 $a_1=a_r-a$,故式为

$$m_1g-F_{T1}=m_1a_1=m_1(a_r-a) \quad (2)$$

由于绳的长度不变,故物体 2 相对电梯的加速度的大小也是 a_r,物体 2 相对于地面的加速度为 $\boldsymbol{a}_2$。按如图 2-15(b)所选的坐标,$a_2=a_r+a$。于是,物体 2 的运动学方程为

$$F_T-m_2g=m_2a_2=m_2(a_r+a) \quad (3)$$

由式(2)和式(3),可得物体 1 和 2 相对电梯的加速度的大小为 $a_r=\frac{m_1-m_2}{m_1+m_2}(g+a)$,将上式代入式(2),得轻绳的张力为

$$F_T=\frac{2m_1m_2}{m_1+m_2}(g+a)$$

2.1.5 惯性系与非惯性系

1. 惯性系与非惯性系

在运动学中,研究质点的运动时,为便于研究问题,参考系可以任意选择。在动力学中,应用牛顿运动定律研究问题时,参考系是否也可以任意选择呢?我们先给出惯性系的定义:牛顿运动定律成立的参考系称为“**惯性系**”。一般来说,地面可以作为惯性系,相对于地面静止或做匀速直线运动的物体作为参考系(惯性系)。但牛顿运动定律是否参考系对任意都适用呢?用下面的例子来说明这个问题。

如图 2-16(a)所示,站台上停着一辆小车,所有接触面均光滑。相对于地面参考系进行分析,小车停着,加速度为零。这是因为作用在它上的力相互平衡,即合力为零,这符合牛顿运动定律。当小车相对于地面加速前进时,地面上的观察者分析车厢内的小球。如图 2-16(b)所示,小球所受合力仍然为零,故小球相对于地面静止,即仍然满足牛顿第二定律。但如果从加速启动的小车车厢内观察这个小球[图 2-16(c)],即相对于做加速运动的车厢参考系来分析小球的运动,将发现小球向车尾方向作加速运动。它受力的情况并不改变,合力仍然是零。合力为零而有了加速度,这是违背牛顿运动定律的。因此,将加速运动的车厢作为参考系,牛顿运动定律不成立。也就是说,应用牛顿定律研究动力学问题时,参考系是不能任意选择的。

牛顿运动定律不适用的参考系称为“**非惯性系**”。一个参考系是否是惯性系,只能依赖实验确定。如果在所选参考系中,应用牛顿运动定律和从它得到的推论,所得结果在人们要求的精确度范围内与实践或实验结果符合,那么我们就认为这个参考系是惯性系。天文学的研究结果表明:以太阳为原点,以从太阳指向恒星的直线为坐标轴,这样的参考系可被认为是惯性系。实验表明,相对于已知惯性系做匀速直线运动的参考系,牛顿定律也适用,故凡是相对惯性系做匀速直线运动的参考系都是惯性系,而相对惯性系做变速运动的参考系不是“惯性系”。

在图 2-16(c)中,如果设想有一力 $\boldsymbol{f}_0=-m\boldsymbol{a}_0$ 作用于小球,其大小等于小球质量 m 与加

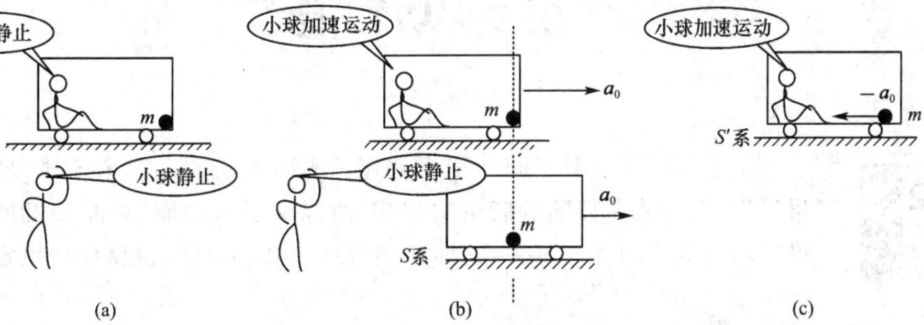

图 2-16 不同参考系下观察小车运动

速度 $\boldsymbol{a}_0$ 的乘积，其方向与小车相对于地面的加速度 $\boldsymbol{a}_0$ 相反，这样对于非惯性系仍可以沿用牛顿第二定律的形式，即在小车车厢内观察，小球由车厢前端向车尾加速运动是 $\boldsymbol{f}_0$ 作用的结果。在这里，我们将 $\boldsymbol{f}_0$ 称为惯性力。

惯性力与相互作用力不同。首先惯性力不是相互作用的，不存在惯性力的反作用力；其次，无论是惯性系还是非惯性系，都能够体现相互作用力，但只有在非惯性系中才能观测到惯性力。

2. 牛顿运动定律的适用范围

牛顿定律像其他一切物理定律一样，有一定的适用范围。

从 19 世纪末到 20 世纪初，物理学的研究领域开始从宏观世界深入微观世界；由低速运动扩展到高速(与光速比拟)运动。在高速和微观领域里，实验中发现了许多新的现象，这些现象用牛顿力学中的概念无法解释，从而显示了牛顿力学的局限性。

物理学的发展表明牛顿力学只适用于解决物体的低速运动问题，而不适用于处理物体的高速运动问题，物体的高速运动遵循相对论力学的规律；牛顿力学只适用于宏观物体，而不适用于微观粒子，微观粒子的运动遵循量子力学的规律。这就是说，牛顿力学只适用于宏观物体的低速运动，一般不适用于微观粒子和高速领域。

应该指出，目前遇到的工程实际问题，绝大多数都属于宏观、低速的范围，因此，牛顿力学仍然是一般技术科学的理论基础和解决工程实际问题的重要工具。

2.1.6 相对运动 绝对时空观

运动的状态的描述是相对的，与参考系的选择有关。研究力学问题时，常需要从不同的参考系来描述同一物体的运动，对于不同的参考系，同一质点的位移速度和加速度都可能不同，相对运动讨论的就是指在不同参考系中观察同一物体的运动。同一质点相对于两个相对做平动的参考系的速度之间的这一关系叫作“**伽利略速度变换**”。以上结论是在**绝对时空观**下得出的，即“长度的测量不依赖于参考系”“时间的测量不依赖于参考系”所以说，绝对时空观是伽利略变换成立的前提，伽利略变换是绝对时空观的数学抽象。

相对运动 绝对时空观

2.2 功和能

本节将研究力对空间的积累效应。先引入功的概念来描述力对空间的积累效应,做功总是伴随着能量的改变,所以又引入动能、势能和机械能的概念,得出功与能之间的定量关系,即动能定理、功能原理和机械能守恒定律。

功和能

2.2.1 功

1. 恒力的功

如果一质点在恒力 $\boldsymbol{F}$ 的作用下,沿图 2-17 所示的路径 ab 运动的过程中,力 $\boldsymbol{F}$ 作用点的位移为 $\boldsymbol{s}$,力 $\boldsymbol{F}$ 与质点位移之间的夹角为 θ,则力在位移 $\boldsymbol{s}$ 上的功可定义为

$$A = Fs\cos\theta \tag{2-16}$$

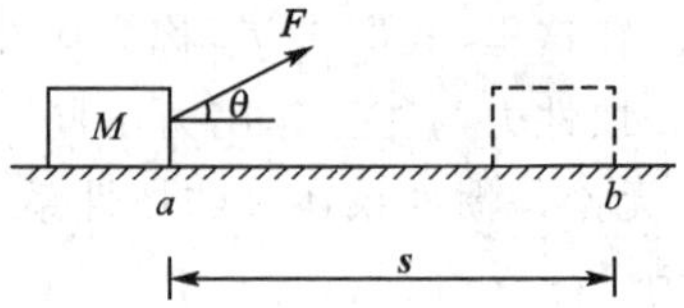

图 2-17 质点在恒力 $\boldsymbol{F}$ 的作用下运动

即恒力对质点所做的功为力在质点位移方向的分量与位移大小的乘积。从上式可以看出,当 $0<\theta<90°$ 时,功为正值,即力对质点做了正功;当 $90°<\theta\leqslant180°$ 时,功为负值,即力对质点做了负功,也可以说质点克服该力做了功;当 $\theta=90°$ 时,功为 0,即力不做功。例如在曲线运动中,法向力不做功。

根据矢量标积的定义,式(2-16)可改写为

$$A = \boldsymbol{F} \cdot \boldsymbol{s} \tag{2-17}$$

应当注意,式(2-16)和(2-17)仅当作用在沿直线运动质点上的力为恒力时才适用。如果质点沿曲线运动,并且作用在质点上的力的大小和方向都可能不断变化,这时如何计算变力在质点从 a 到 b 的过程中所做的功呢?

2. 变力的功

如图 2-18 所示,若质点沿曲线从 a 点运动到 b 点,在此过程中,可以把质点运动的轨迹分成许多无限小的有向线段,由于各线段分割得非常小,因此各线段都可以看成直线段,而且在各线段上的力也可近似看成恒力。力 $\boldsymbol{F}$ 在任一有向线段 $\mathrm{d}\boldsymbol{r}$(称为“**元位移**”)上所做的功称为“**元功**”,即

$$\mathrm{d}A = \boldsymbol{F} \cdot \mathrm{d}\boldsymbol{r} \tag{2-18}$$

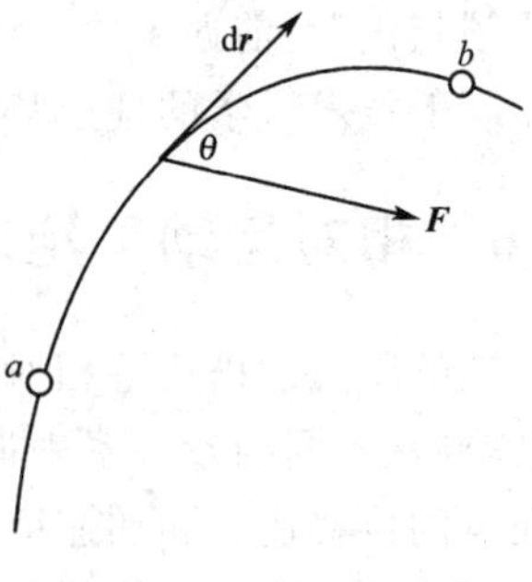

图 2-18 质点曲线运动的轨迹

在质点由位置 a 到达位置 b 的整个路径中,力 $\boldsymbol{F}$ 所做的功应是各线段位移上的功的和,可表示为

$$A = \int \mathrm{d}A = \int_a^b \boldsymbol{F} \cdot \mathrm{d}\boldsymbol{r} \tag{2-19}$$

若质点同时受到几个力 $\boldsymbol{F}_1, \boldsymbol{F}_2, \cdots, \boldsymbol{F}_n$ 的作用且在这些力作用下,由 a 点沿任意曲线运动到 b 点。用 $A_1, A_2, \cdots, A_n$ 分别代表 $\boldsymbol{F}_1, \boldsymbol{F}_2, \cdots, \boldsymbol{F}_n$ 在这一过程中对质点所做的功。由于功是代

数量，故在这一过程中，这些力对质点所做的总功应等于这些力分别对质点所做功的代数和，即

$$A=A_1+A_2+\cdots+A_n \tag{2-20}$$

【例 2-8】 一质量为 2 kg 的质点，在 xy 平面上运动，受到外力 $\boldsymbol{F}=4\boldsymbol{i}-24t^2\boldsymbol{j}$ (SI)的作用。$t=0$ 时，它的初速度为 $\boldsymbol{v}_0=3\boldsymbol{i}+4\boldsymbol{j}$ (SI)，求 $t=1$ s 时质点的速度及受到的法向力 $\boldsymbol{F}_n$。

解

$$\boldsymbol{a}=\frac{\boldsymbol{F}}{m}=2\boldsymbol{i}-12t^2\boldsymbol{j} \tag{1}$$

$$\boldsymbol{a}=\frac{\mathrm{d}\boldsymbol{v}}{\mathrm{d}t} \tag{2}$$

所以

$$\mathrm{d}\boldsymbol{v}=(2\boldsymbol{i}-12t^2\boldsymbol{j})\mathrm{d}t \tag{3}$$

$$\int_{\boldsymbol{v}_0}^{\boldsymbol{v}}\mathrm{d}\boldsymbol{v}=\int_0^t(2\boldsymbol{i}-12t^2\boldsymbol{j})\mathrm{d}t \tag{4}$$

所以

$$\boldsymbol{v}-\boldsymbol{v}_0=2t\boldsymbol{i}-4t^3\boldsymbol{j} \tag{5}$$

$$\boldsymbol{v}=\boldsymbol{v}_0+2t\boldsymbol{i}-4t^3\boldsymbol{j}=(3+2t)\boldsymbol{i}+(4-4t^3)\boldsymbol{j}$$

当 $t=1$ s 时，有

$$\boldsymbol{v}_1=5\boldsymbol{i}$$

故此时，有

$$\boldsymbol{a}_n=\boldsymbol{a}_y=-12\boldsymbol{j}$$

$$\boldsymbol{F}_n=m\boldsymbol{a}_n=-24\boldsymbol{j}\ \text{(SI)}$$

3. 功率

前面讨论了功，但没有考虑做功所需要的时间。实际上，时间的因素是很重要的。例如，两台机器做了相同的功，所需要的时间有长有短，应当加以区别。在物理学中，引入功率概念来表示做功的快慢。单位时间内做的功叫作**“功率”**，用 P 表示

$$P=\frac{\mathrm{d}A}{\mathrm{d}t}=\frac{\boldsymbol{F}\cdot\mathrm{d}\boldsymbol{r}}{\mathrm{d}t}=\boldsymbol{F}\cdot\boldsymbol{v} \tag{2-21}$$

此式说明，当机器的功率一定时，速度慢，力就大；速度快，力就小。例如，机车在发挥最大功率行驶时，在平地上需要的牵引力较小，可以高速前进；在爬坡时需要的牵引力较大，就得低速行驶。

2.2.2 动能定理

1. 质点的动能定理

一质量为 m 的物体在变力 $\boldsymbol{F}$ 的作用下，从 a 点沿曲线运动到 b 点(图 2-19)。分别用 $\boldsymbol{v}_a$ 和 $\boldsymbol{v}_b$ 表示它在起点 a 和终点 b 处的速度。根据牛顿第二定律，有

$$\boldsymbol{F}=m\frac{\mathrm{d}\boldsymbol{v}}{\mathrm{d}t}$$

等式两边同时乘 $\mathrm{d}\boldsymbol{r}$，有

$$\boldsymbol{F}\cdot\mathrm{d}\boldsymbol{r}=m\frac{\mathrm{d}\boldsymbol{v}}{\mathrm{d}t}\cdot\mathrm{d}\boldsymbol{r}$$

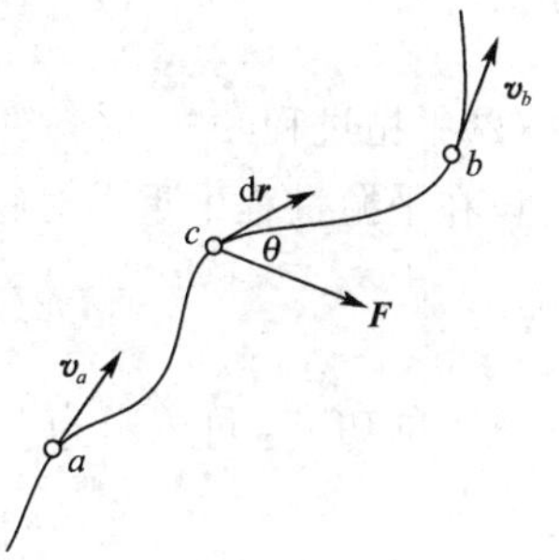

图 2-19 曲线运动的物体

其中

$$m\frac{\mathrm{d}\boldsymbol{v}}{\mathrm{d}t}\cdot\mathrm{d}\boldsymbol{r}=m\mathrm{d}\boldsymbol{v}\cdot\frac{\mathrm{d}\boldsymbol{r}}{\mathrm{d}t}=m\boldsymbol{v}\cdot\mathrm{d}\boldsymbol{v}=m\mathrm{d}\left(\frac{1}{2}\boldsymbol{v}\cdot\boldsymbol{v}\right)=\mathrm{d}\left(\frac{1}{2}mv^2\right) \tag{2-22}$$

因此有

$$\boldsymbol{F}\cdot\mathrm{d}\boldsymbol{r}=\mathrm{d}\left(\frac{1}{2}mv^2\right)$$

积分得

$$\int_a^b \boldsymbol{F}\cdot\mathrm{d}\boldsymbol{r}=\int_{\boldsymbol{v}_a}^{\boldsymbol{v}_b}\mathrm{d}\left(\frac{1}{2}mv^2\right)=\frac{1}{2}mv_b^2-\frac{1}{2}mv_a^2 \tag{2-23}$$

式中，$\frac{1}{2}m\boldsymbol{v}^2$称为物体的动能，用 E_k 表示，即

$$E_k=\frac{1}{2}mv^2$$

因此，上式可表示为

$$A_{ab}=E_{kb}-E_{ka} \tag{2-24}$$

式(2-24)表明，合外力对质点所做的功等于质点动能的增量。这个结论称为"质点的**动能定理**"。从质点的动能定理可以看出：当合力做正功时，质点动能增加；反之，当合力做负功时，质点动能减少。合外力在某一过程中对质点所做的功，只与运动质点在该过程的始、末两状态的动能有关，而与质点在运动过程中动能变化的细节无关。因此，在解决某些力学问题时，动能定理往往比牛顿第二定律要简便得多。

【例 2-9】 一物体从高度 h 处，以初速率 v_0 竖直向下或沿水平方向抛出(图 2-20)。试用动能定理计算在这两次抛掷中物体落地的速率。

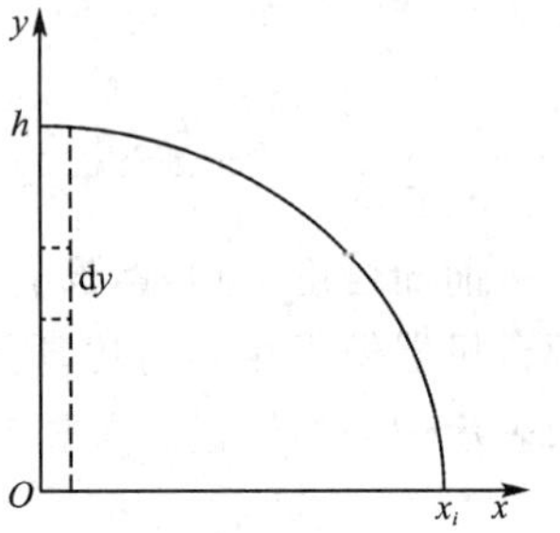

图 2-20　例 2-9

解　(1)竖直下抛过程

设在此过程中重力对物体所做功为 A_1，物体落地速率为 v_1，根据动能定理有

$$\frac{1}{2}mv_1^2-\frac{1}{2}mv_0^2=A_1$$

建立如图所示的直角坐标系，重力的功 A_1 可表示为

$$A_1=-\int_h^0 mg\,\mathrm{d}y=mgh$$

将此结果代入上式可得

$$v_1=\sqrt{v_0^2+2gh}$$

(2)平抛过程

设在平抛过程中重力对物体所做功为 A_2，物体落地速率为 v_2，于是有

$$\frac{1}{2}mv_2^2-\frac{1}{2}mv_0^2=A_2$$

重力的功 A_2 可表示为

$$A_2=-\int_h^0 mg\,\mathrm{d}y=mgh$$

物体落地速率 v_2 为

$$v_2=\sqrt{v_0^2+2gh}=v_1$$

由此可见，在竖直向下抛或平抛这个过程中，物体的落地速率相同。不难看出，只要高度和初速率一定，无论沿什么方向抛出，物体的落地速率都相同。这是重力的功与路径无关的

缘故。

2. 质点系动能定理

现在，将质点的动能定理推广到质点系。设质点系由 n 个相互作用的质点组成，其中第 i 个质点的质量为 m_i，所受内力（系统内其他质点对此质点的作用力的矢量和）为 $\boldsymbol{f}_i$，所受外力（系统外的物体对此质点的作用力的矢量和）为 $\boldsymbol{F}_i$。设在某个变化过程中，m_i 上的外力与内力对它做的功分别为 $A_{i外}$ 与 $A_{i内}$，使该质点的速率由 v_{ia} 变为 v_{ib}，则由质点动能定理有

$$A_{i外}+A_{i内}=\frac{1}{2}m_iv_{ib}^2-\frac{1}{2}m_iv_{ia}^2 \tag{2-25}$$

对于系统中的所有质点

$$\sum_i A_{i外}+\sum_i A_{i内}=\sum_i \frac{1}{2}m_iv_{ib}^2-\sum_i \frac{1}{2}m_iv_{ia}^2 \tag{2-26}$$

令

$$A_外=\sum_i A_{i外},A_内=\sum_i A_{i内}$$

$$E_{ka}=\sum_i \frac{1}{2}m_iv_{ia}^2,E_{kb}=\sum_i \frac{1}{2}m_iv_{ib}^2$$

则式(2-26)可表示为

$$A_外+A_内=E_{kb}-E_{ka} \tag{2-27}$$

上式即**质点系的动能定理**，它说明系统的外力做功与内力做功的总和（合力的功）等于系统动能的增量。

3. 动能定理的应用

应用动能定理解决力学问题时，一般可按以下步骤进行：

(1)确定研究对象。

(2)分析研究对象的受力情况和各力的做功情况。即要分析哪些力做功，哪些力不做功；哪些力做正功，哪些力做负功。

(3)选定研究过程。明确过程的初状态和末状态，确定初、末状态的动能。

(4)列方程。根据动能定理列出方程，并列出必要的辅助性方程。

(5)解方程，求出结果，并对结果进行必要的讨论。演算中注意单位的正确选用。

【例 2-10】 如图 2-21 所示，劲度系数为 k 的弹簧上连接一轻质板 A，弹簧及板 A 的质量均可忽略不计。当系统处于平衡状态（弹簧处于原长）时，突然无初速度放置一质量为 M 的物体。求弹簧的最大压缩量。

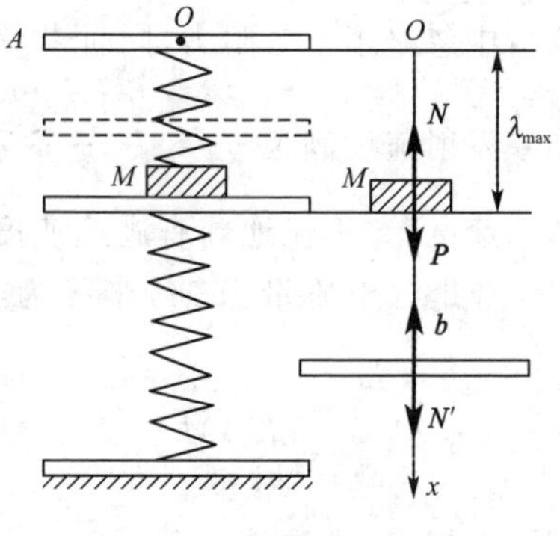

图 2-21 例 2-10

解 选物体 M 为研究对象，物体只受重力 $\boldsymbol{P}$ 和支承力 $\boldsymbol{N}$ 的作用。取 A 板为研究对象，A

板只受压力 $\boldsymbol{N}'$ 及弹性力 $\boldsymbol{F}$ 的作用。由于 A 板的质量不计，故 $N'=F$，又根据牛顿第三定律，有 $N=N'$，故 $N=F$。若以弹簧原长 O 处为坐标原点并铅直向下作 Ox 轴。设弹簧最大压缩量为 $\lambda_{\max}$，物体从起始位置 $x_1=0$ 移动到终末位置 $x_2=\lambda_{\max}$ 的过程中，重力和支承力的功分别为

$$A_1=mg\lambda_{\max}$$

$$A_2=\int_0^{\lambda_{\max}}(-kx)\mathrm{d}x=-\frac{1}{2}k\lambda_{\max}^2$$

其中，重力对物体做正功，支承力对物体做负功。按题意，物体在起始位置 $x_1=0$ 及终末位置 $x_2=\lambda_{\max}$ 处的速度均为 0，根据动能定理，有

$$mg\lambda_{\max}-\frac{1}{2}k\lambda_{\max}^2=0$$

故

$$\lambda_{\max}=2\frac{mg}{k}$$

【例 2-11】 把质量为 m 的物体，从地球表面沿与铅直方向夹角为 α 的方向发射出去（图 2-22）。试求能使物体脱离地球引力场而做宇宙飞行所需要的最小初速度——第二宇宙速度。

解 取地球中心为坐标原点，并假设地球是半径为 R_e、质量为 M_e 的均质球。根据前面得出的结论，物体从初始位置（$r_1=R_e$）运动到终末位置（$r_2-\infty$）的过程中，万有引力的功为

$$A=-G\frac{mM_e}{R_e}=-G\frac{M_eR_e}{R_e^2}m=-mgR_e$$

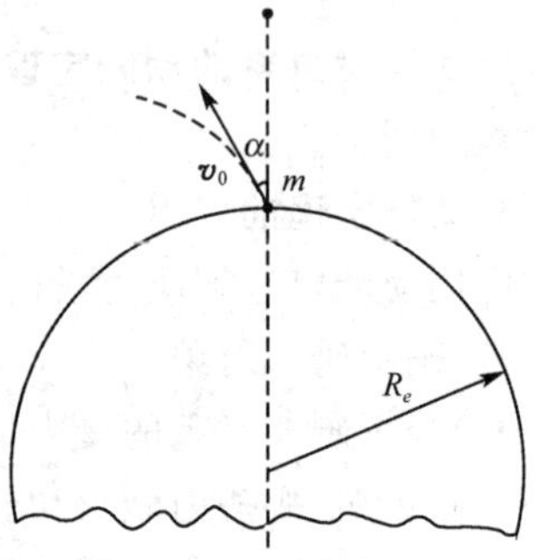

图 2-22　例 2-11

考虑到所求的是最小初速度，故当 $r_2\to\infty$ 时，应取物体的速度 $v=0$。根据动能定理，有

$$-mgR_e=0-\frac{1}{2}mv_0^2$$

故

$$v_0=\sqrt{2gR_e}=\sqrt{\frac{2GM_e}{R_e}}=11.2\times10^3\ \mathrm{m/s}$$

需要指出的是，在上面的分析中忽略了空气阻力，同时未考虑地球自转等的影响。把物体从地球表面沿任意方向发射，如果发射速度满足 $v_e=\sqrt{\dfrac{2GM_e}{R_e}}$，物体将脱离地球引力作用一去不复返，故 v_e 也称为“地球的逃逸速度”。不仅地球有逃逸速度，每个星体都有自己的逃逸速度，由于万有引力是普遍适用的，因此对于质量为 M，半径为 R 的任意星体来说，其逃逸速度为

$$v_e=\sqrt{\frac{2GM}{R}}$$

可见星体质量 M 越大，半径 R 越小，逃逸速度就越大。若某星体的质量为 M_B，半径为 R_B，其逃逸速度等于光速 C，则这个星体的质量 M_B 和半径 R_B 间的关系为

$$R_B=\frac{2GM_B}{C^2}$$

通常把 R_B 称为“引力半径”或“史瓦西半径”。

2.2.3　几种常见力的功

1. 重力的功

当物体在地面附近运动时，重力将对它做功。如图 2-23 所示，设质量为 m 的质点由位置 a 沿某路径 L 到达位置 b，a 点和 b 点对所选取的参考平面来说，高度分别为 h_a 和 h_b，在路径 L 上取任一元位移 $\mathrm{d}\boldsymbol{r}$，重力所做的元功为

$$\mathrm{d}A=mg\cos\theta\mathrm{d}r=mg\,\mathrm{d}y \tag{2-28}$$

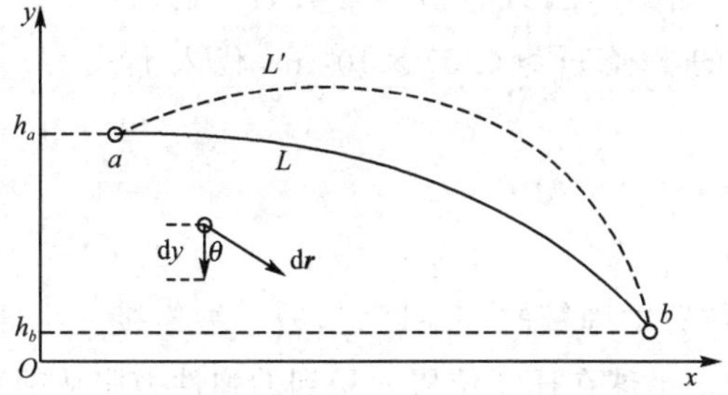

图 2-23　变化路径的质点运动情况

式中，$\mathrm{d}y$ 是质点在元位移 $\mathrm{d}\boldsymbol{r}$ 中下降的高度。质点从 a 点到 b 点，重力所做的功为

$$A=\int\mathrm{d}A=\int_{h_a}^{h_b}mg\,\mathrm{d}y=mgh_a-mgh_b \tag{2-29}$$

由式(2-29)可以看出，重力对质点所做功等于质点始、末位置的高度差与重力的乘积。如果改变质点由 a 到 b 的路径，如换成图中曲线 L'，所做的功仍然不变。这说明重力对质点所做的功只和质点的初、末位置的高度有关，而与质点由初位置到末位置所经过的路径无关。

2. 万有引力的功

人造地球卫星运动时受到地球的引力，行星运动时受到太阳的引力。这类问题可近似归结为一个运动质点受到另一固定质点的万有引力作用。运动质点的质量相对较小，用 m 表示；固定质点的质量相对较大，用 M 表示。现在计算万有引力对运动质点所做的功。如图 2-24 所示，运动质点由位置 a 沿路径 L 到达位置 b。在路径上任取一元位移 $\mathrm{d}\boldsymbol{r}$，万有引力所做元功为

$$\mathrm{d}A=\boldsymbol{F}\cdot\mathrm{d}\boldsymbol{r}=-G\frac{Mm}{r^2}\boldsymbol{r}_0\cdot\mathrm{d}\boldsymbol{r} \tag{2-30}$$

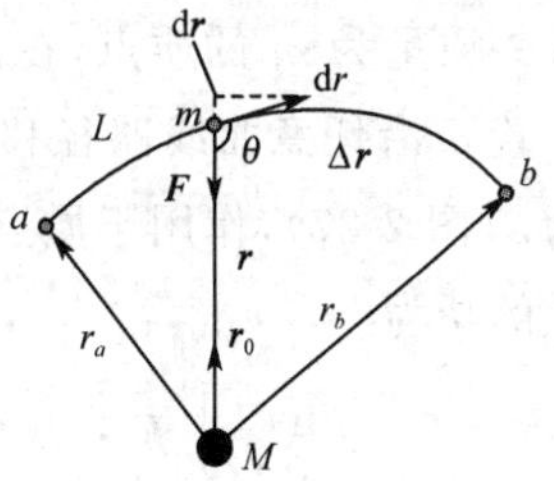

图 2-24　行星运动时受到的太阳引力

由图可知，$\boldsymbol{r}_0\cdot\mathrm{d}\boldsymbol{r}=|\boldsymbol{r}_0|\cdot|\mathrm{d}\boldsymbol{r}|\cdot\cos(\pi-\theta)=\mathrm{d}r$，所以上式可写为

$$\mathrm{d}A=\boldsymbol{F}\cdot\mathrm{d}\boldsymbol{r}=-G\frac{Mm}{r^2}\mathrm{d}r \tag{2-31}$$

当质点 m 从 a 沿路径 L 到达 b 时万有引力所做的总功为

$$A_{ab}=\int_a^b \mathrm{d}A=\int_{r_a}^{r_b}-G\frac{Mm}{r^2}\mathrm{d}r=-GMm\left(\frac{1}{r_a}-\frac{1}{r_b}\right) \tag{2-32}$$

式(2-32)表明，万有引力对质点所做的功只和质点的始、末位置有关，而与质点由初位置到末位置所经过的路径无关，与重力做功的特点相同。

【例 2-12】 试求一质量为 m 的物体，从地球表面发射到无穷远处(可以认为脱离地球引力范围)的过程中，地球对物体的万有引力所做的功，如图 2-25 所示。

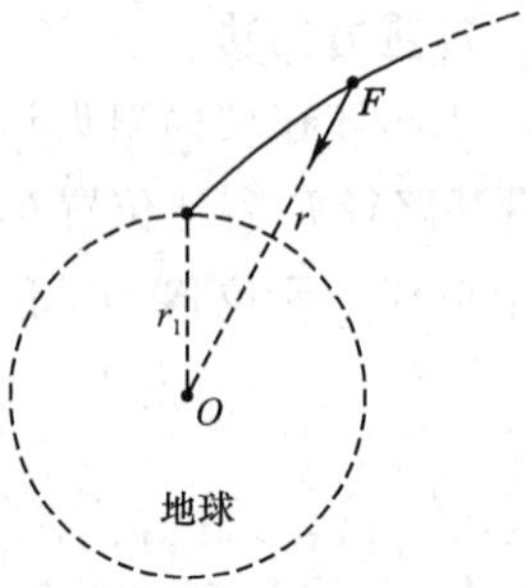

图 2-25　例 2-12

解　万有引力 $\boldsymbol{F}$ 在这个过程中做的功为

$$A=\int_{r_1}^{\infty}-G\frac{mM}{r^2}\mathrm{d}r=-G\frac{mM}{r_1}$$

其中，地球质量 $M=5.98\times10^{24}$ kg，万有引力常数 $G=6.67\times10^{-11}$ $\mathrm{m^3/(kg\cdot s^2)}$，地球的半径 $r_1\approx6.37\times10^6$ m，代入上式可得

$$A=-6.26\times10^9\ \mathrm{J}$$

3. 弹性力的功

如图 2-26 所示，水平放置的弹簧的一端固定，另一端连接一小球。以弹簧自然伸长时小球的位置为原点建立 x 轴。小球在任意位置 c 受到的弹性力服从胡克定律，为 $F=-kx$。在小球由位置 a 沿 x 轴移动到位置 b 的过程中，弹性力做了多少功呢？

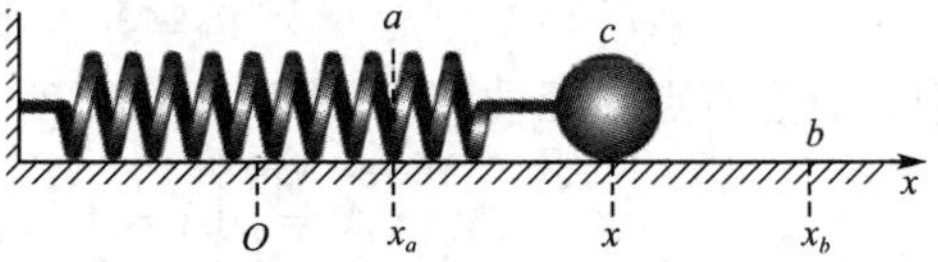

图 2-26　弹簧的始末位置

取路径上任一元位移 $\mathrm{d}x$，弹性力所做的元功 $\mathrm{d}A=\boldsymbol{F}\cdot\mathrm{d}\boldsymbol{r}=-kx\mathrm{d}x$。在小球从 a 沿 x 轴到达 b 的过程中，弹性力所做的总功为

$$A=\int_a^b-kx\,\mathrm{d}x=-\int_{x_a}^{x_b}kx\,\mathrm{d}x=\frac{1}{2}kx_a^2-\frac{1}{2}kx_b^2 \tag{2-33}$$

式(2-33)表明，弹性力的功只和质点的始、末位置有关，而与质点由初位置到末位置，所经过的路径无关。假若质点由 a 到达 b 后继续运动到某点(在弹性范围内)，然后再返回 b，弹性力所做的功与式(2-33)相同。

4. 摩擦力的功

一质量为 m 的质点，在固定的粗糙水平面上，由起始位置 a 沿任意曲线路径移动到位置 b，所经路径的长度为 s(图 2-27)，作用于质点的摩擦力 $\boldsymbol{F}$ 在这个过程中所做的功为

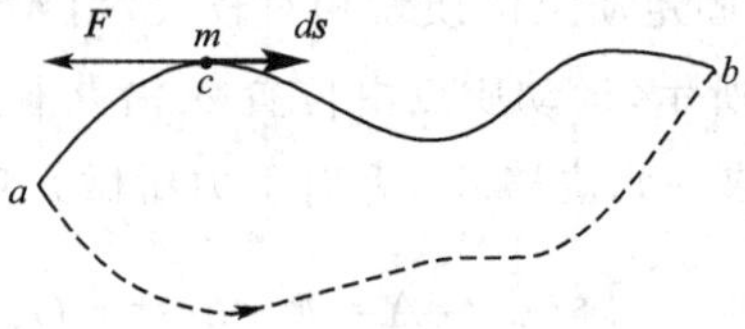

图 2-27　质点的曲线路径

$$A=\int_a^b\boldsymbol{F}\cdot d\boldsymbol{s}=\int_a^b F\cos\alpha\,\mathrm{d}s$$

由于摩擦力 $\boldsymbol{F}$ 的方向始终与质点速度的方向相反，$\alpha=\pi$，因此 $\cos\alpha=-1$，而力的大小为 $F=\mu mg$，μ 为滑动摩擦系数，故有

$$A=-\mu mgs \tag{2-34}$$

式(2-34)表明,摩擦力对质点所做的功不仅与质点的始、末位置有关,而且与质点所行经的路径有关。

2.2.4　势能

1. 保守力

在前面我们介绍了重力、万有引力、弹性力所做的功。这些力在做功方面有一个共同的特点:功的大小只与物体的始末位置有关,而与其所经历的路径无关。凡具有这种特点的力,称为“**保守力**”。重力、万有引力和弹性力,还有其他一些力如静电作用力等,都是保守力。相反,不具有这种特性的力称为“**非保守力**”。摩擦力就是非保守力。

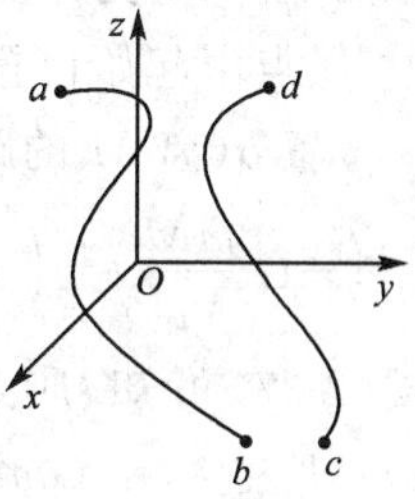

图 2-28　重力做功

2. 势能

保守力的功与路径无关的性质,大大简化了对保守力做功的计算,并由此引入了势能的概念。在仅有保守力做功的情况下,质点从 a 点沿任意路径移动到 b 点时,其动能将发生确定的变化。例如,在重力场中,仅有重力做功的情况下(图 2-28),质点由 a 点沿任意路径移动到 b 点时,重力对质点做正功,质点的动能增大;质点由 c 点沿任意路径移动到 d 点时,重力对质点做负功,质点的动能减少。考虑到保守力做功仅与始、末位置有关,而与中间路径无关。因此,可认为,质点在保守力场中与位置改变相伴随的动能增减,表明了在保守力场中的各点都蕴藏着一种能量。这种能量在质点位置改变时,有时释放出来,转变为质点的动能,表现为质点动能增大;有时储藏起来,表现为质点动能的减少。这种蕴藏在保守力场中与位置有关的能量称为**势能**(也称为“位能”)。

为了比较质点在保守力场中各点势能的大小,可在其中任意选定一个参考点 M_0,并令 M_0 点的势能等于零,把 M_0 点称为“势能零点”。定义:质点在保守力场中某 M 点的势能,在量值上等于质点从 M 点移动至势能零点 M_0 的过程中保守力 $\boldsymbol{F}$ 所做的功,如用 E_p 代表质点在 M 点时的势能,则有

$$E_\mathrm{p}=\int_{M}^{M_0}\boldsymbol{F}\cdot\mathrm{d}\boldsymbol{r} \tag{2-35}$$

1. 重力势能

质点处于地球表面附近重力场中任一点时,都具有重力势能。设质量为 m 的质点,处于重力场中 $M(x,y,z)$点(图 2-29)。建立直角坐标系 $Oxyz$,取 Oxy 平面内任意一点 M_0 为势能零点,则质点在 M 点的重力势能应等于把质点从 M 点移动到势能零点 M_0 的过程中重力所做的功

$$E_\mathrm{p}=\int_{z}^{0}(-mg)\mathrm{d}z=mgz \tag{2-36}$$

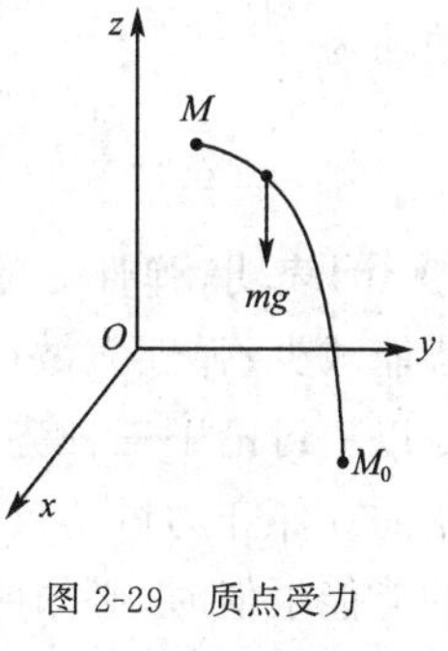

图 2-29　质点受力

由式(2-36)可看出,重力势能等于重力 mg 与质点和势能零点间的高度差 z 的乘积。

2. 万有引力势能

设有一质量为 M 的质点,在它的万有引力场中的 c 点处,有一质量为 m 的质点,c 点到 M 的距离为 r(图 2-30)。习惯上选择无穷远处为万有引力势能的零势能位置。根据势能的定

义，质点在 c 点具有的万有引力势能应等于把质点 m 从 c 点移动到无穷远的过程中万有引力所做的功，即

$$E_{\mathrm{p}}=\int_{r}^{\infty}\left(-G\frac{mM}{r^{2}}\right)\mathrm{d}r=-G\frac{mM}{r} \tag{2-37}$$

式中，负号表示质点在万有引力场中任一点的万有引力势能均小于质点在无穷远处的万有引力势能。不难看出，万有引力势能的等势面是以 M 为球心的一系列同心球面(图 2-30)。在万有引力场中，质点由起始位置 a(离 M 的距离为 r_a)沿任意路径移动到终末位置 b(离 M 的距离为 r_b)，万有引力的功为

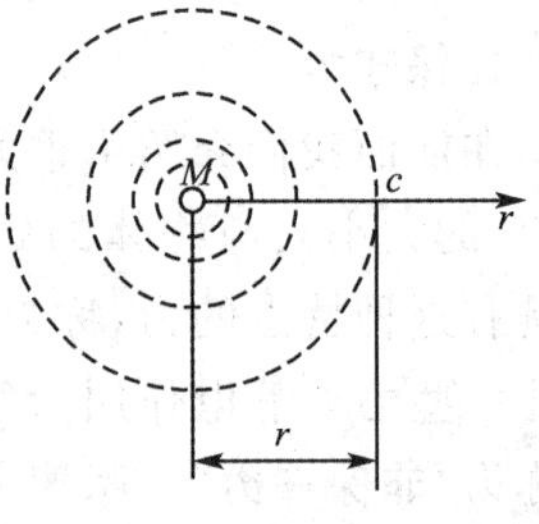

图 2-30　万有引力势能等势面

$$A=\left(-G\frac{mM}{r_a}\right)-\left(-G\frac{mM}{r_b}\right)=-\left[\left(-G\frac{mM}{r_b}\right)-\left(-G\frac{mM}{r_a}\right)\right]$$

由式(2-37)可知，质点在 a 和 b 的万有引力势能分别为 $E_{pa}=-\dfrac{GmM}{r_a}$，$E_{pb}=-\dfrac{GmM}{r_b}$。

因此

$$A=-(E_{pb}-E_{pa})=-\Delta E_{\mathrm{p}} \tag{2-38}$$

式(2-38)表明，在万有引力场中，质点从初位置移动到末位置，万有引力所做的功等于质点在始、末位置万有引力势能增量的负值。若万有引力做正功，则万有引力势能减少；若万有引力做负功，则万有引力势能增加。

3. 弹性势能

处于弹性形变状态的物体也具有能量。被拉伸或压缩的弹簧，在恢复原状的过程中是能够做功的，我们把这种能量称为“弹性势能”。如图 2-31 所示，弹簧劲度系数为 k，以弹簧原长处 O 为坐标原点，作 Ox 坐标轴，则质量为 m 小球处在弹簧变形量为 x 的 c 点所具有的弹性势能等于把小球从 c 点移动到 O 点的过程中弹性力所做的功，即

$$E_{\mathrm{p}}=\int_{z}^{0}(-kx)\mathrm{d}x=\frac{1}{2}kx^{2} \tag{2-39}$$

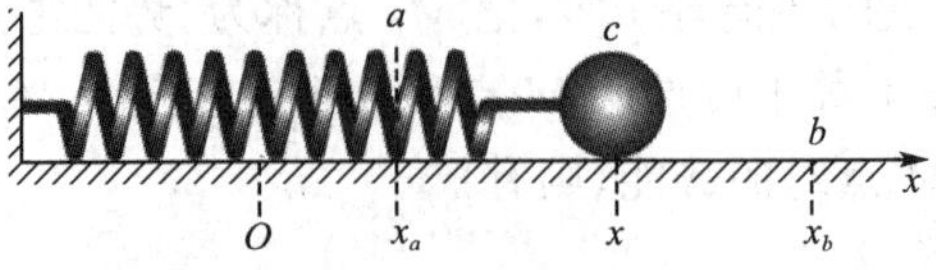

图 2-31　弹簧与小球

弹性势能等于弹簧的劲度系数与其变形量平方乘积的一半。而质点在弹性力场中由起始位置 x_a 移到终末位置 x_b 的过程中弹性力所做的功为

$$A=\frac{1}{2}kx_a^2-\frac{1}{2}kx_b^2=-\left(\frac{1}{2}kx_b^2-\frac{1}{2}kx_a^2\right)=-(E_{pb}-E_{pa})=-\Delta E_{\mathrm{p}} \tag{2-40}$$

式(2-40)表明，弹性力的功等于质点在始、末两位置弹性势能增量的负值。弹性力做正功，弹性势能减少；弹性力做负功，弹性势能增加。

以上讨论了三种势能，需要指出的是，势能概念的引入是以质点处于保守力场这一事实为依据的。保守力做功仅与始、末位置有关，而与中间路径无关。当我们讲质点在保守力场中某点的势能量值时，必须明确是相对哪个零势能位置而言的。虽然势能的量值只有相对意义，但是不管如何选取零势能位置，质点在保守力场中确定的两个不同位置的势能之差是不变的。重力、万有引力和弹性力都是保守力。保守力的功与路径无关的性质，大大简化了对保守力做功的计算。引入势能的概念后，保守力的功可简单写为

$$A=-(E_{pb}-E_{pa})=-\Delta E_p \tag{2-41}$$

对于一个元过程来说，有

$$dA=-dE_p \tag{2-42}$$

即保守力在某一过程中做的功，等于该过程的始、末两个状态势能增量的负值。这是一个很重要的、有普遍意义的结论。

2.2.5　质点系的功能原理　机械能守恒定律

1. 质点系的功能原理

系统的内力有保守力和非保守力之分。因此，内力的功可以分为两个部分——保守内力的功 $A_{保内}$ 和非保守内力的功 $A_{非保内}$，即

$$A_{内}=A_{保内}+A_{非保内} \tag{2-43}$$

其中，保守内力的功 $A_{保内}$ 可用系统势能增量的负值表示

$$A_{保内}=-\Delta E_p \tag{2-44}$$

因此，功能原理表达式可表示为

$$A_{外}+A_{非保内}=\Delta E_k+\Delta E_p=\Delta E \tag{2-45}$$

式中，ΔE 为系统机械能的增量。上式表明，当系统从状态 1 变化到状态 2 时，它的机械能的增量等于外力所做的功与非保守内力所做的功的总和。这个结论称为"**质点系的功能原理**"。

2. 机械能守恒定律

由功能原理可知，如果外力对系统做的功为 0，系统内部又没有非保守内力做功，则在运动中系统的动能与势能之和将保持不变，即当 $A_{外}=0$，$A_{非保内}=0$ 时，有

$$E_k+E_p=常量 \tag{2-46}$$

这就是**机械能守恒定律**。当系统的机械能守恒时，系统内各质点的动能仍然可以相互传递，系统的动能与势能之间，以及系统的不同类型的势能之间都可以相互转化。但是，系统的动能与势能的总和保持恒定。

【例 2-13】 如图 2-32(a)所示，在与水平面成 α 角的光滑斜面上放一质量为 m 的物体，此物体系于一劲度系数为 k 的轻弹簧的一端，弹簧的另一端固定。设物体最初静止，今使物体获得一沿斜面向下的速度，设起始动能为 E_{k_0}，试求物体在弹簧的伸长达到 x 时的动能。

解　如图 2-32(b)所示，设 l 为弹簧的原长，O 处为弹性势能零点，x_0 为挂上物体后的伸长量，O' 为物体的平衡位置；取弹簧伸长时物体所达到的 O'' 处为重力势能的零点。

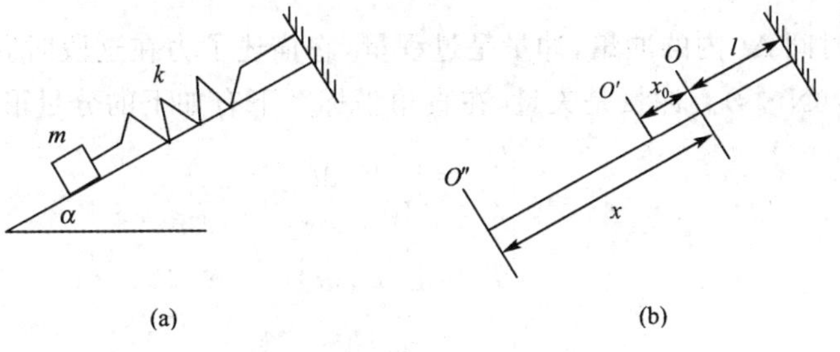

图 2-32　例 2-13

由题意得物体在 O' 处的机械能为

$$E_1=E_{k_0}+\frac{1}{2}kx_0^2+mg(x-x_0)\sin\alpha \tag{1}$$

在 O'' 处，其机械能为

$$E_2=\frac{1}{2}mv^2+\frac{1}{2}kx^2 \tag{2}$$

由于只有保守力做功，故系统机械能守恒，即

$$E_{k_0}+\frac{1}{2}kx_0^2+mg(x-x_0)\sin\alpha=\frac{1}{2}mv^2+\frac{1}{2}kx^2 \tag{3}$$

在平衡位置 O' 处有 $$mg\sin\alpha=kx_0$$

所以 $$x_0=\frac{mg\sin\alpha}{k} \tag{4}$$

代入上式整理得

$$\frac{1}{2}mv^2=E_{k_0}+mgx\sin\alpha-\frac{1}{2}kx^2-\frac{(mg\sin\alpha)^2}{2k}$$

2.3 冲量和动量

冲量和动量

本节将研究力对时间的积累。为了描述力在一段时间的累积作用，先引入冲量的概念。在冲量的作用下，质点的动量发生了变化，引入动量定理进行定量描述，之后讨论一种特殊情况——动量守恒定律。

2.3.1 冲量 质点的动量定理

1. 冲量

一般情况下，作用于物体上的力的大小和方向是变化的，但在极短的时间间隔内，可认为其不变，$\mathrm{d}t$ 表示极短的时间，$\boldsymbol{F}$ 表示这一极短的时间间隔内质点所受的力，该力所产生的积累效果可表示为

$$\mathrm{d}\boldsymbol{I}=\boldsymbol{F}\mathrm{d}t \tag{2-47}$$

式中，$\mathrm{d}\boldsymbol{I}$ 为力 $\boldsymbol{F}$ 在时间 $\mathrm{d}t$ 内的**元冲量**。变力 $\boldsymbol{F}$ 在时间间隔 $\Delta t=t_2-t_1$ 内的积累效果可表示为

$$\boldsymbol{I}=\int_{t_1}^{t_2}\boldsymbol{F}\mathrm{d}t \tag{2-48}$$

式中，$\boldsymbol{I}$ 为力 $\boldsymbol{F}$ 在时间 Δt 内的**冲量**，冲量是过程量，它描述了力在这段时间内的积累效果。冲量的单位是牛·秒(N·s)。冲量是矢量，在直角坐标系下有如下的分量形式：

$$\begin{cases} I_x=\int_{t_1}^{t_2}F_x\mathrm{d}t \\ I_y=\int_{t_1}^{t_2}F_y\mathrm{d}t \\ I_z=\int_{t_1}^{t_2}F_z\mathrm{d}t \end{cases} \tag{2-49}$$

2. 动量

在研究力的作用效果及物体机械运动状态变化的时候，仅考虑速度是不够全面的，还要考

虑物体的质量。比如，有两个质量不同的物体——乒乓球和卡车，它们都以 2 m/s 的速度运动，你会担心哪一个物体对你的撞击？即使速度相同，但质量不同的物体的运动状态也是不同的。因此，描述物体的机械运动状态时应该同时考虑物体的质量和运动速度两个因素，为此引入了动量的概念，将其作为物体机械运动的量度。

$$\boldsymbol{p}=m\boldsymbol{v} \tag{2-50}$$

由式(2-50)可知，**动量**被定义为物体质量与其速度的乘积。动量是矢量，其方向与速度方向相同，单位是千克·米·秒$^{-1}$(kg·m·s^{-1})。

3. 质点的动量定理

冲量与动量有相同的量纲，因此二者之间应有关联，动量定理就是描述二者之间关系的表达式。由牛顿第二定律 $\boldsymbol{F}=\dfrac{\mathrm{d}\boldsymbol{p}}{\mathrm{d}t}$ 得

$$\boldsymbol{F}\mathrm{d}t=\mathrm{d}\boldsymbol{p} \tag{2-51}$$

式(2-51)称为**"质点的动量定理的微分形式"**，它表明了**质点在 $\mathrm{d}t$ 时间内受到的合外力的冲量等于质点在 $\mathrm{d}t$ 时间内动量的增量**，即只有在冲量的作用下，质点的动量才能变化。也就是说，只有力的作用是不够的，还要有时间。

当考虑力持续了一段有限时间(从 t_1 时刻到 t_2 时刻)的作用效果时，还可以对式(2-51)积分，并得到

$$\boldsymbol{I}=\int_{t_1}^{t_2}\boldsymbol{F}\mathrm{d}t=\int_{\boldsymbol{p}_1}^{\boldsymbol{p}_2}\mathrm{d}\boldsymbol{p}=\boldsymbol{p}_2-\boldsymbol{p}_1 \tag{2-52}$$

式中，$\boldsymbol{I}$ 是合力 $\boldsymbol{F}$ 在 t_1 到 t_2 这段时间内的总冲量，$\boldsymbol{I}$ 的方向为动量增量($\Delta\boldsymbol{p}=\boldsymbol{p}_2-\boldsymbol{p}_1$)的方向；$\boldsymbol{p}_2$ 为质点在 t_2 时刻的动量(末动量)，$\boldsymbol{p}_1$ 为质点在 t_1 时刻的动量(初动量)。式(2-52)是**质点动量定理的积分形式，它表明了合外力在一段时间内的冲量等于质点在同一段时间内的动量的增量。**

如果作用在质点上的合外力为恒力，则在时间 $\Delta t=t_2-t_1$ 内式(2-52)可变为

$$\boldsymbol{I}=\boldsymbol{F}\Delta t=\boldsymbol{p}_2-\boldsymbol{p}_1 \tag{2-53}$$

动量定理的应用范围很广泛，可以用于求力、时间及速度等物理量。

在应用动量定理时，要注意以下几点：

(1)冲量和动量都是矢量，动量定理在直角坐标系下有如下的分量形式：

$$\begin{cases} I_x=\displaystyle\int_{t_1}^{t_2}F_x\mathrm{d}t=p_{2x}-p_{1x} \\ I_y=\displaystyle\int_{t_1}^{t_2}F_y\mathrm{d}t=p_{2y}-p_{1y} \\ I_z=\displaystyle\int_{t_1}^{t_2}F_z\mathrm{d}t=p_{2z}-p_{1z} \end{cases} \tag{2-54}$$

式(2-54)表明力在哪一个坐标轴方向上形成冲量，动量在该方向上的分量就会发生变化，动量分量的增量等于同方向上冲量的分量。也就是说，任何冲量的分量只能改变自己方向上的动量分量，不能改变与之垂直方向上的动量分量。

(2)动量是状态量，冲量是过程量，动量定理给出了过程量与状态量之间的关系。动量定理告诉我们，合力的冲量的大小和方向总是等于质点在始末状态的动量增量，而无须考虑质点在运动过程中动量的变化的细节，也没有必要了解外力随时间变化的详细情况。正因为如此，

动量定理在研究打击、碰撞之类问题时就比较方便。因为在这种情况下，物体间的相互作用力很大，变化很快，作用的时间又极短，一般称这个相互作用力为“冲力”。冲力随时间变化的关系极其复杂，难以测定(图 2-33)，这时无法直接应用牛顿第二定律；而动量定理无须考虑冲力变化的细节，只要测定质点在作用前后的动量变化，再测出相互作用的时间间隔，就可估算平均冲力的大小，尽管这个平均值不是对冲力的确切描述，但在解决一些实际问题时，这样的估算已经足够了。

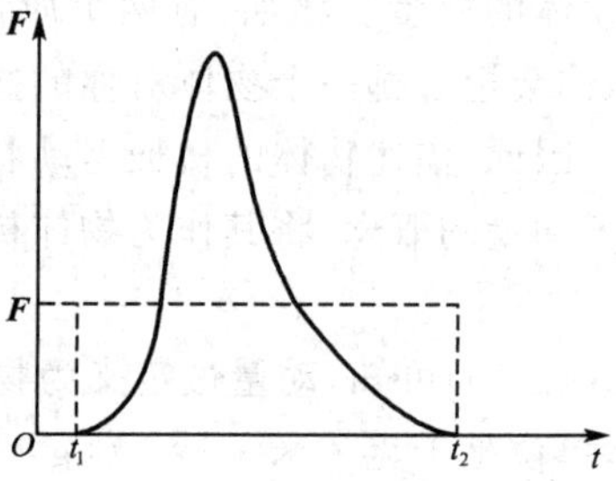

图 2-33　冲力随时间变化

在碰撞打击(宏观)、散射(微观)一类问题中，常用到**平均冲力**的概念。如图 2-33 所示，如果一个恒力 $\boldsymbol{F}$ 在 $\Delta t=t_2-t_1$ 内产生的冲量与变力 $\boldsymbol{F}$ 在相同的时间内产生的冲量相同，即

$$\boldsymbol{I}=\int_{t_1}^{t_2}\boldsymbol{F}\mathrm{d}t=\overline{\boldsymbol{F}}(t_2-t_1)=\boldsymbol{p}_2-\boldsymbol{p}_1 \tag{2-55}$$

则 $\overline{\boldsymbol{F}}$ 为变力 $\boldsymbol{F}$ 在时间 $\Delta t=t_2-t_1$ 内的平均冲力，

$$\overline{\boldsymbol{F}}=\frac{1}{t_2-t_1}\int_{t_1}^{t_2}\boldsymbol{F}\cdot\mathrm{d}t=\frac{\boldsymbol{p}_2-\boldsymbol{p}_1}{t_2-t_1} \tag{2-56}$$

在直角坐标系的分量式为

$$\begin{cases}I_x=\int_{t_1}^{t_2}F_x\,\mathrm{d}t=\overline{F}_x\Delta t=p_{2x}-p_{1x}\\ I_y=\int_{t_1}^{t_2}F_y\,\mathrm{d}t=\overline{F}_y\Delta t=p_{2y}-p_{1y}\\ I_z=\int_{t_1}^{t_2}F_z\,\mathrm{d}t=\overline{F}_z\Delta t=p_{2z}-p_{1z}\end{cases} \tag{2-57}$$

从式(2-56)可以看出，在物体动量的增量一定的条件下，如果力的作用时间长，则作用力较小，而如果力的作用时间短，作用力就较大。在实际问题中，有时要减小冲力，避免冲力造成的损害。例如，渡轮驶靠码头时，在码头和船只接触处都装有橡皮轮胎作为缓冲装置，就是为了延长接触时间，以减小冲力；火车车厢两端的缓冲器和车厢底下的减震器，高层楼房施工时，脚手架下张置的安全网，都是为了达到同样的目的。相反，有时又要利用冲力，增大冲力。例如在打击、锻压这类过程中，则是利用短暂的作用时间来获得巨大的冲击力。

【例 2-14】 试用动量定理解释“逆风行舟”。

解　如图 2-34 所示，一艘帆船，帆面光滑。风逆向吹向船帆，与帆作用后，风速方向改变。以风中一小块沿帆面吹过的质量为 Δm 的空气为研究对象，$\boldsymbol{v}_0$ 和 $\boldsymbol{v}$ 为风吹向帆面和离开帆面的速度。由于帆面比较光滑，可以近似认为吹过帆面的速度大小不变，即 $v_0=v$，设 Δm 受到帆的作用力为 $\boldsymbol{f}$，根据动量定理有

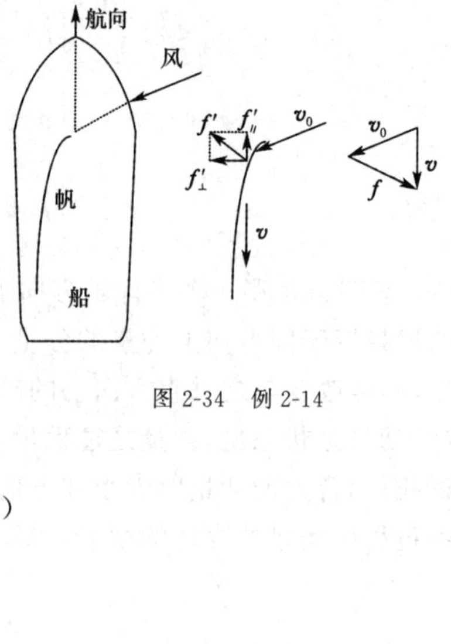

图 2-34　例 2-14

$$\boldsymbol{f}\Delta t=\Delta m(\boldsymbol{v}-\boldsymbol{v}_0)$$

$\boldsymbol{f}$ 的方向与速度的增量的方向相同。

风受到的力 f 的方向斜向下，则船帆受到的风的作用力为 f'。f 和 f' 是作用力和反作用力，大小相等，方向相反，所以 f' 的方向斜向上。将 f' 分解为 $f'_\perp$ 和 $f'_{/\!/}$，其中垂直于船的力 $f'_\perp$ 与水对船的阻力平衡，而与船的航向平行的力 $f'_{/\!/}$ 就是船前进的动力。

【例 2-15】 如图 2-35 所示，用传送带 A 输送煤粉，料斗口在 A 上方高 $h=0.5$ m 处，煤粉自料斗口自由落在 A 上，设料斗口连续卸煤的流量 $q_m=40\ \mathrm{kg\cdot s^{-1}}$，$A$ 以 $v=4.0\ \mathrm{m\cdot s^{-1}}$ 的水平速度匀速向右移动，求装煤的过程中，煤粉对 A 的作用力的大小和方向(不计相对于传送带静止的煤粉质量)。

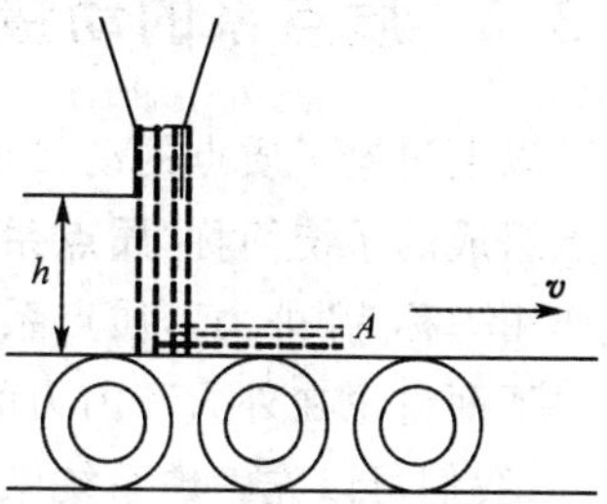

图 2-35　例 2-15

解　此题既可用动量定理的矢量表达式求解，也可用动量定理的分量式来求解。先用矢量式求解。取煤粉为研究对象，先求传送带 A 对煤粉的作用力。煤粉落到传送带前，具有向下的速度 $\boldsymbol{v}_0$，即

$$v_0=\sqrt{2gh} \tag{1}$$

落到传送带上之后的速度为 $v=4.0\ \mathrm{m\cdot s^{-1}}$。

设煤粉与 A 相互作用的 Δt 时间内，落于传送带上的煤粉质量为 Δm

$$\Delta m=q_m\Delta t \tag{2}$$

设 A 对煤粉的平均作用力为 $\boldsymbol{f}$，根据动量定理

$$\boldsymbol{f}\Delta t=\Delta m\,\boldsymbol{v}-\Delta m\,\boldsymbol{v}_0 \tag{3}$$

如图 2-36(a)所示，$\boldsymbol{f}\Delta t$、$\Delta m\boldsymbol{v}$ 和 $\Delta m\boldsymbol{v}_0$ 这三个矢量组成矢量三角形。

$$|\boldsymbol{f}\Delta t|=\sqrt{(\Delta mv)^2+(\Delta mv_0)^2} \tag{4}$$

$$f=\frac{\sqrt{(\Delta mv)^2+(\Delta mv_0)^2}}{\Delta t}=\frac{q_m\Delta t\sqrt{4^2+2\times 9.8\times 0.5}}{\Delta t}=149\ \mathrm{N}$$

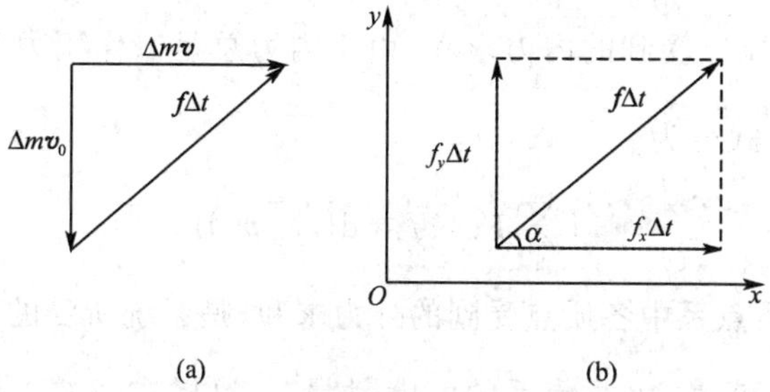

图 2-36　受力分析

也可以动量定理分量式求解，如图 2-36(b)所示建立坐标系

$$f_x\Delta t=\Delta mv-0 \tag{4}$$

$$f_y\Delta t=0-(-\Delta mv_0) \tag{5}$$

将 $\Delta m=q_m\Delta t$ 代入得

$$f_x\Delta t=q_m\Delta tv\quad f_y=q_m\Delta tv_0 \tag{6}$$

煤粉对 A 的平均作用力为

$$f=\sqrt{f_x^2+f_y^2}=149\ \mathrm{N} \tag{7}$$

$$\alpha=\arctan\left(\frac{f_y}{f_x}\right)=57.4° \tag{8}$$

$$f'=f=149\ \text{N}$$

2.3.2 质点系的动量定理

以上讨论了质点的动量定理,在实际问题中的物体往往是由多个质点组成的。由若干个质点组成的系统简称“**质点系**”。在一个质点系中,我们把各质点受到的系统外的物体对它们的作用力称为“**外力**”,质点系中各质点彼此之间的相互作用力称为“**内力**”。

下面讨论在外力和内力的共同作用下,质点系的动量的变化规律。设质点系由 n 个质点组成,我们可以先考虑系统中的两个质点。如图 2-37 所示,两个质点的质量分别是 m_1 和 m_2,它们受到的外力分别为 $\boldsymbol{F}_1$ 和 $\boldsymbol{F}_2$,内力分别为 $\boldsymbol{f}_{12}$ 和 $\boldsymbol{f}_{21}$,现在对两质点分别应用质点的动量定理列方程

$$(\boldsymbol{F}_1+\boldsymbol{f}_{12})\mathrm{d}t=\mathrm{d}\boldsymbol{p}_1 \tag{2-58}$$

$$(\boldsymbol{F}_2+\boldsymbol{f}_{21})\mathrm{d}t=\mathrm{d}\boldsymbol{p}_2 \tag{2-59}$$

对式(2-58)和式(2-59)求和,得

$$(\boldsymbol{F}_1+\boldsymbol{F}_2)\mathrm{d}t+(\boldsymbol{f}_{12}+\boldsymbol{f}_{21})\mathrm{d}t=\mathrm{d}\boldsymbol{p}_1+\mathrm{d}\boldsymbol{p}_2 \tag{2-60}$$

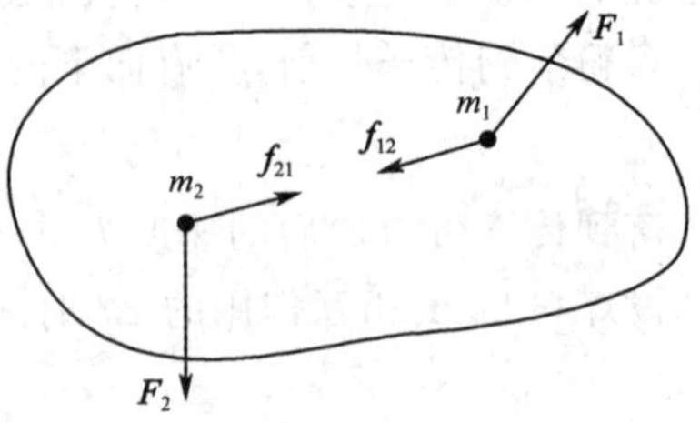

图 2-37 两个质点的受力

$\boldsymbol{f}_{12}$ 和 $\boldsymbol{f}_{21}$ 是两个质点之间的内力,是一对作用力和反作用力,由牛顿第三定律可知 $\boldsymbol{f}_{12}=-\boldsymbol{f}_{21}$,即 $\boldsymbol{f}_{12}+\boldsymbol{f}_{21}=0$,所以式(2-60)变为

$$(\boldsymbol{F}_1+\boldsymbol{F}_2)\mathrm{d}t=\mathrm{d}\boldsymbol{p}_1+\mathrm{d}\boldsymbol{p}_2 \tag{2-61}$$

式(2-61)是**两个质点组成的质点系的动量定理**,该式表明了**作用于由两个质点组成的系统的合外力的冲量等于系统内两个质点的动量之和的增量。**

可把式(2-61)的结论推广到由两个以上的质点组成的质点系,即

$$\left(\sum_i \boldsymbol{F}_i\right)\mathrm{d}t+\left(\sum_i \boldsymbol{f}_i\right)\mathrm{d}t=d\left(\sum_i \boldsymbol{p}_i\right) \tag{2-62}$$

$\sum\limits_i \boldsymbol{f}_i$ 是对质点系中各质点受到的内力求和,由于内力总是以作用力和反作用力的形式成对出现,因此 $\sum\limits_i \boldsymbol{f}_i=\boldsymbol{0}$,上式变为

$$\left(\sum_i \boldsymbol{F}_i\right)\mathrm{d}t=\mathrm{d}\left(\sum_i \boldsymbol{p}_i\right) \tag{2-63}$$

其中,$\boldsymbol{F}=\sum\limits_i \boldsymbol{F}_i$,是对质点系中各质点受到的外力求和,是系统所受的合外力;$\boldsymbol{p}=\sum\limits_i \boldsymbol{p}_i$ 是质点系所有质点的动量之和,称为“质点系的(总) 动量”。这样式(2-63) 最终可以表述为

$$\boldsymbol{F}\mathrm{d}t=\mathrm{d}\boldsymbol{p} \tag{2-64}$$

式(2-64) 表明**质点系所受的合外力的冲量等于质点系动量的增量**。这个规律称为“**质点系的动量定理的微分形式**”。

当讨论力持续作用一段时间后质点系的动量变化的规律时,需要对式(2-63) 积分

$$\boldsymbol{I}=\int_{t_1}^{t_2}\boldsymbol{F}\mathrm{d}t=\boldsymbol{p}_2-\boldsymbol{p}_1 \tag{2-65}$$

式中,$\boldsymbol{I}$ 是 Δt 时间内质点系受到的合外力的冲量;$\boldsymbol{p}_2$ 和 $\boldsymbol{p}_1$ 分别是质点系末态和初态时的动量。上式是**质点系动量定理的积分形式**,表明**在某段时间内,质点系受的合外力的冲量等于质点系(总) 动量的增量。**

式(2-64) 及式(2-65) 都是**质点系的动量定理**,表明了质点系动量的变化只取决于系统所

受的合外力，与内力的作用没有关系，合外力越大，合外力的冲量越大，系统动量的变化就越大。同时需要注意在质点系里，各质点受到的内力及内力的冲量并不等于零，内力的冲量将改变各质点的动量，这点由式(2-64) 可以反映出来。但是，内力及内力的冲量矢量和一定等于零，因此内力并不改变质点系的总动量，只起质点系内各质点之间彼此交换动量的作用，或者改变总动量在各个质点上的分配。

2.3.3 质点系的动量守恒定律

从质点系动量定理可知，如果质点系所受的合外力(或合外力的冲量) 为零，质点系的动量将保持不变，如果

$$\boldsymbol{F}=\boldsymbol{0}$$

则

$$\boldsymbol{p}=\sum_i m_i \boldsymbol{v}_i=\text{恒量}$$

$$\frac{\mathrm{d}\boldsymbol{p}}{\mathrm{d}t}=\boldsymbol{0} \tag{2-66}$$

这个规律就是**质点系的动量守恒定律**。上式表明，**如果作用在质点系上的合外力为零，则该系统的动量保持不变。**

在应用动量守恒定律时，应注意以下几点：

(1) 动量守恒的条件是系统所受合外力的矢量和为零，即系统内各物体不受外力或各物体所受外力的矢量和为零。不过在处理具体问题时，这个条件往往得不到严格满足，如在爆炸、碰撞、冲击等过程中，合外力不一定为零，但由于内力往往比外力大得多，这时外力(如摩擦力、重力等) 就可以忽略不计，而认为这个过程的动量近似守恒。

(2) 在实际问题中，质点系的合外力可能不为零，此时系统的总动量虽不守恒，但质点系所受的合外力在某个方向上的分量为零，则该系统的总动量在该方向的分量守恒。

$$\begin{aligned}&\text{如果}\ \sum F_{ix}=0,\text{则}\ \sum p_{ix}=c_1\\&\text{如果}\ \sum F_{iy}=0,\text{则}\ \sum p_{iy}=c_2\\&\text{如果}\ \sum F_{iz}=0,\text{则}\ \sum p_{iz}=c_3\end{aligned} \tag{2-67}$$

由此可见，若系统所受的合外力不等于零，但所受的合外力在某方向上的分量为零时，系统的总动量虽然不守恒，但总动量在该方向上的分量守恒。例如，地球附近的抛体只受竖直向下的重力作用，竖直方向上的动量虽然不守恒，但水平方向上的动量守恒。

(3)在质点系所受的合外力为零时，系统的动量守恒。动量守恒并不意味着系统内各质点的动量保持不变，在系统内部各质点间可以发生动量的转移。在内力的作用下，系统内各质点一般均不断改变动量，若一个质点在某方向上的动量增加，则必有一个或几个其他的质点在该方向上的动量等值减少。

在所有的惯性系中，动量守恒定律都成立，但在应用该定律时应注意，各质点的动量都应是相对于同一参考系而言的。

动量守恒定律是一条关于自然界一切过程的最基本的定律，远比牛顿运动定律更广泛、更深刻，更能揭示物质世界的一般性规律。动量守恒定律适用的质点系范围，大到宇宙，小到微观粒子。当把质点系的范围扩展到整个宇宙时，可以得出：宇宙中动量的总量是一个不变量的

结论。这就使得动量守恒定律成为自然界普遍遵从的定律。而牛顿运动定律只是在宏观物体做低速运动的情况下成立，超越这个范围，就不再适用。

将动量守恒定律应用于力学以外的领域，不仅带来了一系列重大发现，而且使定律自身的概念得以发展和完善。例如，在β衰变中原子核放射出一个电子后转变为一个新原子核，如果衰变前的原子核是静止的，根据动量守恒定律，新原子核必定向射出电子的相反方向上反冲，以使衰变后总动量为零。但在云室照片上发现，两者的径迹不在一条直线上。是动量守恒定律不适用于微观粒子呢，还是有什么别的原因？为解释这种现象，泡利于1930年提出中微子存在的假说，即在β衰变中除了放射出电子还产生一个中微子，它与新原子核和电子共同保证了动量守恒定律的成立。

【例 2-16】 如图 2-38 所示，质量为 $m=1.5$ kg 的物体，用一根长为 $l=1.25$ m 的细绳悬挂在天花板上。今有一质量为 $m=10$ g 的子弹以 $v_0=500$ m/s 的水平速度射穿物体，刚穿出物体时子弹的速度大小 $v=30$ m/s，设穿透时间极短。求

(1)子弹刚穿出时绳中张力的大小；

(2)子弹在穿透过程中所受的冲量。

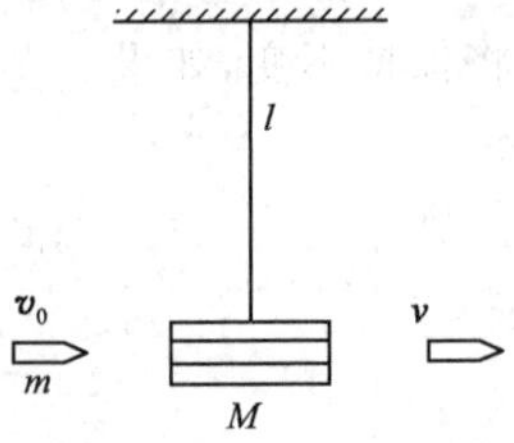

图 2-38 例 2-16

解 (1)子弹射穿物体的过程中，因穿透时间极短，故可认为物体未离开平衡位置。因此，作用于子弹、物体系统上的外力均在竖直方向，故系统在水平方向上动量守恒。

设子弹穿出时物体的水平速度为 v'，根据动量守恒列方程得

$$mv_0=mv+Mv'$$

$$v'=\frac{m(v_0-v)}{M}=\frac{0.01\times(500-30)}{1.5}\ \text{m/s}\approx 3.13\ \text{m/s}$$

物体受重力和绳的拉力作用，根据牛顿第二定律对物体列方程得

$$T-Mg=\frac{Mv'^2}{l}$$

$$T=Mg+\frac{Mv'^2}{l}\approx 26.5\ \text{N}$$

(3)设子弹在穿透物体的过程中受到的力为 f，根据动量定理得

$$f\Delta t=mv-mv_0=-4.7\ \text{N}\cdot\text{s}\quad(\text{设 } v_0 \text{ 方向为正方向})$$

式中，负号表示冲量方向与 v_0 方向相反。

【例 2-17】 如图 2-39 所示，在地面上固定一半径为 R 的光滑球面，球面顶点 A 处放一质量为 M 的滑块。一质量为 m 的油灰球，以水平速度 v_0 射向滑块，并黏附在滑块上与其一起沿球面下滑。问

(1)它们滑至何处(θ 是多少)时脱离球面？

(2)如欲使二者在 A 处就脱离球面，则油灰球的入射速率至少为多少？

解 m 与 M 的碰撞属于完全非弹性碰撞，碰撞过程中动量守恒，但机械能不守恒。碰撞后沿球面向下运动过程中，m 与 M 组成的系统只有重力做功，所以系统的机械能守恒。

设 m 与 M 碰撞后的共同速度为 v，它们脱离球面的速度为 u。

(1)对碰撞过程，由动量守恒定律得

$$(m+M)v=mv_0 \tag{1}$$

所以

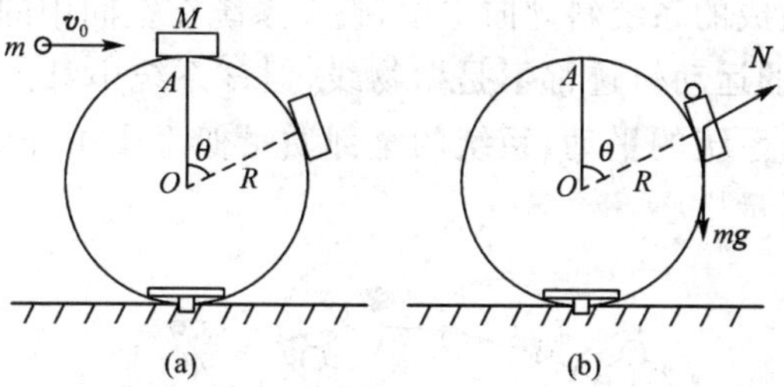

图 2-39　例 2-17

$$v=\frac{mv_0}{M+m} \tag{2}$$

m 与 M 沿固定光滑球面下滑的过程中机械能守恒，在任一位置 θ 时，有

$$\frac{1}{2}(M+m)v^2+(M+m)gR(1-\cos\theta)=\frac{1}{2}(M+m)u^2 \tag{3}$$

m 与 M 受重力 $(M+m)g$ 和球面的支持力 N 的作用，用牛顿第二定律列方程得

$$(M+m)g\cos\theta-N=\frac{(M+m)u^2}{R} \tag{4}$$

当物体脱离球面时，$N=0$，代入式(4)，并将以上式(2)～(4)联立，可解得

$$\cos\theta=\frac{v^2+2gR}{3gR}=\frac{m^2v_0^2}{3gR(M+m)^2}+\frac{2}{3} \tag{5}$$

$$\theta=\arccos\left[\frac{m^2v_0^2}{3gR(M+m)^2}+\frac{2}{3}\right]$$

(2)若要在 A 处使物体脱离球面，说明 m 与 M 碰撞后速度较大，重力不足以提供向心力。即

$$\frac{(M+m)v_A^2}{R}\geqslant(M+m)g \tag{6}$$

整理得

$$v_A^2\geqslant Rg \tag{7}$$

根据动量守恒已经求得

$$v_A=\frac{mv_0}{M+m} \tag{8}$$

将式(7)～(8)联立可得

$$\frac{m^2v_0^2}{(M+m)^2}\geqslant Rg \tag{9}$$

所以油灰球的入射速度至少应为

$$v_0=(M+m)\sqrt{Rg}/m$$

2.3.4　质心 质心运动定理

1. 质心

我们周围见到的物体的运动形式通常比较复杂，这时可以把物体看作是由无数个质点组成的质点系。在研究质点系的运动时，质心是一个重要的概念。如图 2-40 所示，如果把一个

由轻杆相连的两个小球组成的系统斜抛向空中，整个系统在空间中的运动比较复杂，是平动和转动的合成，而每个小球的运动轨迹都不是抛物线，但该系统中某点 C 的运动轨迹却是抛物线，可用点 C 的运动代表系统的平动，系统的全部质量似乎集中在 C 点，C 点就是系统的质心。**质心**就是质点系的质量中心。

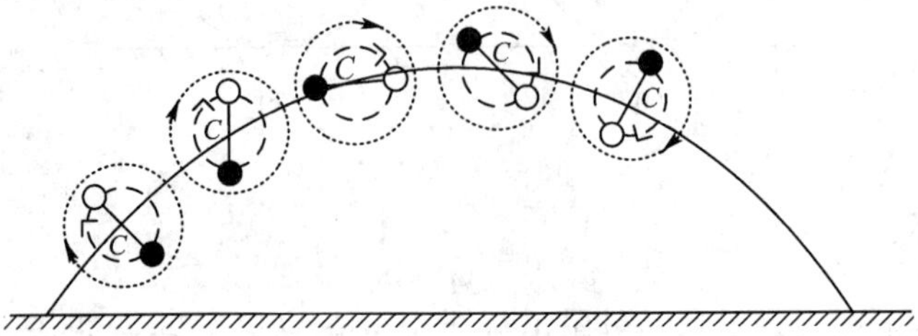

图 2-40　某点 C 的运动轨迹

先求两质点组成的质点系的质心。以与轻杆相连的两个小球组成的系统为例(图 2-41)，两小球可看成质点，质量分别为 m_1 和 m_2，设 m_1 和 m_2 分布在 x 轴上，坐标分别是 x_1 和 x_2，质心坐标为 x_C，m_1 和 m_2 与质点 C 之间的距离分别为 l_1 和 l_2。

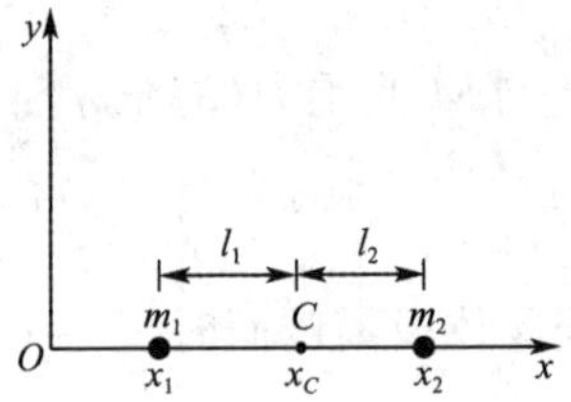

图 2-41　轻杆相连的两个小球组成的系统

设想有一“支点”C，如果 C 点使 $m_1l_1=m_2l_2$，则 C 点就是该系统的质心。从图 2-41 可以看出

$$\begin{aligned} l_1 &= x_C - x_1 \\ l_2 &= x_2 - x_C \end{aligned} \tag{2-67}$$

所以有

$$m_1(x_C - x_1) = m_2(x_2 - x_C) \tag{2-68}$$

即

$$x_C = \frac{m_1x_1 + m_2x_2}{m_1 + m_2} \tag{2-69}$$

由上式可以看出，质心的位置与质量和质量的分布有关。推广到在一条直线上分布的由 n 个质点组成的质点系，其质心公式为

$$x_C = \frac{m_1x_1 + m_2x_2 + \cdots + m_nx_n}{m_1 + m_2 + \cdots + m_n} = \frac{\sum_i^n m_ix_i}{\sum_i^n m_i} \tag{2-70}$$

如果质点系的总质量用 M 表示，即 $M = \sum_i^n m_i$，则质点系的质心为

$$x_C = \frac{\sum_i^n m_ix_i}{M} \tag{2-71}$$

如果质点系的质点分布不在一条直线上，而分布在空间中(图 2-42)。

则根据式(2-71)，可得其质心公式在直角坐标系的分量式为

$$
\begin{cases}
x_C = \dfrac{\sum\limits_i^n m_i x_i}{M} \\
y_C = \dfrac{\sum\limits_i^n m_i y_i}{M} \\
z_C = \dfrac{\sum\limits_i^n m_i z_i}{M}
\end{cases}
\tag{2-72}
$$

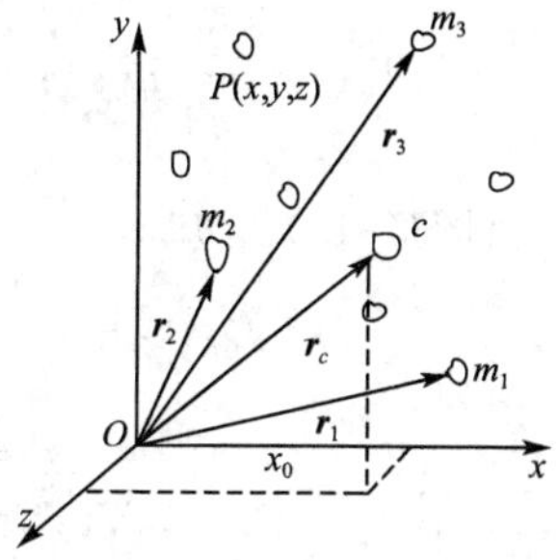

图 2-42　质点分布在空间

也可将式(2-72) 写成矢量式

$$
\boldsymbol{r}_C = \frac{\sum\limits_i^n m_i \boldsymbol{r}_i}{M} \tag{2-73}
$$

式中，$M=\sum\limits_i^n m_i$ 是质点系中所有质点的质量的总和；$\boldsymbol{r}_i$ 为第 i 个质点的矢径；$\boldsymbol{r}_C$ 为质点系的质心。

对质量连续分布的物体，可以认为物体是由许多质元组成的，以 dm 表示质元的质量，以 $\boldsymbol{r}$ 表示质元的位矢，将求和改为积分，质心的矢量表示式为

$$
\boldsymbol{r}_C = \frac{\int \boldsymbol{r}\,\mathrm{d}m}{M} \tag{2-74}
$$

在直角坐标系的分量式为

$$
\begin{cases}
x_C = \dfrac{\int x\,\mathrm{d}m}{M} \\
y_C = \dfrac{\int y\,\mathrm{d}m}{M} \\
z_C = \dfrac{\int z\,\mathrm{d}m}{M}
\end{cases}
\tag{2-75}
$$

虽然质心的位矢随坐标系的选取而变化，但对一个质点系而言，质心的位置是固定的。

【例 2-18】 求质量分布均匀的质量为 m、半径为 R 的半薄球壳的质心。

解　因为球壳的质量连续分布，所以可根据式(2-75)求解。

先建立如图 2-43 所示的坐标系。由于半球壳对 y 轴对称，可以断定质心一定位于 y 轴，所以 $x_C=0$。在半球壳上取一质元，为一圆环，圆环的面积为 $\mathrm{d}S=2\pi R\sin\theta R\,\mathrm{d}\theta$，设该球壳的质量面密度为 σ，则该圆环的质量为

$$
\mathrm{d}m=\sigma\mathrm{d}S=\sigma 2\pi R^2\sin\theta\mathrm{d}\theta \tag{1}
$$

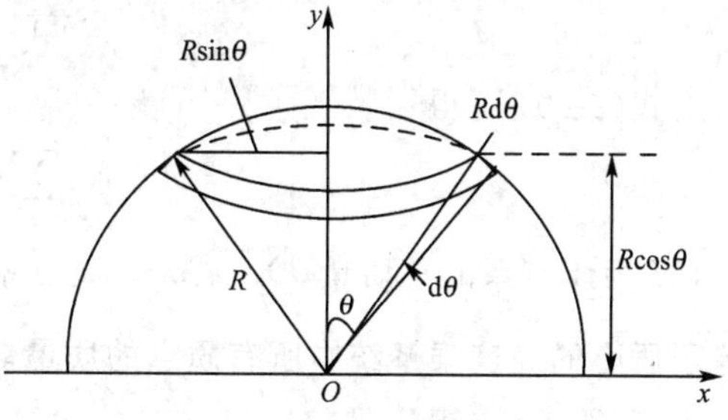

图 2-43　例 2-18

根据式(2-75)，积分可得

$$y_C=\frac{\int y\,\mathrm{d}m}{m}=\frac{\int_0^{\frac{\pi}{2}} y\sigma 2\pi R^2\sin\theta\,\mathrm{d}\theta}{\sigma 2\pi R^2} \tag{2}$$

由图(2-43) 可知

$$y=R\cos\theta \tag{3}$$

所以

$$y_C=R\int_0^{\frac{\pi}{2}}\cos\theta\sin\theta\,\mathrm{d}\theta=\frac{1}{2}R$$

对密度均匀、形状对称的物体,如圆环、球体、柱体等,其质心就是它们的几何对称中心。

质心和重心是两个不同的概念,不能混淆。质心是物体的质量中心,当外力的作用线通过质心时,物体只能做平动,不能做转动。重心是地球对物体系各质点重力的等效合力的作用点,没有重力自然就没有重心,但质心永远存在。对地球上的不太大的物体,可认为物体处于均匀的重力场中,此时物体的质心与重心重合。

对质点系或质量连续分布的实际物体,运动形式往往比较复杂,而且物体内每一个质点的运动状态都不同,在这种情况下,通常通过确定物体质心的运动规律来判断物体的运动状态。

2. 质心运动定理

将式(2-73)对时间求导,可得质心的速度$\boldsymbol{v}_C$

$$\boldsymbol{v}_C=\frac{\mathrm{d}\boldsymbol{r}_C}{\mathrm{d}t}=\frac{\sum_i m_i\frac{\mathrm{d}\boldsymbol{r}_i}{\mathrm{d}t}}{M} \tag{2-76}$$

式中,$\frac{\mathrm{d}\boldsymbol{r}_i}{\mathrm{d}t}=\boldsymbol{v}_i$,所以上式变为

$$\boldsymbol{v}_C=\frac{\mathrm{d}\boldsymbol{r}_C}{\mathrm{d}t}=\frac{\sum_i m_i\boldsymbol{v}_i}{M} \tag{2-77}$$

对式(2-77) 求导,可求得质心的加速度为$\boldsymbol{a}_C$

$$\boldsymbol{a}_C=\frac{\mathrm{d}\boldsymbol{v}_C}{\mathrm{d}t}=\frac{\sum_i m_i\frac{\mathrm{d}\boldsymbol{v}_i}{\mathrm{d}t}}{M} \tag{2-78}$$

其中,$\boldsymbol{a}_i=\frac{\mathrm{d}\boldsymbol{v}_i}{\mathrm{d}t}$,所以上式变为

$$\boldsymbol{a}_C=\frac{\mathrm{d}\boldsymbol{v}_C}{\mathrm{d}t}=\frac{\sum_i m_i\boldsymbol{a}_i}{M} \tag{2-79}$$

由式(2-79) 可得

$$M\boldsymbol{v}_C=\sum_i m_i\boldsymbol{v}_i=\sum_i\boldsymbol{p}_i \tag{2-80}$$

式中,M 为质点系的总质量,$\sum_i m_i\boldsymbol{v}_i$ 为质点系的总动量。这表明**质点系内质点的动量的矢量和等于质心的速度乘系统中所有质点的质量。**

由式(2-80) 可得

$$M\boldsymbol{a}_C=\sum_i m_i\boldsymbol{a}_i=\sum_i\boldsymbol{F}_i \tag{2-81}$$

其中，$\sum_i \boldsymbol{F}_i$ 为系统所受的合外力。式(2-81)称为“**质心运动定理**”，它表明**质点系所受外力的矢量和等于质点系总质量与质心加速度的乘积**。

质心运动定理表明质心的运动状态与质点系的内力无关，由外力决定，而且一个质点系的质心的运动，就如同整个质点系的质量全部集中在质心，而且整个质点系所受的外力也都与作用在质心上时的运动一样。因此，质点系动量守恒和质心匀速运动等效。轻杆与两个小球组成的系统在忽略空气阻力的情况下，系统的外力只有重力，所以质心的运动如同一个只受重力作用的质点一样，轨迹为抛物线。在实际问题中，物体的运动往往比较复杂，但根据质心运动定理，可以很容易判断质心的运动状态(图 2-44)，跳水运动员在空中做各种优美而复杂的翻转动作，但由于他只受重力作用(忽略空气阻力)，因此他的质心的轨迹是一条抛物线。

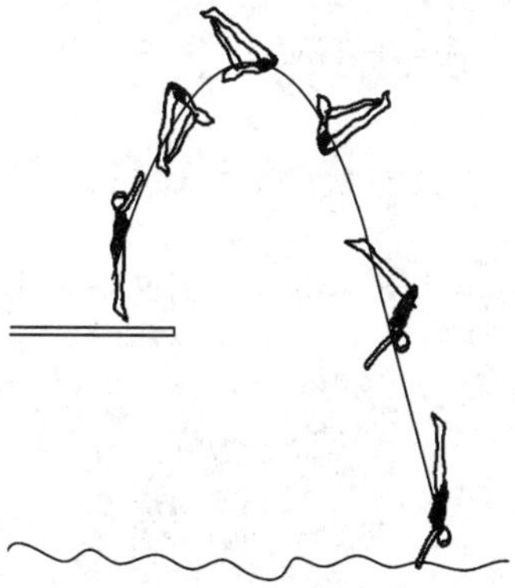

图 2-44　跳水运动员在空中做翻转动作

本章小结

1. 牛顿运动定律

(1)牛顿第一定律：惯性与力的概念，惯性系的概念。

(2)牛顿第二定律：

$$\boldsymbol{F}=\frac{\mathrm{d}\boldsymbol{p}}{\mathrm{d}t}=\frac{\mathrm{d}(m\boldsymbol{v})}{\mathrm{d}t}$$

(3)牛顿第二定律：　　$\boldsymbol{F}=-\boldsymbol{F}'$

2. 物理量的单位和量纲

3. 几种常见的力

重力、摩擦力、弹性力

4. 惯性系与非惯性系

5. 冲量

力对时间的累积　　$\boldsymbol{I}=\int_{t_1}^{t_2}\boldsymbol{F}\mathrm{d}t$

6. 动量定理

合外力的冲量等于质点动量的增量　　$\boldsymbol{I}=\int_{t_1}^{t_2}\boldsymbol{F}\mathrm{d}t=\int_{p_1}^{p_2}\mathrm{d}\boldsymbol{p}$

7. 动量守恒定律

系统所受合外力$\boldsymbol{F}=0$时，$\boldsymbol{p}$为恒矢量。

$$\boldsymbol{p}=\sum m_i\boldsymbol{v}_i=\text{恒量}$$

若某一方向$\sum \boldsymbol{F}_{ix}=0$，则该方向$\sum p_{ix}=$恒量。

8. 功和功率计算

$$A=\int_a^b \boldsymbol{F}\cdot \mathrm{d}\boldsymbol{r},P=\frac{\mathrm{d}A}{\mathrm{d}t}=\frac{\boldsymbol{F}\cdot \mathrm{d}\boldsymbol{r}}{\mathrm{d}t}=\boldsymbol{F}\cdot\boldsymbol{v}$$

9. 常见力的功

(1) 重力的功：　$A=mgh_a-mgh_b$

(2) 万有引力的功：　$A=-GMm\left(\frac{1}{r_b}-\frac{1}{r_a}\right)$

(3) 弹性力的功：　$A=\frac{1}{2}kx_b^2-\frac{1}{2}kx_a^2$

(4) 摩擦力的功：　$A=\int_a^b \boldsymbol{F}\cdot \mathrm{d}\boldsymbol{s}=\int_a^b F\cos\alpha\cdot \mathrm{d}s$

10. 势能

(1) 重力势能：　$E_\mathrm{p}=mgh$

(2) 万有引力势能：　$E_\mathrm{p}=-G\frac{Mm}{r}$

(3) 弹性势能：　$E_\mathrm{p}=\frac{1}{2}kx^2$

11. 动能定理

(1) 质点的动能定理：　$A=\int_a^b \boldsymbol{F}\cdot \mathrm{d}\boldsymbol{r}=\int_{v_1}^{v_2}\mathrm{d}\left(\frac{1}{2}mv^2\right)=\frac{1}{2}mv_2^2-\frac{1}{2}mv_1^2$

(2) 质点系的动能定理：　$A_{外}+A_{内}=E_{kb}-E_{ka}$

12. 功能原理

$$A_{外}+A_{非保内}=\Delta E_\mathrm{k}+\Delta E_\mathrm{p}=\Delta E$$

13. 机械能守恒定律

当$A_{外}=0$，$A_{非保守}=0$时，有$E=E_\mathrm{k}+E_\mathrm{p}=$常量

第 3 章
刚体的定轴转动

前面几章研究了质点及质点系的运动规律，但并非任何情况下的物体均可被视为质点，如讨论电机转子的转动、炮弹的自旋、车轮的滚动、起重机或桥梁的平衡等问题时，物体的形状、大小往往起重要作用。这时必须考虑物体的形状、大小，以及物体在力和运动的影响下其形状、大小的变化。而当研究物体运动时，把形状和大小及其变化都考虑在内，又会使问题变得复杂。所以在什么情况下，考虑物体的形状和大小，什么情况下可忽略物体的形状和大小呢？

当物体的形状变化很小的时候，对这种变化可以忽略不计。于是可以建立一种新的理想化模型——**刚体**，进而用刚体来研究物体的运动。定义：刚体是形状、大小始终不变的力学研究对象。

研究刚体的运动时，可以把刚体看成由无数个质点组成的质点系，每个质点称为"刚体的一个质元"。由于刚体不发生形变，即各质元间的相对位置始终保持不变，可以说刚体是质点间相对位置始终不变的特殊质点系，因此研究质点系的方法和得出的一般结论均适用于刚体。

刚体的运动形式是多种多样的，如运动中的车轮、投掷出去的标枪与铁饼、发射到空中的炮弹、旋转的陀螺……这些运动都可以表现刚体运动的形式。但刚体最基本的运动形式是刚体的平动和刚体的定轴转动，其他复杂的运动可以看作这两种基本运动的结合，它们是研究刚体运动的基础。

3.1 刚体运动的描述

3.1.1 平动和转动

在运动过程中，如果刚体上任意一条直线在各个时刻的位置始终保持互相平行，这种运动称为"刚体的平动"。如图 3-1 所示，刚体中的任意一条直线 AB 在刚体运动的各个时刻始终保持平行。例如，升降机的运动，气缸中活塞

刚体运动的描述

的运动，机床上车刀的运动等，都是平动。

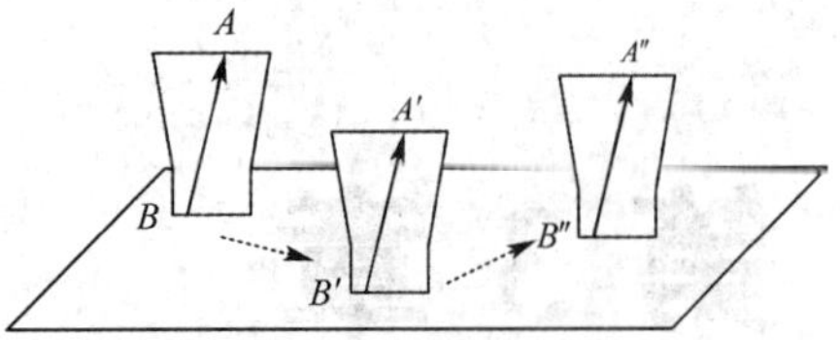

图 3-1　刚体的平动

下面研究刚体平动的特点。建立如图 3-2 所示的坐标系，A、B 为刚体上任意两点，位置矢量分别用 $\boldsymbol{r}_A$、$\boldsymbol{r}_B$ 表示，随着刚体的运动，这两点依次运动到 $A_1, A_2, A_3, \cdots, A_n$ 和 $B_1, B_2, B_3, \cdots, B_n$，由于直线 $AB, A_1B_1, A_2B_2, A_3B_3, \cdots, A_nB_n$ 互相平行且两点间的相对位置始终保持不变，则 $\boldsymbol{AB}=\boldsymbol{A}_1\boldsymbol{B}_1=\boldsymbol{A}_2\boldsymbol{B}_2=\boldsymbol{A}_3\boldsymbol{B}_3=\cdots=\boldsymbol{A}_n\boldsymbol{B}_n$，即在任意时刻有

$$\boldsymbol{r}_B=\boldsymbol{r}_A+\boldsymbol{AB} \tag{3-1}$$

将式(3-1)对时间求一阶导数及二阶导数，得 $\frac{d\boldsymbol{r}_B}{dr}=\frac{d\boldsymbol{r}_A}{dt}$，$\frac{d^2\boldsymbol{r}_B}{dt^2}=\frac{d^2\boldsymbol{r}_A}{dt^2}$，即

$$\boldsymbol{v}_B=\boldsymbol{v}_A \tag{3-2}$$

$$\boldsymbol{a}_B=\boldsymbol{a}_A \tag{3-3}$$

由于 A，B 两点具有任意性，由式(3-2)和式(3-3)可知，在刚体平动过程中的每一瞬间，其上任意两点都具有相同的速度及加速度，即具有相同的运动状态。因此，对于刚体的平动，只要了解刚体上某一质元的运动，就足以掌握整个刚体的运动情况，也可以说，刚体上任意一点的运动都可以代表整个刚体的平动。因此可以将做平动的刚体当作质点。在实际应用中，常选择质心代表整个刚体的运动。

若刚体上各质元都绕同一直线做圆周运动则称之为刚体的**转动**，该条直线称为**转轴**。当转轴相对于参考系固定时，刚体的运动称为**刚体的定轴转动**。如门窗、钟表指针、电机转子(图 3-3)等的转动都属于定轴转动。一般刚体的运动比较复杂，但都可以看成平动和转动的合成运动。如图 3-4 所示，一个车轮的滚动可看成车轮随着转轴的平动和车轮绕转轴的定轴转动的合成。本章重点讨论转动的最基本情况——定轴转动。

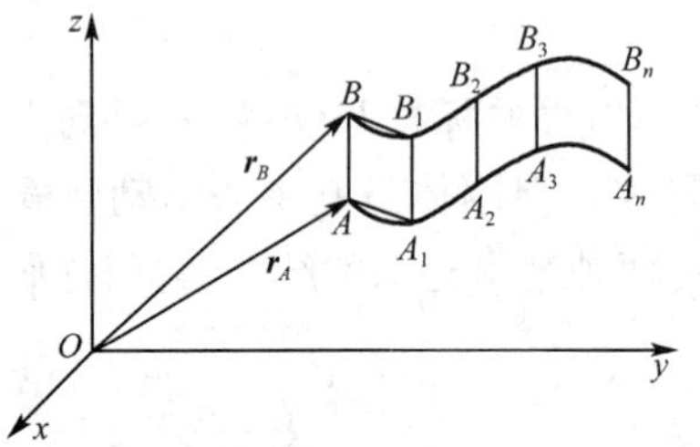

图 3-2　平动刚体上质点的位置关系

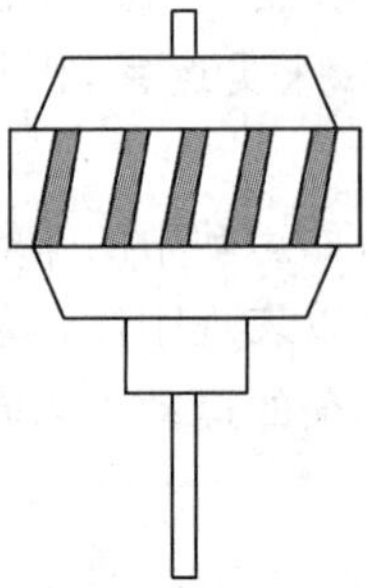

图 3-3　转子的定轴

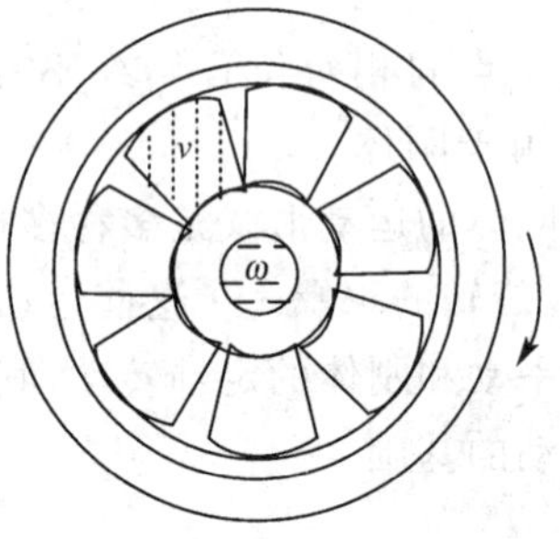

图 3-4　车轮的滚动

3.1.2　刚体定轴转动的角量描述

刚体做定轴转动时，一般情况下两质点的位移、速度、加速度都不同。因此，一般不能用描述质点运动的方法来描述刚体的转动。此时所有质元都在绕着同一转轴做圆周运动且各质元都具有相同的角位移、角速度和角加速度，所以刚体的定轴转动可以参照圆周运动，用角量来描述。

1. 角位置及角位移

设刚体绕轴转动，为研究刚体的运动情况(图 3-5)，作垂直于轴的任意平面 Oxy，该平面称为参考平面。在参考平面内取 Ox 轴方向为参考方向，参考平面内任意一点 M 的位置可用 OM 与 Ox 轴夹角 θ 来确定。由于转轴是固定的且刚体上任意两点的相对位置都保持不变，因此 θ 表示了整个刚体的位置。θ 称为“角位置”或“角坐标”，是描述刚体位置的物理量。在刚体运动过程中，θ 的值随时间变化，即 θ 是时间的函数，即

$$\theta=\theta(t) \tag{3-4}$$

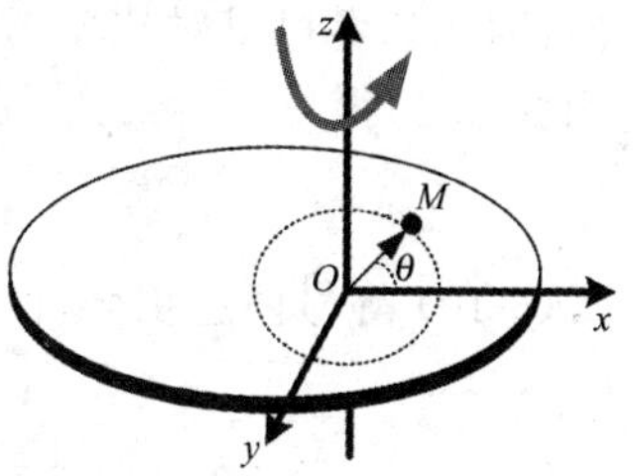

图 3-5 刚体的定轴转动

设刚体在 t 时刻的角位置为 θ，在 $t+\Delta t$ 时刻的角位置为 $\theta+\Delta\theta$，则称为 $\Delta\theta$ 刚体在 Δt 时间内的角位移。在国际单位制中，角位移的单位是弧度，符号为 rad。角位移是描述在一段时间内刚体位置变化的物理量。一般规定角位移的逆时针转向为正。

2. 角速度

角位移与完成该角位移时间的比值称为这段时间的**平均角速度**，即

$$\overline{\omega}=\frac{\Delta\theta}{\Delta t} \tag{3-5}$$

平均角速度在 $\Delta t\to 0$ 时的极限称为**“瞬时角速度”**，简称**“角速度”**，用 $\boldsymbol{\omega}$ 表示。

$$\boldsymbol{\omega}=\lim_{\Delta t\to 0}\frac{\Delta\theta}{\Delta t}=\frac{\mathrm{d}\theta}{\mathrm{d}t} \tag{3-6}$$

应指出，角速度为矢量，方向可以用右手定则来确定。如图 3-6 所示，让右手四指沿转动方向围绕转轴而弯曲，则伸直的拇指所指的方向就是该转动的角速度方向。角速度的单位是弧度每秒，符号为 $\mathrm{rad}\cdot\mathrm{s}^{-1}$。

刚体做定轴转动时，只可能有两种转向，此时角速度可取代数量。一般规定逆时针方向为正，顺时针方向便为负。

工程上常用每分钟转过的圈数来描述刚体转动的快慢，n 称为“转数”，单位为转每分，符号为 $\mathrm{r}\cdot\mathrm{min}^{-1}$。$\omega$ 与 n 的关系为

$$\omega=\frac{\pi n}{30} \tag{3-7}$$

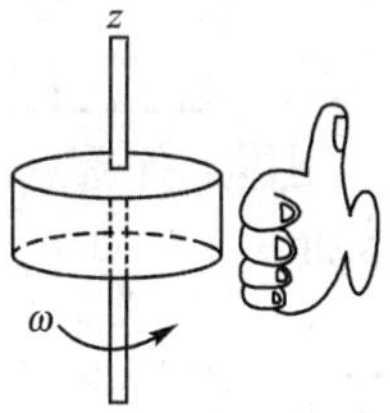

图 3-6 角速度方向的确定

3. 角加速度

设绕定轴转动的刚体在某一时刻的角速度为 ω，在 $t+\Delta t$ 时刻的角速度为 $\omega+\Delta\omega$，则角速度增量与该段时间的比值称为这段时间刚体绕定轴转动的**平均角加速度**，即

$$\overline{\alpha}=\frac{\Delta\omega}{\Delta t} \tag{3-8}$$

平均角加速度在 $\Delta t\to 0$ 时的极限称为**“瞬时角加速度”**，一般简称**“角加速度”**，用 α 表示。

$$\alpha=\lim_{\Delta t\to 0}\frac{\Delta\omega}{\Delta t}=\frac{\mathrm{d}\omega}{\mathrm{d}t} \tag{3-9}$$

与角速度一样，角加速度也是矢量，可表示为 $\alpha=\frac{\mathrm{d}\boldsymbol{\omega}}{\mathrm{d}t}$。但在刚体做定轴转动的情况下，它的方向只有沿着转轴，即只有两种可能，分别用正、负号来表示。当刚体加速转动时，α 与 ω 符号相同；当刚体减速转动时，α 与 ω 符号相反。角加速度的单位是弧度每二次方秒，符号为$\mathrm{rad}\cdot\mathrm{s}^{-2}$。

角速度和角加速度在描述刚体运动中的作用与速度和加速度在描述质点中所起的作用是

相似的，因此二者可以对比学习。对刚体的定轴转动，若已知初始条件，$t=0$ 时，$\theta=\theta_0$，$\omega=\omega_0$。由式(3-9)得

$$d\omega=\alpha dt \tag{3-10}$$

式(3-10) 等号两边积分，$\int_{\omega_0}^{\omega} d\omega=\int_0^t \alpha dt$ 可得

$$\omega=\omega_0+\int_0^t \alpha dt \tag{3-11}$$

由式(3-6) 可得

$$d\theta=\omega dt \tag{3-12}$$

式(3-12) 等号两边积分可得

$$\theta=\theta_0+\int_0^t \omega dt \tag{3-13}$$

式(3-13) 为定轴转动刚体的运动学方程。

若刚体做匀加速转动，$\alpha=$ 恒量，其运动规律与质点的匀速直线运动规律相似。由式(3-11) 和式(3-13) 可得 $\omega=\omega_0+\alpha t$，$\theta=\theta_0+\omega_0 t+\frac{1}{2}\alpha t^2$。以上两式联立可得公式 $2\alpha\theta=\omega^2-\omega_0^2$。表 3-1 列出了质点匀变速直线运动与刚体匀变速定轴转动公式对照。

表 3-1　质点匀变速直线运动与刚体匀变速定轴转动公式对照

质点匀变速直线运动(x_0,v_0)	刚体匀变速定轴转动(θ_0,ω_0)
$v=v_0+at$	$\omega=\omega_0+\alpha t$
$x=v_0t+\frac{1}{2}at^2$	$\theta=\omega_0t+\frac{1}{2}\alpha t^2$
$2ax=v^2-v_0^2$	$2\alpha\theta=\omega^2-\omega_0^2$

刚体上各质点的运动也可用线量进行描述，线量与角量的关系可对比质点的圆周运动，关系如下：

$$v=r\omega \tag{3-14}$$

$$a_\tau=r\alpha \tag{3-15}$$

$$a_n=\omega^2 r \tag{3-16}$$

式(3-14)～(3-16)中，r 为该质点做圆周运动的半径(质点到转轴的垂直距离)，a_τ 和 a_n 分别为切向加速度和法向加速度。

【例 3-1】 一飞轮以 $n=1\ 500\ \mathrm{r\cdot min^{-1}}$ 的转速转动，受制动均匀减速，经 $r=50$ s 后静止。求

(1)角加速度 α 和从制动开始到静止这段时间飞轮转过的转数；

(2)制动开始后 $t=25$ s 时，飞轮的角速度；

(3)设飞轮的半径 $r=1$ m，求在 $t=25$ s 时飞轮边缘上一点的速度和加速度。

解　飞轮可视为刚体，受制动均匀减速，即做匀减速转动。

初始状态角速度为 $\omega_0=\frac{1\ 500\times 2\pi}{60}\ \mathrm{rad\cdot s^{-1}}=50\pi\ \mathrm{rad\cdot s^{-1}}$；末状态静止，即 $\omega=0$，则

(1)　$$\alpha=\frac{\omega-\omega_0}{t}=\frac{0-50\pi}{50}\ \mathrm{rad\cdot s^{-2}}=-\pi\ \mathrm{rad\cdot s^{-2}}$$

这段时间转过的角位移 $\theta=\theta_0+\omega_0 t+\frac{1}{2}\alpha t^2=1\ 250\pi$ rad

$$N=\frac{\theta}{2\pi}=\frac{1\ 250\pi}{2\pi}\text{rad}=625\ \text{rad}$$

(2)$t=25$ s 时，$\omega=\omega_0+\alpha t=(50\pi-25\pi)\text{rad}\cdot\text{s}^{-1}=25\pi\ \text{rad}\cdot\text{s}^{-1}=78.5\ \text{rad}\cdot\text{s}^{-1}$

(3)飞轮边缘的点做圆周运动，$t=25$ s 时，

$$v=\omega r=78.5\ \text{m}\cdot\text{s}^{-1}$$

$$a_\tau=r\alpha=-3.14\ \text{m}\cdot\text{s}^{-2}$$

$$a_n=r\omega^2=1\times78.5^2\ \text{m}\cdot\text{s}^{-2}=6.16\times10^3\ \text{m}\cdot\text{s}^{-2}$$

$$a=\sqrt{a_\tau^2+a_n^2}=\sqrt{(-3.14)^2+(6.16\times10^3)^2}\ \text{m}\cdot\text{s}^{-2}=6.16\times10^3\ \text{m}\cdot\text{s}^{-2}$$

3.2　刚体的定轴转动定律　转动惯量

刚体定轴转动
转动惯量

通过前面学习的质点运动学可知，质点运动状态发生变化必然是受到了力的作用，即只有质点所受合外力不为零时，质点才会产生加速度，运动状态才会改变。在刚体做定轴转动时，其运动状态的改变依赖哪些因素呢？是不是合外力不为零时，刚体的转动状态就会发生改变呢？

依照日常生活经验，刚体运动状态的改变因素不仅是所受合外力不为零。例如，如图 3-7 所示，分别用大小相等、方向和作用点不同的四个力推门，会发现门的转动状态的改变不同。其中，$\boldsymbol{F}_1$ 与门轴平行，$\boldsymbol{F}_3$ 通过门轴，二者均不改变门的转动状态；$\boldsymbol{F}_2$ 与 $\boldsymbol{F}_4$ 均可改变门的转动状态，但是改变程度不同。再如，司机转动方向盘时，如两手位于方向盘两侧，施力大小相等、方向相反，则合外力为零，但方向盘却转动了。可见，要改变定轴转动刚体的运动状态，仅有力的作用是不够的，还必须有力矩的作用。

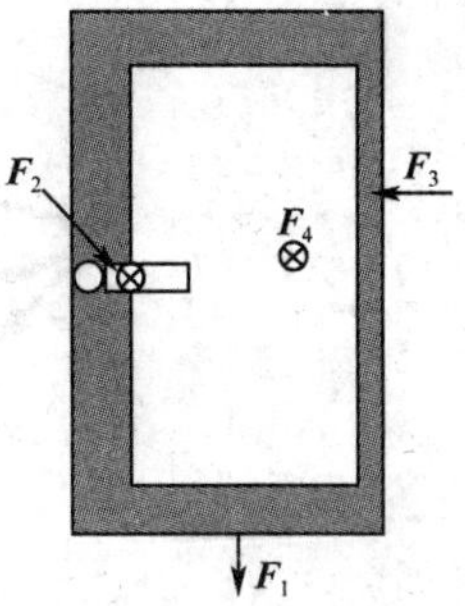

图 3-7　力对门的作用

3.2.1　力矩

我们在中学时就学习过“力矩”这一概念，力矩 $M=Fd$，式中，F 是位于转动平面的外力，d 为力的作用线到转轴的垂直距离，也称为“**力臂**”。

设一刚体可绕 z 轴转动，若力 $\boldsymbol{F}$ 位于转动平面内(图 3-8)，则此时力对 z 轴的力矩为

$$M=Fd=Fr\sin\varphi \tag{3-17}$$

式中，φ 为 $\boldsymbol{r}$ 与 $\boldsymbol{F}$ 的夹角。在此力矩的作用下，刚体绕 z 轴逆时针转动。

对于较复杂的情况，即力 $\boldsymbol{F}$ 不在转动平面内(图 3-9)，可将力 $\boldsymbol{F}$ 分解为平行于 z 轴的力 $\boldsymbol{F}_{/\!/}$ 和垂直于 z 轴的力 $\boldsymbol{F}_{\perp}$。其中，平行于 z 轴的力 $\boldsymbol{F}_{/\!/}$ 对 z 轴不产生力矩的作用。而垂直于 z 轴的力 $\boldsymbol{F}_{\perp}$ 则在转动平面内，相当于图 3-8 中力 $\boldsymbol{F}$ 对 z 轴的力矩。所以，此时 $\boldsymbol{F}$ 对 z 轴的力矩可写作 $M=F_{\perp}d=F_{\perp}r\sin\varphi=rF_\tau$($F_\tau$ 是 $F_{\perp}$ 的切向力)。

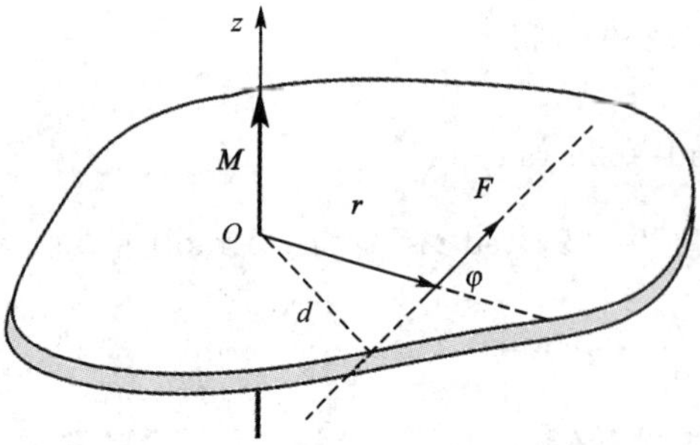

图 3-8　力矩(外力在转动平面内)

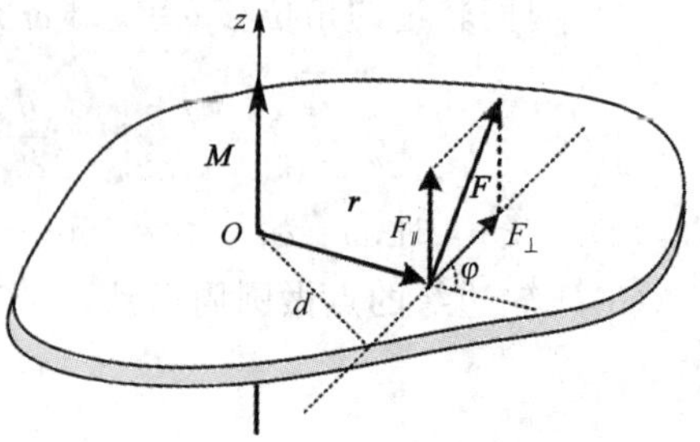

图 3-9　力矩(外力与转动平面相交)

实际上,研究力对点的力矩具有更广泛的意义。如图 3-10 所示,空间有一力 $\boldsymbol{F}$,任意选择一点 O 为参考点(矩心),则力 $\boldsymbol{F}$ 对 O 点的力矩为

$$\boldsymbol{M}_O=\boldsymbol{r}\times\boldsymbol{F} \tag{3-18}$$

根据矢量的定义,$\boldsymbol{F}$ 对 O 点力矩 $\boldsymbol{M}_O$ 的大小为

$$|\boldsymbol{M}_O|=Fr\sin\varphi \tag{3-19}$$

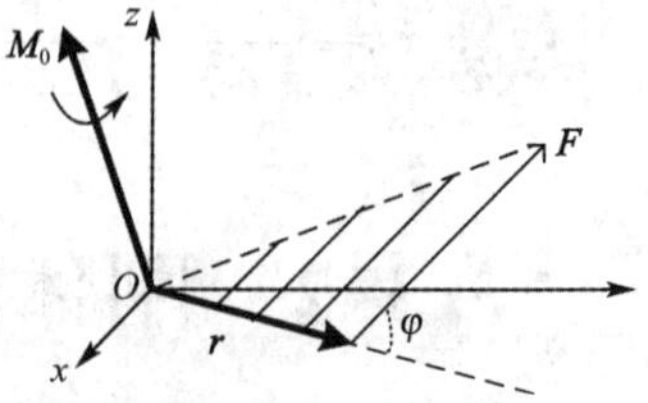

图 3-10　力对点的力矩

式中,φ 为矢径 $\boldsymbol{r}$ 与力 $\boldsymbol{F}$ 的夹角。$\boldsymbol{M}_O$ 垂直于 $\boldsymbol{r}$ 与 $\boldsymbol{F}$ 所确定的平面,方向可用右手定则确定。

根据力对点的力矩可以看出,前面所说力对转轴的力矩可以看作力对转轴上任意一点的力矩在 z 轴方向的分量。因此力对轴的力矩只有两个方向(图 3-11),可以写作代数量。

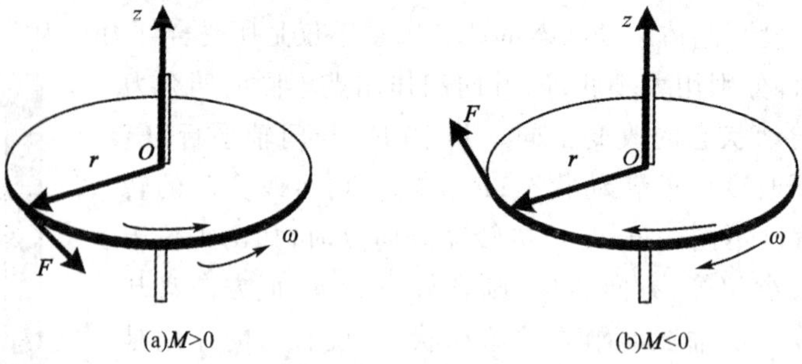

图 3-11　力矩的方向

3.2.2　刚体定轴转动的转动定律

已知外力的作用使质点产生加速度,定量表达式为 $\boldsymbol{F}=m\boldsymbol{a}$。在外力矩的作用下,绕定轴转动的刚体的转动状态发生改变,即产生角加速度,那么,外力矩是如何影响角加速度呢?

力矩作用的本质实际上是力的作用,因此仍从质点动力学角度,应用牛顿定律来分析。

如图 3-12 所示,刚体绕 z 轴转动且转轴固定在参考系中。刚体可以看作由无数个质元组成,每个质元均可看作质点,在刚体上任取一质点 k,设其质量为 m_k。刚体运动过程中,该质元以半径 r_k 绕点 O 做圆周运动。该质元所受到的力可以分为来自刚体内部的力和来自刚体外部的力两部分,该质元所受内力之和与外力之和分别用 $\boldsymbol{f}_k$ 和 $\boldsymbol{F}_k$ 来表示,并且可以假设 $\boldsymbol{f}_k$ 和 $\boldsymbol{F}_k$ 均在转动平面内。根据牛顿第二定律有 $\boldsymbol{F}_k+\boldsymbol{f}_k=m_k\boldsymbol{a}_k$,则在该质元运动的切线方向上有

$$F_{k\tau}+f_{k\tau}=m_k a_{k\tau} \tag{3-20}$$

式中，$f_{k\tau}$ 和 $F_{k\tau}$ 分别为 $\boldsymbol{f}_k$ 和 $\boldsymbol{F}_k$ 的切向分力。$a_{k\tau}$ 为 m_k 的切向加速度。

将式(3-20)两边同时乘以 r_k 得

$$F_{k\tau}r_k + f_{k\tau}r_k = m_k a_{k\tau} r_k \tag{3-21}$$

由于刚体上所有质元在同一时刻具有相同的角加速度，设为 α，根据式(3-15)可得

$$a_{k\tau} = r_k\alpha \tag{3-22}$$

式(3-22)代入式(3-21)中得

$$F_{k\tau}r_k + f_{k\tau}r_k = m_k r_k \cdot r_k\alpha \tag{3-23}$$

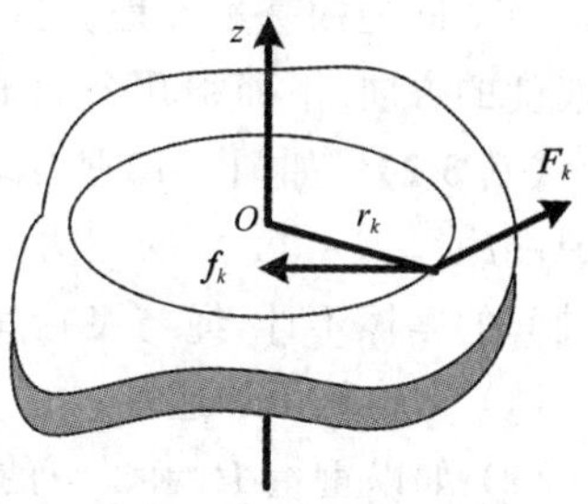

图 3-12　刚体的定轴转动

式中，$f_{k\tau}r_k$ 和 $F_{k\tau}r_k$ 分别为作用在 m_k 上的内力和外力对 z 轴的力矩，考虑刚体上的所有质点，对式(3-23)求和得

$$\sum F_{k\tau}r_k + \sum f_{k\tau}r_k = \left(\sum m_k r_k^2\right)\alpha \tag{3-24}$$

3.2.3　转动惯量

式(3-24)中，$\sum f_{k\tau}r_k$ 和 $\sum F_{k\tau}r_k$ 分别为作用在刚体上的所有内力对转轴的力矩之和及所有外力对转轴的力矩之和。考虑力的作用的相互性，内力一定是成对出现的且一对内力大小相等、方向相反并作用于同一直线上，因此，内力对转轴的力矩之和 $\sum f_{k\tau}r_k$ 一定为 0。式(3-24)则可写成

$$\sum F_{k\tau}r_k = \left(\sum m_k r_k^2\right)\alpha \tag{3-25}$$

式中，物理量 $\sum m_k r_k^2$ 由刚体本身的质量及质量分布决定，与刚体的转动状态和所受的外力无关。这个表示刚体本身特征的物理量叫作“刚体对于转轴的转动惯量”。通常用 J 表示转动惯量，即

$$J = \sum m_k r_k^2 \tag{3-26}$$

另外，外力矩之和一般用 M 表示，式(3-25)可写作

$$M = J\alpha = J\frac{\mathrm{d}\omega}{\mathrm{d}t} \tag{3-27}$$

式(3-27)即**刚体绕定轴转动的转动定律**。可表述为**刚体所受的对于某一固定转轴的合外力矩等于刚体对此转轴的转动惯量与刚体在此合外力矩作用下所获得的角加速度的乘积。**

将式(3-27)和牛顿第二定律 $\boldsymbol{F}=m\boldsymbol{a}$ 对比发现，二者在形式上十分相似，大家可以通过对比来记忆。合外力矩 M 与合外力 F 相对应，角加速度 α 与加速度 $\boldsymbol{a}$ 相对应，转动惯量 J 与质量 m 相对应。质量是物体惯性大小的量度，而由式(3-27)可以看出，对刚体施以相同的合外力矩，J 越大，产生的角加速度 α 越小；反之，J 越小，产生的角加速度 α 越大。也就是说，J 越大，改变刚体的转动状态就越难。这说明 J 是刚体转动惯性大小的量度，所以将之命名为“**转动惯量**”。

3.2.4　转动定律的应用举例

刚体绕定轴转动的转动定律在刚体力学中有着十分重要的地位，它是解决刚体绕定轴转

动动力学问题的基本方程。虽然转动定律应用起来比较简单，但是也要注意力矩、角速度、角加速度的方向，下面举几个例子。

【例 3-2】 如图 3-13 所示，一轻绳绕在半径 $r=20$ cm 的飞轮边缘，在绳端施以 $F=98$ N 的拉力，飞轮的转动惯量 $J=0.5\ \text{kg}\cdot\text{m}^2$，飞轮与转轴间的摩擦不计，绳与飞轮间无相对滑动，求

(1) 飞轮的角加速度；

(2) 如以重量 $P=98$ N 的物体挂在绳端，试计算飞轮的角加速度。

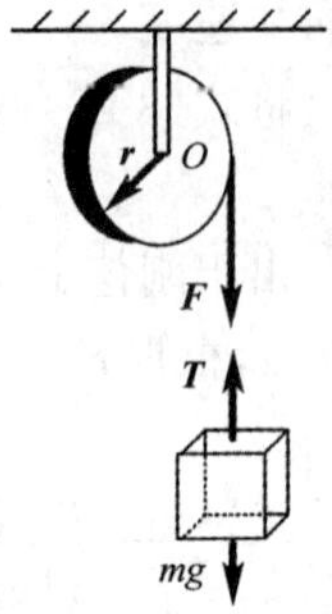

图 3-13　例 3-2 图

解　(1)飞轮可视为刚体，设飞轮的角加速度为 α，根据刚体绕定轴转动的转动定律，即

$$M=Fr=J\alpha$$

则有

$$\alpha=\frac{Fr}{J}=\frac{98\times0.2}{0.5}\ \text{rad}\cdot\text{s}^{-2}=39.2\ \text{rad}\cdot\text{s}^{-2}$$

(2)将 $P=98$ N 的物体挂在绳端，设此时物体对绳的拉力为 T，物体产生的加速度为 a，对物体应用牛顿第二定律得

$$mg-T=ma \tag{1}$$

对飞轮应用刚体绕定轴转动的转动定律得

$$Tr=J\alpha \tag{2}$$

由于绳与飞轮间无相对滑动，故根据角量与线量间的关系可得

$$a=r\alpha \tag{3}$$

将式(1)～(3)联立，解得

$$\alpha=\frac{mgr}{J+mr^2}=\frac{98\times0.2}{0.5+10\times0.2^2}\text{rad}\cdot\text{s}^{-2}=21.8\ \text{rad}\cdot\text{s}^{-2}$$

【例 3-3】 如图 3-14 所示，轻绳跨过一轴承光滑的定滑轮，滑轮可视为圆盘，圆盘的质量为 m，半径为 r，转动惯量 $J=\frac{1}{2}mr^2$，在绳的两端分别悬有质量为 m_1 和 m_2 的物体，且 $m_1<m_2$。绳与滑轮之间无相对滑动，绳不可伸长，求两物体的加速度、滑轮的角加速度和绳中的张力。

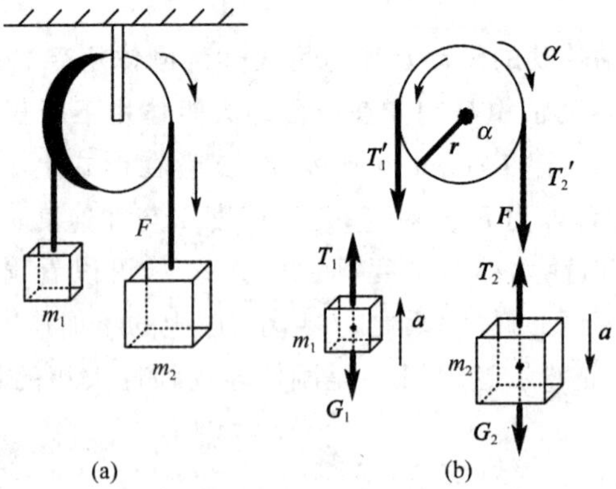

图 3-14　例 3-3 受力分析

解　根据题意，滑轮的质量不可忽略，因此必须考虑滑轮的转动惯量。另外，绳与滑轮之

间无相对滑动，说明绳与滑轮之间有摩擦，正是依靠这一摩擦力，绳在运动过程中带动滑轮转动，所以滑轮两边绳的张力不再相等。

选择滑轮 m_1 和 m_2 为研究对象，因 $m_1<m_2$，所以 m_1 的加速度 $\boldsymbol{a}_1$ 方向向上，m_2 的加速度 $\boldsymbol{a}_2$ 方向向下。因为绳不可伸长，所以 m_1 和 m_2 的加速度的大小相等，即 $a_1=a_2$。滑轮做逆时针旋转，角加速度为 α。用隔离法对 m_1、m_2 和滑轮进行受力分析并应用牛顿第二定律对 m_1 和 m_2 列方程，对滑轮应用转动定律列方程得

$$T_1-m_1g=m_1a \tag{1}$$

$$m_2g-T_2=m_2a \tag{2}$$

$$T_2'r-T_1'r=J\alpha \tag{3}$$

因绳与滑轮之间无相对滑动，所以滑轮边缘上的切向加速度和物体的加速度相等，则有

$$a=r\alpha \tag{4}$$

因为 T_1 和 T_1'、T_2 和 T_2' 是作用力和反作用力，所以大小相等。

解以上 4 个方程可得

$$a=\frac{(m_2-m_1)g}{m_1+m_2+\frac{1}{2}m}\qquad \alpha=\frac{(m_2-m_1)g}{\left(m_1+m_2+\frac{1}{2}m\right)r}$$

$$T_1=\frac{m_1\left(2m_2+\frac{1}{2}m\right)g}{m_1+m_2+\frac{1}{2}m}\qquad T_2=\frac{m_2\left(2m_1+\frac{1}{2}m\right)g}{m_1+m_2+\frac{1}{2}m}$$

【例 3-4】 如图 3-15 所示，一长为 l、质量为 m 的均质细杆竖直放置，其下端与一固定铰链 O 相接并可绕其转动。当细杆受到微小扰动时，将在重力作用下由静止开始绕铰链 O 转动，试计算细杆转到与竖直线成角 θ 时的角加速度和角速度。

解　细杆受到 2 个力的作用，一个力是铰链对细杆约束力 F，另一个力是重力 P。由于细杆是均质的，因此 P 可视为作用于细杆的重心。当细杆以 O 为轴转到与竖直线成 θ 角时，重力 P 对铰链 O 的力矩为 $\frac{1}{2}mgl\sin\theta$，而约束力 F 对铰链 O 的力矩为 0，设此时杆对转轴的转动惯量为 J，杆的角加速度为 α，由转动定律得

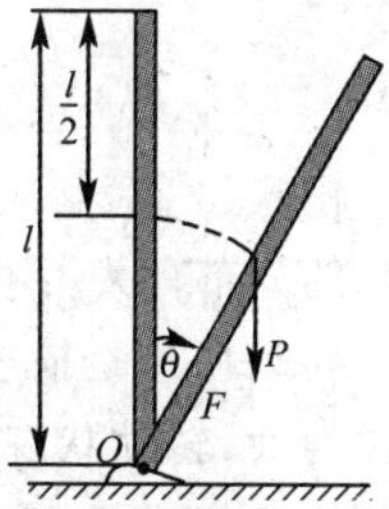

图 3-15　例 3-4 图

$$\frac{1}{2}mgl\sin\theta=J\alpha=\frac{1}{3}ML^2\alpha$$

所以
$$\alpha=\frac{3g}{2l}\sin\theta$$

由于
$$\alpha=\frac{d\omega}{dt}=\frac{3g}{2l}\sin\theta$$

由角加速度定义知
$$\frac{d\omega}{dt}=\frac{d\omega}{d\theta}\frac{d\theta}{dt}=\omega\frac{d\omega}{d\theta}$$

即
$$\omega\frac{d\omega}{d\theta}=\frac{3g}{2l}\sin\theta$$

因此
$$\omega d\omega=\frac{3g}{2l}\sin\theta d\theta \tag{1}$$

对式(1)积分得

$$\int_0^{\omega}\omega\,\mathrm{d}\omega=\frac{3g}{2l}\int_0^{\theta}\sin\theta\,\mathrm{d}\theta$$

积分后化简，得细杆转到与竖直线成 θ 角时的角速度为

$$\omega=\sqrt{\frac{3g}{l}(1-\cos\theta)}$$

以上几个例题中，研究对象均为若干个质点与刚体组成的系统，解决这类问题的方法可归纳如下：

(1)确定研究对象，并分别对各个对象进行受力分析；

(2)对于质点研究对象，应用牛顿第二定律列出动力学方程；

(3)对于刚体，确定其所受的合外力矩，并应用刚体绕定轴转动的转动定律列出方程；

(4)找到角量与线量之间的关系并列出方程；

(5)对方程求解。

3.2.5 转动惯量的计算

应用转动定律时，有时需要先计算刚体对固定转轴的转动惯量。前面讲到，刚体对固定转轴的转动惯量可用式(3-26)求得，即

$$J=\sum m_k r_k^2 \tag{3-28}$$

式(3-28)可表述为刚体对某一转轴的转动惯量等于刚体上各质元的质量与该质元到转轴的垂直距离平方的乘积之和。

实际上，刚体的质量多是连续分布的，因此式(3-28)的求和应以定积分代替，即

$$J=\int r^2\,\mathrm{d}m \tag{3-29}$$

由式(3-28)和式(3-29)可知，刚体的转动惯量不仅与刚体的总质量有关，而且和质量相对于转轴的分布有关。刚体的转动惯量由以下几个因素决定：刚体的质量、转轴位置、质量分布。

转动惯量是描述定轴转动刚体自身性质的物理量，其值反映了刚体转动惯性的大小。转动惯性大，转动状态难于改变；反之，转动惯性小，转动状态易于改变。在国际单位制中，转动惯量的单位为千克平方米，符号为 $\mathrm{kg\cdot m^2}$。

在日常生活和工程中，常需设计物体的质量分布，从而满足对转动惯量的需求。例如，为使机器运行平稳，常在回转轴上装置飞轮，而飞轮的质量很大且质量绝大部分集中到飞轮的边缘，这就增大了飞轮的转动惯量。

前文中，式(3-26)与式(3-29)提供了计算刚体转动惯量的方法，但在实际中，对形状复杂和质量分布不均匀的刚体，应用理论计算求转动惯量是非常困难的，常采用实验的方法进行测定。

下面举例说明计算几何形状简单、质量分布均匀的刚体转动惯量的方法。

【例 3-5】 一质量为 m、长为 l 的均匀细棒，求：

(1)通过棒中心并与棒垂直的轴的转动惯量；

(2)通过棒一端中心并与棒垂直的轴的转动惯量。

解 如图 3-16 所示，细棒的质量是连续分布的，因此可用式(3-29)来计算细棒的转动惯

量。沿细棒长方向取一长度为 $\mathrm{d}r$ 的微元，质量为 $\mathrm{d}m=\lambda\,\mathrm{d}r$，$\lambda=\dfrac{m}{l}$，为细棒的线密度。

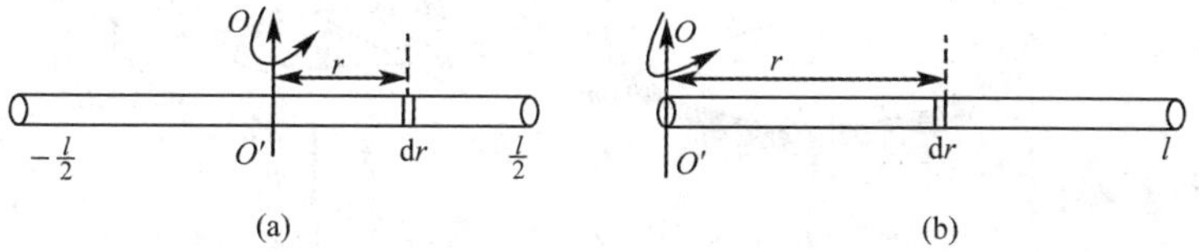

图 3-16　例 3-5 图

(1)如图 3-16(a)所示，转轴 OO' 通过棒的中心并与棒垂直，则

$$J_1=\int r^2\,\mathrm{d}m=\int_{-\frac{l}{2}}^{\frac{l}{2}} r^2\lambda\,\mathrm{d}r=\frac{1}{12}ml^2$$

(2) 如图 3-16(b) 所示，转轴 OO' 通过棒的一端并与棒垂直，则

$$J_2=\int r^2\,\mathrm{d}m=\int_0^l r^2\lambda\,\mathrm{d}r=\frac{1}{3}ml^2$$

由上述结果可以看出，对于同一刚体，转轴位置不同，转动惯量也不同。所以，刚体的转动惯量只有在指明具体的转轴时才有意义。实际上，对于同一刚体，对互相平行的不同转轴的转动惯量之间存在定量关系。

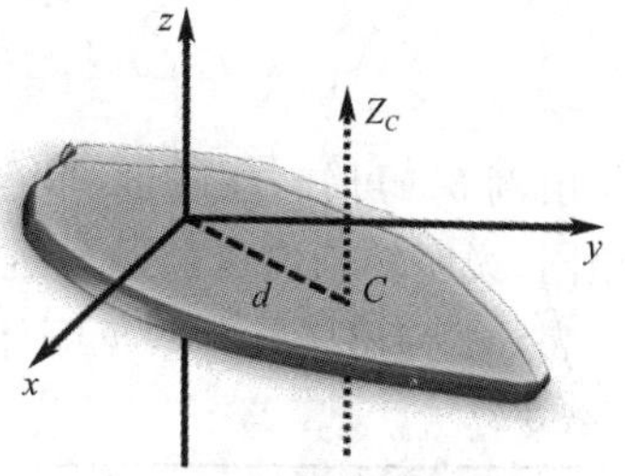

图 3-17　平行轴定理

设刚体的质量为 M(图 3-17)，质心为 C。该刚体对过质心的轴 z_c 的转动惯量为 J_c，若有任一与 z_c 轴平行的 z 轴，z 轴与 z_c 轴的垂直距离为 d。设刚体对 z 轴的转动惯量为 J_z，可以证明

$$J_z=J_c+Md^2 \tag{3-30}$$

式(3-30)可表述为：刚体对任意轴的转动惯量，等于刚体对通过质心并与该轴平行的轴的转动惯量加上刚体的质量与两轴之间的垂直距离的平方的乘积，这个结论称为“**平行轴定理**”。

转动惯量是标量，但具有可加性。一个具有复杂形状的刚体，如果可以分割成若干个简单部分，则整个刚体对某一转轴的转动惯量等于各个组成部分对同一转轴的转动惯量之和。

【例 3-6】 现有质量均为 m、半径均为 R 的均匀圆环和圆盘，分别绕通过各自中心 O 并与二者平面垂直的轴转动，求二者相对于转轴的转动惯量。

解　如图 3-18(a)所示，圆环是质量分布均匀的刚体，可根据式 (3-29)计算，考虑到圆环的特点，先在圆环上取一小段，质量为 $\mathrm{d}m$，可视为质点，转动惯量 $\mathrm{d}J$ 为

$$\mathrm{d}J=R^2\,\mathrm{d}m$$

因为每个质元到转轴的距离都是 R，所以每个质元的转动惯量都相同，整个圆环的转动惯量 J 为

$$J=\int R^2\,\mathrm{d}m=mR^2$$

考虑圆盘质量是连续分布的特点，如图 3-18(b)所示，先在圆盘上任取一半径为 r、宽度为 $\mathrm{d}r$ 的圆环为质元，则圆环的面积为 $\mathrm{d}s=2\pi r\,\mathrm{d}r$，设圆盘的质量面密度为 σ，则圆环的质量为

$$\mathrm{d}m=\sigma\,\mathrm{d}s=\sigma 2\pi r\,\mathrm{d}r \tag{1}$$

圆环的转动惯量为

$$\mathrm{d}J=r^2\,\mathrm{d}m \tag{2}$$

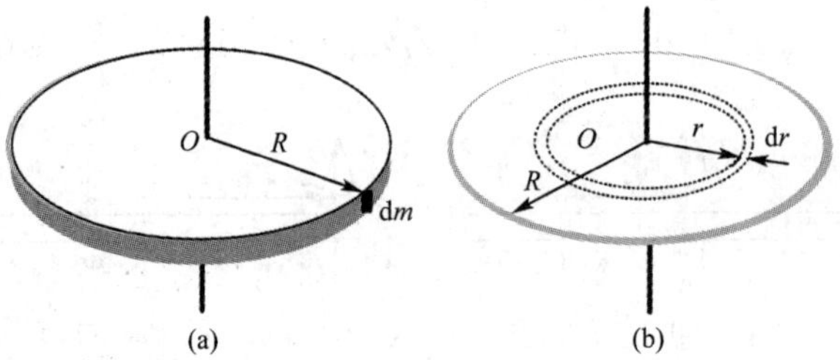

图 3-18　例 3-6

将式(1)代入式(2)

$$dJ = \sigma 2\pi r^3 dr \tag{3}$$

对式(3)积分，求得整个圆盘的转动惯量为

$$J = \int_0^R \sigma 2\pi r^3 dr = \frac{1}{2} mR^2$$

由例 3-6 可知，在质量、半径、转轴位置均相同的情况下，圆环和圆盘两刚体的转动惯量并不相同，说明转动惯量的确与质量分布有关。

表 3-2 列出了几种常见刚体的转动惯量。

表 3-2　　几种常见刚体的转动惯量

刚体	转轴	转动惯量	图形
均质杆 (质量 M，长 L)	通过中心， 与杆垂直	$\frac{1}{12}ML^2$	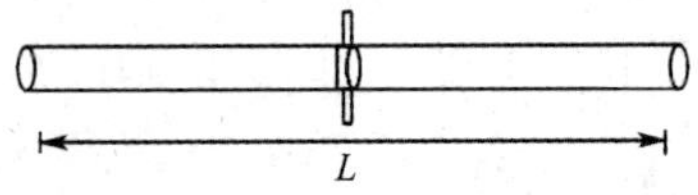
均质杆 (质量 M，长 L)	通过一端， 与杆垂直	$\frac{1}{3}ML^2$	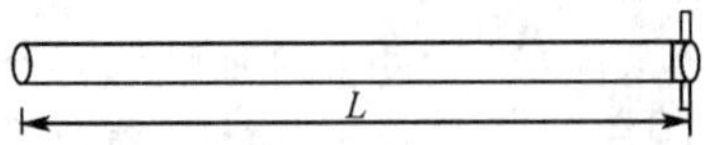
均质矩形薄板 (质量 M，长 a，宽 b)	过中心， 垂直于板	$\frac{1}{12}M(a^2+b^2)$	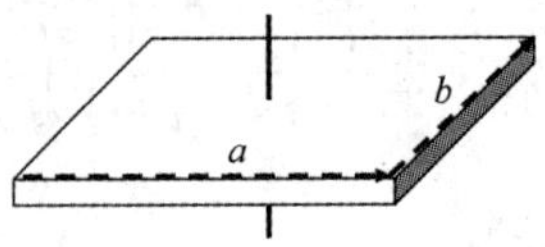
均质柱筒 (质量 M，内径 R_1， 外径 R_2)	沿几何轴	$\frac{1}{2}M(R_1^2+R_2^2)$	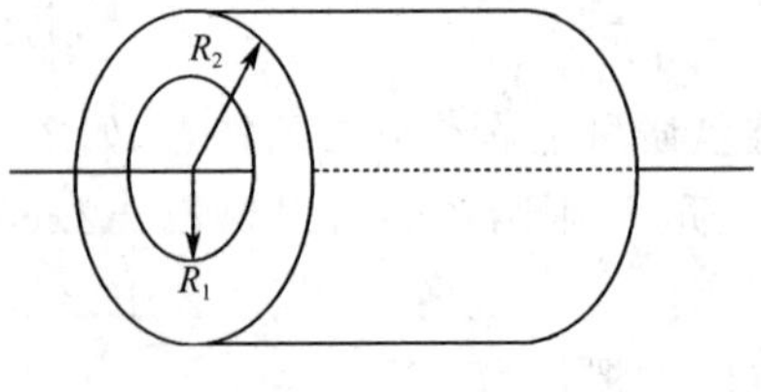

（续表）

刚体	转轴	转动惯量	图形
均质柱体 （质量 M，半径 L）	沿几何轴	$\frac{1}{2}MR^2$	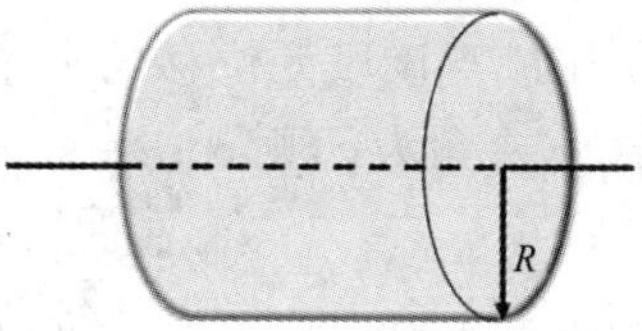
均质球体 （质量 M，半径 R）	沿直径	$\frac{2}{5}MR^2$	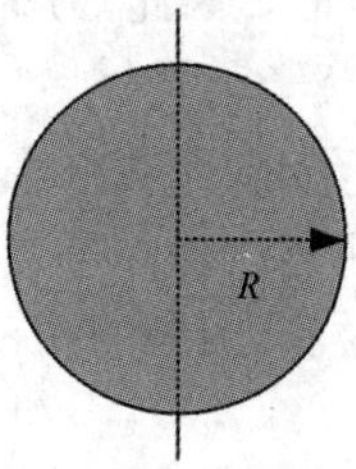
均质薄球壳 （质量 M，半径 R）	沿直径	$\frac{2}{3}MR^2$	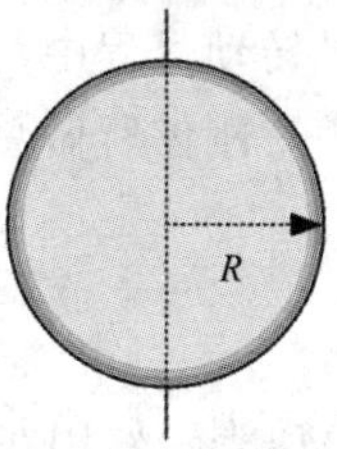

注：表中刚体均形状规则、密度均匀。

另外，对于其他一些几何形状规则、质量均匀物体的转动惯量，大家可以根据表 3-2 及平行轴定律求得。

3.3　刚体定轴转动中的功与能

根据前面学过的知识，我们了解到，质点在外力的作用下产生了位移，运动状态发生了改变。这种改变从空间的角度来考虑，就是力对质点产生了空间的累积效应，即做了功。这使质点的动能发生了变化。刚体在力矩的作用下产生了一定的角位移，转动状态也发生了改变，在此过程中，力矩也对刚体做了功。下面就来推导力矩的功的表达式。

刚体定轴转动中的功和能

3.3.1　力矩的功

设刚体可绕轴转动，现有外力 $\boldsymbol{F}$ 作用于刚体上的 P 点，如图 3-19 所示，当刚体在外力矩的作用下转过一角位移 $\mathrm{d}\theta$ 时，力的作用点位移为 $\mathrm{d}\boldsymbol{r}$，路程为 $\mathrm{d}s$。力 $\boldsymbol{F}$ 所做的元功可表示为

$$\mathrm{d}A = \boldsymbol{F} \cdot \mathrm{d}\boldsymbol{r} \tag{3-31}$$

由于角位移 $d\theta$ 非常小，有 $|d\boldsymbol{r}|=ds=rd\theta$，则

$$dA=\boldsymbol{F}\cdot d\boldsymbol{r}=F ds\cos\alpha=(Frd\theta)\cos\alpha \tag{3-32}$$

式中，α 为力 $\boldsymbol{F}$ 与该段元位移的夹角。若令力 $\boldsymbol{F}$ 与矢径 $\boldsymbol{r}$ 夹角为 φ，则 $\cos\alpha=\sin\varphi$，则有

$$dA=Fr\sin\varphi d\theta \tag{3-33}$$

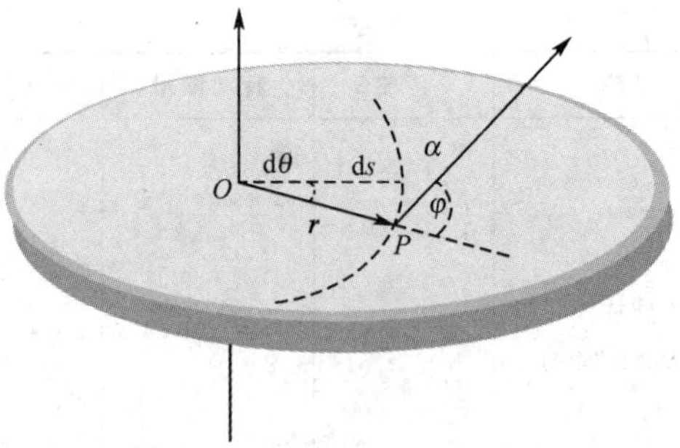

图 3-19　力矩的功

式(3-33)中，$Fr\sin\varphi$ 恰是力 $\boldsymbol{F}$ 对转轴 z 的力矩，即 $Fr\sin\varphi=M$。因此，力 $\boldsymbol{F}$ 所做的元功可写作

$$dA=Md\theta \tag{3-34}$$

即该力对刚体所做的元功可表示为该力对转轴的力矩与在力矩作用下发生的元角位移的乘积。因为该力对刚体产生的是力矩的作用，所以式(3-34)是力矩的功的表达式。

对于有限的角位移，力矩的功可用积分来表示，即

$$A=\int_{\theta_1}^{\theta_2}Md\theta \tag{3-35}$$

若在刚体的定轴转动过程中，有多个力($\boldsymbol{F}_1,\boldsymbol{F}_2,\cdots,\boldsymbol{F}_i$)作用于刚体上，则刚体在绕转轴转动 $d\theta$ 的过程中，各力对刚体所做总的元功 dA 等于各个力所做元功的代数和，即

$$dA=\sum dA_i=\sum M_i d\theta$$

或

$$dA=\left(\sum M_i\right)d\theta=Md\theta \tag{3-36}$$

式(3-36)中，$M=\sum M_i$ 表示作用在刚体上的各力对转轴的力矩的代数和。

在刚体由 θ_1 转到 θ_2 的过程中，$\boldsymbol{F}_1,\boldsymbol{F}_2,\cdots,\boldsymbol{F}_i$ 对刚体做的总功为

$$A=\int_{\theta_1}^{\theta_2}\left(\sum M_i\right)d\theta=\sum\int_{\theta_1}^{\theta_2}M_i d\theta=\int_{\theta_1}^{\theta_2}Md\theta \tag{3-37}$$

当 M 为常量时，式(3-37)进一步可写作

$$A=M(\theta_2-\theta_1) \tag{3-38}$$

即作用于定轴转动刚体上的恒力矩对刚体所做的功等于该力矩与该角位移的乘积。

从本质上讲，力矩的功就是力的功，只不过在刚体定轴转动的过程中，力对刚体的作用表现为力矩的作用，而此时力的功可表示为该力对转轴力矩与对应角位移乘积的形式，力的功的本质未变。

力矩的功的瞬时功率也可以用力矩表示，即

$$P=\frac{dA}{dt}=\frac{d(M\theta)}{dt}=M\omega \tag{3-39}$$

3.3.2　转动动能

运动的质点具有动能，表达式为 $E_k=\frac{1}{2}mv^2$。绕定轴转动的刚体定轴也具有动能，称为刚体的**转动动能**。刚体可看成由无数质元构成的，所以，刚体的转动动能等于各质元动能的总和。

如图 3-20 所示，刚体绕轴转动，设其对 z 轴转动惯量为 J_z。t 时刻，刚体转动的角速度为 ω，刚体上一质元到转轴的垂直距离为 r_i，质量为 m_i，速度为 v_i。显然，该质元做圆周运动，有 $v_i=r_i\omega$，该质元的动能为 $E_{ki}=\frac{1}{2}m_iv_i^2=\frac{1}{2}m_ir_i^2\omega^2$，所以整个刚体具有的动能为

$$E_k=\sum\frac{1}{2}m_ir_i^2\omega^2=\left(\sum\frac{1}{2}m_ir_i^2\right)\omega^2 \quad (3\text{-}40)$$

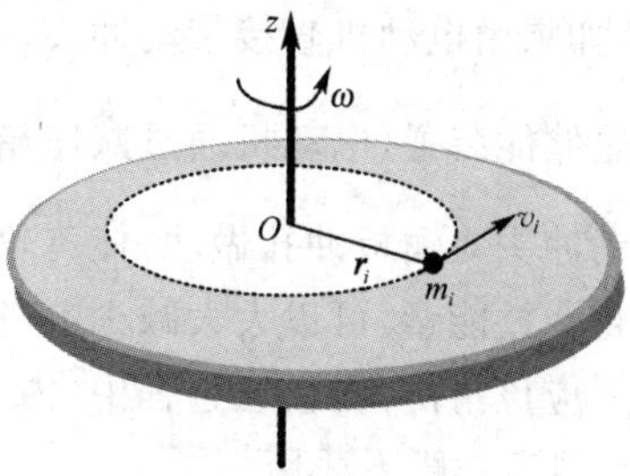

图 3-20　定轴转动刚体的动能

式(3-40)中，$\sum\frac{1}{2}m_ir_i^2$ 是刚体对 z 轴的转动惯量 J_z。因此

$$E_k=\frac{1}{2}J_z\omega^2 \quad (3\text{-}41)$$

式(3-41)可表述为：绕定轴转动的刚体的动能等于刚体对转轴的转动惯量与刚体角速度的平方的乘积的一半。

可以看出，刚体转动动能的表达式 $\frac{1}{2}J\omega^2$ 与质点的动能(平动动能)表达式 $\frac{1}{2}mv^2$ 在形式上非常相似，可以对比记忆。在转动动能的表达式中，角速度 ω 取代了速率 v，转动惯量 J 取代了质量 m。实际上，转动动能并非一种新的能量形式，只是表示刚体上所有质元动能的和。

3.3.3　刚体绕定轴转动的动能定理

在质点力学中发现，功与能之间存在着必然的联系，而利用功与能之间的联系来处理很多力学问题往往比较方便。另外，能量是物体运动量的量度，在物理学中具有普遍的意义。

设刚体可绕固定转轴转动，根据转动定律有

$$M_z=J_z\alpha=J_z\frac{d\omega}{dt} \quad (3\text{-}42)$$

即

$$M_z=J_z\frac{d\theta}{dt}\frac{d\omega}{d\theta}=J_z\omega\frac{d\omega}{d\theta} \quad (3\text{-}43)$$

式(3-43)可改写为

$$M_z d\theta=J_z\omega d\omega$$

或

$$dA=d\left(\frac{1}{2}J_z\omega^2\right) \quad (3\text{-}44)$$

若在合外力矩的作用下，刚体的角速度由 ω_1 变为 ω_2，将式(3-44)积分得到

$$A=\int_{\omega_1}^{\omega_2}=J_z\omega d\omega=\frac{1}{2}J_z\omega_2^2-\frac{1}{2}J_z\omega_1^2 \quad (3\text{-}45)$$

式中，A 表示在刚体角速度由 ω_1 变为 ω_2 过程中，所有外力矩对刚体做功的代数和。式(3-45)说明，刚体绕定轴转动过程中的动能增量等于在此过程中作用在刚体上的所有外力矩做功的代数和。这就是**绕定轴转动刚体的动能定理**。

在工程上，为了储能，许多机器都配置了飞轮。转动的飞轮因转动惯量很大，可以把能量以转动动能的形式储存起来，在需要做功的时候再予以释放。例如，冲床在冲孔时的冲力很

大,如果由电动机直接带动冲头,电机将无法承受这样大的负荷。因此,中间要装上减速箱和飞轮储能装置,电动机通过减速箱带动飞轮转动,使飞轮储有动能$\frac{1}{2}J\omega^2$。在冲孔时,由飞轮带动冲头对铜板冲孔做功,使飞轮的转动动能减少。这就是转动动能定理的应用。利用转动飞轮释放能量,可以大大减少电机的负荷,从而解决上述矛盾。

应该指出,在任意过程中,内力做功之和均为零,而对于非刚体或任一质点系,式(3-44)和式(3-45)一般不适用。

3.3.4 刚体的重力势能

如果一个刚体受到保守力的作用,也可引入势能的概念。刚体在定轴转动中涉及的势能主要是重力势能。这里把刚体-地球系统的重力势能简称为刚体的重力势能,意思是取地面坐标系来计算势能值。对于一个质量为 m 的刚体,它的重力势能应是组成刚体各个质点的重力势能之和,即

$$E_{\mathrm{p}}=\sum_i \Delta m_i g h_i=\left(\sum_i \Delta m_i h_i\right) g \tag{3-46}$$

若刚体质心的高度为 h_c,根据质心的定义 $h_c=\frac{\sum_i \Delta m_i h_i}{m}$,重力势能可用质心的位置表示为

$$E_{\mathrm{p}}=mgh_c \tag{3-47}$$

式(3-47)说明刚体的重力势能与它的质量全部集中在质心时所具有的势能一样。

对于刚体系统,如果外力与非保守内力都不做功或做功的代数和为零,则该系统的机械能守恒,即

$$E_{\mathrm{k}}+E_{\mathrm{p}}=\text{恒量} \tag{3-48}$$

若刚体在重力场作用下做定轴转动,则刚体的重力势能和刚体的转动动能相互转化,总和不变,即

$$E=\frac{1}{2}J\omega^2+mgh_c=\text{恒量} \tag{3-49}$$

【例 3-7】 一根长为 l、质量为 m 的均匀细直棒,可绕轴 O 在竖直平面内转动$\left(J=\frac{1}{3}ml^2\right)$,初始时杆在水平位置,求它由此下摆 θ_0 角时的 ω。

解 取杆为研究对象,建立如图 3-21 所示的坐标系,杆受到转轴的支撑力(不做功)和重力的作用。重力对转轴的力矩 $M=\frac{1}{2}mgl\cos\theta$(变力矩),设末状态时杆的角速度为 ω,在此过程中,重力矩做功为

$$A=\int_0^{\theta_0} M\mathrm{d}\theta=\int_0^{\theta_0}\frac{l}{2}mg\cos\theta\,\mathrm{d}\theta=\frac{lmg}{2}\sin\theta_0$$

根据动能定理有

$$A=\frac{lmg}{2}\sin\theta_0=\frac{1}{2}J\omega^2-0 \tag{1}$$

将 $J=\frac{1}{3}ml^2$ 代入式(1)得

$$\omega=\left(\frac{3g\sin\theta_0}{l}\right)^{\frac{1}{2}}$$

【例 3-8】 如图 3-22 所示，质量为 M、半径为 R 的匀质圆盘可绕一垂直通过盘心的水平轴转动。圆盘上绕有轻绳，一端悬挂质量为 m 的物体。问：物体由静止下落高度 h 时，其速度的大小为多少(绳的质量忽略不计)？

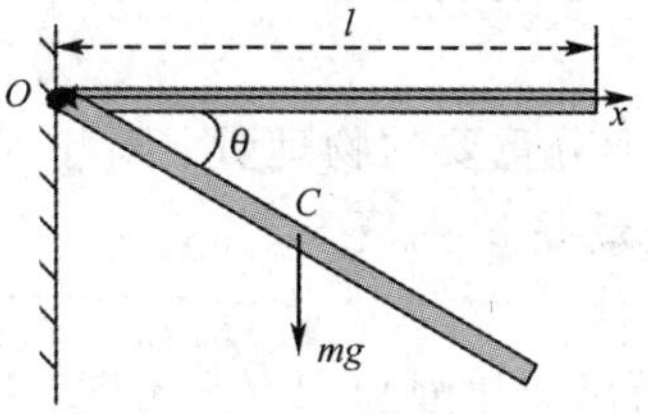

图 3-21　例 3-7 图

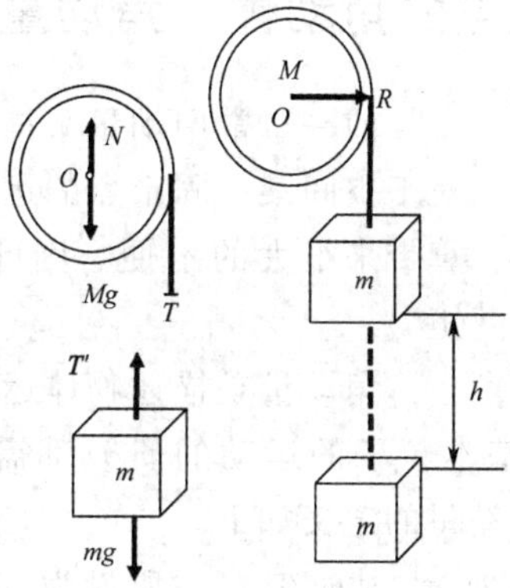

图 3-22　例 3-8 图

解　如图 3-22 所示，圆盘受到重力 Mg、支持力 N 和拉力 T 的作用。由于 Mg 和 N 均通过转轴 O，故作用于圆盘的外力矩仅是拉力 T 的力矩。当物体下落高度 h 时，圆盘的角位置由 θ_0 变为 θ，由角量与线量的关系可知

$$h=\int_{\theta_0}^{\theta}R\,\mathrm{d}\theta$$

根据刚体绕定轴转动的动能定理，得

$$\int_{\theta_0}^{\theta}TR\,\mathrm{d}\theta=R\int_{\theta_0}^{\theta}T\,\mathrm{d}\theta=\frac{1}{2}J\omega^2-\frac{1}{2}J\omega_0^2 \tag{1}$$

式中，ω 和 ω_0 分别为圆盘在起始位置和终末位置的角速度大小。

物体受到拉力 T'和重力 mg 的作用，且 $T'=T$，由质点的动能定理，得

$$mgh-R\int_{\theta_0}^{\theta}T\,\mathrm{d}\theta=\frac{1}{2}mv^2-\frac{1}{2}mv_0^2 \tag{2}$$

式中，v_0 和 v 分别为物体起始位置和终末位置的速度大小。

由于 $v_0=0$，$\omega_0=0$，且 $v=R\omega$。式(1)和式(2)联立得

$$v=\sqrt{\frac{2m}{m+\frac{J}{R^2}}gh}$$

式中，$J=\frac{1}{2}MR^2$ 为圆盘的转动惯量。所以

$$v=\sqrt{\frac{2m}{m+\frac{M}{2}}gh}$$

物体由高 h 处自由下落的末速度大小为 $v_0=\sqrt{2gh}$，因为 $m+\frac{M}{2}>m$，所以 $v_0>v$。这是

因为物体在下落的过程中，圆盘也随之转动（机械能守恒），物体的重力势能有一部分转换为物体的动能，而另一部分转化为圆盘的转动动能。

3.4 角动量 角动量守恒定律

3.4.1 质点的角动量 角动量定理和角动量守恒定律

角动量
角动量守恒定律

前一章常用动量来描述质点的运动状态，但是有些时候，如在讨论质点相对于空间某一固定点的运动时，如只用动量来描述质点的运动，会给分析和计算带来很大的不便。因此，引入一个新的物理量——角动量（也称为“动量矩”）。

角动量是描述物体运动的一个十分重要的物理量。对于大到天体，小至电子、质子等基本粒子的运动的研究都需要用到角动量这一概念。质点的角动量的定义如下。

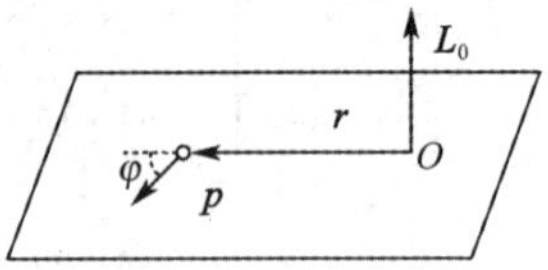

图 3-23 质点对定点的角动量

如图 3-23 所示，某时刻 t，一质量为 m 的质点的运动速度为 $\boldsymbol{v}$，其动量为 $\boldsymbol{p}=m\boldsymbol{v}$，则此时该质点对定点 O 的角动量为

$$\boldsymbol{L}_O=\boldsymbol{r}\times\boldsymbol{p}=\boldsymbol{r}\times m\boldsymbol{v} \tag{3-50}$$

式中，$\boldsymbol{r}$ 是此时质点相对于 O 点的位置矢量。

可见，角动量为矢量，根据矢积的定义，质点对定点 O 的角动量大小为 $|\boldsymbol{L}_0|=rmv\sin\varphi$，式中，$\varphi$ 为 $\boldsymbol{r}$ 与 $\boldsymbol{p}$ 之间小于 180°的夹角，方向垂直于 $\boldsymbol{p}$ 和 $\boldsymbol{r}$ 所确定的平面，其指向用右手螺旋定则判定：让伸直的右手四指指向位矢 $\boldsymbol{r}$ 方向，然后沿小于 180°的角转向力的方向 $m\boldsymbol{v}$，这时伸直的大拇指所指的方向就是角动量 $\boldsymbol{L}_0$ 的方向。

由角动量的定义可知，质点的角动量与质点的位置矢量 $\boldsymbol{r}$ 有关，即与所选固定点的位置有关。同一质点相对于不同的固定点，其角动量不同。因此，在说明质点的角动量时，必须指明是相对于哪一个固定点而言的。

在国际单位制中，角动量的单位为千克平方米每秒（$\mathrm{kg\cdot m^2\cdot s^{-1}}$）。当质点做平面运动时，质点对运动平面内任意一点 O 的角动量只可能是垂直于运动平面的两个指向（图 3-24），此时，角动量可视为代数量。与力矩的情况类似，当质点在某一平面内运动时，质点对该平面内某定点 O 的角动量，也称为该质点对过 O 点、垂直于该平面的轴的角动量。

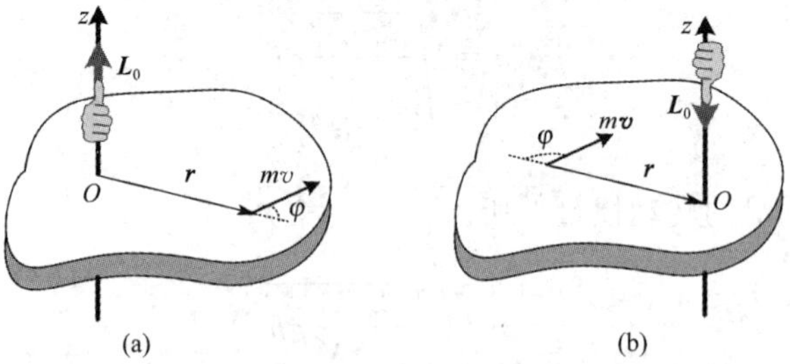

图 3-24 质点对轴的角动量

当运动的质点相对于某个定点的位置矢量和动量随时间变化时，相对于此定点的角动量

也将随时间变化。设质量为 m 的质点在力 $\boldsymbol{F}$ 的作用下运动，某时刻 t，质点相对于定点 O 的速度为 v，则 $\boldsymbol{L}_0=\boldsymbol{r}\times m\boldsymbol{v}$，等号两边对时间求导得

$$\frac{\mathrm{d}\boldsymbol{L}_0}{\mathrm{d}t}=\frac{\mathrm{d}(\boldsymbol{r}\times m\boldsymbol{v})}{\mathrm{d}t}=\frac{\mathrm{d}\boldsymbol{r}}{\mathrm{d}t}\times m\boldsymbol{v}=\boldsymbol{r}\times\frac{\mathrm{d}(m\boldsymbol{v})}{\mathrm{d}t} \tag{3-51}$$

因为 $\frac{\mathrm{d}\boldsymbol{r}}{\mathrm{d}t}=\boldsymbol{v}$，所以 $\frac{\mathrm{d}\boldsymbol{r}}{\mathrm{d}t}\times m\boldsymbol{v}=0$，即式(3-51)中第一项为 0。而 $\frac{\mathrm{d}(m\boldsymbol{v})}{\mathrm{d}t}$ 为作用在质点上的合力 $\boldsymbol{F}$，所以式(3-51)中第二项 $\boldsymbol{r}\times\frac{\mathrm{d}(m\boldsymbol{v})}{\mathrm{d}t}=\boldsymbol{r}\times\boldsymbol{F}$，为作用在质点上的合力对 O 点的力矩。因此

$$\frac{\mathrm{d}\boldsymbol{L}_O}{\mathrm{d}t}=\boldsymbol{r}\times\boldsymbol{F}=\boldsymbol{M}_O \tag{3-52}$$

式(3-52)表明，在一惯性系中，质点所受的对于某一定点 O 的合外力矩，等于它对该点的角动量对时间的变化率。

式(3-52)也可改写成

$$\boldsymbol{M}_O\mathrm{d}t=\mathrm{d}\boldsymbol{L}_O \tag{3-53}$$

把式(3-53)中的 $\boldsymbol{M}_O\mathrm{d}t$ 称为“冲量矩”。质点在 $\mathrm{d}t$ 时间内受到的合外力的冲量矩等于质点在 $\mathrm{d}t$ 时间内角动量的增量。这就是质点的角动量定理的微分形式。即只有在冲量矩的作用下，质点的角动量才能变化。

如果 $\boldsymbol{M}$ 作用在质点上一段时间，则式(3-53)积分得

$$\int_{t_1}^{t_2}\boldsymbol{M}\mathrm{d}t=\boldsymbol{L}_2-\boldsymbol{L}_1 \tag{3-54}$$

式中，$\boldsymbol{L}_1$ 和 $\boldsymbol{L}_2$ 是质点在 t_1 和 t_2 时刻的角动量；$\int_{t_1}^{t_2}\boldsymbol{M}\mathrm{d}t$ 为质点在该时间段内所受合外力的冲量矩。式(3-54)表明，在同一惯性系中，质点所受的合外力的冲量矩等于它的角动量增量，这就是质点的角动量定理的积分形式。

质点的角动量定理可以直接用于求解质点的动力学问题，特别是质点在运动过程中始终和一个定点或定轴相关联的问题。必须指出的是，角动量定理只适用于惯性参考系，在非惯性参考系中，还必须考虑惯性力的力矩。

【例 3-9】 如图 3-25 所示，一小球沿竖直的光滑圆轨迹由静止开始下滑，求小球在 B 点时对环心的角动量和角速度。

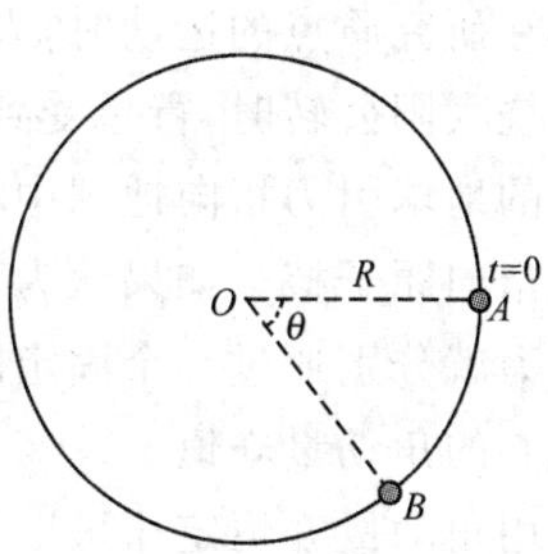

图 3-25　例 3-9 图

解　小球受重力和轨迹的支持力作用，由于轨迹光滑，轨迹的支持力作用线通过圆心 O，即对 O 点的力矩为 0，由于小球做圆周运动，重力对 O 的力矩垂直于圆面，为

$$M=mgR\cos\theta \tag{1}$$

由角动量定理 $M=\frac{\mathrm{d}L}{\mathrm{d}T}$，得

$$\mathrm{d}L=mgR\cos\theta\mathrm{d}t \tag{2}$$

而小球对 O 的角动量也保持与圆面垂直，即

$$L=mR^2\omega=mR^2\frac{\mathrm{d}\theta}{\mathrm{d}t} \tag{3}$$

由式(2)和式(3)联立得

$$L\,\mathrm{d}L = m^2 gR^3 \cos\theta \mathrm{d}\theta \tag{4}$$

对式(4)积分得

$$\int_0^L L\,\mathrm{d}L = \int_0^\theta m^2 gR^3 \cos\theta\,\mathrm{d}\theta$$

$$L = mR^{\frac{3}{2}} \sqrt{2g\sin\theta}$$

$$\omega = \frac{L}{J} = \frac{L}{mR^2}$$

由式(3-52)和式(3-53)可以看出,当 $M_0=0$ 时,则

$$\frac{\mathrm{d}\boldsymbol{L}}{\mathrm{d}t}=0(\text{或 }\boldsymbol{L}=\text{恒矢量}) \tag{3-55}$$

式(3-55)表明,对于某一参考点,当质点所受的合外力矩为零时,则此质点对该点的角动量保持不变,这就是质点的角动量守恒定律。

式(3-53)为矢量式,它对每一个分量都是成立的。在直角坐标系中有

$$\begin{aligned} \frac{\mathrm{d}L_{Ox}}{\mathrm{d}t} &= M_{Ox} \\ \frac{\mathrm{d}L_{Oy}}{\mathrm{d}t} &= M_{Oy} \\ \frac{\mathrm{d}L_{Oz}}{\mathrm{d}t} &= M_{Oz} \end{aligned} \tag{3-56}$$

由此可知,若质点所受的合外力对某固定点的力矩不为零,但此力矩在某一方向上的分量为零,则尽管质点对此固定点的角动量不守恒,而角动量在该方向上的分量却是守恒的。

角动量守恒定律是物理学中的另一个基本定律。在研究天体运动和微观粒子运动时,角动量守恒定律起着重要作用。和动量守恒定律一样,它不仅适用于宏观物体的运动,也适用于牛顿第二定律中不适用的微观粒子的运动。

如果质点所受的力的作用线始终通过某个固定点,则该力称为“**有心力**”,该点称为“力心”。由于有心力对力心的力矩永远为零,因此质点对该力心的角动量一定守恒(注意,此时质点所受的力并不为零,因此它的动量不守恒)。

在研究质点的运动时,人们经常可以遇到质点绕某一固定点运动的情况。例如,太阳系中行星绕太阳公转时,行星受到的太阳的引力指向太阳中心;月球、人造卫星绕地球运转时,它们受到的地球引力指向地球中心;在原子内部的电子绕原子核运动时,电子受到的原子核的静电引力指向原子核。如果认为太阳、地球及原子核不动,那么,行星、月球、人造卫星、电子所受到的引力就分别通过一个固定的中心,即它们都是在有心力的作用下运动的。因此,它们对各自的力心的角动量守恒。

用角动量守恒定律可以推导行星运动的开普勒第二定律:行星对太阳的位置矢量(位矢)在相等的时间内扫过相等的面积,即行星的径矢的面积速度为恒量。

如图 3-26 所示,行星所受恒星的引力始终指向恒星的中心,是有心力;行星受到的力矩为零(忽略其他天体的作用)。行星在运动过程中,对恒星的角动量守恒。设在很短的时间 Δt 内,行星对太阳的位置矢量 $\boldsymbol{r}$ 扫过的面积为 ΔS。ΔS 可近似认为是图中三角形的面积。

行星运动到椭圆轨迹的任一位置的角动量为

$$L=mrv\sin\alpha=mr\left|\frac{\mathrm{d}\boldsymbol{r}}{\mathrm{d}t}\right|\sin\alpha=m\lim_{\Delta t\to 0}\frac{r\,|\Delta\boldsymbol{r}|\sin\alpha}{\Delta t}$$

式中，$r\,|\Delta\boldsymbol{r}|\sin\alpha$ 等于三角形面积的两倍，即

$$r\,|\Delta\boldsymbol{r}|\sin\alpha=2\Delta S$$

所以

$$L=2m\lim_{\Delta t\to 0}\frac{\Delta S}{\Delta t}=2m\frac{\mathrm{d}S}{\mathrm{d}t}\qquad(3\text{-}57)$$

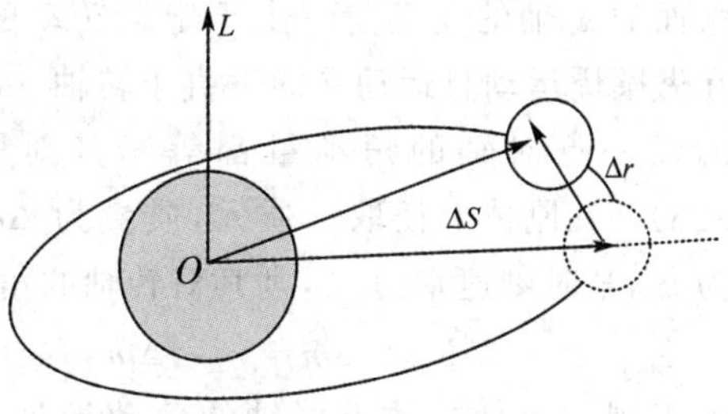

图 3-26　行星的运动

式中，$\frac{\mathrm{d}S}{\mathrm{d}t}$为行星对恒星的径矢在单位时间内扫过的面积，叫作行星的掠面速度。行星运动的角动量守恒意味着这一掠面速度保持不变，因此得出行星对恒星的径矢在相同的时间里扫过相等的面积。

另外，由行星这一特点对太阳中心的角动量守恒还可以得出行星运动的另一特点。根据角动量的定义，行星对太阳的角动量应垂直于它对太阳的位置矢量和动量所决定的平面，角动量守恒时，其方向一定保持不变，所以行星绕太阳的运动必然是平面运动。

【例 3-10】 如图 3-27 所示，发射一宇宙飞船去考察一质量为 M、半径为 R 的行星。当飞船静止于空间且距行星中心 $4R$ 时，以速度 v_0 发射一质量为 m 的仪器。要使该仪器恰好掠过行星表面，θ 角及仪器着陆滑行时的速度应多大？

解　仪器仅受行星的引力场作用力（有心力），在不计其他星体对仪器作用的情况下，仪器对行星中心的角动量守恒，而行星对仪器的作用力是万有引力（保守力），所以系统的机械能守恒，即

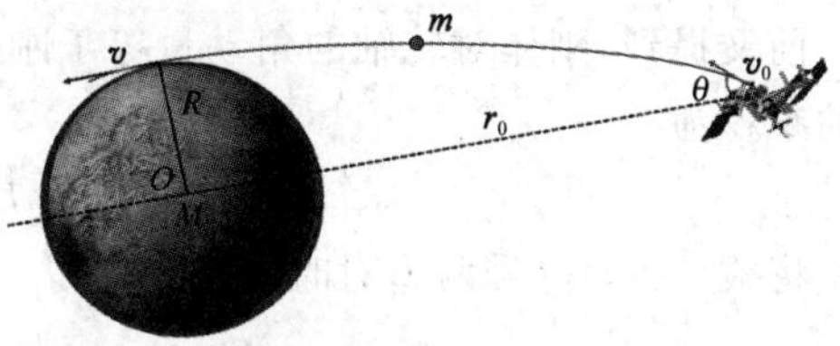

图 3-27　例 3-10 图

$$mv_0r_0\sin\theta=mvR\qquad(1)$$

$$\frac{1}{2}mv_0^2-\frac{GMm}{r_0}=\frac{1}{2}mv^2-\frac{GMm}{R}\qquad(2)$$

其中

$$r_0=4R$$

将式(1)和式(2)联立得

$$\sin\theta=\frac{1}{4}\left(1+\frac{3GM}{2Rv_0^2}\right)^{\frac{1}{2}}$$

$$v=v_0\left(1+\frac{3GM}{2Rv_0^2}\right)^{\frac{1}{2}}$$

3.4.2　刚体对定轴的角动量

刚体可以看成由大量质点组成的质点系，所以刚体对某一参考点的角动量应等于组成刚体的所有质点对同一参考点的角动量的矢量和。一般来说，刚体对定点的角动量并不平行于转轴。但对于定轴转动的刚体，研究只涉及刚体的角动量在转轴方向上的分量，即整个刚体相对于 z 轴上的任意参考点 O 的总角动量沿转轴的分量。

质点在平面内运动时，质点对该平面内某定点 O 的角动量，也称为该质点对过 O 点、垂直

于该平面的 z 轴的角动量。由于定轴转动的刚体上的所有质点都在做圆周运动且运动平面垂直于转轴，因此，定轴转动的刚体上的任一点对轴的角动量都等于其对圆心 O 的角动量（图 3-28）。在刚体上任取一质元，质量为 Δm_i，做圆周运动的半径为 r_i，某时刻速率为 v_i，则其对转轴的角动量为

$$L_{zi}=\Delta m_i v_i r_i=\Delta m_i r_i^2\omega \tag{3-58}$$

由于刚体上任一质点对轴的角动量具有相同的方向，因此，整个刚体对 z 轴的角动量 L_z 即是刚体上各质点对 z 的角动量之和。

$$L_z=\sum_i \Delta m_i v_i r_i=\left(\sum_i \Delta m_i r_i^2\right)\omega=J_z\omega \tag{3-59}$$

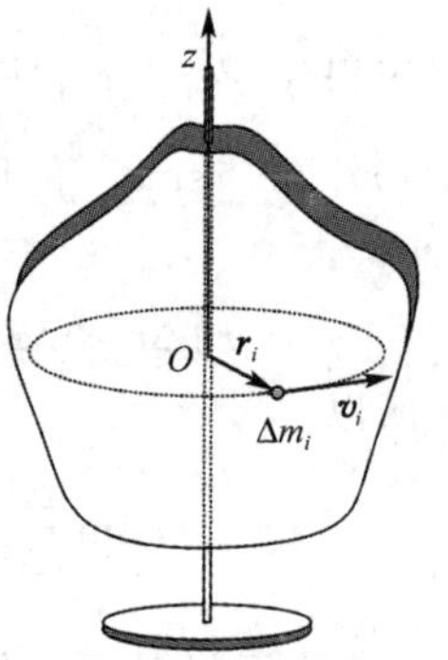

图 3-28　定轴转动的刚体的角动量

式(3-59)表明，刚体对转轴的角动量等于刚体对同一转轴的转动惯量与其绕该转轴转动角速度的乘积。

应指出，刚体的角动量是一个矢量，方向与 ω 同向，但在研究刚体的定轴转动时，L 只能有两个方向，所以通常用标量来表示刚体的角动量，与规定的正方向相同时 $L>0$，反之 $L<0$。

3.4.3　刚体定轴转动的角动量定理及角动量守恒定律

前文提到，刚体对转轴的角动量等于刚体对同一转轴的转动惯量与其绕该转轴转动角速度的乘积为

$$L_z=J_z\omega \tag{3-60}$$

将式(3-60)等号两边对时间求导可得

$$\frac{\mathrm{d}L_z}{\mathrm{d}t}=\frac{\mathrm{d}(J_z\omega)}{\mathrm{d}t} \tag{3-61}$$

由于定轴转动的刚体角动量为常量，所以式(3-61)可写成

$$\frac{\mathrm{d}L_z}{\mathrm{d}t}=J_z\frac{\mathrm{d}\omega}{\mathrm{d}t}=M_z \tag{3-62}$$

式中，$M_z=J_z\alpha$ 为作用在刚体上的外力对 z 轴的外力矩之和。

式(3-62)表明，刚体的角动量对时间的变化率等于刚体所受的对该转轴的合外力矩。由式(3-62)可知

$$M_z\mathrm{d}t=\mathrm{d}(J_z\omega)=\mathrm{d}L_z \tag{3-63}$$

式中，$M_z\mathrm{d}t$ 为在 $\mathrm{d}t$ 时间内合外力矩对转轴的冲量矩。式(3-63)表明，刚体在 $\mathrm{d}t$ 时间内受到的合外力的冲量矩等于刚体在 $\mathrm{d}t$ 时间内的角动量增量。这是刚体的角动量定理的微分形式。可见，合外力矩的冲量矩就是在刚体定轴转动过程中力矩对时间的累积，它引起定轴转动的刚体的角动量发生变化。

与转动定律 $M=J\alpha$ 相比，式(3-63)具有更广泛的实用性，不仅适用于 J_z 恒定的情况，也适用于 J_z 变化的情况。

将式(3-63)积分得

$$\int_{t_1}^{t_2}M_z\mathrm{d}t=L_2-L_1=J_z\omega_2-J_z\omega_1 \tag{3-64}$$

式(3-64)就是刚体对定轴的角动量定理的积分形式，此式说明，在 $t_2\sim t_1$ 时，合外力矩对

转轴的冲量矩等于刚体在这段时间内对该转轴的角动量的增量。可见,角动量定理反映了力矩的时间累积效应。

若式(3-64)中,合外力对转轴的力矩为 0,则刚体对该转轴的角动量保持不变。即

$$M_z=0$$

则

$$L_z=J_z\omega=\text{恒量} \tag{3-65}$$

这就是刚体绕定轴转动的角动量守恒定律,表明当刚体所受的合外力矩为零时,刚体的角动量保持不变。

以上是针对定轴转动的刚体进行讨论的。但是此定律不仅适用于做定轴转动的刚体,也适用于做定轴转动的刚体组甚至是非刚体(转动惯量在改变的物体)情况。

3.4.4　角动量守恒定律及其应用

角动量守恒定律在工程技术及日常生活中都有广泛的应用。例如,航天、航空、航海技术中用于定向的陀螺回转仪就是根据角动量守恒定律制成的。

下面根据研究对象的特点,将角动量守恒分为几种情况来讨论:

(1) 绕某一轴转动的单个刚体,对该轴的转动惯量 J 为定值。当所受的对转轴的合外力矩为零时,角动量守恒,即 $\boldsymbol{L}=J\boldsymbol{\omega}$ 为恒矢量。显然刚体保持原有的转动状态不变,即刚体做匀速转动或静止。转轴的空间指向也保持不变,可见此时刚体具有定位功能,这就是刚体的角动量守恒在现代科学技术中的一个重要应用——惯区导航,所用的装置叫作回转仪,也叫作陀螺(图 3-29),它的核心部分是装在常平架上的一个质量较大的转子。常平架是由套在一起的分别具有竖直轴和水平轴的两个圆环组成的。转子装在内环上,其轴与内环的轴相互垂直。为使转子精确对称于其转轴的圆柱,各轴承均应高度润滑。这样转子就可以绕其能自由转动的 3 个相互垂直的轴自由转动。因此,不管常平架如何移动或转动,转子都不会受到任何力矩的作用。所以,一旦转子高速转动,根据角动量守恒定律,它将保持其对称轴在中间的指向不变。若将其安装在船或飞行器上,这种回转仪就能指出这些船或飞行器的航向相对于空间某一定向的方向,从而起到导航的作用。在这种应用场景中,往往用 3 个这样的回转仪并使它们的转轴相互垂直,从而提供一套绝对的笛卡儿直角坐标系。

上述导航装置的出现仅 100 年左右,但是在我国,常平架这种装置早在西汉时期就出现了,如图 3-30 所示的“被中香炉”就应用了常平架。设计者用两个套在一起的环形支架架起一个小香炉。香炉由于受到重力作用,总是悬着。不管支架如何转动,香炉总不会倒。

图 3-29　陀螺

图 3-30　被中香炉

(2)由两个或两个以上的刚体组成的刚体系，当合外力矩 $M=0$ 时，角动量守恒，总角动量守恒，角动量可在这几部分间传递。直升机的螺旋桨叶片和机身组成一个刚体系，当螺旋桨叶片旋转时，由于角动量守恒，机身会反向旋转。为防止机身发生反向转动，须在机尾附加一侧向旋叶，以平衡机身[图 3-31(a)]，或者用两螺旋桨且沿相反方向转动[图 3-31(b)]。

(a) (b)

图 3-31 直升机

(3)绕定轴转动的可变形物体，若组成物体的各个质点绕轴转动的角速度相同，则可以用一个角速度来描述整个物体的转动情况，某时刻物体对转轴的角动量可以表示为该时刻物体对转轴的转动惯量与瞬时角速度的乘积。只是由于物体形状可变，转动惯量不再是常数。但是可以证明，这个可变形物体的角动量对时间的导数仍等于作用在该物体上的所有外力对同一转轴的力矩之和，即 $\frac{\mathrm{d}(J\omega)}{\mathrm{d}t}=M$ 仍然成立。此时，若作用于可变形物体上的所有外力对转轴力矩之和为 0，则在转动过程中，可变形物体上的角动量保持不变，即当 J 增大时，角速度 ω 减小；当 J 减小时，角速度 ω 增大。这一现象可以用下述实验来演示：如图 3-32 所示，花样滑冰运动员绕通过重心的铅直轴高速旋转时，所受外力(重力和水平面的支持力)对轴的力矩为 0，因此，运动员对轴的角动量守恒。他们可以通过改变自身的姿态来改变对轴的转动惯量，从而调节自身旋转的角速度。又如跳水运动员在跳板上起跳时，总是向上伸直手臂，跳到空中时，又将身体收缩以减小转动惯量来加快空翻速度；当接近水面时，又伸直手臂以减小角速度，以便用稳定的状态竖直进入水中(图 3-33)。

图 3-32 角动量守恒演示(花样滑冰表演)

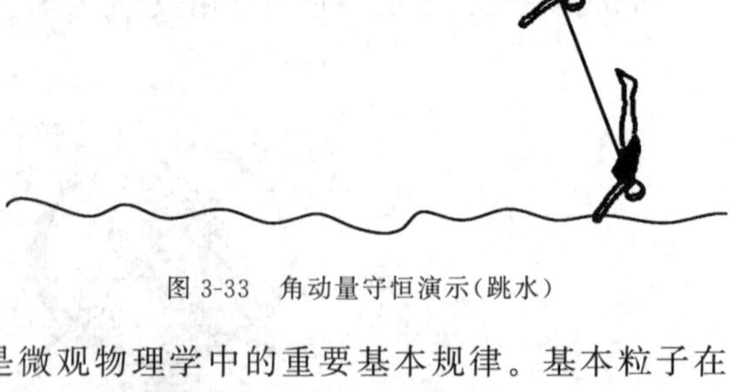

图 3-33 角动量守恒演示(跳水)

角动量守恒定律不仅适用于宏观世界，也是微观物理学中的重要基本规律。基本粒子在衰变、碰撞和转变过程中都遵守反映自然界普遍规律的守恒定律，也包括角动量守恒定律。

经天文观察发现，宇宙中存在着大大小小、各种层次的天体系统，它们都具有旋转的盘状结构，并且系统中的天体基本上都朝同一方向转动，无论是太阳系、银河系还是众多的河外旋涡星系都是如此。图 3-34 是用近红外线拍摄到的银河系侧面，显然，这种现象的形成是天体系统遵从角动量守恒定律的必然结果。

从本章的讨论中，我们已经发现刚体定轴转动的规律与质点平动的规律之间存在很多相似性。因此，大家学习时可以运用类比的方法。表 3-3 为质点平动和刚体定轴转动规律比较，列出了平动和定轴转动的一些重要公式，方便大家进行类比学习。

图 3-34 银河系侧面

表 3-3 **质点平动和刚体定轴转动规律比较**

质点平动		刚体定轴转动	
速度	$\boldsymbol{v}=\dfrac{\mathrm{d}\boldsymbol{r}}{\mathrm{d}t}$	角速度	$\omega=\dfrac{\mathrm{d}\theta}{\mathrm{d}t}$
加速度	$\boldsymbol{a}=\dfrac{\mathrm{d}\boldsymbol{v}}{\mathrm{d}t}$	角加速度	$\alpha=\dfrac{\mathrm{d}\omega}{\mathrm{d}t}$
力	$\boldsymbol{F}$	力矩	$\boldsymbol{M}=\boldsymbol{r}\times\boldsymbol{F}$
质量	m	转动惯量	$J=\int r^2\mathrm{d}m$
牛顿第二定律	$\boldsymbol{F}=m\boldsymbol{a}$	转动定律	$M=J\boldsymbol{a}$
动量	$\boldsymbol{p}=m\boldsymbol{v}$	角动量	$L=J\omega$
动量定理	$\int\boldsymbol{F}\mathrm{d}t=m\boldsymbol{v}_2-m\boldsymbol{v}_1$	角动量定理	$\int M\mathrm{d}t=J\omega_2-J\omega_1$
动量守恒定律	$\sum\boldsymbol{F}=0,\sum m_i\boldsymbol{v}_i=$ 恒量	角动量守恒定律	$\sum\boldsymbol{M}=0,\sum J_i\boldsymbol{\omega}_i=$ 恒量
力的功	$A=\int\boldsymbol{F}\cdot\mathrm{d}\boldsymbol{r}$	力矩的功	$A=\int M\mathrm{d}\theta$
平动动能	$\dfrac{1}{2}mv^2$	转动动能	$\dfrac{1}{2}J\omega^2$
动能定理	$A=\dfrac{1}{2}mv_2^2-\dfrac{1}{2}mv_1^2$	转动动能定理	$A=\dfrac{1}{2}J\omega_2^2-\dfrac{1}{2}J\omega_1^2$

【例 3-11】 如图 3-35 所示，一均质棒，长度为 L，质量为 M，一端悬挂。棒可绕悬轴在竖直面内自由转动，开始时棒静止。现有一子弹在距轴为 y 处水平射入棒，子弹的质量为 m，速度为 v_0。设过程时间极短，求子弹与细棒共同的角速度 ω。

解 对子弹和棒组成的系统，子弹射入棒的过程的时间极短，重力和悬轴的支持力皆通过悬轴，因此对轴的力矩为 0，子弹与棒组成的系统对轴的角动量守恒，即

$$mv_0y=J\omega \tag{1}$$

式中，$J=J_{棒}+J_{子}=\dfrac{1}{3}ML^2+my^2$，代入式(1)得

$$\omega=\frac{mv_0y}{\frac{1}{3}ML^2+my^2}$$

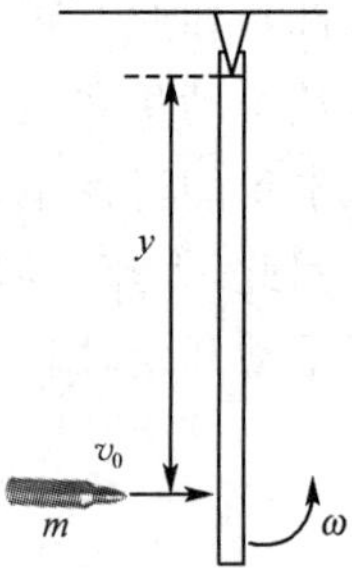

图 3-35　例 3-11 图

【例 3-12】 质量为 M、半径为 R 均质圆盘可绕过圆心的水平轴自由旋转，转轴光滑，开始时圆盘静止。如图 3-36 所示，有一质量为 m 的油灰自圆盘上方由静止下落，落在圆盘边缘一点 P，并沾在圆盘上与圆盘一起转动，若 $M=2m$，求此时圆盘获得的角速度 ω。

解　对圆盘、油灰系统，碰撞过程中 m 所受重力对 O 轴的冲量矩可忽略不计，系统对 O 轴的角动量守恒。

油灰下落到圆盘边缘时的速度为

$$v=\sqrt{2gh} \tag{1}$$

由角动量守恒得

$$mv\sin\left(\frac{\pi}{2}+\theta\right)=J\omega \tag{2}$$

式中

$$J=\frac{1}{2}MR^2+mR^2=2mR^2 \tag{3}$$

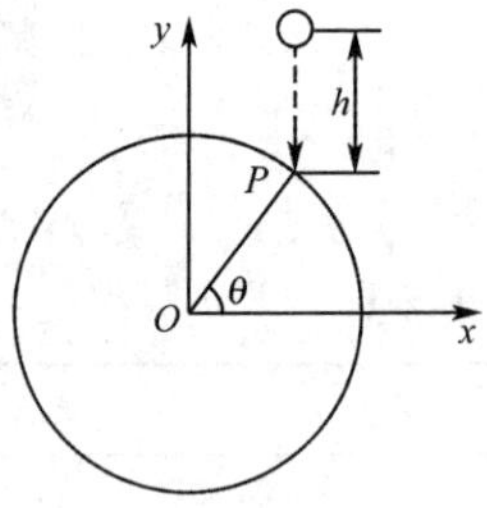

图 3-36　例 3-12 图

由式(1)～(3)联立得

$$\omega=\frac{\sqrt{2gh}}{2R}\cos\theta$$

【例 3-13】 如图 3-37 所示，有一质量为 m_1、长为 l 的均匀细棒静止平放在滑动摩擦系数为 μ 的水平桌面上，它可绕通过其端点 O 且与桌面垂直的固定光滑轴转动。另有一水平运动的、质量为 m_2 的小滑块，从侧面垂直于棒，与棒的另一端 A 相碰撞，设碰撞时间极短。已知小滑块在碰撞前后的速度分别为 $\boldsymbol{v}_1$ 和 $\boldsymbol{v}_2$。求碰撞后，从细棒开始转动到停止转动的过程所需要的时间(已知棒绕 O 点的转动惯量 $J=\frac{1}{3}m_1l^2$)。

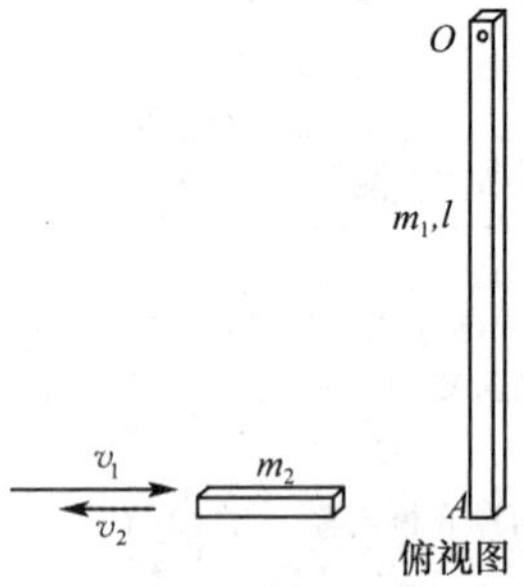

图 3-37　例 3-13 图

解　对棒和滑块系统，在碰撞过程中，由于碰撞时间极短，因此棒所受的摩擦力矩≪滑块的冲力矩，故可认为合外力矩为 0，因而系统的角动量守恒，即

$$m_2v_1l=-m_2v_2l=\frac{1}{3}m_1l^2\omega \tag{1}$$

碰撞后，棒在转动过程中所受的摩擦力矩为

$$M_f=\int_0^l -\mu g\,\frac{m_1}{l}x\cdot \mathrm{d}x=-\frac{1}{2}\mu m_1gl \tag{2}$$

由角动量定理

$$\int_0^t M_f\,\mathrm{d}t=0-\frac{1}{3}m_1l^2\omega \tag{3}$$

由式(1)～(3)联立解得

$$t=2m_2\,\frac{v_1+v_2}{\mu m_1g}$$

3.4.5　刚体的进动

前面主要讨论的是刚体绕固定轴的转动。下面介绍一种刚体转轴不固定的情况。

大家都知道，当陀螺不转动时，在重力矩作用下将会倾倒；但当陀螺高速旋转时，尽管仍受重力矩的作用，它却不倒下来。这时，陀螺在绕本身的对称轴转动（这种旋转叫自旋或自转）的同时，其对称轴还将绕竖直轴回转（图 3-38）。这种高速自旋物体的转轴在空间转动的现象就叫作旋进（进动），工程上常称为"回转效应"。

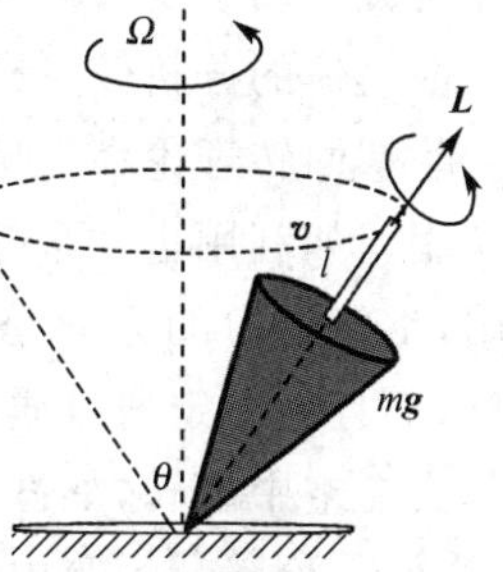

图 3-38　陀螺的进动

对陀螺进行分析，如图 3-39 所示。严格地讲，陀螺的总角动量应该是它的自旋角动量和进动角动量的矢量和。但当陀螺高速旋转时，其自转的角速度远大于进动的角速度，故可忽略进动的角动量而把陀螺对 O 点的总角动量近似看成由它的自转运动引起的对 O 点的角动量。

由于陀螺的对称性，由它的自转运动引起的对 O 点的角动量等于陀螺对本身对称轴的角动量，即自转角动量。可近似表示为

$$\boldsymbol{L}=J\omega\boldsymbol{r}_0 \tag{3-66}$$

式中，ω 为陀螺的自转角速度；$\boldsymbol{r}_0$ 为沿陀螺轴线方向的单位矢量，其指向与陀螺旋转方向满足右手螺旋法则。

陀螺所受的重力对 O 点产生一力矩作用，其方向垂直于转轴和重力的作用线所组成的平面。

根据质点系的角动量定理，陀螺所受的、对给定参考点 O 的合外力矩 $\boldsymbol{M}$ 满足 $\dfrac{\mathrm{d}\boldsymbol{L}}{\mathrm{d}t}=\boldsymbol{M}$，也可写成 $\mathrm{d}\boldsymbol{L}=\boldsymbol{M}\mathrm{d}t$。在极短的时间 $\mathrm{d}t$ 内，陀螺的角动量由于重力矩的作用而产生一增量 $\mathrm{d}\boldsymbol{L}$，其方向与重力矩的方向相同。因重力矩的方向垂直于 $\boldsymbol{L}$，所以 $\mathrm{d}\boldsymbol{L}$ 的方向也与 $\boldsymbol{L}$ 垂直，结果 $\boldsymbol{L}$ 的大小不变，但 $\boldsymbol{L}$ 绕竖直轴转过一个角度 $\mathrm{d}\theta$，即 $\boldsymbol{L}$ 的方向发生变化（图 3-39）。因此，陀螺的自转轴将从 $\boldsymbol{L}$ 的位置偏转到 $\boldsymbol{L}+\mathrm{d}\boldsymbol{L}$ 的位置上，而不是向下倾倒。如此持续不断偏转就形成了自转轴的转动。从陀螺的顶部向下看，其自转轴是沿逆时针方向回转的。这样，陀螺不会倒下，而是沿一锥顶在陀螺尖顶与地面接触处的锥面转动，即绕竖直轴做旋进。可近似求出旋进的角速度 Ω，由图 3-39 可以得到

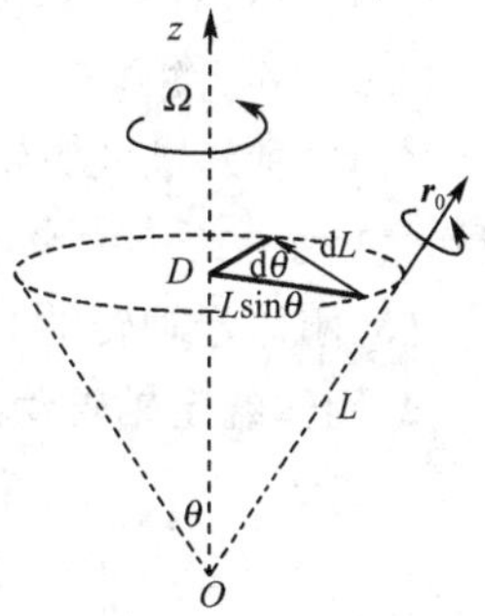

图 3-39　进动

$$|\mathrm{d}\boldsymbol{L}|=|\boldsymbol{L}|\sin\theta\mathrm{d}\theta$$

而

$$|\boldsymbol{M}|=\frac{|\mathrm{d}\boldsymbol{L}|}{\mathrm{d}t}=|\boldsymbol{L}|\sin\theta\frac{\mathrm{d}\theta}{\mathrm{d}t}=|\boldsymbol{L}|\sin\theta\cdot\Omega$$

$$\Omega=\frac{|\boldsymbol{M}|}{|\boldsymbol{L}|\sin\theta}=\frac{|\boldsymbol{M}|}{J\omega\sin\theta} \tag{3-67}$$

可见，旋进的角速度 Ω 与外力矩成正比，与陀螺的自旋角动量成反比。若陀螺自转的角速度保持不变，则旋进的角速度也保持不变，陀螺将处于一种稳定的运动状态。但实际上，由于各种摩擦阻力矩的作用，其自转角速度不断减小，同时旋进角速度将不断增大，旋进变得不

稳定。因此，要维持陀螺的旋进状态，就必须不断对其施加外力矩作用。

需要指出的是，如果陀螺的自转角速度不太大，则它的轴线在进动时还会上上下下地做周期性的摆动，这种摆动就是章动。产生章动的原因是陀螺的自转速度不太大，陀螺的进动角动量和自旋角动量是可以比拟的，不能忽略，总角动量应该是自旋角动量和进动角动量的矢量和。但具体的分析较复杂，在此忽略。

陀螺回转理论在地球物理学、电磁学、原子核物理，以及控制、导航等工程技术方面都有广泛应用。如利用进动来控制子弹和炮弹在空中的飞行。飞行中的子弹和炮弹受到空气阻力的作用，空气阻力的方向总是与子弹和炮弹的质心的速度方向相反，而且不一定通过质心。这样，阻力对质心的力矩就可能使弹头在空中翻转，如图 3-40 所示。为了避免弹头在空中翻转，人们在枪膛和炮筒内壁刻出螺旋线，这就是来复线。当弹头被高速气流推出枪膛或炮筒时，沿来复线的气流使弹头同时绕对称轴高速旋转。正是由于这种旋转，弹头在行进中受到的空气阻力的力矩将不能使它翻转，而只是使它绕质心前进的方向做进动。这样，子弹或炮弹的自转轴将与弹道方向始终保持不太大的偏离，而弹头总是大致指向前方了。

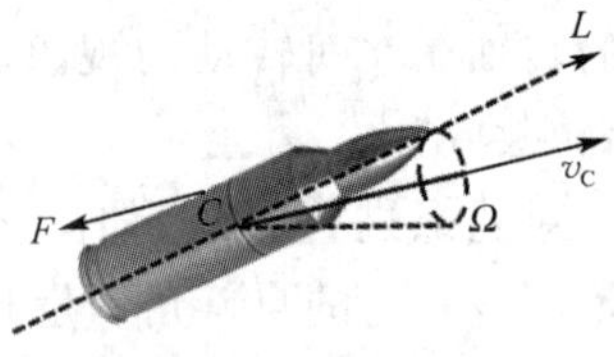

图 3-40　弹头的飞行

在对微观现象进行研究时也经常用进动的概念，如原子中的电子同时参与绕核运动与电子本身的自旋，这都具有角动量。在外磁场中，电子将绕沿外磁场方向的轴线做进动。某些物质的磁性可以借助电子的这个进动而从物质的电结构角度加以说明。

本章小结

1. 力矩的计算

(1)公式：$\boldsymbol{M}_O=\boldsymbol{r}\times\boldsymbol{F}$。

(2)大小：$M=Fr\sin\varphi$。方向：由右手定则决定。

(3)合外力矩：不是先求合力再求力矩，而是先求各外力矩再求和(矢量和)。

(4)定轴转动的力矩(力对定轴的力矩)：$M_z=rF_\tau$。力对定轴的力矩只有两个指向，可以用标量表示。

(5)刚体定轴转动的内力矩之和为 0。

2. 刚体绕定轴转动的转动定律

$$M=J\alpha=\frac{\mathrm{d}\omega}{\mathrm{d}t}$$

3. 转动惯量的计算公式

$$J=\sum m_k r_k^2 \quad (离散体)$$

$$J=\int r^2\,\mathrm{d}m \quad (连续体)$$

4. 力矩的功的计算公式

$$A=\int_{\theta_1}^{\theta_2} M\,\mathrm{d}\theta$$

5. 力矩的功的瞬时功率计算公式

$$P=\frac{\mathrm{d}A}{\mathrm{d}t}=\frac{\mathrm{d}(M\theta)}{\mathrm{d}t}=M\omega$$

6. 绕定轴转动刚体的动能

$$E_\mathrm{k}=\frac{1}{2}J_z\omega^2$$

7. 绕定轴转动刚体的动能定理

$$A=\int_{\omega_1}^{\omega_2}=J_z\omega\,\mathrm{d}\omega=\frac{1}{2}J_z\omega_2^2-\frac{1}{2}J_z\omega_1^2$$

8. 质点对定点的角动量

$$\boldsymbol{L}_O=\boldsymbol{r}\times\boldsymbol{p}=\boldsymbol{r}\times m\boldsymbol{v}$$

9. 质点角动量定理

$$\frac{\mathrm{d}\boldsymbol{L}_O}{\mathrm{d}t}=\boldsymbol{r}\times\boldsymbol{F}=\boldsymbol{M}_O$$

10. 质点角动量守恒定律

当 $M_0=0$ 时，则$\frac{\mathrm{d}\boldsymbol{L}}{\mathrm{d}t}=0$（或 $\boldsymbol{L}=$恒矢量）。

11. 刚体对定轴的角动量

$$L_z=\sum_i\Delta m_iv_ir_i=\left(\sum_i\Delta m_ir_i^2\right)\omega=J_zW$$

12. 刚体对定轴的角动量定理

$$\frac{\mathrm{d}L_z}{\mathrm{d}t}=J_z\frac{\mathrm{d}\omega}{\mathrm{d}t}=M_z$$

13. 刚体对定轴的角动量守恒定律

当 $M_z=0$，则 $L_z=J_z\omega=$恒量。

14. 陀螺旋进角速度

$$\Omega=\frac{|\boldsymbol{M}|}{|\boldsymbol{L}|\sin\theta}=\frac{|\boldsymbol{M}|}{J\omega\sin\theta}$$

第2篇 振动与波

物体在一定位置附近所做的来回往复的运动称为“机械振动”。振动无处不在,大到地球和太阳的运动,小到原子、分子的运动。广义地说,任何一个物理量随时间的周期性变化都可以称为“振动”。例如,电路中的电流、电压,电磁场中的电场强度和磁场强度都可能随时间做周期性变化,这种变化称为“电磁振动”或“电磁振荡”。这种振动虽然和机械振动有本质的不同,但它们随时间变化的情况及许多其他性质在形式上都遵从相同的规律。因此,研究机械振动的规律有助于了解其他形式的振动规律。

振动状态的传播就是波动,简称“波”。波动是物质运动的一种普遍形式。在日常生活中有很多波动的例子。通常将波动分为 2 类:一类是机械振动在介质中的传播,称为“机械波”,如声波、水波、地震波等;另一类是变化的电场和变化的磁场在空间的传播,称为“电磁波”,如无线电波、光波、X 射线等。虽然各类波的本质不同,各有其特殊的性质和规律,但在形式上它们具有许多共同的特征和规律。例如,机械波和电磁波都具有一定的传播速度,都伴随着能量的传播,都能产生反射、折射、干涉、衍射等现象。机械波的基本规律中,有许多对电磁波也是适用的。

本篇主要内容包括机械振动和机械波,机械振动主要讨论简谐振动的特点、描述及振动的合成。机械波主要讨论一维简谐波的描述、波的叠加原理、相干波的叠加规律特点。

第 4 章
机械振动

按振动系统的受力或能量转换情况，振动可分为自由振动和受迫振动。其中，自由振动又可分为无阻尼振动和阻尼振动。振动也可分为线性振动和非线性振动。在不同的振动现象中，最简单、最基本的振动是简谐振动，它是某些实际振动的模拟，是一种理想化的模型，一切复杂的振动都可以认为是许多简谐振动的合成。本章主要讨论了简谐振动的描述、旋转矢量表示法，进而讨论了简谐振动的合成，简单介绍了阻尼振动、受迫振动和共振。

4.1 简谐振动的描述

4.1.1 简谐振动

物体运动时，若离开平衡位置的坐标按余弦函数（或正弦函数）的规律随时间变化，这种运动称为“**简谐振动**”，简称“**谐振动**”。在忽略阻力的情况下，弹簧振子的小幅度振动及单摆的小角度振动都是简谐振动。

4.1.2 简谐振动的动力学方程及其通解

下面以几个特殊的简谐振动为例，从系统动力学角度分析简谐振动的共同特征，由此得出简谐振动的动力学方程，并给出其通解形式。

简谐振动的动力学特征

1. 水平弹簧振子

一质量为 m 的物体系于一端固定的轻弹簧上，这样的弹簧和物体组成的系统称为“弹簧振子”。如图 4-1 所示，将弹簧振子水平放置，以弹簧处于原长时物体所在位置为平衡位置，用 O 点表示，取该点为坐标原点。若沿弹簧长度方向拉动物体然后释放，则物体将在 O 点两侧做往复运动。

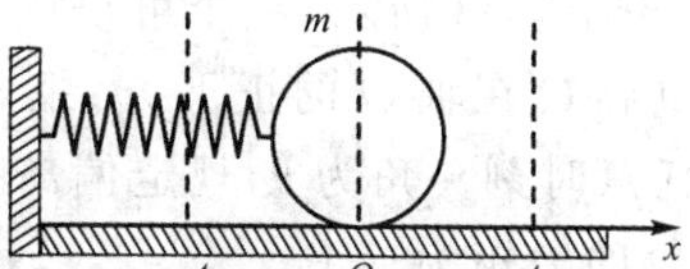

图 4-1　弹簧振子的简谐振动

在小幅度振动情况下，按照胡克定律，物体受到的弹性力 F 与弹簧的伸长量即物体相对于平衡位置的位移 x

成正比，即

$$F=-kx \tag{4-1}$$

式中，k 是弹簧的劲度系数；负号表示力和位移的方向相反。

根据牛顿第二定律，物体的加速度为

$$a=\frac{\mathrm{d}^2x}{\mathrm{d}t^2}=\frac{F}{m}=-\frac{kx}{m} \tag{4-2}$$

对于给定的弹簧振子，k 和 m 都是大于 0 的常数，令

$$\omega=\sqrt{\frac{k}{m}} \tag{4-3}$$

将式(4-3)代入式(4-2)可得

$$\frac{\mathrm{d}^2x}{\mathrm{d}t^2}+\omega^2x=0 \tag{4-4}$$

2. 单摆

有一根质量可以忽略且不会伸缩的细线，将其上端固定，下端系一很小的重物(摆球)就构成了一个单摆，如图 4-2 所示。把摆球从平衡位置拉开一段距离之后放开，摆球就会在竖直面内摆动。当细线与竖直方向呈 θ 角时，忽略空气阻力，摆球所受的合力沿圆弧切线方向的分量为 $f_\tau=-mg\sin\theta$。在角位移 θ 很小的情况下，$\sin\theta\approx\theta$，因此

$$f_\tau=-mg\theta \tag{4-5}$$

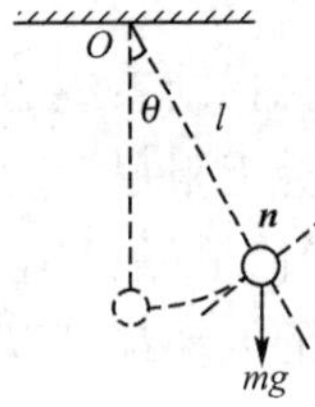

图 4-2　单摆

根据牛顿第二定律 $f_\tau=ma_\tau=ml\dfrac{\mathrm{d}^2\theta}{\mathrm{d}t^2}$，有

$$ml\frac{\mathrm{d}^2\theta}{\mathrm{d}t^2}=-mg\theta \tag{4-6}$$

即

$$\frac{\mathrm{d}^2\theta}{\mathrm{d}t^2}+\frac{g}{l}\theta=0 \tag{4-7}$$

式(4-7)与式(4-4)具有相似的形式，在角位移很小的情况下，单摆的振动是简谐振动。振动的角频率为

$$\omega=\sqrt{\frac{g}{l}} \tag{4-8}$$

振动周期为

$$T=\frac{2\pi}{\omega}=2\pi\sqrt{\frac{l}{g}} \tag{4-9}$$

式(4-5)的力和角位移成正比且反向，与弹性力类似。这种形式上类似弹性力的力称为**准弹性力**。

3. 复摆

如图 4-3 所示，一个可绕固定轴 O 摆动的刚体称为**复摆**，也称为**物理摆**。平衡时，摆的重心 C 在轴 O 的正下方；摆动时，重心与轴线的连线 OC 偏离平衡位置的竖直方向。设任意时刻夹角为 θ，规定偏离平衡位置沿逆时针方向转过的角位移为正，则复摆受到对轴 O 的力矩为

$$M=-mgl\sin\theta \tag{4-10}$$

式中，负号表示力矩 M 的转向与角位移 θ 的转向相反。当摆角很小时，$\sin\theta \approx \theta$，则

$$M = -mgl\theta \tag{4-11}$$

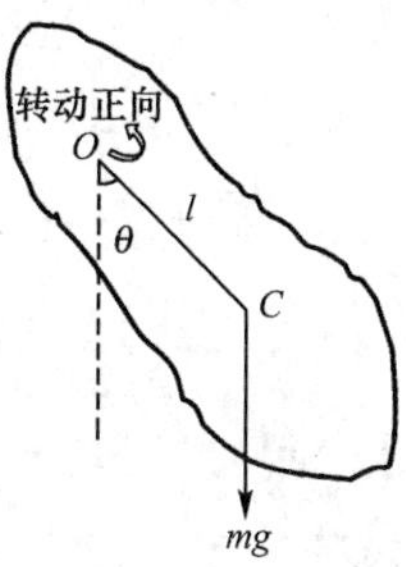

图 4-3　复摆

设复摆绕轴 O 的转动惯量为 J，根据转动定律有

$$J\frac{\mathrm{d}^2\theta}{\mathrm{d}t^2} = -mgl\theta \tag{4-12}$$

即

$$\frac{\mathrm{d}^2\theta}{\mathrm{d}t^2} + \frac{mgl}{J}\theta = 0 \tag{4-13}$$

比较式(4-13)与式(4-4)可知，在角位移很小的情况下，复摆在其平衡位置附近做简谐振动，其角频率为

$$\omega = \sqrt{\frac{mgl}{J}} \tag{4-14}$$

振动周期为

$$T = \frac{2\pi}{\omega} = 2\pi\sqrt{\frac{J}{mgl}} \tag{4-15}$$

由以上分析可知：在恢复力或恢复力矩的作用下，以平衡位置的坐标为原点，描述上述各系统的物理量(位移或角度)的动力学微分方程的形式与式(4-4)相似，即

$$\frac{\mathrm{d}^2 x}{\mathrm{d}t^2} + \omega^2 x = 0$$

这一微分方程的通解为

$$x = A\cos(\omega t + \varphi) \tag{4-16}$$

式(4-16)即弹簧振子的运动学方程，式中，A 和 φ 是 2 个积分常数。

4.1.3　简谐振动的速度及加速度

将式(4-16)对时间求一阶和二阶导数，得到简谐运动物体的速度和加速度如下：

简谐振动的运动学

$$v = \frac{\mathrm{d}x}{\mathrm{d}t} = -A\omega\sin(\omega t + \varphi) = -v_m\sin(\omega t + \varphi) \tag{4-17}$$

$$a = \frac{\mathrm{d}^2 x}{\mathrm{d}t^2} = -A\omega^2\cos(\omega t + \varphi) = -a_m\cos(\omega t + \varphi) \tag{4-18}$$

式中，$v_m = A\omega$ 和 $a_m = A\omega^2$ 分别称为速度振幅和加速度振幅。可见物体做简谐振动时，其速度和加速度也随时间发生周期性变化。图 4-4 所示为简谐振动的位移、速度、加速度与时间的关系。

4.1.4　简谐振动的振幅、周期、频率和相位

1. 振幅

在简谐振动动力学方程中，余弦函数的绝对值不能大于 1，A 表示质点离开平衡位置的最大距离，它给出了质点运动的范围，称为振动的**振幅**。

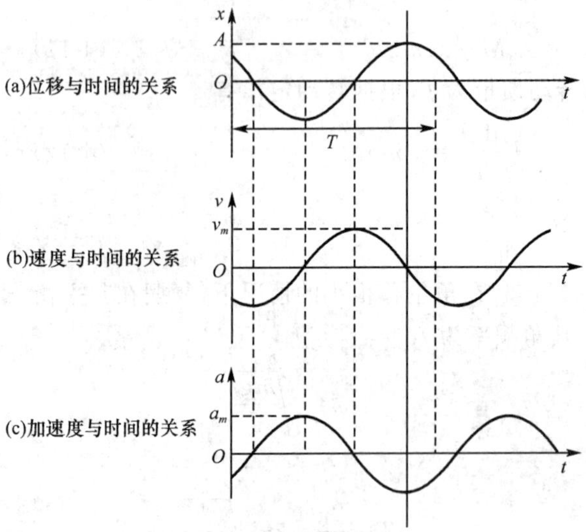

图 4-4 简谐振动的位移、速度、加速度与时间的关系

2. 周期和频率

由于余弦函数是周期性函数，因此简谐振动是周期性运动。完成一次完整振动所经历的时间称为**周期**，用 T 表示。每隔一个周期，振动状态就完全重复一次，即

$$x=A\cos[\omega(t+T)+\varphi]=A\cos(\omega t+\varphi) \tag{4-19}$$

余弦函数的周期是 2π，因此 $\omega T=2\pi$ 即

$$T=\frac{2\pi}{\omega} \tag{4-20}$$

单位时间内物体完成的振动次数称为振动**频率**，用 ν 表示，它显然与周期 T 有倒数关系，即

$$\nu=\frac{1}{T}=\frac{\omega}{2\pi} \tag{4-21}$$

或写为

$$\omega=2\pi\nu \tag{4-22}$$

式中，ω 表示物体在 2π 时间内完成的振动次数，称为振动的**角频率**，也称为**圆频率**，它的单位是 $\mathrm{rad\cdot s^{-1}}$。

对于弹簧振子，$\omega=\sqrt{\dfrac{k}{m}}$，则弹簧振子的周期和频率分别为

$$T=2\pi\sqrt{\frac{m}{k}} \tag{4-23}$$

$$\nu=\frac{1}{2\pi}\sqrt{\frac{k}{m}} \tag{4-24}$$

由于弹簧振子的质量 m 和劲度系数 k 是其本身固有的性质，周期和频率完全取决于振动系统本身的性质，因此称为**固有周期**和**固有频率**。

简谐振动方程也常用周期和频率表示为

$$x = A\cos\left(\frac{2\pi}{T}t + \varphi\right) = A\cos(2\pi\nu t + \varphi) \tag{4-25}$$

3. 相位

在角频率和振幅已知的简谐振动中，由式(4-16)～式(4-18)可知，振动物体在任意时刻 t 的运动状态都由 $\omega t + \varphi$ 决定，$\omega t + \varphi$ 称为**相位**。常量 φ 是 $t=0$ 时的相位，称为**初相位**，简称**初相**。初相的数值取决于初始条件。

简谐振动的状态仅随相位的变化而变化，因而相位是描述简谐振动状态的物理量。相位是一个非常重要的概念，它在振动、波动、光学、无线电技术等方面都有广泛应用。关于相位，有两点需要注意：

(1)相位与时间一一对应，相位不同是指时间先后不同。相位对时间求导，可得角频率 ω，它表示相位变化的速率，是描述简谐振动状态变化快慢的物理量。ω 是一个常量，表示相位是匀速变化的。

(2)初相 φ 描述简谐振动的初始状态。在时间从 t_1 到 t_2 的过程中，相位从 $(\omega t_1 + \varphi)$ 变化到 $(\omega t_2 + \varphi)$，相位变化 $\Delta\varphi = \omega t_2 - \omega t_1$，它和相应的时间变化 $\Delta t = t_2 - t_1$ 的关系为

$$\Delta\varphi = \omega\Delta t \tag{4-26}$$

其直观的物理意义是相位变化等于相位变化的速率与变化的时间之积。将式(4-26)进一步记作

$$\Delta\varphi = \omega\Delta t = \frac{2\pi}{T}\Delta t \tag{4-27}$$

式(4-27)表明，时间每过一个周期 $\Delta t = T$，则相位增加 $\Delta\varphi = 2\pi$。相位差与时间差的关系还常用于讨论两个振动的同步。例如，有下列两个简谐振动：

$$x_1 = A_1\cos(\omega t + \varphi_1) \tag{4-28}$$

$$x_2 = A_2\cos(\omega t + \varphi_2) \tag{4-29}$$

它们的相位差(简称相差)为

$$\Delta\varphi = (\omega t + \varphi_2) - (\omega t + \varphi_1) = \varphi_2 - \varphi_1 \tag{4-30}$$

相差描述同一时刻两个振动的状态差。从式(4-30)可以看出，两个连续进行的同频率的简谐振动在任意时刻的相差都等于其初相差，而与时间无关。由这个相差的值可以分析它们的步调是否相同。如果 $\Delta\varphi$ 等于 0 或 2π 的整数倍，两振动质点将同时到达各自的极大值，同时越过原点并同时到达极小值，它们的步调始终相同，这种情况称二者**同相**。如果 $\Delta\varphi$ 等于 π 或 π 的奇数倍，两个振动质点中的一个到达极大值时，另一个到达极小值，二者将同时越过原点并同时到达各自的另一个极值，它们的步调正好相反，这种情况称二者**反相**。当 $\Delta\varphi$ 为其他值时，一般说二者不同相。例如，对于下面两个简谐振动：

$$x_1 = A_1\cos(\omega t) \tag{4-31}$$

$$x_2 = A_2\cos\left(\omega t + \frac{\pi}{2}\right) = A_2\cos\left[\omega\left(t + \frac{T}{4}\right)\right] \tag{4-32}$$

它们的相差 $\Delta\varphi = \frac{\pi}{2}$，即 x_2 振动的相位始终要比 x_1 振动的相位大 $\frac{\pi}{2}$。图 4-5 描述了这两个振动的振动曲线。为了便于讨论相差，把两个振动的振幅设为相同。图 4-5 中，实线表示 x_1 振动，虚线表示 x_2 振动。由图 4-5 可知，在 $t=0$ 时，x_1 振动的相位为 0，x_2 振动的相位为 $\frac{\pi}{2}$；在

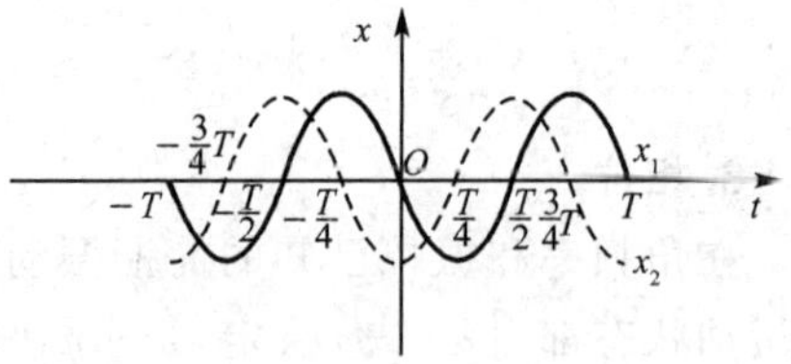

图 4-5　两个同频率简谐振动的振动曲线

$t=\frac{T}{4}$时，x_1 振动的相位变为$\frac{\pi}{2}$，而 x_2 振动的相位则变为 π。对于这种情况，称 x_2 振动在相位上超前 x_1 振动$\frac{\pi}{2}$，或称 x_1 振动落后于 x_2 振动$\frac{\pi}{2}$，即两个振动相比较，相位大的一个称为超前，相位小的一个称为落后。从时间上看，可以说 x_2 振动超前 x_1 振动$\frac{T}{4}$，即 x_1 振动必须要在$\frac{T}{4}$后才能到达 x_2 振动现在的状态。也就是说，两个振动相比较，时间因子大的一个称为超前，时间因子小的一个称为落后。

对于一个简谐振动，如果 A、ω 和 φ 都已知，那么这个振动也就完全清楚了。因此，这 3 个量称为描述简谐振动的 3 个特征量。

【例 4-1】 一质点沿 x 轴做简谐振动，其角频率 $\omega=10\ \mathrm{rad\cdot s^{-1}}$。试分别写出以下两种初始状态下的振动方程。

(1) 其初始位移 $x_0=7.5\ \mathrm{cm}$，初始速度 $v_0=75.0\ \mathrm{cm\cdot s^{-1}}$；

(2) 其初始位移 $x_0=7.5\ \mathrm{cm}$，初始速度 $v_0=-75.0\ \mathrm{cm\cdot s^{-1}}$。

解　设振动方程为

$$x=A\cos(\omega t+\varphi)$$

则

$$v=\frac{\mathrm{d}x}{\mathrm{d}t}=-A\omega\sin(\omega t+\varphi)$$

(1) $t=0$ 时

$$x_0=A\cos\varphi=0.075\ \mathrm{m}$$
$$v_0=-A\omega\sin\varphi=0.75\ \mathrm{m\cdot s^{-1}}$$

联立得

$$\begin{cases}A=\sqrt{x_0^2+\dfrac{v_0^2}{\omega^2}}\approx 10.6\times10^{-2}\ \mathrm{m}\\ \varphi=\arctan\left(-\dfrac{v_0}{\omega x_0}\right)=-\dfrac{\pi}{4}\end{cases}$$

因此振动方程为

$$x=10.6\times10^{-2}\cos\left(10t-\frac{\pi}{4}\right)$$

(2) $t=0$ 时

$$x_0=A\cos\varphi=0.075\ \mathrm{m}$$
$$v_0=-A\omega\sin\varphi=-0.75\ \mathrm{m\cdot s^{-1}}$$

联立得

$$\begin{cases}A=\sqrt{x_0^2+\dfrac{v_0^2}{\omega^2}}\approx 10.6\times10^{-2}\ \mathrm{m}\\ \varphi=\arctan\left(-\dfrac{v_0}{\omega x_0}\right)=\dfrac{\pi}{4}\end{cases}$$

因此振动方程为

$$x=10.6\times10^{-2}\cos\left(10t+\frac{\pi}{4}\right)(\mathrm{SI})$$

4.1.5　振幅 A 和初相的确定

如果在振动的初始时刻，即 $t=0$ 时，物体的初位移为 x_0，初速度为 v_0，代入式(4-16)和式(4-17)有

$$\begin{cases}x_0=A\cos\varphi\\ v_0=-A\omega\sin\varphi\end{cases}\tag{4-33}$$

由式(4-33)可求得两个积分常数

$$\begin{cases}A=\sqrt{x_0^2+\dfrac{v_0^2}{\omega^2}}\\ \varphi=\arctan\left(-\dfrac{v_0}{\omega x_0}\right)\end{cases}\tag{4-34}$$

振动物体在 $t=0$ 时的位移 x_0 和速度 v_0 称为振动的**初始条件**。由初始条件可以确定简谐振动方程中两个积分常数 A 和 φ。因为在 $-\pi$ 与 π 之间有两个 φ 值的正切函数值相同，所以由式(4-34)求得的 φ 值须代回式(4-33)中进行判断取舍。

4.1.6　简谐振动的能量

仍以水平弹簧振子为例来讨论简谐振动系统的能量。此时的系统除具有动能外，还具有势能。振动物体的动能为

简谐振动的能量

$$E_k=\frac{1}{2}mv^2=\frac{1}{2}mA^2\omega^2\sin^2(\omega t+\varphi)\tag{4-35}$$

若取物体平衡位置为势能零点，则弹性势能为

$$E_p=\frac{1}{2}kx^2=\frac{1}{2}kA^2\cos^2(\omega t+\varphi)\tag{4-36}$$

显然，在振动过程中，动能 E_k 和势能 E_p 都是呈周期性变化的，如图 4-6 所示，弹簧振子的总机械能为

$$E=E_k+E_p=\frac{1}{2}mA^2\omega^2\sin^2(\omega t+\varphi)+\frac{1}{2}kA^2\cos^2(\omega t+\varphi)\tag{4-37}$$

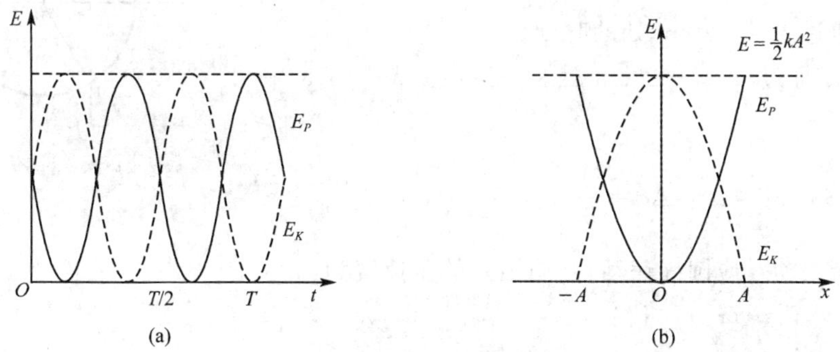

图 4-6　简谐振动的能量

因为 $\omega^2=\dfrac{k}{m}$，则式(4-37)简化为

$$E=\frac{1}{2}kA^2 \tag{4-38}$$

即在弹簧振子做简谐振动的过程中，动能 E_k 和势能 E_p 虽然分别随时间而变化，但总的机械能在振动过程中守恒。简谐振动系统的总能量和振幅的平方成正比。这一结论对任一简谐振动系统而言都是正确的。

4.2 简谐振动的旋转矢量表示法

简谐振动旋转矢量表示法

为了直观了解振幅、相位、角频率等物理量的意义，并简化简谐振动研究中的数学处理，下面介绍简谐振动的旋转矢量表示法。

简谐振动和匀速圆周运动有一个很简单的对应关系。如图 4-7 所示，设一质点沿圆心在 O 点、半径为 A 的圆周做匀速运动，其角速度为 ω。以圆心 O 为原点，设质点的径矢经过与 x 轴夹角为 φ 的位置时开始计时，则在任意时刻 t，此径矢与 x 轴的夹角为 $\omega t+\varphi$，而质点在 x 轴上的投影的坐标为

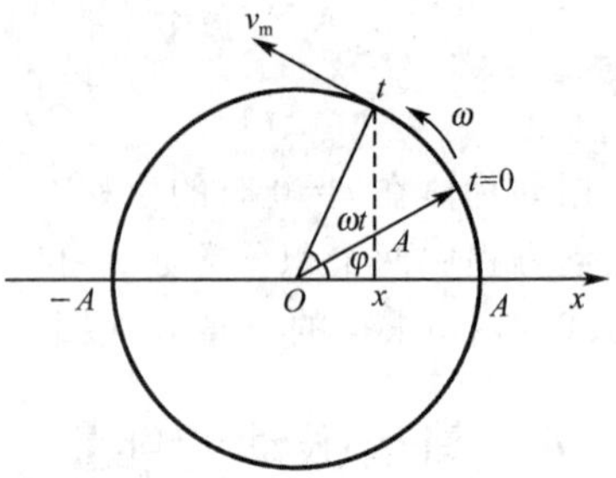

图 4-7　旋转矢量表示法

$$x=A\cos(\omega t+\varphi) \tag{4-39}$$

式(4-39)与简谐振动的运动学方程(4-16)相同。可见，圆周运动的质点在 x 轴上的投影运动是简谐振动。圆周运动角速度等于振动的角频率，圆周运动的半径等于振动的振幅。在初始时刻，圆周运动的质点的径矢与 x 轴的夹角是振动的初相。由于匀速圆周运动与简谐振动存在这一种关系，因此常借助圆周运动来研究简谐振动，对应的圆就称为**参考圆**。利用旋转矢量图可以很容易地表示两个简谐振动的相位差。

【例 4-2】 如图 4-8 所示，一质点在轴上做简谐振动，振幅 $A=4$ cm，周期 $T=2$ s，其平衡位置取作坐标原点。若 $t=0$ 时刻质点第一次通过 $x=-2$ cm 处，且向 x 轴负方向运动，则求质点第二次通过 $x=-2$ cm 处的时刻。

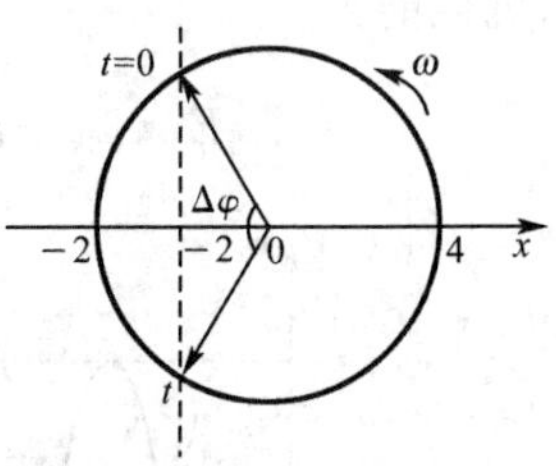

图 4-8　例 4-2

解　两次通过 $x=-2$ cm 处的相位差从图 4-8 中可见，为

$$\Delta\varphi=\frac{2}{3}\pi$$

因为简谐振动对应圆周运动，圆周运动的角速度为

$$\omega=\frac{2\pi}{T}=\frac{2\pi}{2}=\pi$$

所以有
$$\Delta t=\frac{\Delta\varphi}{\omega}=\frac{2}{3}\ \mathrm{s}$$
即质点第二次通过 $x=-2$ cm 处的时刻 t 为
$$t=\Delta t+0=\frac{2}{3}\ \mathrm{s}$$

4.3　简谐振动的合成

简谐振动的合成

在实际问题中，常会遇到一个质点同时参与几个振动的情况。例如，当两列声波同时传到空间中的某一点时，该点处的空气质点就同时参与两个振动。一般的振动合成情况比较复杂，下面只研究几种简单情况。

4.3.1　同一直线上两个同频率的简谐振动的合成

设一质点同时参与两个在同一直线上进行的简谐振动，它们在 t 时刻的位移分别为
$$x_1=A_1\cos(\omega t+\varphi_1)$$
$$x_2=A_2\cos(\omega t+\varphi_2)$$
式中，A_1，A_2 和 φ_1，φ_2 分别为两个简谐振动的振幅和初相位；x_1 和 x_2 分别为两个简谐振动在同一直线上相对于同一平衡位置的位移，因此在任意时刻合振动的位移 x 仍在同一直线上，为上述两个位移的代数和
$$x=x_1+x_2=A_1\cos(\omega t+\varphi_1)+A_2\cos(\omega t+\varphi_2)$$

利用旋转矢量表示法，我们很容易得到合振动的表达式。如图 4-9 所示，振幅矢量 $\boldsymbol{A}_1$ 和 $\boldsymbol{A}_2$ 以同一匀角速度 ω 绕 O 点旋转，所以它们之间的夹角即 2 个分振动的相位差 $\varphi_2-\varphi_1$ 保持不变，因而由 $\boldsymbol{A}_1$ 和 $\boldsymbol{A}_2$ 构成的平行四边形的形状始终保持不变，并以角速度 ω 整体做逆时针旋转，其合矢量 $\boldsymbol{A}$ 的长度不变，并且也做同样的旋转。所以合矢量 $\boldsymbol{A}$ 的端点在 x 轴上的投影所代表的运动也是简谐振动，其频率与原来两个分振动的频率相同。合振动的表达式为

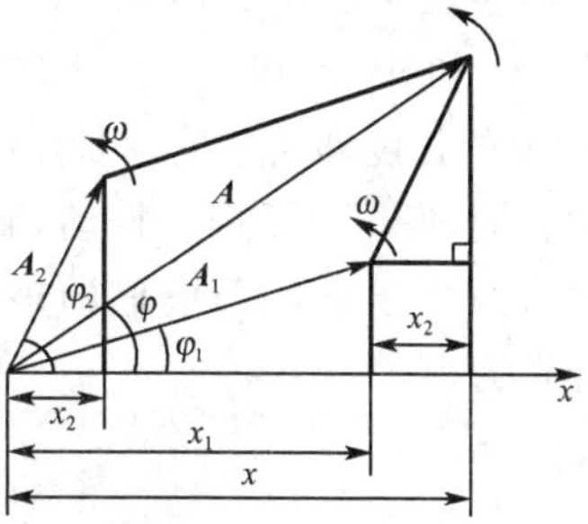

图 4-9　在 x 轴上的 2 个同频率的简谐振动合成的相量

$$x=A\cos(\omega t+\varphi)$$

参照图 4-9，可求得合振幅为
$$A=\sqrt{A_1^2+A_2^2+2A_1A_2\cos(\varphi_2-\varphi_1)}\tag{4-40}$$

合振动的初相满足
$$\tan\varphi=\frac{A_1\sin\varphi_1+A_2\sin\varphi_2}{A_1\cos\varphi_1+A_2\cos\varphi_2}\tag{4-41}$$

式(4-40)表明，合振动的振幅不仅与两个分振动的振幅有关，还与它们的初相差 $\varphi_2-\varphi_1$ 有关。

(1)若两个分振动同相，则 $\varphi_2-\varphi_1=2k\pi, k=0,\pm1,\pm2,\cdots$，此时 $\cos(\varphi_2-\varphi_1)=1$，有

$$A=\sqrt{A_1^2+A_2^2+2A_1A_2}=A_1+A_2 \tag{4-42}$$

合振动的振幅等于两个分振动的振幅之和，合振幅达到最大值。两同相振动的合成曲线如图 4-10 所示。

(2)若两分振动反相，则 $\varphi_2-\varphi_1=(2k+1)\pi$，$\cos(\varphi_2-\varphi_1)=-1$，有

$$A=\sqrt{A_1^2+A_2^2-2A_1A_2}=|A_1-A_2| \tag{4-43}$$

合振动的振幅等于两个分振动振幅之差的绝对值，合振幅达到最小值。两反相振动的合成曲线如图 4-11 所示。如果 $A_1=A_2$，则 $A=0$，质点处于静止状态。

(3)在一般情形下，相位差 $\cos(\varphi_2-\varphi_1)$ 的值介于 1 和 -1 之间，所以合振动的振幅介于 A_1+A_2 和 $|A_1-A_2|$ 之间，即 $A_1+A_2\geqslant A\geqslant|A_1-A_2|$。

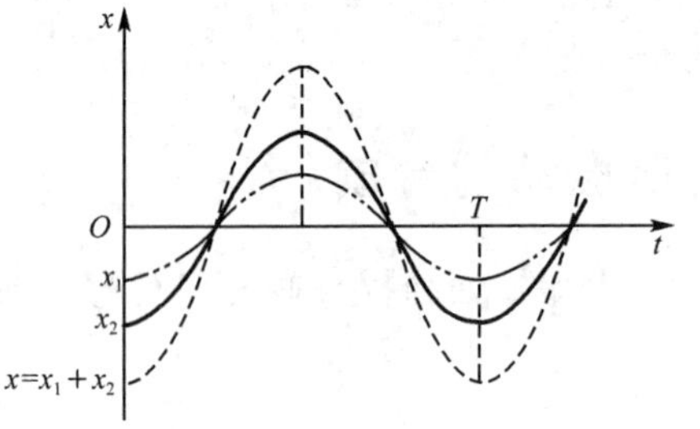

图 4-10 两同相振动的合成曲线

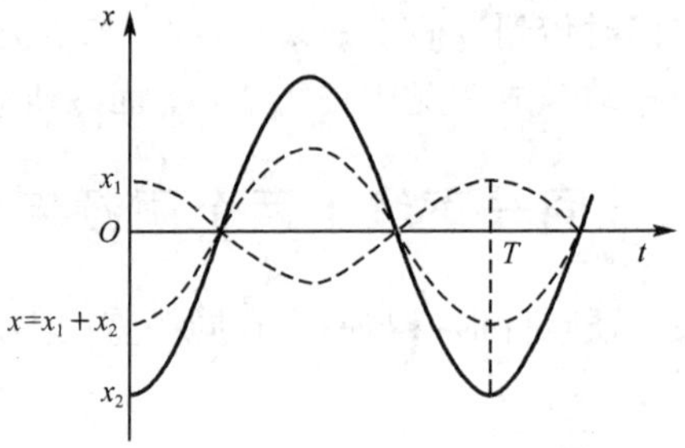

图 4-11 两反相振动的合成曲线

4.3.2 同一直线上两个不同频率的简谐振动的合成

如果在一条直线上的两个分振动的频率不同，合成结果就比较复杂了。在旋转矢量表示法中，$\boldsymbol{A}_1$ 和 $\boldsymbol{A}_2$ 的转动速度不同。这样 $\boldsymbol{A}_1$ 和 $\boldsymbol{A}_2$ 之间的相位差将随着时间而改变。这时，合矢量 $\boldsymbol{A}$ 的长度和角速度都将随时间而改变。合矢量 $\boldsymbol{A}$ 所代表的合振动虽然仍与原来振动的方向相同，但不再是简谐振动，而是比较复杂的运动。

这两个分振动（设它们的角频率很接近，分别为 ω_1 和 ω_2，且 $\omega_2>\omega_1$，初相相同）的振动方程分别为

$$x_1=A_1\cos(\omega_1 t+\varphi)$$
$$x_2=A_2\cos(\omega_2 t+\varphi)$$

则两者的合振动方程为

$$x=x_1+x_2=A_1\cos(\omega_1 t+\varphi)+A_2\cos(\omega_2 t+\varphi) \tag{4-44}$$

为方便计算，设两者振幅相等，即 $A_1=A_2=A$，式(4-44)可写为

$$x=2A\cos\left(\frac{\omega_2-\omega_1}{2}t\right)\cos\left(\frac{\omega_2+\omega_1}{2}t+\varphi\right) \tag{4-45}$$

因为 $\omega_2-\omega_1$ 远小于 ω_1 或 ω_2，式(4-45)中第一项因子随时间而缓慢变化，第二项因子是角频率，接近于 ω_1 或 ω_2 的简谐振动函数，所以合振动可以近似看成角频率为 $\frac{\omega_2+\omega_1}{2}\approx\omega_1\approx\omega_2$，振幅为 $\left|2A\cos\left(\frac{\omega_2-\omega_1}{2}t\right)\right|$ 的简谐振动。振幅的缓慢变化是周期性的，所以振动会出现时强时弱的

拍现象。图 4-12 所示为拍的形成，即两个分振动和合振动的图形。从图 4-12 中看出，合振动的振幅做缓慢变化，余弦函数的绝对值以 π 为周期，因而振幅变化周期 τ 满足 $\left|\frac{\omega_2-\omega_1}{2}\right|\tau=\pi$，振幅变化的周期 τ 即拍频

$$\nu=\frac{1}{\tau}=\left|\frac{\omega_2-\omega_1}{2\pi}\right|=|\nu_2-\nu_1| \tag{4-46}$$

由式(4-46)可知，拍频的数值等于两分振动频率之差。

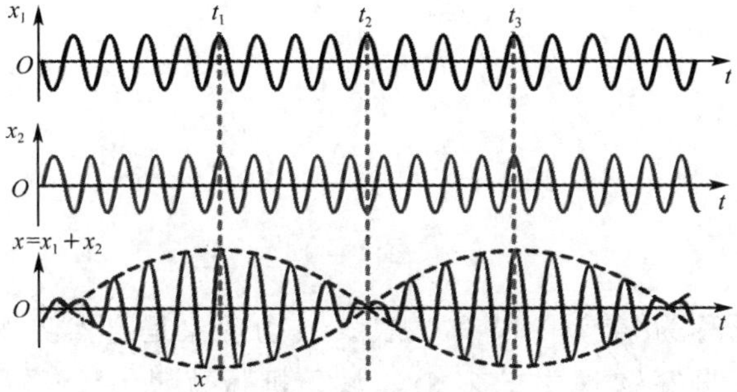

图 4-12　拍的形成

本章小结

1. 简谐振动表达式

$$x=A\cos(\omega t+\varphi)$$

3 个特征量：振幅 A，角频率 ω，初相 φ。

简谐振动可用旋转矢量法表示。

2. 初始条件决定振幅和初相

$$\begin{cases}A=\sqrt{x_0^2+\dfrac{v_0^2}{\omega^2}}\\ \varphi=\arctan\left(-\dfrac{v_0}{\omega x_0}\right)\end{cases}$$

3. 简谐运动的能量

$$E=E_k+E_p=\frac{1}{2}kA^2$$

4. 两个简谐振动的合成

(1)同一直线上的两个同频率的简谐振动的合成。

$$A=\sqrt{A_1^2+A_2^2+2A_1A_2\cos(\varphi_2-\varphi_1)}$$

$$\tan\varphi=\frac{A_1\sin\varphi_1+A_2\sin\varphi_2}{A_1\cos\varphi_1+A_2\cos\varphi_2}$$

(2)同一直线上两个不同频率的简谐振动合成：两个分振动的频率都很大且频率差很小时，会产生拍现象。

第 5 章 机械波

一定的扰动的传播称为“波动”,简称“波”。波动现象是自然界中广泛存在的一种物质运动形式,这一现象贯穿物理学的多个领域。机械扰动在介质中的传播称为“机械波”,如声波、水波、地震波等。在这里讨论不仅局限于特殊情况——机械波,因为其相关概念在物理学其他分支的渗透和广泛应用也得到了充分的洞察。变化电场和变化磁场在空间中的传播称为“电磁波”,如无线电波、光波、X 射线等。虽然各种波的本质不同,但它们都具有波动的共同特征,所遵循的规律也有许多相似之处,如它们都能产生干涉和衍射,都可以用类似的方程来描述等。而所有波动中最直观、最令人印象深刻的莫过于机械波,几乎所有有关波动现象的概念、特性及其物理机制都可基于机械波进行阐述和理解,所以对机械波的学习尤为重要。本章先介绍了机械波的产生和传播、平面简谐波,并在此基础上讲解了波的能量,接着讲解了波的传播规律——惠更斯原理的叠加现象——波的干涉,最后对多普勒效应加以简要说明。

5.1 机械波的产生和传播

5.1.1 机械波的产生及分类

机械波的产生和传播

机械振动系统(如音叉)在介质中振动时可以影响周围的介质,使它们也陆续地发生振动。这就是说,机械振动系统能够把振动向周围介质传播出去,形成机械波。例如,小石子落在静止的水面上时,会引起石子击水处水的振动,这个振动就向周围水面传播出去,形成水波;拉紧一根绳子,同时使一端做垂直于绳子的振动,这个振动就沿着绳子向另一端传播,形成绳子上的波,如图 5-1 所示。

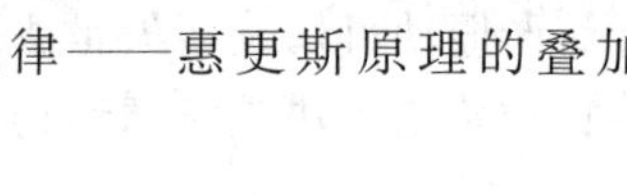

图 5-1 波的产生

可见,机械波的产生一方面要有做机械振动的物体,称为机械波的波源;另一方面,要有能够传播这种机械振动的弹性介质。波源和弹性介质是机械波产生和传播的两个必须具备的条件。例如,音叉在振动时,音叉是波源,而空气就是传播声波的介质。又如,地下岩体断裂或错动产生振动,积蓄的能量以波的形式释放,从震源沿大地向四周传播,形成地震波。

下面以弹性绳上的波为例,详细讨论机械波在连续弹性介质中传播的物理机制。弹性绳上各质元彼此以弹性力联系,任何一个质元所受的扰动都不会孤立于其他质元而单独存在。在连续弹性介质内部,各个质元间有弹性力相互联系,因此,如果介质中有一个质元离开了平衡位置,由于邻近质元的弹性回复力作用,会被迫回到平衡位置,因而产生振动。根据牛顿第三定律,该质元周围的质元同时受到该质元的弹性力作用,使它们离开平衡位置;当它们离开平衡位置时,它们自己周围的其他质元又对它们施加弹性回复力,使它们回到平衡位置,因而也要产生振动。所以介质中一个质元的振动会引起邻近质元的振动,而邻近质元的振动又会引起较远处质元的振动。如图 5-1 所示,O 处质元的振动会引起邻近质元的振动,进而邻近质元的振动又会引起较远 P 处质元的振动,这样振动就由近及远地向各个方向以一定的速度传播出去,形成了波。

波所传播的只是振动状态,而介质中的各质元仅在它们各自的平衡位置附近振动,并没有随着振动的传播而移动。例如,在漂浮着树叶的水里,当投入石子而引起水波时,树叶只在原位置附近上下振动,并不移动到别处。

波在传播时,质元的振动方向和波的传播方向也不一定相同。若质元的振动方向和波的传播方向相垂直,则这种波称为**横波**,如在绳子上传播的波;若质元的振动方向和波的传播方向相平行,则这种波称为**纵波**,如在空气中传播的声波。横波和纵波是自然界中存在的 2 种简单的波,其他波(如水面波、地震波)中都有横波和纵波的成分同时存在,情况就比较复杂了。

横波的形成过程可由横波演示[图 5-2(a)]看出。波源的振动状态由弹性介质传播出去,形成一个具有波峰(正向最大位移)和波谷(负向最大位移)的完整波形,这就是横波。由于每个质元都在不断振动,因此波峰和波谷的位置将随时间而转移,即整个波形在向前推移,这就是横波的传播过程。横波只能在固体中传播,这是因为横波的特点是振动方向与传播方向垂直,要求弹性介质产生切向的形变(切变),而固体能够承受一定的切变,故在固体中,引起切变的切力(弹性力)便带动了邻近质元的运动。由于液体和气体不能承受切力,因此在液体和气体中不存在这种切向弹性力的联系,不能传播横波。

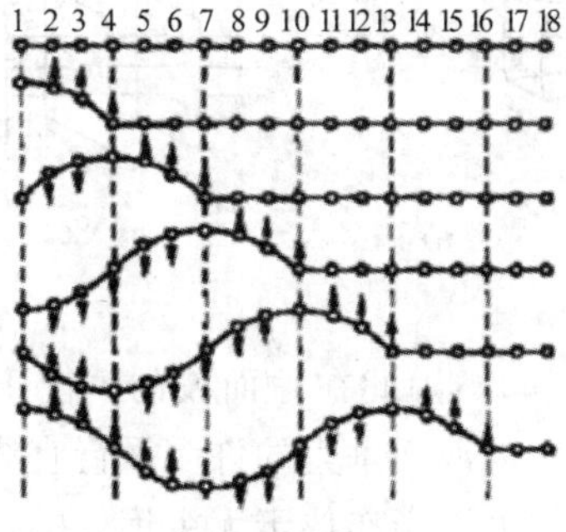

(a)横波演示

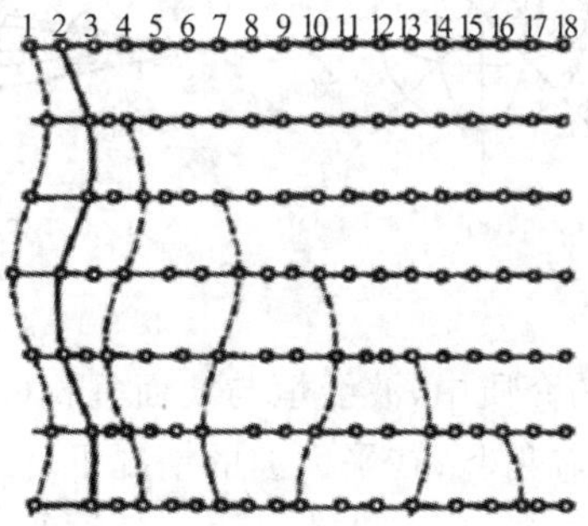

(b)纵波演示

图 5-2 横波与纵波的演示

纵波的形成过程可由纵波演示[图 5-2(b)]看出。纵波是介质密集和稀疏相间的波,如图 5-3 所示声波。仿照上述横波的讨论可以类推,纵波在介质中传播时,介质中的质元沿波的传播方向振动,导致了质元分布时而密集,时而稀疏,使介质产生压缩和膨胀(或伸长)的形变。

这种质元分布的疏密状态将随时间而沿波的传播方向移动。固体、液体和气体这三种介质都能依靠质元之间相互作用的弹性力，承受一定的压缩和膨胀(或伸长)的形变，并借这种弹性力的联系使振动传播出去，因此纵波能够在固体、液体和气体中传播。

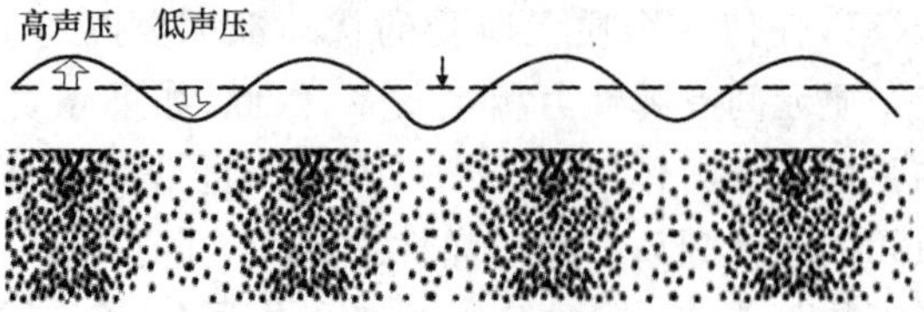

图 5-3　声波

波除可以按照振动方向和传播方向的关系划分为横波和纵波外，还可以按形状分为平面波、球面波和柱面波；按复杂程度分为简谐波和复波；按持续时间分为连续波和脉冲波；按是否传播分为行波和驻波。

5.1.2　机械波的几何描述

当波源在介质中振动时，凭借介质中质元之间的相互作用，引起波源周围各质元围绕着自己的平衡位置相继投入振动。这样，振动将向各方向传播出去。人们形象地把波的传播方向称为“**波线**”或“**射线**”；把传播过程中振动相位相同的各点所连接成的曲面，称为“**波面**”，亦称“**同相面**”；而把某一时刻，波传播到的最前面的波面称为“**波前**”。在任何的时刻都只能有一个确定的波前；而在任何时刻，波面的数目是任意多的。由于波前上各点同时开始振动，各点的相位必然是相同的，因此波前是波面的特例。

若波源的大小和形状与波的传播距离相比较，可以忽略不计，则可以把它当作点波源。如图 5-4(a)所示，在各向同性的介质中，点波源振动在各个方向上的传播速度的大小是相同的，因此，其波前和波面都是以点波源为中心的球面。如图 5-4(b)所示，若点波源在无穷远处，则在一定范围的局部区域内，波面和波前的形状都近乎是平面，可用图 5-4(c)描绘。可按波面的形状将波分类，波面为球面的波称为球面波，波面为平面的波称为平面波。

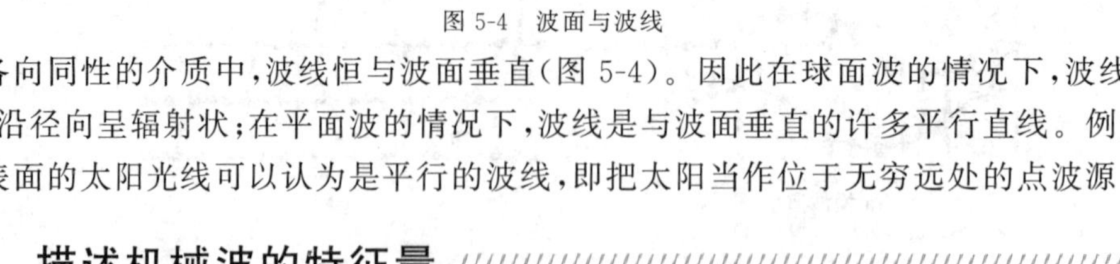

图 5-4　波面与波线

在各向同性的介质中，波线恒与波面垂直(图 5-4)。因此在球面波的情况下，波线从点波源出发，沿径向呈辐射状；在平面波的情况下，波线是与波面垂直的许多平行直线。例如，传播到地球表面的太阳光线可以认为是平行的波线，即把太阳当作位于无穷远处的点波源。

5.1.3　描述机械波的特征量

1. 波速

由横波与纵波的演示可以看出，把一定振动状态(或相位)传播出去需要时间。单位时间内一定的振动相位所传播的距离称为“**波速**”(也称“相速”),用 u 表示,即波速描述了振动在介质中传播的方向和快慢程度。波速的单位是米/秒(m/s)。

波动的传播与介质的弹性有密切的关系,因而波速必然与介质的弹性模量有关。另外,波速也应该与介质的密度有关,因为密度是描述介质惯性的物理量,它反映了介质中任一部分在力的作用下运动改变的难易程度。理论证明:横波和纵波在固态介质中的波速可分别用式(5-1)和式(5-2)计算,即

$$u=\sqrt{\frac{G}{\rho}}\quad(横波)\tag{5-1}$$

$$u=\sqrt{\frac{Y}{\rho}}\quad(纵波)\tag{5-2}$$

式中,G 和 Y 分别为介质的切变弹性模量和杨氏弹性模量;ρ 为介质的密度。纵波在无限大的固态介质中传播时,纵波公式(5-2)是近似的,但在固态细棒中沿着棒的长度传播时是准确的。

综上可知,在同一固态介质中,横波和纵波的传播速度是不相同的,当波源同时发出这两种波动时,如果在某处的观察者测定两种波动到达该处的前后相隔的时间,就可求出波源与观察者之间的距离。这一方法在地震、地层构造等问题研究中有广泛应用。

液体和气体只能传播纵波,波速可用式(5-3)计算,即

$$u=\sqrt{\frac{B}{\rho}}\quad(纵波)\tag{5-3}$$

式中,B 是体变弹性模量;ρ 是密度。在气体中,若将气体视作理想气体,则声波的波速(称为声速)为

$$u=\sqrt{\frac{\gamma p}{\rho}}=\sqrt{\frac{\gamma RT}{M}}\tag{5-4}$$

式中,γ 是气体摩尔定压热容与摩尔定容热容之比值;p 是气体的压强;ρ 是密度;R 是普适气体常量;T 是热力学温度;M 是气体的摩尔质量。

2. 波长、波数、周期、频率

在波传播时,各质元开始振动的时刻先后不同,即彼此存在着一个相位差。现在规定:沿波的传播方向上相位差为 2π 的两个质元之间的距离称为“**波长**”,用 λ 表示。在波的传播方向上,任一瞬时位移和速度都相同的相邻的两个同相位点,它们之间的距离就是一个波长。可见,沿波的传播方向,每隔一个波长的距离就出现振动相位相同的点。

对简谐波,还常用**波数** k 来表示其特征,它的定义是 $k=\dfrac{2\pi}{\lambda}$,如果把横波中相接的一峰一谷算作一个完整波,波数就等于在 2π 的长度内含有的完整波的数目。

质元全振动一次,振动状态就传播一个波长,把传播一个波长所需要的时间称为波的“**周期**”,用 T 表示。显然,对于振动质元来说,波的周期就是质元全振动一次所需要的时间。周期的倒数 $\nu=\dfrac{1}{T}$ 称为“波的**频率**”,它是单位时间内波源做完全振动的次数。由于波源每完成一次振动,向介质中传播一个完整波形,因此,波的频率也是单位时间内在波的前进途中完整

波长的个数，或单位时间内通过传播方向上任一点的完整波的数目。

波长、波的周期与频率及波速是描述波的重要物理量。现在来说明它们之间的关系，按照上述定义可知，波长 λ 是波在一个周期 T 中传播的距离(图 5-5)，因此波速是

$$u=\frac{\lambda}{T} \tag{5-5}$$

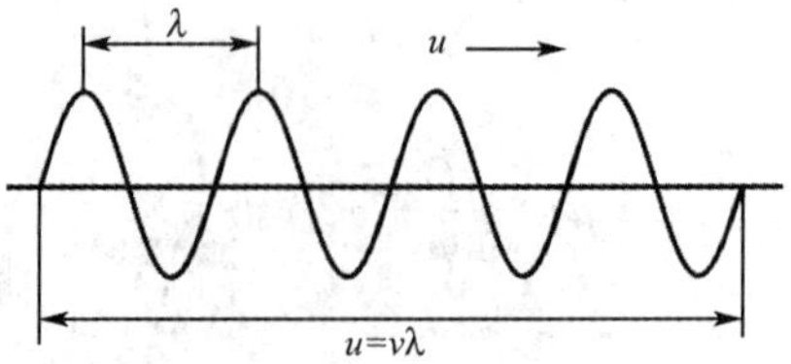

图 5-5 波长

由于波的频率 $\nu=\frac{1}{T}$，故得波长、波的频率与波速之间的基本关系式为

$$u=\nu\lambda \tag{5-6}$$

式中，波速 u 由介质的性质决定；波的频率 ν 则由波源的振动情况决定。这两个量便可决定在给定介质中从给定波源所发出的波的波长。波长的单位为米(m)，波的频率的单位仍赫兹(Hz)。

5.2 平面简谐波

平面简谐波

在波传播时，各质元的振动情况一般是很复杂的。最简单又最基本的波就是简谐波，它所传播的扰动形式是简谐运动。光谱中的单色光和声学中单纯音调的声波都可视作具有一定频率的简谐波。可以证明，复杂的波可以看成由若干个不同频率的简谐波合成的。因此，这里只讨论简谐波。

5.2.1 平面简谐波的波动方程

若传播的振动是简谐振动，且波所到之处，介质中各质元均做同频率、同振幅的简谐振动，则这样的波称为“**简谐波**”(亦称“余弦波”“单色波”)。若简谐波的波面为平面，则这样的简谐波称为“**平面简谐波**”。而描述平面简谐波沿波线传播的解析表达式，通常称为“**平面简谐波的波动方程**”。

下面讨论平面简谐波在均匀介质中传播时的波动方程。如图 5-6(a)所示，设有一平面简谐横波在均匀介质中沿 x 轴的正向传播，波速为 u。平面波的波线是垂直于波面的平行直线，沿每条波线波动的传播情况都是相同的。因此任取某一条波线，研究这条波线上的波动情况，就可以代表整个平面简谐波的传播情况。如图 5-6(b)所示，取 Ox 轴与其中某条波线重合，且 Ox 轴的正向与波的传播方向相同。不妨设 $x=0$ 处的质元振动表达式为 $y=A\cos(\omega t)$。其中，A 是振幅；ω 是角频率；y 是 $x=0$ 处质元的振动在时刻 t 相对于平衡位置的位移对横波来说，相应的位移方向垂直于 Ox 轴(若为纵波，则沿着 Ox 轴)。设 B 为波线上任一点，与坐标

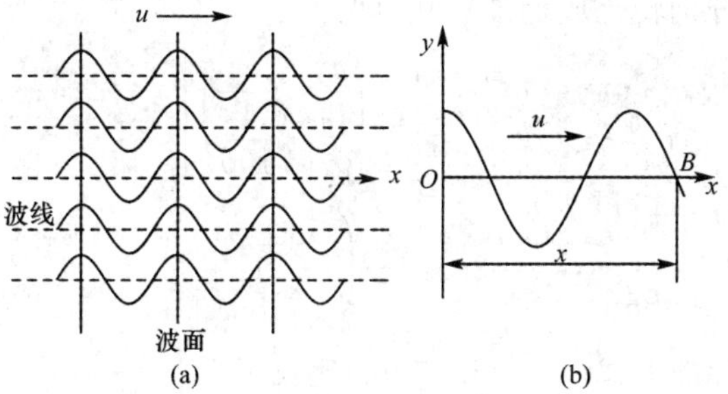

图 5-6　波的传播

原点 O 相距 x。当振动状态从 O 点传播到 B 点时，B 点处的质元将重复 O 点处质元的振动状态，但在相位上要落后一些。由于振动从 O 点传到 B 点需要 $\frac{x}{u}$ 的时间，所以当 O 点处的质元振动了 t 时间时，B 点处的质元只振动了 $\left(t-\frac{x}{u}\right)$ 时间。也就是说，B 点处的质元在 t 时刻的位移等于 O 点处的质元在 $\left(t-\frac{x}{u}\right)$ 时刻的位移。因此，若在波传播时，各点处质元振动的振幅相等，则 B 点处的质元在时刻 t 的位移，即平面简谐波的波动方程为

$$y=A\cos\left[\omega\left(t-\frac{x}{u}\right)\right] \tag{5-7}$$

同样，也很容易导出波沿 x 轴负向传播时的波动方程为

$$y=A\cos\left[\omega\left(t+\frac{x}{u}\right)\right] \tag{5-8}$$

上面平面简谐波的波动表达式(5-7)和式(5-8)是假定原点 $x=0$ 处质元振动的初相为 $\varphi=0$ 而导出的。若初相 $\varphi\neq 0$，则 $x=0$ 处的振动表达式为 $y=A\cos(\omega t+\varphi)$，因此，一般可将沿 x 轴传播的平面简谐波的波动方程式(5-7)和(5-8)分别改写成

$$y=A\cos\left[\omega\left(t-\frac{x}{u}\right)+\varphi\right] \tag{5-9a}$$

$$y=A\cos\left[\omega\left(t+\frac{x}{u}\right)+\varphi\right] \tag{5-9b}$$

式(5-9a)是波沿 x 轴正向传播的波动方程的一般表达式，其相位中 x 前面为负号，称这样的波为“**正行波**”。而式(5-9b)是波沿 x 轴负向传播的波动方程的一般表达式，其相位中 x 前面为正号，称这样的波为“**逆行波**”。

考虑到 $\omega=\frac{2\pi}{T}=2\pi\nu$，$uT=\lambda$ 及 $k=\frac{2\pi}{\lambda}$，可以将式(5-9a)和式(5-9b)写成下列三种常用的形式

$$y=A\cos\left[2\pi\left(\frac{t}{T}\pm\frac{x}{\lambda}\right)+\varphi\right] \tag{5-10a}$$

$$y=A\cos\left[2\pi\left(\nu t\pm\frac{x}{\lambda}\right)+\varphi\right] \tag{5-10b}$$

$$y=A\cos[(\omega t\pm kx)+\varphi] \tag{5-10c}$$

【例 5-1】　设平面简谐波的波动表达式为 $y=2\cos[\pi(0.5t-200x)]$，式中，x 的单位为 cm，时间 t 的单位为 s。求振幅 A、波长 λ、波速 u 和频率 ν。

解 将波动表达式分别转化成标准形式，即

$$y=2\cos\left[2\pi\left(\frac{t}{4}-\frac{x}{\frac{1}{100}}\right)\right] \tag{1}$$

$$y=2\cos\left[\frac{\pi}{2}\left(t-\frac{x}{\frac{1}{400}}\right)\right] \tag{2}$$

将式(1)和式(2)与标准形式(5-9a)和(5-9b)比较可得

$$A=2\ \text{cm};\lambda=\frac{1}{100}\ \text{cm};u=\frac{1}{400}\ \text{cm}\cdot\text{s}^{-1};\nu=\frac{1}{4}\ \text{Hz}$$

【例 5-2】 设有一沿 x 轴负向传播的平面简谐波，其波长为 0.10 m，原点 O 处质元的振动表达式为 $y=0.03\cos(\pi t)$。式中，t 的单位为 s，y 的单位为 m。求波动表达式。

解 为便于比较，可将波动表达式写成如下形式

$$y=A\cos 2\pi\left(\nu t+\frac{x}{\lambda}\right) \tag{1}$$

当 $x=0$ 时，原点处质元振动表达式为

$$y=A\cos(2\pi\nu t) \tag{2}$$

因此，将题中给的原点 O 处质元的振动表达式与式(2)相比较，得

$$A=0.03\ \text{m},\nu=0.5\ \text{Hz}$$

已知波长为 0.10 m，将这些数据代入式(1)，所求的波动表达式为

$$y=0.03\cos[2\pi(0.5t+10x)]$$

在本例中，若波沿 x 轴正向传播，则波动表达式为

$$y=0.03\cos[2\pi(0.5t-10x)]$$

5.2.2 波动方程的物理意义

波动方程的表达式中含有 x 和 t 两个自变量，即各质元振动时的位移 y 是相应质元在介质中处于平衡位置时的坐标 x 和振动时间 t 的二元函数：$y=y(x,t)$ 描述了 t 时刻 x 处质元的位移。在波传播时，$y(x,t)$ 的变化由 x 和 t 决定。为了进一步了解上述波动方程的意义，来分析下列情形。

(1) 若 x 给定，即观察空间一点 x，则该处质元的位移 y 只是 t 的函数。这时波动方程就成为与原点相距 x 的给定点上质元的振动方程，A 是它的振幅，$\omega\left(t-\frac{x}{u}\right)$ 是振动的相位，$-\omega\frac{x}{u}$ 可以看作初相。

若以 t 为横坐标，以 y 为纵坐标，就得到一条给定质元的位移 y 与时间 t 关系的余弦曲线，如图 5-7(a)中的实线所示。该曲线表示给定点上的质元在做简谐振动时各不同时刻的位移。对坐标 x 不同处的质元，振动的其他特征(A、ω 等)都是一样的，只是初相 $-\omega\frac{x}{u}$ 不同，因此所做出的 y-t 曲线，只是最大值出现的时刻不同。坐标 x 较小处的质元，曲线的最大值(位移的最大值)先出现。这表示离原点 O 较近的质元的振动超前于离原点 O 较远的质元的振动，如图 5-7(a)的实线和虚线所示。

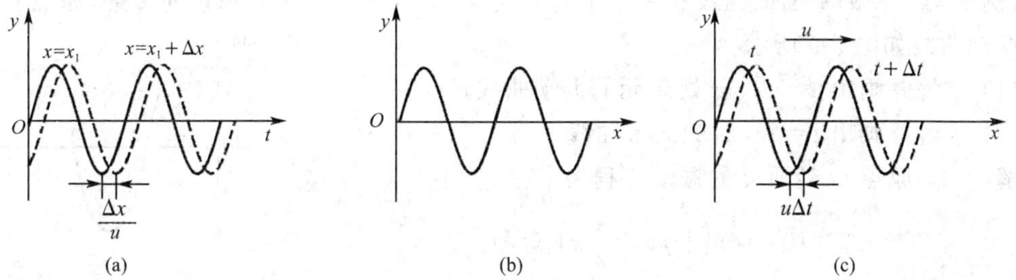

图 5-7 波的传播

(2)若 t 给定(如 $t=t_1$),则质元振动的位移 y 将只是质元位置坐标 x 的函数,这时波动表达式表示在给定时刻波线上各不同振动质元的位移。若以 x 为横坐标,以 y 为纵坐标,也得到一条余弦曲线,如图 5-7(b)所示。这条余弦曲线就表示在给定时刻的简谐波的波形,它显示了波峰和波谷的分布情况,就好像在给定时刻给波动拍摄的一幅照片。

(3)若 x 和 t 都变化,则波动方程就表示波线上各个质点在不同时刻的位移分布情况。以 x 为横坐标,以 y 为纵坐标,画出不同时刻的波形,将看到波不断向前推进的图像。

如图 5-7(c)所示,t 时刻的余弦曲线经过一段时间以后,波形虽仍是余弦曲线,但向前移动了一段距离。设波速为 u,则在 Δt 时间内,振动状态沿波线传播了 $u\Delta t$ 的距离。因此,一个质元在 t 时刻的位移,等于与该质元相距 $u\Delta t$ 的另一个质元在 $t+\Delta t$ 时刻的位移。在 Δt 时间内,时刻 t 的整个波形曲线将沿着波线平移 $u\Delta t$ 的距离。由此可知,波形也以波速 u 在空间传播着。这也是行波概念的由来。

【例 5-3】 一平面简谐波沿 x 轴正向传播,其振幅为 A,频率为 ν,波速为 u。设 $t=t'$ 时刻的波形如图 5-8 所示。求:

(1)$x=0$ 处质点的振动方程;

(2)该波的表达式。

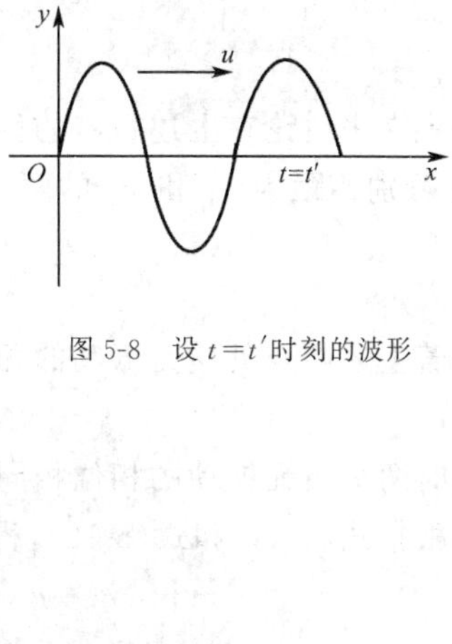

图 5-8 设 $t=t'$ 时刻的波形

解 (1)设 $x=0$ 处质点的振动方程为

$$y=A\cos(2\pi\nu t+\varphi)$$

由图 5-8 可知,$t=t'$ 时

$$y=A\cos(2\pi\nu t'+\varphi)=0$$

$$\frac{\mathrm{d}y}{\mathrm{d}t}=-2\pi\nu A\sin(2\pi\nu t'+\varphi)<0$$

所以

$$2\pi\nu t'+\varphi=\frac{\pi}{2}$$

$$\varphi=\frac{1}{2}\pi-2\pi\nu t'$$

$x=0$ 处质点的振动方程为

$$y=A\cos\left[2\pi\nu(t-t')+\frac{1}{2}\pi\right]$$

(2)该波的表达式为

$$y=A\cos\left[2\pi\nu\left(t-t'-\frac{x}{u}\right)+\frac{1}{2}\pi\right]$$

【例 5-4】 一列平面简谐波在介质中以波速 $u=5\ \text{m}\cdot\text{s}^{-1}$ 沿 x 轴正向传播，原点 O 处质元的振动曲线如图 5-9 所示。

(1) 求解并画出 $x=25$ m 处质元的振动曲线；

(2) 求解并画出 $t=3$ s 时的波形曲线。

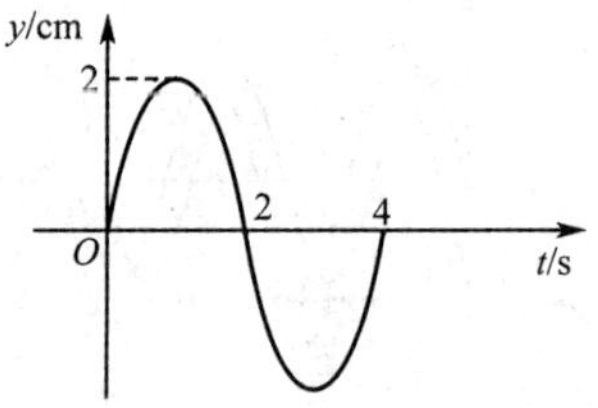

图 5-9 原点 O 处质元的振动曲线

解 (1) 原点 O 处质元的振动方程为

$$y=2\times10^{-2}\cos\left(\frac{1}{2}\pi t-\frac{1}{2}\pi\right)\ (\text{SI})$$

波的表达式为

$$y=2\times10^{-2}\cos\left[\frac{1}{2}\pi\left(t-\frac{x}{5}\right)-\frac{1}{2}\pi\right]\ (\text{SI})$$

$x=25$ m 处质元的振动方程为 $y=2\times10^{-2}\cos\left(\frac{1}{2}\pi t-3\pi\right)$ (SI)，振动曲线如图 5-10(a)所示。

(2) $t=3$ s 时的波形曲线方程为 $y=-2\times10^{-2}\cos\left(\pi-\frac{\pi x}{10}\right)$(SI)，波形曲线如图 5-10(b)所示。

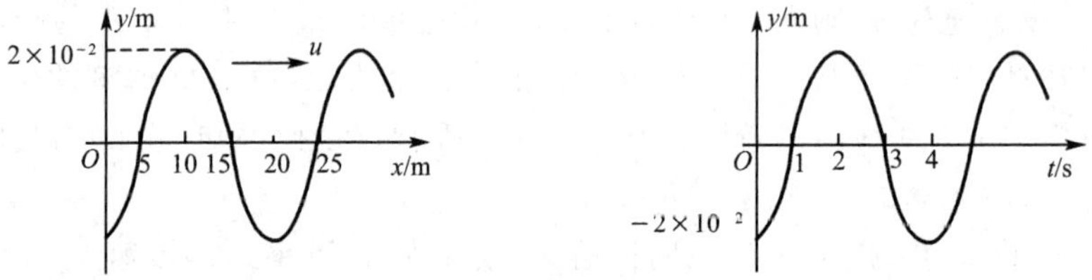

(a) (b)

图 5-10 振动曲线和波形曲线

现在来讨论在上述行波的传播过程中，各点上质元振动的相位关系。在同一时刻 t，与原点 O 分别相距为 x_1 和 x_2 的两点上，质元振动的相位差可按式(5-11)确定。

$$\Delta\varphi=\left[2\pi\left(\frac{t}{T}-\frac{x_1}{\lambda}\right)-2\pi\left(\frac{t}{T}-\frac{x_2}{\lambda}\right)\right]=\frac{2\pi}{\lambda}(x_2-x_1) \tag{5-11}$$

若上述两点处质元振动的相位差等于 2π 或 2π 的整数倍，即

$$\Delta\varphi=2k\pi \quad (k=0,\pm1,\pm2,\cdots) \tag{5-12}$$

则这时两个质元振动的相位相同，它们在振动时，都具有相同的位移 y 和振动速度。相应地，也可根据式(5-11)和式(5-12)，得

$$\frac{2\pi}{\lambda}(x_2-x_1)=2k\pi \tag{5-13}$$

$$x_2-x_1=k\lambda \quad (k=0,\pm1,\pm2,\cdots,\pm n) \tag{5-14}$$

式(5-14)表明，两个质元所在位置距原点 O 的距离之差为波长 λ 的整数倍时，两个质元的振动具有相同的相位。同理，若

$$\Delta\varphi=(2k+1)\pi \quad (k=0,\pm1,\pm2,\cdots,\pm n) \tag{5-15}$$

则得

$$x_2-x_1=(2k+1)\frac{\lambda}{2} \quad (k=0,\pm1,\pm2,\cdots,\pm n) \tag{5-16}$$

这时，两个质元振动的相位差等于 π 的奇数倍，两者的相位相反，即它们在振动时的位移

y 和振动速度快慢都相同，但方向相反。这表明两个质元所在处与原点 O 的距离之差为半波长$\frac{\lambda}{2}$的奇数倍时，两个质元的振动具有相反的相位。

【例 5-5】 设平面简谐波的波动表达式为 $y=2\cos[\pi(0.5t-200x)]$，求：$x_1=20$ cm 和 $x_2=21$ cm 处两个质元振动的相位差。

解 根据式(5-11)，此两个质元振动的相位差为

$$\Delta\varphi=\frac{2\pi}{\lambda}(x_2-x_1)=\frac{2\pi}{\frac{1}{100}}(21-20)=200\pi\ \text{rad}$$

说明 x_1 与 x_2 两点处质元振动的相位差为 2π 的 100 倍，表明这两处质元的振动状态相同，即相位相同。为什么相距仅为 1 cm 的两点，相位竟然相差 200π 这么大呢？这是由于本例中的波长很小，仅有$\frac{1}{100}$ cm，即在 1 cm 内就包含 100 个完整的波形。

5.2.3 平面波的波动微分方程

波动微分方程是描述经典波动过程的普遍方程。任何行波包括简谐波都是它的解。一般可将沿轴传播的平面简谐波的表达式写为

$$y=A\cos\left[\omega\left(t-\frac{x}{u}\right)+\varphi\right] \tag{5-17}$$

将式(5-17)分别对 t 和 x 求二阶偏导数，得

$$\frac{\partial^2 y}{\partial t^2}=-A\omega^2\cos\left[\omega\left(t-\frac{x}{u}\right)+\varphi\right] \tag{5-18}$$

$$\frac{\partial^2 y}{\partial t^2}=-A\frac{\omega^2}{u^2}\cos\left[\omega\left(t-\frac{x}{u}\right)+\varphi\right] \tag{5-19}$$

比较式(5-18)和式(5-19)，有

$$\frac{\partial^2 y}{\partial x^2}=\frac{1}{u^2}\frac{\partial^2 y}{\partial t^2} \tag{5-20}$$

此方程即波动微分方程，是描述经典波动过程的普遍方程。

综上所述，对于任意平面波，可以认为是由许多不同频率、同一波速传播的平面简谐波合成的，当对 t 和 x 分别求二阶偏导数后，所得结果也一样。式 (5-20)是一个二阶线性偏微分方程，它表达了一切以速度 u 沿 x 轴正向或负向传播的平面波的共同特征，称为平面波波动微分方程。而波动表达式(5-5)～式(5-7)就是这个平面波波动方程的特解。

5.3 波的能量

当波在弹性介质中传播时，介质中各质元都在各自的平衡位置附近振动，因而具有动能，同时介质要产生形变，因而具有弹性势能。介质的动能与势能之和称为波的能量。这样，随同扰动的传播就有机械能量的传播。这是波动过程的一个重要特征。

波的能量

5.3.1 波的能量和能量密度

设有一平面简谐波在密度为 ρ 的弹性介质中沿 x 轴正向传播，其表达式为

$$y=A\cos\left[\omega\left(t-\frac{x}{u}\right)\right] \tag{5-21}$$

在介质中坐标为 x 处取一体积为 ΔV 的质元，其质量为 $\Delta m=\rho\Delta V$。当波传播到这个质元时，根据式(5-21)，其振动速度为

$$v=\frac{\partial y}{\partial t}=-A\omega\sin\omega\left[\left(t-\frac{x}{u}\right)\right]$$

质元的振动动能为

$$\Delta E_{\mathrm{k}}=\frac{1}{2}(\rho\Delta V)A^2\omega^2\sin^2\left[\omega\left(t-\frac{x}{u}\right)\right] \tag{5-22}$$

同时，质元因发生弹性形变而具有弹性势能。可以证明，质元的弹性势能为

$$\Delta E_{\mathrm{p}}=\frac{1}{2}(\rho\Delta V)A^2\omega^2\cos^2\left[\omega\left(t-\frac{x}{u}\right)\right] \tag{5-23}$$

以弹性棒中的简谐横波为例来分析：设其表达式为

$$y=A\cos\left[\omega\left(t-\frac{x}{u}\right)\right]$$

取图 5-11 中 x 处质元，其原长为 Δx，由于参与波动而发生了形变，受到前后质元的拉伸，分析其所受的张力(图 5-12)。

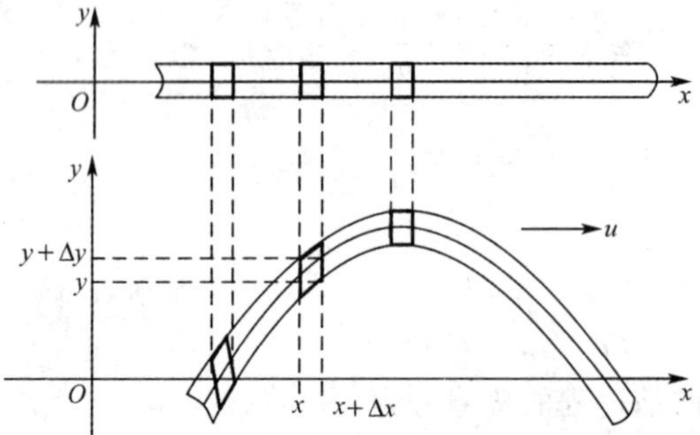

图 5-11　质元的形变

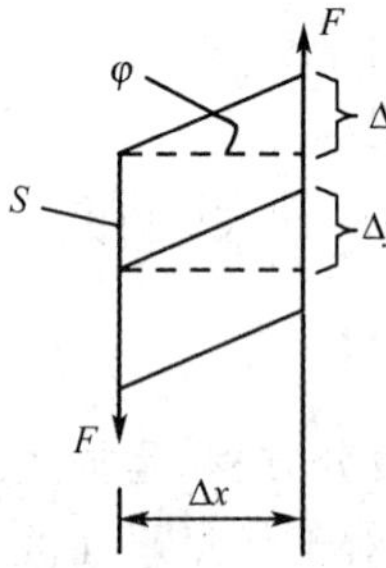

图 5-12　切变

图 5-12 由切变模量 $G=\dfrac{\frac{F}{S}}{\varphi}$ 知 $F=GS\varphi$，式中，S 是横截面积，$\varphi=\dfrac{\Delta y}{\Delta x}$。

根据

$$\begin{aligned}\Delta W_p&=\int_0^{\Delta y}F\,\mathrm{d}y=\int_0^{\varphi}GS\varphi\,\Delta x\,\mathrm{d}\varphi\\&=\frac{1}{2}G\varphi^2\Delta V=\frac{1}{2}G\left(\frac{\Delta y}{\Delta x}\right)^2\Delta V\\&=\frac{1}{2}u^2\rho\left(\frac{\Delta y}{\Delta x}\right)^2\Delta V\end{aligned}$$

根据

$$\frac{\Delta y}{\Delta x}\approx\frac{\mathrm{d}y}{\mathrm{d}x}=-\omega A\sin\left[\omega\left(t-\frac{x}{u}\right)\cdot\frac{1}{u}\right]$$

得

$$\Delta W_p=\frac{1}{2}\rho\Delta V\omega^2A^2\sin^2\left[\omega\left(t-\frac{x}{u}\right)\right]$$

比较可知

$$\Delta W_p=\Delta W_k$$

质元的总能量为其动能与势能之和，即

$$\Delta W=\Delta W_p+\Delta W_k=2\Delta W_p=2\Delta W_k=\rho\omega^2A^2\sin^2\omega\left(t-\frac{x}{u}\right)\Delta V \tag{5-24}$$

由式(5-24)可以总结出波动中质元的动能和势能相等且同步变化，既同时达到最大，又同时达到最小。但动能和势能之和不再是一个常数，而是呈周期性变化的，体现了能量是在波动中被传递的，不同于简谐振动。

在波传播的介质中，可用**能量密度**描述介质中各处能量的分布情况。波传播时，介质单位体积内的能量叫作波的能量密度，由式(5-24)可得出能量密度为

$$w=\frac{\Delta W}{\Delta V}=\rho\omega^2A^2\sin^2\left[\omega\left(t-\frac{x}{u}\right)\right] \tag{5-25}$$

在介质中某一地点(x 一定时)，介质的能量密度 w 随时间 t 做周期性变化(图 5-13)。而该处介质在一个周期内的平均能量密度为

$$\overline{w}=\frac{1}{T}\int w\,\mathrm{d}t=\frac{1}{T}\rho A^2\omega^2\int_0^T\sin^2\left[\omega\left(t-\frac{x}{u}\right)\right]\mathrm{d}t=\frac{1}{2}\rho A^2\omega^2 \tag{5-26}$$

式(5-26)表明，对平面波来说，波的平均能量密度与振幅的平方、频率的平方和介质的密度三者成正比。这一公式虽然是由平面简谐波导出的，但对于各种弹性波均适用。

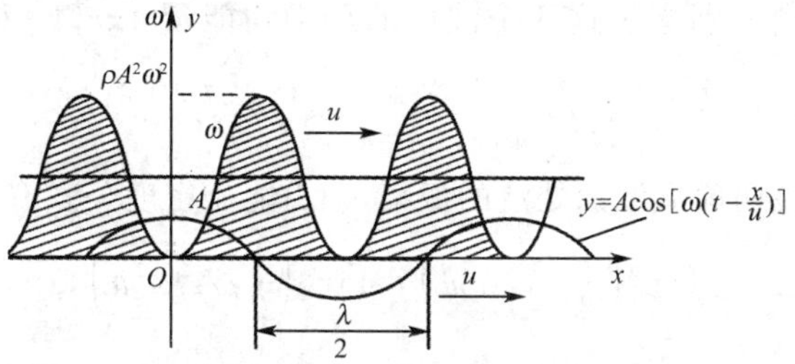

图 5-13　波的能量密度

5.3.2　波的能流和能流密度

波的能量来自波源，能量流动的方向就是波传播的方向。能量传播的速度是波速 u。为了描述波的能量传播，常引入能流密度的概念。单位时间内通过介质中某一面积的平均能量，叫作通过该面积的**平均能流**。

在介质中，设想取一个垂直于波传播方向(波速 u 的方向)的面积 S。如图 5-14 所示，在单位时间内通过 S 的平均能量等于体积 uS 中的平均能量。这是因为能量以速度 u 传播，则 1 s 末时，与面积 S 相距为 u 处的振动质元的能量将陆续传播，而恰好通过面积 S。由于单位体积内的平均能量(平均能量密度)为 $\overline{w}$，因此，在单位时间内通过面积 S 的平均能量

为 $\overline{P}=\overline{w}uS$。

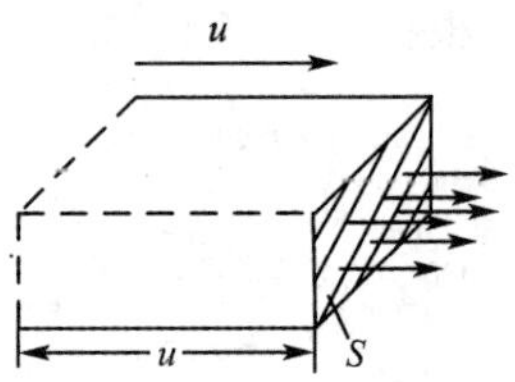

图 5-14 波的能流

故在单位时间内平均通过面积 S 的能量为

$$\overline{P}=\overline{w}uS \tag{5-27}$$

在单位时间内通过垂直于波传播方向的单位面积上的平均能量，称为**能流密度**，以 I 表示，由式(5-27)得

$$I=\frac{\overline{P}}{S}=\overline{w}u=\frac{1}{2}\rho A^2\omega^2 u \tag{5-28}$$

式中，ρ 是介质的密度；u 是波速；A 是振幅；ω 是波的角频率。式(5-28)说明，在均匀介质(ρ，u 一定)中，从一给定波源(ω 确定)发出的波，其能流密度与振幅的平方成正比。能流密度是一矢量(在电磁场理论中，电磁波的平均能流密度又称坡印廷矢量)，它的方向即波速的方向。故式(5-28)可写成如下的矢量形式：

$$\boldsymbol{I}=\frac{1}{2}\rho A^2\omega^2\boldsymbol{u} \tag{5-29}$$

能流密度越大，单位时间内通过垂直于波传播方向的单位面积的能量越多，波就越强，所以能流密度是波的强弱的一种量度，因而也称为波的强度。例如，声音的强弱取决定于声波的能流密度(声强)的大小；光的强弱取决于光波的能流密度(光强)的大小。

由于波的强度与振幅有关，因此当平面简谐波在介质中传播时，若介质是均匀的，且不吸收波的能量，则其振幅 A 将保持不变。但是，对球面波而言，情况就不同。

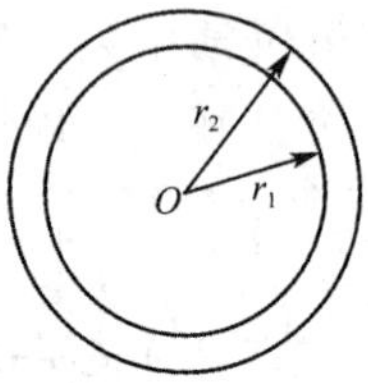

图 5-15 球面波中能量传播

如图 5-15 所示，假定在均匀介质中有一个点波源 O，其振动向各方向传播，形成球面波。与此同时，其能量也从波源往外传播。若距波源为 r_1 处的能流密度为 I_1，距波源为 r_2 处的能流密度为 I_2，以波源 O 为中心，作半径为 r_1 与 r_2 的两个同心球形波面，若在介质内波的能量没有损失，则在单位时间内分别穿过这两个波面的总平均能量 $4\pi r_1^2 I_1$ 和 $4\pi r_2^2 I_2$ 应该相等，即

$$4\pi r_1^2 I_1=4\pi r_2^2 I_2$$

设 A_1、A_2 分别为该两球形波面处波的振幅，则由能流密度公式有

$$4\pi r_1^2\left(\frac{1}{2}\rho A_1^2\omega^2 u\right)=4\pi r_2^2\left(\frac{1}{2}\rho A_2^2\omega^2 u\right)$$

由此得

$$\frac{A_1}{A_2}=\frac{r_2}{r_1} \tag{5-30}$$

即球面波在传播过程中，介质中各处质元的振幅与该处到波源的距离成反比。若已知距波源为单位距离处质元的振幅是 A_0，即 $r_1=1$，$A_1=A_2$，则由式(5-30)有 $\frac{A_0}{A}=\frac{r}{1}$，从而可把距波源为 r 处任一质元的振幅表示为 $A=\frac{A_0}{r}$，并可列出如下的球面波表达式：

$$y=\frac{A_0}{r}\cos\left[\omega\left(t-\frac{r}{u}\right)+\varphi\right] \tag{5-31}$$

这里，由于 r 是变量，故球面波振幅不是恒量。由前面的波面的总平均能量相等公式，还可得出一条本质上与式(5-23)相同的规律如下：

$$\frac{I_1}{I_2}=\frac{r_2^2}{r_1^2} \tag{5-32}$$

也就是说，从点波源发出的球面波，在各处的能流密度与该处到波源的距离的平方成反比，这个规律在声学中就是某处的声强与该处到声源的随距离的平方成反比；在光学中就是某处的光强与该处到光源的距离的平方成反比的定律。实际上，由于介质的内摩擦力的作用，介质内各质元在振动过程中，总有一部分能量转化为热；而且由于实际的介质的不均匀性，一部分能量发生散射（改变它的传播方向）。总体说来，在波的传播过程中，能量沿途是有损耗的，波的振幅要衰减，这种能量的损耗现象称为波的吸收。由于波的吸收，点波源发出的波在介质中各处的能流密度并不严格地与距离的平方成反比。由此可知，当声波传播得越远时，虽然其频率未变，但是声音的强度却越来越弱，甚至听不到，其原因：一方面，由于从声源发出的声波是球面波，它的强度随距离的增加而降低；另一方面，沿途介质的吸收使强度减弱，所以当强度减小到某一程度时就听不到了。

5.4　波的传播方向的规律

5.4.1　惠更斯原理

波在均匀的各向同性的介质中传播时，波面及波前的形状不变，波线也保持为直线，沿途不会改变传播方向。例如，波在水面上传播时，只要沿途不遇到什么障碍物，波前的形状总是相似的，圆圈形的波前始终是圆圈，直线形的波线始终保持为直线。也就是说，波沿直线传播。可是，当波在传播过程中遇到障碍物时，或当波从一种介质传播到另一种介质时，波面的形状和波的传播方向（波线方向）将发生改变。例如，水波可以通过障碍物——小孔，在小孔后面出现圆形的波，原来的波前、波面都将改变，就好像是以小孔为新的子波源一样，它所发射出去的波称为“子波”。从这种观点出发，惠更斯于 1690 年提出了一条原理，称为“**惠更斯原理**”。惠更斯原理内容如下：介质中，波传到的各点不论是否在同一波前上，都可看作发射子波的波源。在任一时刻，这些子波的包络面就是该时刻的波前。

惠更斯原理

利用惠更斯原理可以由已知的波前通过惠更斯作图的方法确定下一时刻的波前，从而确定波的传播方向。如图 5-16 所示，当波在均匀的、各向同性介质中传播时，用惠更斯作图法求出的波前的几何形状总是保持不变的。

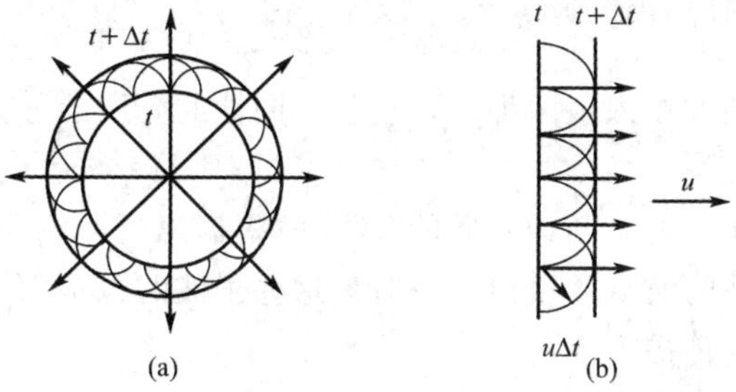

图 5-16　惠更斯作图法求新波阵面

惠更斯原理虽然很好地解释了波的传播方向的问题，但却没有给出子波强度的分布，后来菲涅耳对惠更斯原理做了重要补充，解决了波的强度分布问题。这就是在光学中有重要应用的惠更斯-菲涅耳原理。

5.4.2 波的衍射

波的衍射在声学和光学中非常重要。在波向前传播的过程中遇到障碍物时，波线发生弯曲并绕过障碍物边缘的现象称为波的衍射（或绕射）现象。例如，两人隔着墙壁谈话，也能听到对方的声音，这就是由声波的衍射引起的。

惠更斯原理（惠更斯作图法）能够定性地解释波的衍射现象。如图 5-17 所示，当波到达障碍物的边缘时，这些地方将发出子波，许多子波所形成的包络面是新的波前，它不再保持原来波前的形状，即波线发生了弯曲，从而使障碍物后边的介质质元发生振动。

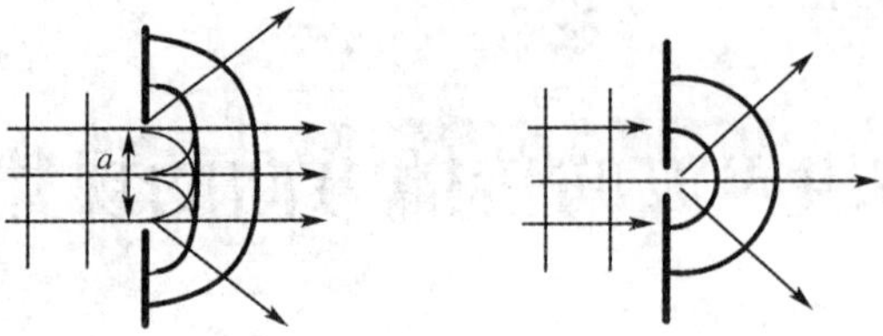

图 5-17 波的衍射

一般地说，任何一种波（如声波、光波等）都会产生衍射现象。因此，衍射现象是波在传播过程中所独具的特征之一。若障碍物的孔径（或缝）的宽度或障碍物本身的线度远大于波长 λ，则可以认为波将沿直线传播，衍射现象不显著。实验证明，衍射现象是否显著，取决于孔（或缝）的宽度 d 和波长 λ 的比值。通常考虑孔径 d 和波长 λ 是否可以比拟，若可以比拟，则衍射现象显著。声波的波长较大，有几米左右，因此衍射较显著，而波长较短的波（如超声波、光波等）的衍射现象就不显著，呈现明显的方向性，即按直线做定向传播。

在技术上，凡需要定向传播信号，就必须利用波长较短的波。例如，用雷达探测物体和测定物体的远近时，需要把雷达发出的信号（电磁波）对准物体的方向发射出去，并从该物体上反射后被雷达接收，这就需要采用波长数量级为几厘米或几毫米的电磁波（微波）。利用超声波探测鱼群或材料内部的缺陷，主要也是由于超声波的波长较短（约几毫米），且超声波的方向性较好。但在有些情形下，如广播电台播送节目时，发射出去的电磁波并不要求定向传播，通常采用波长达几十米到几百米的电磁波（无线电波）。这样，电磁波在传播途中即使遇到较大的障碍物，也能绕过它到达任何角落，使得无线电收音机不论放在哪里，都能接收电台的广播。

5.4.3 波的反射和折射

惠更斯原理还能说明波在入射两种均匀且各向同性的介质的分界面时传播方向改变的规律，也就是波的反射和折射。

设有一平面波以波速入射到两种介质的分界面，根据惠更斯原理，入射波传到的分界面的各点都可以看作发射子波的波源。做出某一时刻这些子波的包络面，就能得到新的波阵面，从而确定反射波和折射波的传播方向。

先说明波的反射定律。如图 5-18 所示，设入射波的波阵面和两种介质的分界面均垂直于

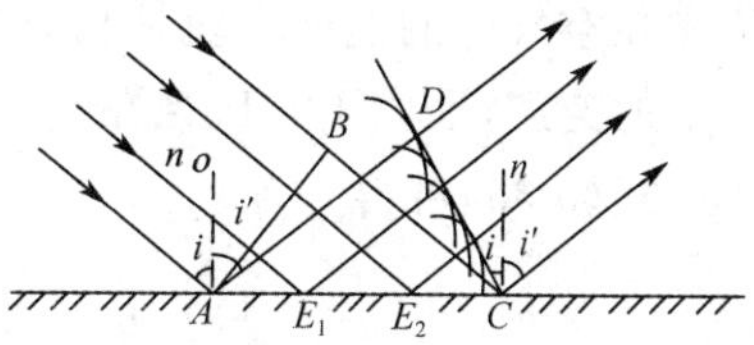

图 5-18　波的反射

图面。在 t 时刻,此波阵面与图面的交线 AB 到达图示位置,A 点和界面相遇。此后 AB 上各点将依次到达界面。设经过相等的时间,此波阵面与图面的交线依次与分界面在 E_1、E_2 和 C 点相遇,而在 $t+\Delta t$ 时刻,B 点到达 C 点,可以画出此时刻界面上各点发出的子波的包络面。为清楚起见,图 5-18 中只画出了 A、E_1、E_2 和 C 点发出的子波。因为波在同一介质中传播,波速 u 不变,所以在 $t+\Delta t$ 时刻,从 A、E_1、E_2 发出的子波半径分别为 d、$\frac{2d}{3}$、$\frac{d}{3}$,这里 $d=u\Delta t$。显然,这些子波的包络面也是与图面垂直的平面。它与图面的交线为 CD,而且 $AD=BC$。作垂直于此波阵面的直线,即得**反射线**。与入射波阵面 AB 垂直的线称为**入射线**。令 An,Cn 为分界面的法线,则由图可看出任一条入射线和它的反射线及入射点的法线在同一平面内。令 i 表示入射角,i'表示反射角,则由图 5-18 中还可以看出,两个直角三角形 ΔBAC 和 ΔDCA 全等,因此$\angle BAC=\angle DCA$,即入射角等于反射角。这就是**波的反射定律。**

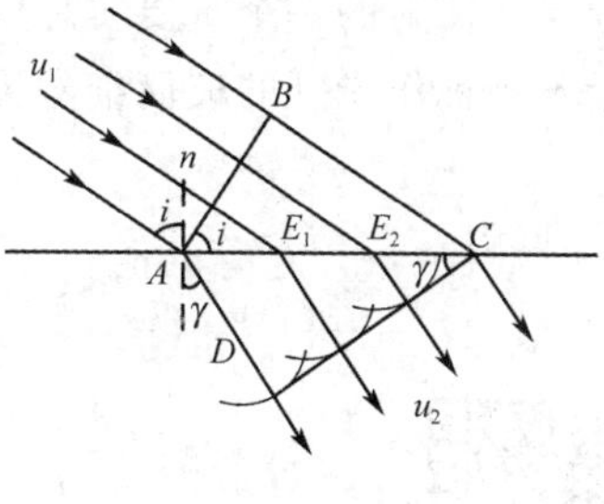

图 5-19　波的折射

若波能进入第二种介质,则由于波在两种介质中的波速(相速)不相同,在分界面上发生折射现象。

如图 5-19 所示,以 u_1,u_2 分别表示波在第一种介质和第二种介质中的波速。如图 5-18 所示,设 t 时刻入射波波阵面 AB 到达图示位置。其后经过相等的时间,此波阵面依次到达 E_1、E_2 和 C 点,而在 $t+\Delta t$ 时,B 点到达 C 点。画出 $t+\Delta t$ 时刻,从 A、E_1、E_2 发出的在第二种介质中的子波半径分别为 d、$\frac{2d}{3}$、$\frac{d}{3}$,但这里 $d=u_2\Delta t$。这些子波的包络面也是与图面垂直的平面,它与图面的交线为 CD,而且 $\Delta t=\frac{BC}{u}=\frac{AD}{u}$。作垂直于此波阵面的直线,即得**折射线**。以 γ 表示折射角,则有$\angle ACD=\gamma$。再以 i 表示入射角,则有$\angle BAC=i$。由图 5-19 可明显看出

$$BC=u_1\Delta t=AC\sin i \tag{5-33}$$

$$AD=u_2\Delta t=AC\sin\gamma \tag{5-34}$$

式(5-33)和式(5-34)相除得

$$\frac{\sin i}{\sin\gamma}=\frac{u_1}{u_2}=n_{21} \tag{5-35}$$

比值 $n_{21}=\frac{u_1}{u_2}$称为第二种介质对于第一种介质的**相对折射率**,它对于给定的两种介质来说是常数。对于给定的两种介质,入射角的正弦与折射角的正弦之比等于常数。这就是**波的折射定律**。

反射定律和折射定律也用于说明光的反射和折射。历史上关于光的本性,曾有“微粒说”和“波动说”之争。二者对光的反射的解释相似,但对于光的折射的解释则有明显的不同:“微粒说”为解释折射定律,就需要认定折射率 $n_{21}=\frac{u_1}{u_2}$。例如,水对空气的折射率大于 1,则光在水中的速度就应大于光在空气中的速度。而“波动说”则相反,按式(5-35),光在水中的速度应

小于光在空气中的速度。孰是孰非要靠光速的实测结果来判断。1850 年，傅科首先测出了光在水中的速度，证实了它比光在空气中的速度小，这就否定了原来的光的“微粒说”。

由式(5-35)可得

$$\sin \gamma=\frac{u_2}{u_1}\sin i \tag{5-36}$$

若 $u_2>u_1$，则当入射角 i 大于某一值时，式(5-36)右侧的值将大于 1 而使折射角无解。这时没有折射线产生，入射波将全部反射回原来的介质中。这种现象叫**“全反射”**。产生全反射的最小入射角称为**“临界角”**。以 A 表示波从介质 1 射向介质 2($u_2>u_1$)时的临界角，则由于相应的折射角为 90°，由式(5-35)可得

$$\sin A=\frac{u_1}{u_2}=n_{21} \tag{5-37}$$

就光的折射现象来说，两种介质相比，在其中光速较大的介质叫“光疏介质”，光速较小的介质叫“光密介质”。光由光密介质射向光疏介质时，就会发生全反射现象。

光的反射的一个重要实际应用是制造光纤，它是现代光通信技术必不可少的材料。光可以沿着被称作光纤的玻璃细丝传播。这是由于光纤表皮的折射率小于芯的折射率。

5.5 波的干涉

波的干涉

几列波在同一介质中传播时可能发生干涉现象，本节讨论干涉现象的原理和主要结论。

5.5.1 波的叠加原理及相干条件

当几列波同时在一种介质中传播时，每列波的特征量(如振幅、频率、波长、振动方向等)都不会因为有其他波的存在而改变，这是波传播的独立特性。例如，从两个探照灯射出的光波，交叉后仍然按原来的方向传播，互不影响。乐队合奏或几个人同时谈话时，声波也并不因在空间互相交叠而变成另外一种声音，所以我们能够辨别各种乐器或人的声音。波的这种独立性，使得当几列波在空间的某一点相遇时，每列波都单独引起介质中该处质元的振动，并不因其他波的存在而有所改变，因此该质元实际的振动就是各列波单独存在时所引起该质元的各个振动的叠加。这就是**波的叠加原理**。

对于机械波，介质中的某一质元在任一时刻振动的位移是各列波单独存在时在该处所引起的振动位移的矢量和。这称为机械波的叠加原理。这一原理可推广到电磁波和德布罗意波等波动现象，对于电磁波等非机械波现象，波的传播不一定需要介质，所研究的物理量一般也不是位移。

一般地说，振幅、频率、相位等都不同的几列波在某一点叠加时，情形是很复杂的。如果两列波满足相干条件，即频率相同，振动方向相同，相位差恒定，称这样的两列波为相干波。在相干波的重叠区域内，介质中某些地方的振动很强，而在另一些地方的振动很弱或完全不动。这种现象称为波的干涉。

波的干涉现象可用水波演示仪演示(图 5-20),将相距一定距离的两根探针 S_1 和 S_2 分别固定在音叉的一臂上,当音叉振动时,两根探针在水面上下振动,不断击打水面,水面上被扰动的 S_1 和 S_2 两点成为两个相干的波源,由它们发出两列相干波。在两波相遇的区域就会看到,有些地方的振动始终增强,有些地方的振动始终减弱。

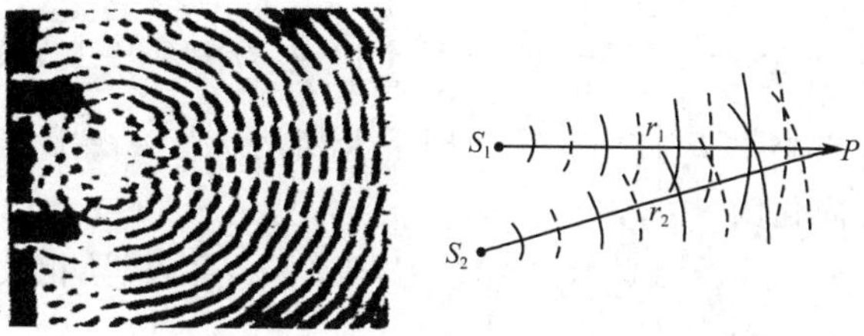

图 5-20　波的干涉

5.5.2　干涉相长和干涉相消的条件

现在讨论在空间某点 p 发生干涉增强或减弱的条件。波的干涉计算如图 5-20 所示。设有两个相干波源分别位于 S_1 和 S_2 点,它们的振动表达式分别为

$$y_1 = A_{10}\cos(\omega t + \varphi_1)$$
$$y_2 = A_{20}\cos(\omega t + \varphi_2)$$

这两个波源发出的波在空间任一点 P 相遇时,P 点上的质元振动可根据波的叠加原理来计算。设 P 点离开 S_1 和 S_2 的距离分别为 r_1 和 r_2,并设这两列波到达 P 点时的振幅分别变为 A_1 和 A_2,则 P 点参与的两个同方向、同频率的分振动分别为

$$y_1 = A_1\cos\left[\omega\left(t - \frac{r_1}{u}\right) + \varphi_1\right] = A_1\cos\left(\omega t - \frac{2\pi r_1}{\lambda} + \varphi_1\right)$$
$$y_2 = A_2\cos\left[\omega\left(t - \frac{r_2}{u}\right) + \varphi_2\right] = A_2\cos\left(\omega t - \frac{2\pi r_2}{\lambda} + \varphi_2\right)$$

可得 P 点的合振动表达式为

$$y = A\cos(\omega t + \varphi)$$

$$A = \sqrt{A_1^2 + A_2^2 + 2A_1A_2\cos\left(\varphi_1 - \varphi_2 - 2\pi\,\frac{r_1 - r_2}{\lambda}\right)}$$

$$\tan\varphi = \frac{A_1\sin\left(\varphi_1 - \frac{2\pi r_1}{\lambda}\right) + A_2\sin\left(\varphi_2 - \frac{2\pi r_2}{\lambda}\right)}{A_1\cos\left(\varphi_1 - \frac{2\pi r_1}{\lambda}\right) + A_2\cos\left(\varphi_2 - \frac{2\pi r_2}{\lambda}\right)}$$

在上述合振动振幅 A 的大小的表达式中,两列相干波在 P 点引起的两个分振动的振幅 A_1 和 A_2 均已给出,故 P 点的合振动振幅 A 取决于两个分振动的相位差 $\Delta\varphi$,即

$$\Delta\varphi = \varphi_2 - \varphi_1 - 2\pi\,\frac{r_2 - r_1}{\lambda} \tag{5-38}$$

式(5-38)中,$\varphi_2 - \varphi_1$ 即两个相干波源的相位差,它是恒定的;而对于空间任一点来说,它与两个波源的距离 r_1,r_2 不变,即 $r_2 - r_1$ 也是确定的,所以 $\Delta\varphi$ 为恒量。这就表明每一点的合

振幅 A 亦是恒量，其量值则取决于该点在空间的位置（由 r_2-r_1 确定）。若空间某点符合下述条件：

$$\Delta\varphi=\varphi_2-\varphi_1-2\pi\frac{r_2-r_1}{\lambda}=2k\pi\quad(k=0,\pm1,\pm2,\cdots)\tag{5-39}$$

则该点合成振动的合振幅最大，$A=|A_1+A_2|$，即干涉相长；若空间某点符合下述条件：

$$\Delta\varphi=\varphi_2-\varphi_1-2\pi\frac{r_2-r_1}{\lambda}=(2k+1)\pi\quad(k=0,\pm1,\pm2,\cdots)\tag{5-40}$$

则该点合振动的合振幅最小，$A=|A_1-A_2|$，即干涉相消。若 $\varphi_1=\varphi_2$（初相相同，这在光学中常遇到），则上述条件可简化为

$$\delta=r_2-r_1=k\lambda\quad(k=0,\pm1,\pm2,\cdots)\ \text{（干涉相长）}\tag{5-41}$$

$$\delta=r_2-r_1=\left(k+\frac{1}{2}\right)\lambda\quad(k=0,\pm1,\pm2,\cdots)\ \text{（干涉相消）}\tag{5-42}$$

$\delta=r_2-r_1$ 表示两列相干波同时从波源 S_1 和 S_2 出发而到达 P 点时所经过的路程之差，称为波程差。式(5-41)和式(5-42)表明，当两列相干波在空间叠加时，若波源振动的相位相同，则在波程差等于零或等于波长的整数倍的各点振幅为极大（干涉相长）；在波程差等于半波长的奇数倍的各点振幅为极小（干涉相消）。

【例 5-6】 位于 A，B 两点的两个波源，振幅相等，频率相等（都是 100 Hz），相位差为 π，若两点相距 30 m，波速为 400 $m\cdot s^{-1}$，求 AB 连线上静止点的位置。

解 考虑 AB 连线上距离 A 点为 x 的一点，两波分别由 A、B 点传到此的相位差为

$$\begin{aligned}\Delta\varphi&=\varphi_A-\frac{2\pi}{\lambda}x-\left[\varphi_B-\frac{2\pi}{\lambda}(l-x)\right]\\&=\varphi_A-\varphi_B+\frac{2\pi v}{u}(l-2x)\\&=\pi+\frac{2\pi\times100}{400}(l-2x)\\&=\pi+\frac{\pi}{2}(l-2x)\end{aligned}$$

两波叠加静止的条件是 $\Delta\varphi=(2n+1)\pi$，因此有

$$\pi+\frac{\pi}{2}(l-2x)=(2n+1)\pi\tag{1}$$

$l=30$ m，则由式(1)可解出

$$x=\frac{l}{2}-2n=15-2n$$

根据 n 为整数，$0<x<30$，得到静止点的位置为 $x=1,3,5,\cdots,29$，单位为 m。

【例 5-7】 如图 5-21 所示，原点 O 是波源，振动方向垂直于纸面，波长是 λ。AB 为波的反射平面，反射时无相位突变 π。O 点位于 A 点的正上方，$\overline{AO}=h$。Ox 轴平行于 AB。求 Ox 轴上干涉加强点的坐标（限于 $x\geqslant0$）。

解 如图 5-21 所示，沿 Ox 轴传播的波与从 AB 面上 P 点反射来的波在坐标 x 处相遇，两波的波程差为

$$\delta=2\sqrt{\left(\frac{x}{2}\right)^2+h^2}-x$$

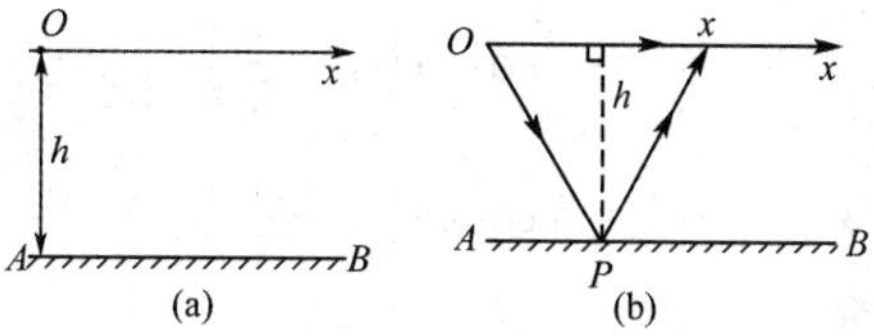

图 5-21　例 5-7 图

代入干涉加强的条件，有

$$2\sqrt{\left(\frac{x}{2}\right)^2+h^2}-x=k\lambda \quad (k=0,1,2,\cdots,n)$$

$$x^2+4h^2=x^2+k^2\lambda^2+2xk\lambda$$

$$2xk\lambda=4h^2-k^2\lambda^2$$

$$x=\frac{4h^2-k^2\lambda^2}{2k\lambda}<\frac{2h}{\lambda} \quad (k=1,2,3,\cdots,n)$$

当 $x=0$ 时，由 $4h^2-k^2\lambda^2$ 可得 $k=\dfrac{2h}{\lambda}$。

5.5.3　驻　波

两列振幅相同、频率相同的相干波沿相反方向传播时叠加而成的波动，可以形成驻波。驻波是波干涉现象的一种，在声学和光学中都有重要的应用。

驻波

1. 弦线上的驻波实验

如图 5-22 所示，在音叉一臂末端系一根水平弦线，弦线另一端通过一滑轮被一砝码拉紧，使音叉振动并调节劈尖 B 的位置，当 AB 为某些固定长度时，可看到 AB 弦线上有些点始终静止不动，有些点则振动最强，弦线 AB 将分段振动，这就是驻波。弦线上的驻波是怎样形成的呢？音叉振动时带动弦线 A 端振动，由 A 端振动引起的波向右端传播，当它到达 B 点遇到障碍物时，波被反射回来，不计反射时的能量损失，则反射波与入射波同方向、同频率、同振幅，但沿弦线向左传播。在弦线上的入射波和反射波发生干涉形成驻波。所以驻波是两列同类相干波沿相反方向传播时叠加而成的。

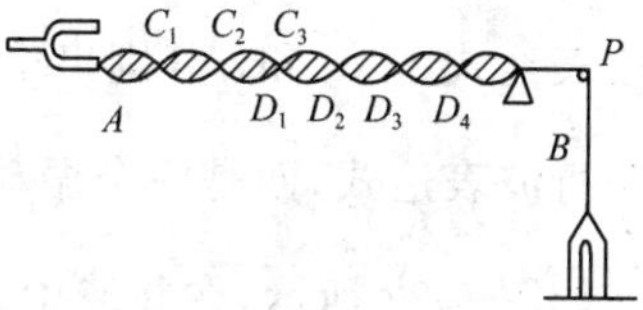

图 5-22　弦线上的驻波

在图 5-22 所示的弦线驻波实验中，形成驻波时，弦线上始终不动的点，如 C_1、C_2、C_3、B 等，统称为驻波的波节；而振动最强的点，如 D_1、D_2、D_3、D_4 等，统称为驻波的波腹。在下面的讨论中将会看到，若入射波的波长为 λ，则两相邻波节和波腹之间的距离都是 $\dfrac{\lambda}{2}$。也就是说，形成驻波时弦线的长度 L 必须满足条件 $L=n\dfrac{\lambda}{2}$ $(n=1,2,3,\cdots,n)$，即弦线长度为半波长的整数倍。目前，驻波在许多现代工程技术问题研究中，如声学、激光原理、原子物理等学科中都有着广泛的应用。

2. 驻波的波动方程

用简谐波表达式对驻波做定量描述。如图 5-23 所示，短虚线和长虚线表示两个平面简谐波，实线为两波叠加的结果——驻波。设沿 x 轴正向和负向传播的波在 x 轴原点 $x=0$ 处都出现波峰的时刻，将此选为开始计时的时刻，即 $t=0$，则它们的表达式分别为

$$y_1 = A\cos 2\pi\left(\nu t - \frac{x}{\lambda}\right)$$

$$y_2 = A\cos 2\pi\left(\nu t + \frac{x}{\lambda}\right)$$

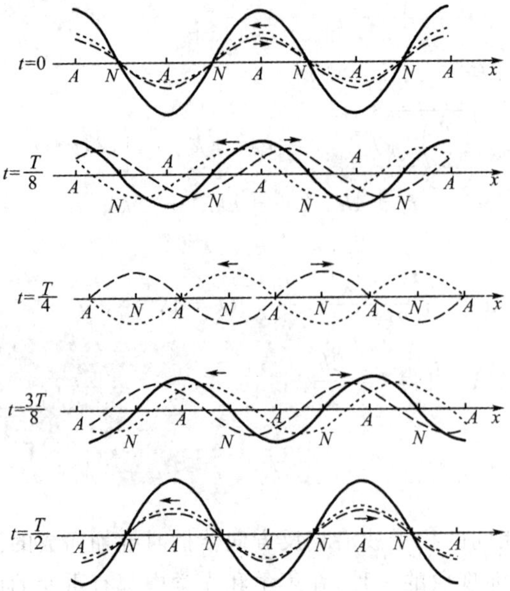

图 5-23　驻波的形成

两波叠加后，介质中各处质元振动的合位移为

$$y = y_1 + y_2 = 2A\cos\left(\frac{2\pi x}{\lambda}\right)\cos(\omega t) \tag{5-43}$$

这是合成后所得的**驻波的波函数**。它表明在坐标为 x 处的质元，做振幅为 $2A\cos\left(\frac{2\pi x}{\lambda}\right)$、频率为 ν 的简谐振动，即每个质元做同频率的简谐振动。这一频率就是两个分振动的频率。驻波表达式中，x 和 t 分别出现在两个因子中，并不表现为 $t-\frac{x}{u}$ 或 $t+\frac{x}{u}$ 的形式，所以它不是一个行波表达式，而是一个振动表达式。

如图 5-23 所示，在驻波中，各质元的振幅 $2A\cos\left(\frac{2\pi x}{\lambda}\right)$ 与它们所在位置 x 有关，而与时间 t 无关。振幅的最大值(等于 $2A$)发生在 $2A\cos\left(\frac{2\pi x}{\lambda}\right)=\pm 1$ 的点(图 5-23 中 A 点)。这些点称为“波腹点”，其坐标为

$$x = k\frac{\lambda}{2} \quad (k=0,\pm 1,\pm 2,\cdots,\pm n) \tag{5-44}$$

相邻两波腹间的距离为半波长。振幅的最小值(等于 0)发生在 $2A\cos\left(\frac{2\pi x}{\lambda}\right)=0$ 的点(图 5-24 中 N 点)，这些点称为“波节点”，其坐标为

$$x = \left(k+\frac{1}{2}\right)\frac{\lambda}{2} \quad (k=0,\pm 1,\pm 2,\cdots,\pm n) \tag{5-45}$$

相邻两波节之间的距离也是$\frac{\lambda}{2}$。图 5-23 刻画了驻波的形成过程，从上到下依次表示 $t=0,\frac{T}{8},\frac{T}{4},\frac{3T}{8},\frac{T}{2}$时刻，即各质点振动位移的变化，其中 A 标志的是波腹位置，N 位置处质点始终保持不动，这些点就是波节。从图 5-23 上可以清晰看出，每一时刻，驻波都有一定的波形，此波形既不向右移，又不向左移，各点以各自确定的振幅在各自的平衡位置附近振动，没有振动状态和相位的传播，因而称为驻波。

现在来研究驻波的相位问题。在驻波表达式中，因子 $\cos(2\pi\nu t)$与质元的位置无关，只与时间 t 有关，似乎在任一时刻所有质点都具有相同的振动相位，所有质点都同步振动，其实不然。由于因子 $\cos\left(\frac{2\pi x}{\lambda}\right)$在波节处为 0，在波节两边符号相反，因此在驻波中，两波节之间各点有相同的相位，它们同时达到最大位移，同时通过平衡位置；而同一波节两侧各点相位相反。

总之，在驻波中，两相邻波节间各质元的振幅不同，但具有相同的振动相位；在同一波节两侧的各质元的振幅也不同，但其振动相位相反。

3. 半波损失

在波向前传播途中垂直地遇到障碍物(或遇到另一种介质的边界面)而发生反射时，由于反射波和入射波是传播方向相反的相干波，因而干涉叠加的结果就会形成驻波。当入射波垂直入射到界面且界面为固定端（其位移始终为 0)时，端点处一定为波节，即入射波与反射波在端点的振动相位差一定是 π，说明入射波在固定端反射时其相位有 π 的突变，它相当于半个波长的波程差，把入射波反射时发生相位突变 π 的现象叫**“半波损失”**。当界面为自由端时，该处出现波腹，入射波和反射波同相位，说明反射时没有相位突变，不产生半波损失。一般情况下，入射波在两种介质的分界面上反射时是否产生半波损失，取决于介质的密度与波速之乘积 ρu，ρu 相对较大的介质称为“波密介质”，ρu 相对较小的介质称为“波疏介质”。当波从波疏介质向波密介质入射时，反射波就出现半波损失；反之，无半波损失。

【例 5-8】　设入射波的表达式为 $y_1=A\cos\left[2\pi\left(\frac{x}{\lambda}+\frac{t}{T}\right)\right]$，在 $x=0$ 处发生反射，反射点为一固定端。设反射时无能量损失，求：

(1) 反射波的表达式；

(2) 合成的驻波的表达式；

(3) 波腹和波节的位置。

解　(1) 入射波在原点的振动方程 $y_{10}=A\cos\left[2\pi\left(\frac{t}{T}\right)\right]$，由于反射点是固定端，因此反射有相位 π 突变且反射波振幅为 A。反射波在原点的振动方程 $y_{20}=A\cos\left[2\pi\left(\frac{t}{T}\right)+\pi\right]$，进一步可以得到反射波的表达式为

$$y_2=A\cos\left[2\pi\left(\frac{x}{\lambda}-\frac{t}{T}\right)+\pi\right]$$

(2) 驻波的表达式为

$$y=y_1+y_2=2A\cos\left(\frac{2\pi x}{\lambda}+\frac{\pi}{2}\right)\cos\left(\frac{2\pi t}{T}-\frac{\pi}{2}\right)$$

(3)波腹位置

$$\frac{2\pi x}{\lambda}+\frac{\pi}{2}=n\pi$$

$$x=\frac{1}{2}\left(n-\frac{1}{2}\right)\lambda \quad (n=1,2,3,4,\cdots,n)$$

波节位置

$$\frac{2\pi x}{\lambda}+\frac{\pi}{2}=n\pi+\frac{\pi}{2}$$

$$x=\frac{1}{2}n\lambda \quad (n=1,2,3,4,\cdots,n)$$

【例 5-9】 如图 5-24 所示，一平面简谐波沿 x 轴正方向传播，BC 为波密介质的反射面。波由 P 点反射，$\overline{OP}=\frac{3\lambda}{4}$，$\overline{DP}=\frac{\lambda}{6}$。在 $t=0$ 时，O 处质点的合振动经过平衡位置向负方向运动。求 D 点处入射波与反射波的合振动方程(设入射波和反射波的振幅皆为 A，频率为 ν)。

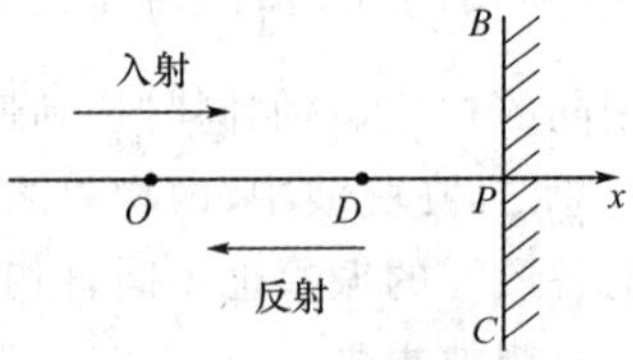

图 5-24 例 5-9 图

解 选 O 点为坐标原点，设入射波表达式为

$$y_1=A\cos\left[2\pi\left(\nu t-\frac{x}{\lambda}\right)+\varphi\right]$$

入射波在 P 点的振动方程为

$$y_{1p}=A\cos\left[2\pi\left(\nu t-\frac{\overline{OP}}{\lambda}\right)+\varphi\right]$$

由于 BC 为波密介质的反射面，因此反射有相位 π 突变，则反射波在 P 点的振动方程为

$$y_{2p}=A\cos\left[2\pi\left(\nu t-\frac{\overline{OP}}{\lambda}\right)+\varphi+\pi\right]$$

进一步可以写出反射波的表达式为

$$y_2=A\cos\left[2\pi\left(\nu t-\frac{2\overline{OP}-x}{\lambda}\right)+\varphi+\pi\right]=A\cos\left[2\pi\left(\nu+\frac{x}{\lambda}\right)+\varphi\right]$$

合成波(驻波)表达式为

$$y=2A\cos\left(\frac{2\pi x}{\lambda}\right)\cos(2\pi\nu+\varphi)$$

在 $t=0$ 时，$x=0$ 处的质点 $y_0=0$，$\frac{\partial y_0}{\partial t}<0$，故得

$$\varphi=\frac{1}{2}\pi$$

因此，D 点处的合成振动方程为

$$y=2A\cos\left(2\pi\frac{\frac{3\lambda}{4}-\frac{\lambda}{6}}{\lambda}\right)\cos\left(2\pi\nu t+\frac{\pi}{2}\right)=\sqrt{3}A\sin(2\pi\nu t)$$

5.6 多普勒效应

本章中上述各节，均是在波源与观察者相对于介质均为静止的情况下研究了波。这时，介质中各点的振动频率与波源的频率相等，即观察者接收的频率与波源的频率相同。若波源与观察者或两者同时相对于介质在运动，观察者接收的频率不同于波源频率。这种观察者接收的频率有赖于波源或观察者运动的现象称为“**多普勒效应**”。例如，当高速行驶的火车鸣笛而来时，人们听到的汽笛音调变高；当火车鸣笛离去时，人们听到的汽迪音调变低。这种现象是声学的多普勒效应。

本节讨论多普勒效应的规律，为简单起见，仅依据观察者与声源沿同一直线运动的特殊情况来讨论声波的多普勒效应。设声源 S 相对于介质的运动速度为 v_S，观察者 R 相对于介质的运动速度为 v_R，声波在介质中的传播速度用 u 表示。规定：声源趋近观察者时，v_S 取正值；声源背离观察者时，v_S 取负值。观察者趋近声源时，v_R 取正值；观察者背离声源时，v_R 取负值。波速 u 恒为正值。

设声源的频率为 ν，观察者感觉到的频率为 ν'。讨论以下三种情况：

(1)声源 S 相对于介质静止，观察者以速度 v_R 相对于介质运动($v_S=0, v_R\neq 0$)，讨论观察者 R 向着声源 S 运动的情形，按规定，$v_R>0$。R 以 v_R 迎着声波的传播方向向左运动，这相当于声波以速度 $u+v_R$ 通过观察者，或者说，在单位时间内，原来到达观察者处的声波向右传播了距离 u，同时观察者向左运动了距离 v_R，这相当于声波相对于运动的观察者传播了距离 $u+v_R$(图 5-25)。由于波长 λ 不变，故在单位时间内通过观察者的波的数目，即观察者接受的波的频率为

$$\nu'=\frac{u+v_R}{u}\nu \tag{5-46}$$

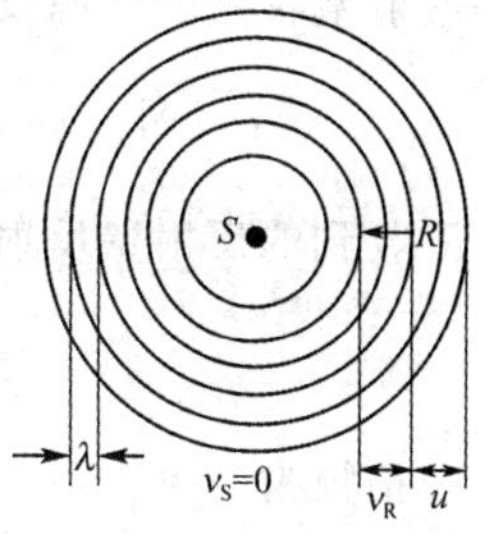

图 5-25　波源静止时的多普勒效应

式中，观察者趋近声源时，v_R 取正值；观察者背离声源时，v_R 取负值。

(2)观察者 R 相对于介质静止，声源 S 以速度 v_S 相对于介质运动($v_S\neq 0, v_R=0$)(图 5-26)，原波长将被压缩。观察者感觉到的波长为

$$\lambda_R=(u-v_S)T_S$$

所以可得

$$\nu'=\frac{u}{\lambda_R}=\frac{u}{(u-v_S)T_S}=\frac{u}{(u-v_S)}\nu \tag{5-47}$$

式中，声源趋近观察者时，v_S 取正值；声源背离观察者时，v_S 取负值。

(3)声源和观察者均运动($v_S\neq 0, v_R\neq 0$)。由于观察者以 v_R 速度运动，声波相对于观察者的速度为 $u+v_R$；同时，由于声源以速度 v_S 运动，声源发出的波的波长被压缩或拉长。因此对于观察者观察的频率，参考以上两种情况可得

$$\nu'=\frac{u+v_R}{u}\cdot\frac{u}{u-v_S}\nu=\frac{u+v_R}{u-v_S}\nu \tag{5-48}$$

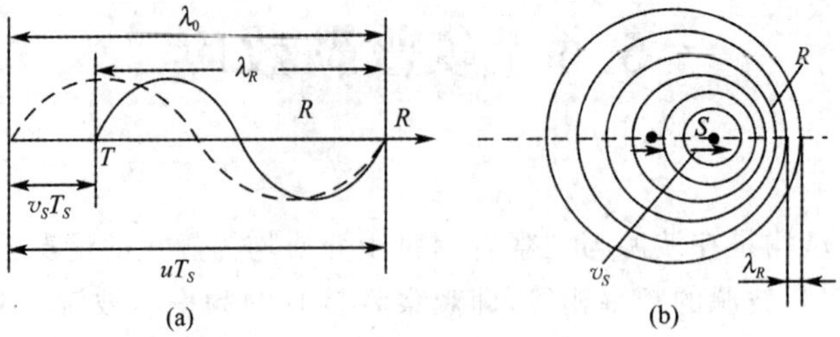

图 5-26 波源运动时的多普勒效应

其中，声源运动速度 v_S 和观察者运动速度 v_R 的正负按前面规定。

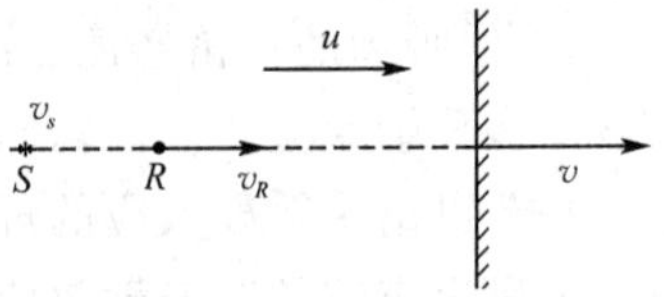

图 5-27

【例 5-10】 如图 5-27 所示，静止声源 S 的频率 $\nu_S=300\ \text{Hz}$，声速 $u=330\ \text{m}\cdot\text{s}^{-1}$，观察者 R 以速度 $v_R=60\ \text{m}\cdot\text{s}^{-1}$ 向右运动，反射壁以 $v=100\ \text{m}\cdot\text{s}^{-1}$ 的速度亦向右运动。求 R 测得的拍频 ν_B。

解 R 收到的声源发射波的频率为

$$\nu_R=\frac{u-v_R}{u}\nu_S$$

反射壁收到的声源发射波的频率为

$$\nu'=\frac{u-v}{u}\nu_S$$

R 收到的反射壁反射波的频率为

$$\nu'_R=\frac{u+v_R}{u+v}\nu'=\frac{u+v_R}{u+v}\times\frac{u-v}{u}\nu_S$$

则拍频为

$$\begin{aligned}\nu_B&=|\nu_R-\nu'_R|=2\,\frac{v-v_R}{u+v}\nu_S\\&=2\times\frac{100-60}{330+100}\times300\ \text{Hz}\\&\approx55.8\ \text{Hz}\end{aligned}$$

对电磁波(无线电波或光波)来说，也能发生多普勒效应。由于电磁波可以在真空中传播，真空中不存在介质，因此在讨论时，只需要考察光源与观测者之间的相对运动。这时，必须根据相对论才能确定其多普勒效应的频率变化关系。设光源的频率为 ν，它相对于观察者的速度为 v_r，计算表明，观察者测得的频率为

$$\nu'=\sqrt{\frac{c-v_r}{c+v_r}}\nu \tag{5-49}$$

式中，c 为电磁波的传播速度(光速)；v_r 以相对于观察者远离时为正，接近时为负。式(5-49)表明，当光源相对于观察者远离(退行)时，$\nu'<\nu$；反之，$\nu'>\nu$。

由此可知，当光源远离接收器运动时，接收的频率变小，因而波长变长，这种现象叫作“红移”，即在可见光谱中移向红色一端。天文学家将来自星球的光谱与地球上相同元素的光谱相

比较，发现星球光谱几乎都发生红移。这说明星体都正在远离地球向四面飞去。这一观察结果被“大爆炸”的宇宙学理论的倡导者视为其理论的重要证据。

本章小结

1. 简谐波

波函数：
$$y=A\cos\omega\left(t\pm\frac{x}{u}\right)=A\cos2\pi\left(\frac{t}{T}\pm\frac{x}{\lambda}\right)$$
$$=A\cos(\omega t\pm kx)$$

式中，正、负号用于区别扰动的传播方向。

各量关系：周期 $T=\frac{2\pi}{\omega}=\frac{1}{\nu}$，波数 $k=\frac{2\pi}{\lambda}$，速度 $u=\lambda\nu=\frac{\lambda}{T}$。

波形曲线为正弦曲线。

2. 波动方程和波速

波动微分方程：
$$\frac{\partial^2 y}{\partial x^2}=\frac{1}{u^2}\frac{\partial^2 y}{\partial t^2}$$

固态各向同性介质中的纵波波速：$u=\sqrt{\frac{Y}{\rho}}$

固态各向同性介质中的横波波速：$u=\sqrt{\frac{G}{\rho}}$

液体、气体中纵波波速：$u=\sqrt{\frac{B}{\rho}}$

气体中声波波速：$u=\sqrt{\frac{\gamma p}{\rho}}=\sqrt{\frac{\gamma RT}{M}}$

3. 简谐波的能量

平均能量密度：$\overline{w}=\frac{1}{2}\rho A^2\omega^2$

平均能流密度，即波的强度：$\boldsymbol{I}=\frac{1}{2}\rho A^2\omega^2\boldsymbol{u}$

4. 惠更斯原理(惠更斯作图法)

介质中，波传到的各点不论在同一波前上，都可看作发射子波的波源。在任一时刻，这些子波的包络面就是该时刻的波前。

5. 驻波

两列频率、振动方向和振幅都相同而传播方向相反的简谐波叠加形成驻波，其表达式为 $y=2A\cos\left(\frac{2\pi}{\lambda}x\right)\cos(\omega t)$。它实际上是稳定的分段振动，有波节和波腹。

6. 多普勒效应

接收器接收到的频率有赖于接收器(R)和波源(S)的运动。

(1)波源静止：$\nu'=\frac{u+v_S}{u}\nu$

其中，观察者趋近声源时，v_S 取正值；观察者背离声源时，v_S 取负值。

(2)接收器静止：

$$\nu'=\frac{u}{(u-v_S)}\nu$$

其中，声源趋近观察者时，v_S 取正值；声源背离观察者时，v_S 取负值。

(3)声源和观察者均运动($v_S\neq0,v_R\neq0$)

$$\nu'=\frac{u+v_R}{u}\cdot\frac{u}{u-v_S}\nu=\frac{u+v_R}{u-v_S}\nu$$

其中，声源运动速度 v_S 和观察者运动速度 v_R 的正负按上述规定。

光学多普勒效应：决定于光源和接收器的相对运动。光源和接收器相对速度为 v_r 时，

$$v'=\sqrt{\frac{c-v_r}{c+v_r}}v$$

式中，c 为电磁波的传播速度(光速)；v_r 以相对于观察者远离时为正，接近时为负。

第3篇 电磁学

电磁作用是自然界四种基本作用之一，电磁相互作用力是原子得以存在的基础。公元前6世纪至7世纪人类就发现了磁石吸铁、磁石指南现象。人类系统对电现象和磁现象进行观察研究始于16世纪，而对电磁现象进行定量研究始于18世纪，最初是从观察摩擦起电、光电、电火等一些实验和自然现象开始的。1600年，英国医生W. 吉尔伯特(W. Gilbert，1544—1603)出版了《论磁、磁体和地球作为一个巨大的磁铁》。该书总结了前人对磁的研究，讨论了地磁的性质，记载了大量实验，使磁学从经验转变为科学。书中也记载了电学方面的研究。静电现象的研究要困难得多，因为一直没有找到恰当的方式来产生稳定的静电和对静电进行测量，直到1660年盖里克发明了摩擦起电机，才使对电现象进行详细观察和系统的研究成为可能。1720年，S. 格雷(S. Gray，1675—1736)研究了电的传导现象及导体与绝缘体的区别。随后，他又发现了导体的静电感应现象。1731年，法国人杜菲(du Fay，1698—1739)经过实验首次区分两种电荷，并将二者分别称为松脂电(负电)和玻璃电(正电)，并提出了“同电相斥，异电相吸”的概念。1745—1746年分别由克莱斯特(Kleist，1700—1748)和马森布洛克(Musschenbrock，1692—1761)独立做出的莱顿瓶使电现象得到更深入的研究，美国物理学家B. 富兰克林(B. Franklin，1706—1790)从1746年开始研究电的性质，发现了尖端放电，研究了雷电现象，发明了避雷针，使电学理论首次获得了实际应用，并于1747年提出了电荷守恒定律。1754年，J. 康顿(J. Canton)用电流体假说解释了静电感应现象。至此，静电学的三条基本原理：静电力的基本特性、电荷守恒和静电感应原理都已建立，人们对电的认识有了初步的成果。然而，不建立定量的规律，电学还不能算作一门严密的学科。1785年法国物理学家C. 库仑(C. Coulomb，1736—1806)用扭秤测量了静电力和磁力，导出了静电力的库仑定律。库仑定律使电磁学的研究从定性阶段进入定量阶段，是电磁学史上一个重要的里程碑。对于电和磁之间的联系，人们一直未能确定。1820年，丹麦物理学家H. 奥斯特(H. Oersted，1777—1851)首次发现通电导线能使小磁针发生偏转的电流的磁效应现象，此后，法国物理学家A. U. 安培(A. M. Ampère，1775—1836)提出了分子电流“假说”，将所有磁性的根源归结于电荷的运动。1831年，英国物理学家M. 法拉第(M. Faraday，1791—1867)发现了电磁感应定律并制成了世界上第一台发电机，由此打开了人类进入电气化时代的大门。英国物理学家J. C. 麦克斯韦

(J. C. Maxwell,1831—1879)创造性地提出了“感生电场”和“位移电流”假说,揭示了电磁场相互激发的基本规律。1864 年,麦克斯韦高度概括了电磁场的基本规律,总结出被后人称为麦克斯韦方程组的一组方程。麦克斯韦不仅建立了完整的电磁场理论,更重要的是,他从这一理论出发,预言了电磁波的存在,为人类进入电信时代奠定了理论基础。

本篇探究的是电磁运动及其引起的各种现象的最基本的规律。在这里,从场的观点阐述了静电场和稳恒磁场的基本概念、基本规律和基本定理,揭示了电磁感应现象的物理本质,介绍了电磁场理论的初步知识。在学习时,大家要关注电学和磁学规律在形式上的相似性,通过类比的方法,加强对相关内容的理解和记忆。另外,大家要注意培养运用数学工具求解物理问题的思维能力。本篇主要内容有:静电场和稳恒磁场的基本规律和理论,静电场中的导体的基本规律,电解质的极化和磁介质的磁化的基本规律,变化的电磁场的基本理论包括电磁感应和宏观电磁场理论及麦克斯韦方程组,等等。

第 6 章 静电场

相对于观察者静止的电荷称为“静电荷”，静电荷所激发的电场称为“静电场”。静电荷对电荷的作用是通过静电场来传递的。本章主要介绍真空中静电场的基本性质与规律、带电粒子在静电场中的受力与运动及电场与导体、电介质之间的相互作用。本章分别从电场对电荷施加力和电荷在电场中移动时电场力对电荷做功这两个方面进行讨论，引入电场强度和电势这两个重要物理量来描述电场的特点；介绍反映静电场基本性质的高斯定理及环路定理；介绍电场强度和电势这两个量之间的关系。其中涉及的对称性分析是现代物理学的一种基本分析方法。在电场作用下，导体和电介质中的电荷分布会发生变化，这种变化的电荷分布又会反过来影响电场分布，最后达到平衡。本章还讨论电场与物质的相互作用规律及电容器和电场能量。

本章介绍的一些概念、规律、研究和处理问题的方法贯穿于整个电磁学研究，是学习电磁学的入门知识，大家在学习过程中应注意积累相关知识、提高相关能力。

6.1 电场 电场强度

电荷及其性质

6.1.1 电荷及其性质

物体能够产生电磁现象，归根结底是因为这些物体带上了电荷及这些电荷存在运动。通过对电荷的各种相互作用和效应的研究，人们逐渐认识到电荷的基本性质。

1. 电荷的种类

电荷分为两种，同种电荷相斥，异种电荷相吸。美国物理学家富兰克林首先提出以正电荷、负电荷来区分两种电荷。通常将用丝绸摩擦过的玻璃棒所带的电荷叫作正电荷，将用毛皮摩擦过的橡胶棒所带的电荷叫作负电荷。按照原子理论，原子由原子核和核外电子组成，原子核又由中子和质子组成，中子不带电，质子和电子分别带正电和负电。在正常情况下，因为原子中的电子总数与质子总数相等，所以原子呈电中性，当原子失去或得到电子时，物体就带正电或负电。现代物理实验证实，电子的电荷集中在小于 1×10^{-18} m 的线度内，因此电子被当成一个无内部结构且带电荷的质点。

带电体所带电荷的多少称为“电量”，通常用 Q 或 q 表示，在国际单位制中，电量的单位为库仑，符号为 C。正电荷电量取正值，负电荷电量取负值，一个带电体所带的总电量为其正、负电量的代数和。日常生活中我们所说的不带电物体是指物体所带正、负电荷的代数和为 0。

2. 电荷的量子化

迄今为止，所有实验表明，自然界中任何带电体所带的电量总是以一个基本单元的整数倍出现，这种电量只能取分立的、不连续的量值的性质称为**“电荷的量子化”**。电荷的基本单元就是一个电子(质子)所带电量的绝对值，通常用 e 表示。1913 年，密立根设计了著名的油滴实验，直接测定了此单元的量值 $e=1.602\times10^{-19}C$。现在知道的自然界中的微观粒子(包括电子、质子、中子)已有几百种，其中带电粒子所具有的电量都是 $-e$、$+e$ 或者是它们的整数倍。近代物理从理论上预言，基本粒子是由若干电量为 $\pm\frac{1}{3}e$、$\pm\frac{2}{3}e$ 的夸克和反夸克组成，基元电荷也只是由 e 变为 $\pm\frac{1}{3}e$、$\pm\frac{2}{3}e$，不影响电荷的量子化特性。由于 e 如此之小，以至于电荷的量子性在研究宏观现象的绝大多数实验中未能表现出来，因此常可以将一个宏观物体当成电荷连续分布的带电体来处理。

3. 电荷的守恒定律

实验证明，对于一个系统，如果没有净电荷的流入与流出，则该系统的正、负电荷的代数和保持不变，这就是**电荷守恒定律**。如果一个系统中有两个电中性的物体，由于某种原因，使得一些电子从一个物体转移到另一个物体上，则它们分别带正电、负电，不过两者所带电量的代数和仍为零。电荷守恒定律的另一种表达形式为**单位时间内从闭合曲面流出的电荷量等于单位时间内该曲面内电荷量的减少**，即

$$\oiint_S \boldsymbol{j}_0 \cdot \mathrm{d}\boldsymbol{S} = -\frac{\mathrm{d}q_0}{\mathrm{d}t} \tag{6-1}$$

电荷守恒定律就像能量守恒定律、动量守恒定律一样，也是自然界的基本守恒定律，无论在宏观领域还是在微观领域，电荷守恒定律都是成立的。现代物理研究表明，在粒子的相互作用过程中，电荷是可以产生和消失的，但电荷守恒定律并未因此遭到破坏。例如，一个高能光子与一个重原子核作用时，该光子可以转化为一个正电子和一个负电子(电子对的“产生”)$n_0^1=e_-+e_+$，而一个正电子与一个负电子在一定条件下相遇，又会同时消失而产生两个或三个光子(电子对的“湮灭”)。在已观察到的各种过程中，正、负电荷总是成对出现或消失。由于光子不带电，正负电子又各带有等量异号电荷，因此这种电荷的产生与湮灭并不改变系统中电荷的代数和，因而电荷守恒定律仍然成立。

4. 电荷的相对论不变性

实验还表明，一个电荷的电量与它的运动状态无关。在不同的参照系中对同一个电荷的电量的描述是完全一样的，即同一带电粒子的电量不变。电荷的这一性质叫作**电荷的相对不变性**。例如，加速器将电子或质子加速时，随着粒子速度的变化，其电量没有任何变化。再如氢分子和氦原子都有两个电子，它们在核外的运动状态差别不大，电子电量应该相同。但是，氢分子的两个质子是作为两个原子核在保持相对距离约为 0.07 nm 的情况下转动的；氦原子的两个质子却紧密地束缚在一起运动。氦原子的两个质子的能量比氢分子的两个质子的能量大百万倍的数量级，因而两者的运动状态有显著差别。如果电荷的电量与运动状态有关，氢分

子中质子的电量就应该和氦原子质子的电量不同，但两者的电子电量是相同的，因此两者就不可能都是电中性的。但是实验证实，氢分子和氦原子都是电中性的。这就说明，质子的电量也是与其运动状态无关。

6.1.2 库仑定律

观察表明，两个静止的带电体之间的作用力（静电力）除与电量及相对位置有关外，还依赖于带电体的大小、形状及电荷的分布情况。要用实验直接确立所有这些因素对静电力的影响是困难的。但是，如果带电体的线度比带电体之间的距离小得多，那么静电力就基本上只取决于它们的电量和距离，问题就会大为简化。满足这样的条件的带电体称为**“点电荷”**。在以后的讨论中，我们会经常用到“点电荷”这一概念。

库仑定律

在发现电现象后的 2000 多年的时期内，人们对电现象的研究一直停留在定性阶段。1785 年，法国物理学家库仑用扭秤实验测定了两个带电球体间相互作用的静电力，在此实验的基础上总结出了两个点电荷间相互作用的规律即**库仑定律**，具体表述如下：在真空中，两个静止的点电荷间的作用力，其大小与它们所带电量的乘积成正比，与它们间距离的平方成反比；两个点电荷间的静电力的大小相等、方向相反，并且沿着它们的连线，同号电荷相排斥，异号电荷相吸引。

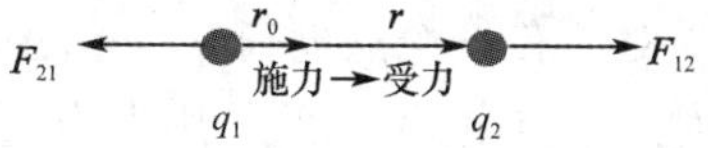

图 6-1 库仑力

如图 6-1 所示，两个静止的点电荷带的电量分别为 q_1 和 q_2，距离为 r，令 $\boldsymbol{F}_{12}$ 代表施力电荷 q_1 对受力电荷 q_2 的作用力，$\boldsymbol{r}_0$ 代表由施力电荷 q_1 指向受力电荷 q_2 的矢径方向的单位矢量，则

$$\boldsymbol{F}_{12}=\frac{1}{4\pi\varepsilon_0}\frac{q_1q_2}{r^2}\boldsymbol{r}_0 \tag{6-2}$$

其中，$\varepsilon_0=8.85\times10^{-12}\ \mathrm{C^2\cdot N^{-1}\cdot m^{-2}}$，称为真空介电常数（真空电容率）。

从上式中可以看出，若 q_1、q_2 同号（$q_1q_2>0$）则 $\boldsymbol{F}_{12}$ 与 $\boldsymbol{r}_0$ 同向，为排斥力；若 q_1、q_2 异号（$q_1q_2<0$）则 $\boldsymbol{F}_{12}$ 与 $\boldsymbol{r}_0$ 反向，为吸引力。同理，当下标 1、2 对调时，表示 q_2 为施力电荷，q_1 为受力电荷，则 $\boldsymbol{F}_{12}=-\boldsymbol{F}_{21}$，即静止电荷之间的库仑力满足牛顿第三定律。如果用 $\boldsymbol{F}$ 表示施力电荷对受力电荷的作用力，$\boldsymbol{r}=r\boldsymbol{r}_0$，方向由施力电荷指向受力电荷，则库仑力的数学表述为

$$\boldsymbol{F}=\frac{1}{4\pi\varepsilon_0}\frac{q_1q_2}{r^3}\boldsymbol{r} \tag{6-3}$$

这里强调，库仑定律适用于真空中的点电荷。进一步放宽条件：施力电荷须静止，受力电荷静止或运动均可。实验证明，电荷受到的库仑力（电场力）与受力电荷的速度无关；电荷之间距离在 $10^{-17}\sim10^{7}$ m 库仑定律均有效。虽然库仑定律是通过宏观带电体的实验研究总结出来的规律，但物理学进一步的研究表明：原子、分子结构，固体、液体结构，以及化学作用等问题的微观本质都和库仑力有关。而在这些问题中，距离相同的两个带电粒子间库仑力远远大于万有引力（例 6-1）。

【例 6-1】 氢原子中，电子和质子的距离为 5.3×10^{-11}。求该氢原子中电子和质子之间的库仑力和万有引力各为多大？

解 由于电子和质子的电量的绝对值都是 e，电子的质量 $m_e=9.1\times10^{-31}$ kg，质子的质

量为 $m_p = 1.7\times10^{-27}$ kg，因此由库仑定律可得静电力大小为

$$F_e = \frac{1}{4\pi\varepsilon_0}\frac{q_1 q_2}{r^2} = \frac{e^2}{4\pi\varepsilon_0 r^2} = 8.2\times10^{-8}\,(\text{N})$$

由万有引力定律得万有引力大小为

$$F_g = G\frac{m_1 m_2}{r^2} = G\frac{m_e m_p}{r^2} = 3.7\times10^{-47}\,(\text{N})$$

由此可以看出，氢原子中电子和质子相互作用的静电力远大于万有引力，所以在微观粒子的相互作用中经常不考虑它们之间的万有引力。

上面我们只讨论了两个静止电荷间的作用力，若考虑两个或两个以上的点电荷对一个点电荷的作用时，实验表明，库仑力满足线性叠加原理，即不因第三者的存在而改变两者之间的相互作用力，即作用于受力电荷上的总库仑力等于所有施力点电荷单独存在时对该电荷作用力的矢量和，这就是库仑力（静电力）的**叠加原理**。

图 6-2 画出了两个点电荷 q_1 和 q_2 对第三个点电荷 q_0 作用力的叠加情况。电荷 q_1 和 q_2 单独作用在 q_0 上的作用力分别为 $\boldsymbol{F}_{01}$ 和 $\boldsymbol{F}_{02}$，它们共同作用在 q_0 的力 $\boldsymbol{F}$ 就是这两个力的合力，即

$$\boldsymbol{F} = \boldsymbol{F}_{01} + \boldsymbol{F}_{02} \tag{6-4}$$

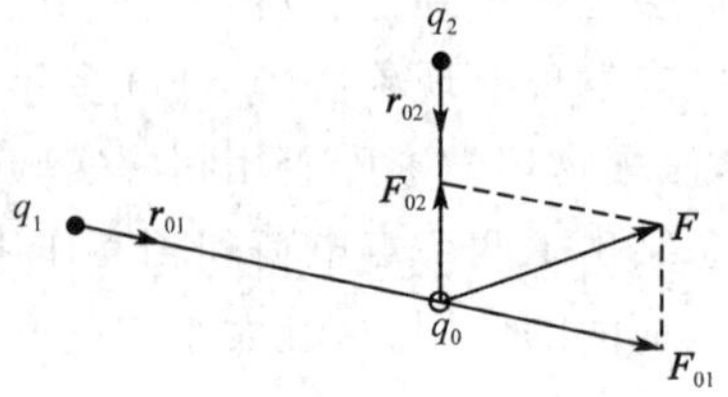

图 6-2　静电力的叠加

对于有 n 个点电荷 q_1、q_2，…，q_n 组成的点电荷系，其对一个点电荷 q_0 的作用力为

$$\begin{aligned}\boldsymbol{F} &= \boldsymbol{F}_{01} + \boldsymbol{F}_{02} + \cdots + \boldsymbol{F}_{0n} \\ &= \frac{1}{4\pi\varepsilon_0}\frac{q_1 q_0}{r_2}\boldsymbol{r}_{01} + \frac{1}{4\pi\varepsilon_0}\frac{q_2 q_0}{r_2}\boldsymbol{r}_{02} + \cdots + \frac{1}{4\pi\varepsilon_0}\frac{q_n q_0}{r^2}\boldsymbol{r}_{0n} \\ &= \sum_{i=1}^{n}\frac{q_i q_0}{4\pi\varepsilon_0 r_i^2}\boldsymbol{r}_{0i} = \sum_{i=1}^{n}\boldsymbol{F}_i\end{aligned} \tag{6-5}$$

式中，$\boldsymbol{r}_i$ 为 q_i 与 q_0 间的距离；$\boldsymbol{r}_{0i}$ 为从 q_i 指向 q_0 的单位矢量。

6.1.3　电场强度

电场强度

1. 电场

任何电荷在其周围都会激发电场，相对于观察者静止的带电体周围激发的电场称为静电场。电荷间的相互作用是通过电场对电荷的作用来实现的。这种相互作用可表示为

$$电荷 \rightleftharpoons 电场 \rightleftharpoons 电荷$$

电场是一种特殊形态的物质，和我们常见的实物一样，静电场存在于静止电荷的周围并分布在一定的空间中，与实物一样，电场也以有限的速度运动或传播，具有能量、动量和质量等重要性质。但电场与其他实物的区别在于：实物集中在有限范围内，具有集中性，而电场的分布范围广泛且具有分散性，几个电场可以同时占据同一空间。所以，电场是一种特殊形态的物质。电场的外在宏观表现主要有：

（1）处于电场中的任何带电体都要受到电场力的作用。

（2）当带电体在电场中移动时，电场力做功，这表明电场具有能量。

(3)变化的电场以光速在空间传播。这表明电场具有动量、质量、能量,体现了它的物质性。

现将从施力和做功两个方面研究静电场的性质,并引入两个描述静电场性质的物理量:电场强度(矢量)和电势(标量)。

2. 电场强度

为了描述电场中任一点处电场的性质,可先从点电荷在电场中受力的特点来进行定量描述。为此,把一个试验电荷放在电场中的不同位置,观察其受力情况。试验电荷必须满足以下要求:(1)是体积足够小的点电荷,以便可以把它放在电场中某一点,并根据受力情况测出该点的性质;(2)所带电量足够小,不会影响原电场的分布(场源电荷的分布),否则测出的就不是原来的场了。为方便叙述,常取**试验电荷**为正点电荷 q_0。

实验表明,试验电荷在不同位置受到电场力的大小和方向一般是不同的(图 6-3)。

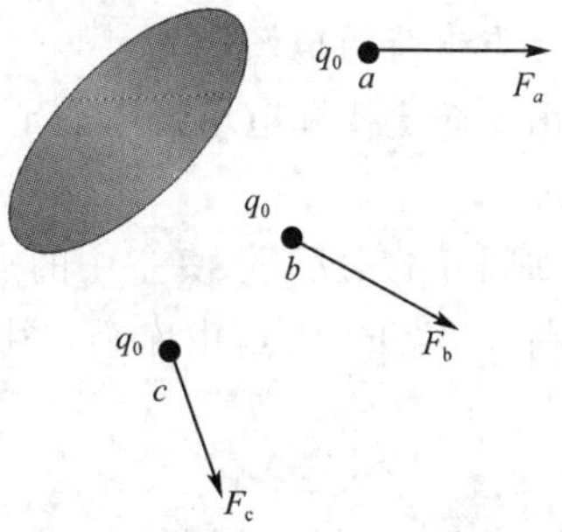

图 6-3　试验电荷在电场中的受力

但就电场中的某点而言,试验电荷 q_0 在该处所受的电场力的大小和方向是一定的,$\boldsymbol{F}$ 随 q_0 的变化而变化;但 $\boldsymbol{F}$ 与 q_0 的比值 $\dfrac{\boldsymbol{F}}{q_0}$ 为一恒矢量,与 q_0 无关。当将场源带电体拿走后发现试验电荷不再受到力的作用。显然,$\dfrac{\boldsymbol{F}}{q_0}$ 反映了 q_0 所在点处电场的性质,因此定义该矢量为**电场强度**,用符号 $\boldsymbol{E}$ 表示,则有

$$\boldsymbol{E}=\frac{\boldsymbol{F}}{q_0} \tag{6-6}$$

式 6-6 为电场强度的定义式。它表明:当 q_0 为一个单位正电荷时,$\boldsymbol{E}=\boldsymbol{F}$,即**电场中某点的电场强度 $\boldsymbol{E}$ 等于单位试验正电荷在该点所受的电场力**。通常情况下,电场中的不同点,其电场强度的大小和方向各不相同,所以电场强度为空间坐标的函数 $\boldsymbol{E}=\boldsymbol{E}(x,y,z)$。

在国际单位制中,电场强度的单位为牛顿每库仑(N/C);也为伏特每米(V/m),在后面的内容中将会说明它们是等价的。

由前文可知,在已知电场强度的分布的电场中,置于电场中某一处的点电荷 q 受到的电场力,可由(6-6)求得

$$\boldsymbol{F}=q\boldsymbol{E} \tag{6-7}$$

并且,式(6-7)对于计算运动点电荷在电场中某一点处所受的电场力也适用,即电场力与受力点电荷的速度无关。

6.1.4　电场强度的叠加原理

将试验电荷 q_0 放在点电荷系 $q_1,q_2,\cdots,q_n$ 所产生的电场中时,q_0 将受到各点电荷电场力的作用,由电场力的叠加原理可知,q_0 受到的总电场力为

$$\boldsymbol{F}=\boldsymbol{F}_1+\boldsymbol{F}_2+\cdots+\boldsymbol{F}_n \tag{6-8}$$

根据电场强度定义 $\boldsymbol{E}=\dfrac{\boldsymbol{F}}{q_0}$,有

$$\boldsymbol{E}=\frac{\boldsymbol{F}}{q_0}=\frac{\boldsymbol{F}_1}{q_0}+\frac{\boldsymbol{F}_2}{q_0}+\cdots+\frac{\boldsymbol{F}_n}{q_0} \tag{6-9}$$

即

$$\boldsymbol{E}=\boldsymbol{E}_1+\boldsymbol{E}_2+\cdots+\boldsymbol{E}_n=\sum_{i=1}^{n}\boldsymbol{E}_i \tag{6-10}$$

式(6-10)表明,电场中任一点处的总电场强度等于各个点电荷单独存在时在该点所产生的电场强度的矢量和。这就是电场强度的叠加原理。任何带电体都可以看作许多点电荷的集合,由电场强度的叠加原理可以计算任意带电体产生的电场强度。

6.1.5 电场强度的计算

1. 点电荷的电场

由库仑定律和电场强度的定义式,我们可以求得真空中点电荷在其周围激发的电场的电场强度。

如图 6-4(a)所示,真空中的点电荷 q 位于原点 O,由原点 O 指向场点 P 的位矢为 $\boldsymbol{r}$,把试验电荷 q_0 置于 P 点,由库仑定律和电场强度定义式可得 P 点的电场强度为

$$\boldsymbol{E}=\frac{\boldsymbol{F}}{q_0}=\frac{1}{4\pi\varepsilon_0}\frac{q}{r^2}\boldsymbol{r}_0=\frac{1}{4\pi\varepsilon_0}\frac{q}{r^3}\boldsymbol{r} \tag{6-11}$$

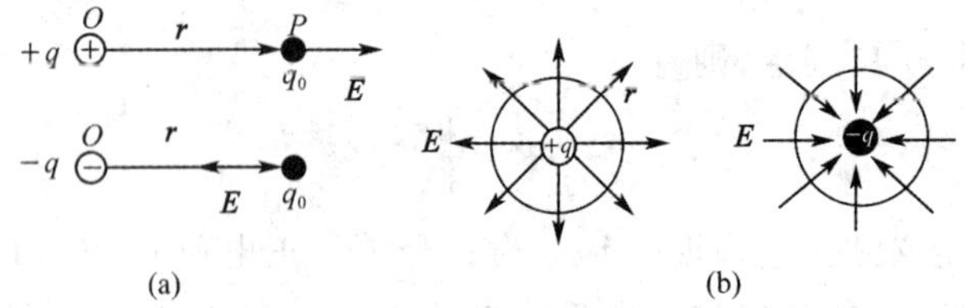

图 6-4 点电荷的电场分布

式中,$\boldsymbol{r}_0$ 为位矢 $\boldsymbol{r}$ 的单位矢量。这是点电荷 q 在真空中所激发的电场中任意处电场强度的表达式。并且可以看出,如果 $q>0$(正电荷),$\boldsymbol{E}$ 的方向和 $\boldsymbol{r}_0$ 相同;如果 $q<0$(负电荷),$\boldsymbol{E}$ 的方向和 $\boldsymbol{r}_0$ 相反。从图 6-4(b)中还可以看出,点电荷的电场具有球对称性,即同一半径的球面上场强的大小相等,方向沿着半径的方向。

2. 点电荷系的电场

设真空中有点电荷系 $q_1,q_2,\cdots,q_n$,用 $\boldsymbol{r}_{i0}$ 表示第 i 个点电荷 q_i 到任意场点 P 的矢径 $\boldsymbol{r}_i$ 的单位矢量,$\boldsymbol{E}_i$ 为 q_i 单独存在时在 P 点产生的电场强度,则

$$\boldsymbol{E}_i=\frac{1}{4\pi\varepsilon_0}\frac{q_i}{r_i^2}\boldsymbol{r}_{i0} \tag{6-12}$$

根据电场强度叠加原理,可得 P 点总电场强度为

$$\boldsymbol{E}=\sum_{i=1}^{n}\boldsymbol{E}_i=\sum_{i=1}^{n}\frac{1}{4\pi\varepsilon_0}\frac{q_i}{r_i^2}\boldsymbol{r}_{i0} \tag{6-13}$$

在直角坐标系中,$\boldsymbol{E}=E_x\boldsymbol{i}+E_y\boldsymbol{j}+E_z\boldsymbol{k}$ 中各分量式分别为

$$\begin{cases} E_x = \sum_{i=1}^{n} E_{ix} \\ E_y = \sum_{i=1}^{n} E_{iy} \\ E_z = \sum_{i=1}^{n} E_{iz} \end{cases} \tag{6-14}$$

【例 6-2】 求电偶极子中垂线上任一点的电场强度。

解　两个相距很近的等量异号点电荷组成的系统也可以看作电偶极子系统(图 6-5),设 $+q$ 和 $-q$ 到电偶极子中垂线上点 P 处的位矢分别为 $\boldsymbol{r}_+$ 和 $\boldsymbol{r}_-$,两电荷在 P 点激发的电场强度分别为 $\boldsymbol{E}_+$ 和 $\boldsymbol{E}_-$,则

$$\boldsymbol{E}_+ = \frac{q\boldsymbol{r}_+}{4\pi\varepsilon_0 r_+^3}$$

$$\boldsymbol{E}_- = -\frac{q\boldsymbol{r}_-}{4\pi\varepsilon_0 r_-^3}$$

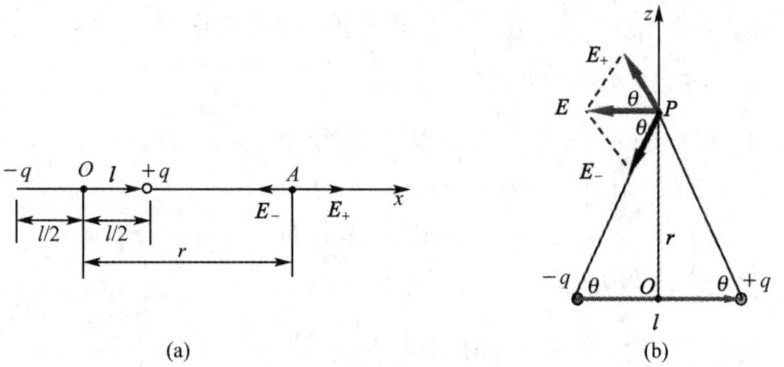

图 6-5　例 6-2

以 r 表示电偶极子中心到 P 点的距离,则

$$\boldsymbol{E} = \boldsymbol{E}_+ + \boldsymbol{E}_- = \frac{q}{4\pi\varepsilon_0 r_+^3}\left(\frac{\boldsymbol{r}_+}{\boldsymbol{r}_+^3} = \frac{\boldsymbol{r}_-}{\boldsymbol{r}_-^3}\right)$$

$$r_+ = r_- = \sqrt{r^2 + \left(\frac{l^2}{2}\right)} = \sqrt{1 + \left(\frac{l}{2r}\right)^2} = r\left(1 + \frac{l^2}{8r^2} + \cdots\right)$$

当 $r \gg l$ 时,即距电偶极子很远时,取一级近似有

$$r \approx r_+ = r_-,\ r_+ - r_- = -l$$

此时,上式可简化为

$$\boldsymbol{E} = \frac{-q\boldsymbol{l}}{4\pi\varepsilon_0 r^3} = \frac{-\boldsymbol{P}}{4\pi\varepsilon_0 r^3}$$

式中,$\boldsymbol{p} = q\boldsymbol{l}$,称为电偶极矩(电矩),方向由 $-q$ 指向 $+q$。

上述结果表明,电偶极子中垂线上距离电偶极子中心较远的地方的电场强度与电偶极子的电偶极矩成正比,与该点离电偶极子中心的距离的三次方成反比,方向与电偶极矩相反。

电偶极子是很重要的模型。在研究电介质的极化、电磁波的发射和吸收以及中性分子之间的相互作用等问题时,都要用到电偶极子的模型。

3. 电荷连续分布的带电体的电场

根据点电荷电场强度的叠加原理,可以计算如图 6-6 所示的电荷连续分布的带电体所激

发的电场强度。

该带电体看作是由许多无限小的电荷元 dq 组成的，可将每个电荷元都作为一个点电荷来处理。设电荷元 dq 在 P 点激发的电场为 $d\boldsymbol{E}$，则由(6-11)式可得

$$d\boldsymbol{E}=\frac{1}{4\pi\varepsilon_0}\frac{dq}{r^2}\boldsymbol{r}_0 \tag{6-15}$$

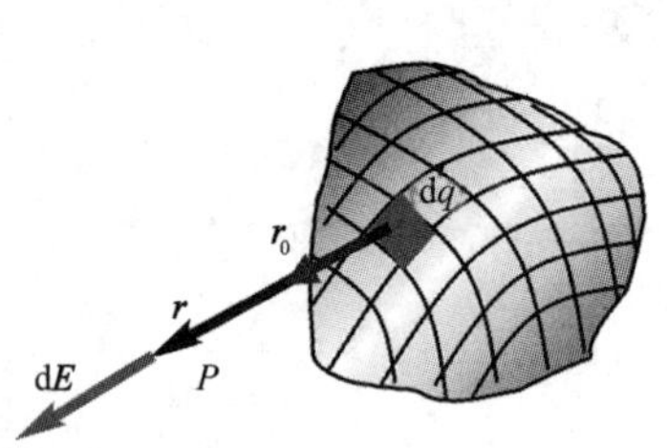

图 6-6　电荷连续分布的带电体所激发的电场的求解

式中，r 是电荷元 dq 到场点 P 的距离，$\boldsymbol{r}_0$ 是由电荷元 dq 指向所求场点方向上的单位矢量。式中的电荷元 dq 可以是线分布、面分布或体分布，则相应引入"**电荷密度**"的概念，即电荷的线密度、面密度和体密度如下式

$$\begin{cases}\lambda=\dfrac{dq}{dl} & dq\ \text{为线元}\ dl\ \text{所带的电量}\\ \sigma=\dfrac{dq}{dS} & dq\ \text{为面元}\ dS\ \text{所带的电量}\\ \rho=\dfrac{dq}{dV} & dq\ \text{为体积元}\ dV\ \text{所带的电量}\end{cases} \tag{6-16}$$

则有

$$dq=\begin{cases}\lambda dl & \text{线分布}\\ \sigma dS & \text{面分布}\\ \rho dV & \text{体分布}\end{cases} \tag{6-17}$$

则带电体在 P 点产生的总电场场强可以用积分计算为

$$\boldsymbol{E}=\int d\boldsymbol{E}=\int\frac{1}{4\pi\varepsilon_0}\frac{dq}{r^2}\boldsymbol{r}_0 \tag{6-18}$$

一般情况下各个电流元产生的 $d\boldsymbol{E}$ 的方向往往不同，先分解成分量式，再积分，即

$$\begin{cases}E_x=\int dE_x\\ E_y=\int dE_y\\ E_z=\int dE_z\end{cases} \tag{6-19}$$

则在直角坐标系中，

$$\boldsymbol{E}=E_x\boldsymbol{i}+E_y\boldsymbol{j}+E_z\boldsymbol{k} \tag{6-20}$$

下面举几个例子来说明计算连续分布电荷所激发的电场强度的方法。

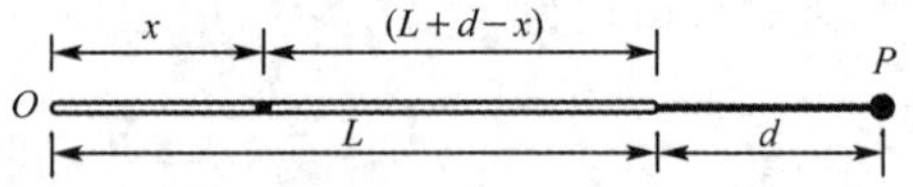

图 6-7　例 6-3

【例 6-3】　如图 6-7 所示，真空中有一长为 L 的均匀带电细直杆，总电荷为 q，试求在直杆延长线上距杆的一端 O 距离为 d 的 P 点的电场强度。

解　设杆的左端为坐标原点 O，x 轴沿直杆方向。带电直杆的电荷线密度为 $\lambda=q/L$，在 x 处取一电荷元 $dq=\lambda dx=q dx/L$，则它在 P 点的场强：

$$dE=\frac{dq}{4\pi\varepsilon_0(L+d-x)^2}=\frac{q dx}{4\pi\varepsilon_0 L(L+d-x)^2}$$

P 点的合场强大小为

$$E=\frac{q}{4\pi\varepsilon_0 L}\int_0^L \frac{\mathrm{d}x}{(L+d-x)^2}=\frac{q}{4\pi\varepsilon_0 d(L+d)}$$

方向沿 x 轴，即杆的延长线方向。写成矢量式为

$$\boldsymbol{E}=\frac{q}{4\pi\varepsilon_0 d(L+d)}\boldsymbol{i}$$

【例 6-4】 设有一段均匀带电直线，长为 L，带电量为 q。如图 6-8 所示，线外一点 $E_{2\max}=\frac{Q_2}{4\pi\varepsilon_0 R_2^2}=3\times10^6$ 到直线的垂直距离为 a，P 点与直线段两端的连线与直线的夹角分别为 θ_1、θ_2。试计算点 P 的电场强度。

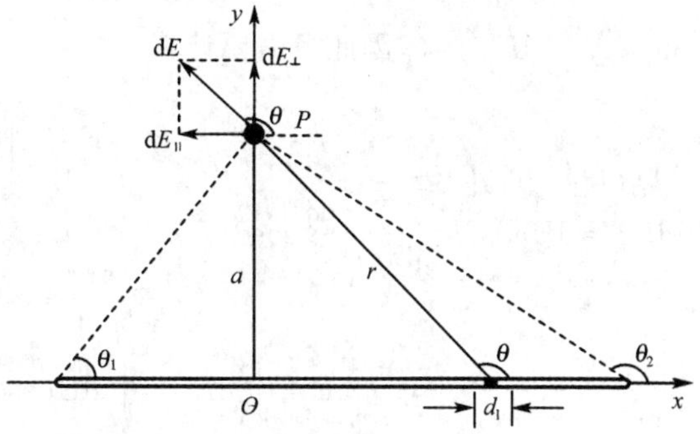

图 6-8　例 6-4

解　建立如图所示的坐标系，取电荷元 $\mathrm{d}q$，$\mathrm{d}E=\frac{1}{4\pi\varepsilon_0}\frac{\mathrm{d}q}{r^2}$，式中 $\mathrm{d}q=\lambda\,\mathrm{d}l=\lambda\,\mathrm{d}x=\frac{q}{L}\mathrm{d}x$，$r$ 为电荷元到 P 点的距离，把电场强度分解为平行于带电直线 $E_{/\!/}$ 和垂直于直线 $E_{\perp}$，则

$$\mathrm{d}E_{/\!/}=\mathrm{d}E\cos\theta$$

$$\mathrm{d}E_{\perp}=\mathrm{d}E\sin\theta$$

由图上的几何关系可知：

$$x=a\tan\left(\theta-\frac{\pi}{2}\right)=-a\cot\theta,\mathrm{d}x=a\csc^2\theta\,\mathrm{d}\theta$$

$$r^2=a^2+x^2=a^2\csc^2\theta$$

则

$$\mathrm{d}E_{/\!/}=\frac{\lambda}{4\pi\varepsilon_0 a}\cos\theta\,\mathrm{d}\theta,\mathrm{d}E_{\perp}=\frac{\lambda}{4\pi\varepsilon_0 a}\sin\theta\,\mathrm{d}\theta$$

将上列两式积分，得

$$E_{/\!/}=\int\mathrm{d}E_{/\!/}=\int_{\theta_1}^{\theta_2}\frac{\lambda}{4\pi\varepsilon_0 a}\cos\theta\,\mathrm{d}\theta=\frac{\lambda}{4\pi\varepsilon_0 a}(\sin\theta_2-\sin\theta_1)$$

$$E_{\perp}=\int\mathrm{d}E_{\perp}=\int_{\theta_1}^{\theta_2}\frac{\lambda}{4\pi\varepsilon_0 a}\sin\theta\,\mathrm{d}\theta=\frac{\lambda}{4\pi\varepsilon_0 a}(\cos\theta_1-\cos\theta_2)$$

最后由 $E_{/\!/}$ 和 $E_{\perp}$ 来确定 $\boldsymbol{E}$ 的大小。当带电直线为无限长时，$\theta_1=0$，$\theta_2=\pi$，有

$$E_{/\!/}=\int\mathrm{d}E_{/\!/}=0$$

$$E_{\perp}=\int\mathrm{d}E_{\perp}=\frac{\lambda}{2\pi\varepsilon_0 a}$$

则

$$E=\frac{\lambda}{2\pi\varepsilon_0 a}$$

即

$$\boldsymbol{E}=\frac{\lambda}{2\pi\varepsilon_0 a}\boldsymbol{j}$$

由上述结论可以看出，对于无限长的均匀带电直线，线外任一点 P 的电场强度与电荷线密度成正比，与该点到直线的垂直距离成反比，方向垂直于带电直线，指向由 I 的正负确定。

【例 6-5】 半径为 R 的均匀带电细圆环，带电量为 Q。求圆环轴线上任意点 P 的电场强度。

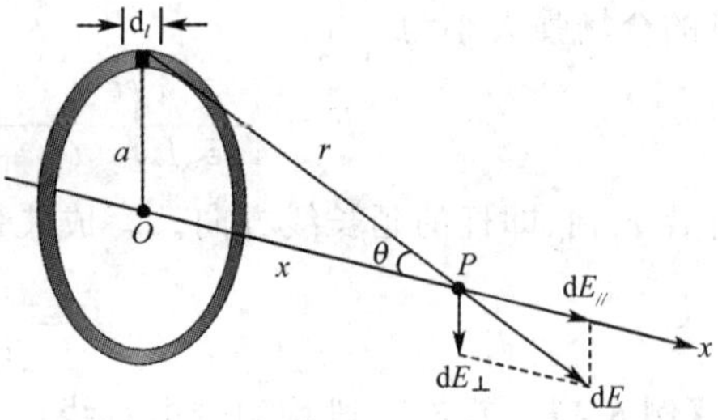

图 6-9 例 6-5

解 如图 6-9，取圆环轴线为 x 轴，把圆环分成很多个电荷元，任取一长度为 dl 电荷元 dq，它在 P 点激发的电场强度 $d\boldsymbol{E}$ 为

$$d\boldsymbol{E}=\frac{1}{4\pi\varepsilon_0}\cdot\frac{dq}{r^2}\boldsymbol{r}_0$$

由于圆环电荷分布关于轴线对称，因此 $d\boldsymbol{E}$ 相对于轴线可分解为 $dE_{//}$ 和 $dE_{\perp}$，根据对称性分析得 $E_{\perp}=\int dE_{\perp}=0$，因此只需要计算

$$E=E_{//}=\int dE_{//}$$

因为 $dE_{//}=dE\cos\theta=\frac{1}{4\pi\varepsilon_0}\frac{dq}{r^2}\cos\theta$

则

$$E=\int_q dE_{//}=\int_q dE\cos\theta=\frac{\cos\theta}{4\pi\varepsilon_0 r^2}\int_q dq$$
$$=\frac{Q\cos\theta}{4\pi\varepsilon_0 r^2}$$

考虑到 $\cos\theta=\frac{x}{r}$，$r=\sqrt{R^2+x^2}$，则上式可写简化为

$$E=\frac{Qx}{4\pi\varepsilon_0(R^2+x^2)^{3/2}}$$

E 的方向沿轴向，若 Q 为正，则沿轴向指向远方；若 Q 为负，则沿轴向指向圆环。

当 $x\gg R$ 时，$(R^2+x^2)^{3/2}\approx x^3$，则$\boldsymbol{E}$ 的大小为

$$E=\frac{Q}{4\pi\varepsilon_0 x^2}$$

此式说明，远离环心处的电场也相当于一个点电荷激发的电场。

【例 6-6】 今有一均匀带电圆面，半径为 R，面电荷密度为 σ，求圆面轴线上任一点的场强。

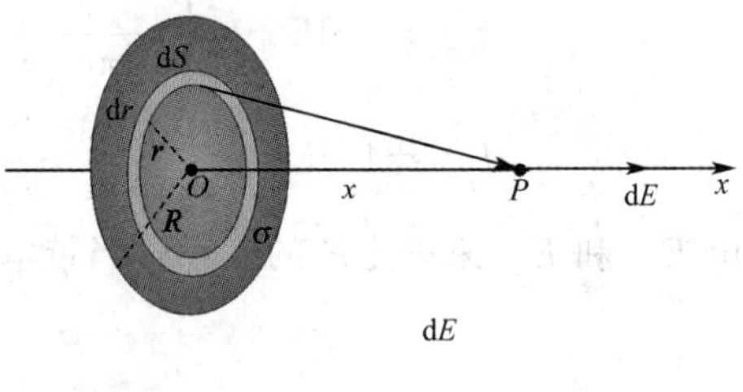

图 6-10 例 6-6

解 如图 6-10 所示，带电圆面可以看作是由许多细圆环组成。取一半径为 r，宽度为 dr 的细圆环，此带电圆环在 P 点激发的电场强度为

$$dE=\frac{\sigma dS\cdot x}{4\pi\varepsilon_0(r^2+x^2)^{3/2}}$$

其中 $dS=2\pi r dr$，方向沿轴线。由于组成圆面的各圆环的电场方向都相同，因此 P 点的场强为

$$E=\int dE=\int_0^R\frac{\sigma 2\pi r dr\cdot x}{4\pi\varepsilon_0(r^2+x^2)^{3/2}}$$

$$=\frac{\sigma}{2\varepsilon_0}\left[1-\frac{x}{(R^2+x^2)^{1/2}}\right]$$

其方向沿轴向。若 σ 为正，则沿轴向指向远方；σ 为负，则沿轴向指向圆面环。当 $x \ll R$ 时，$\frac{x}{(R^2+x^2)^{1/2}} \approx 0$，有

$$E=\frac{\sigma}{2\varepsilon_0}$$

只要 P 点与任意带电平面间的距离小于该点到带电平面边缘各点的距离，即对均匀带电平面中部附近各点来说，该平面都可看作是无限大，其电场场强大小都可由式上式近似表示。写成矢量式

$$\boldsymbol{E}=\frac{\sigma}{2\varepsilon_0}\boldsymbol{n}_0$$

式中，$\boldsymbol{n}_0$ 为平面的法向方向的单位矢量。

6.1.6　电场对带电体的作用

将点电荷 q 放在电场强度为 $\boldsymbol{E}$ 的外电场中的某一点时，电荷受静电力 $\boldsymbol{F}=q\boldsymbol{E}$。要计算一个带电体在电场中受的力的作用，一般要把带电体划分为许多电荷元，先计算每个电荷元所受的力，然后用积分求解带电体所受的合力和合力矩。

电场对带电体的作用

【例 6-7】 计算电偶极子 $\boldsymbol{p}=q\boldsymbol{l}$ 在均匀电场 $\boldsymbol{E}$ 中所受的合力和合力矩。

解　如图 6-11 所示，电矩 $\boldsymbol{p}$ 的方向与电场 $\boldsymbol{E}$ 的方向之间的夹角为 θ，则正负电荷受力分别为

$$\boldsymbol{F}_+=q\boldsymbol{E}$$

$$\boldsymbol{F}_-=-q\boldsymbol{E}$$

所以合力

$$\boldsymbol{F}=\boldsymbol{F}_-+\boldsymbol{F}_+=0$$

但 $\boldsymbol{F}_+$ 和 $\boldsymbol{F}_-$ 不在一直线上，合力矩的大小为

$$M=F_+\frac{l}{2}\sin\theta+F_-\frac{l}{2}\sin\theta=qlE\sin\theta=pE\sin\theta$$

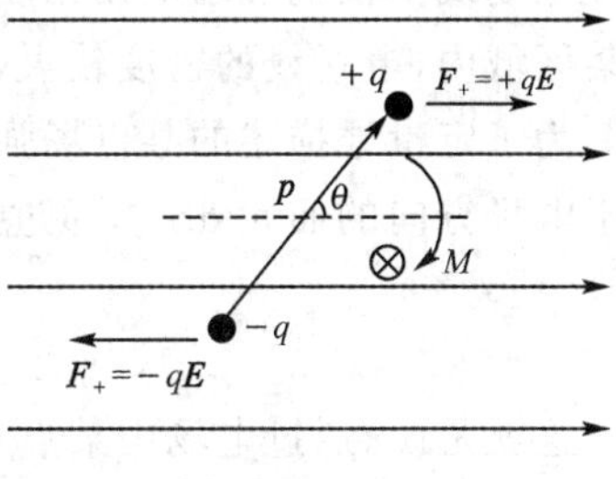

图 6-11　例 6-7

考虑到力矩 $\boldsymbol{M}$ 的方向，上式写成矢量式 $\boldsymbol{M}=\boldsymbol{p}\times\boldsymbol{E}$。

所以，电偶极子在电场作用下总要使电矩 $\boldsymbol{p}$ 的方向转向场强 $\boldsymbol{E}$ 的方向，以达到稳定平衡状态。这也是电介质的极化原理。

6.2　静电场中的高斯定理

6.2.1　电场线

为了更形象地描述电场的性质及空间分布，可以引入“电场线”的概念。电场线是按下述规定在电场中画出的一系列假想的曲线：电场线上任一点的切向表示该点电场强度 $\boldsymbol{E}$ 的方

电场线

向，疏密程度表示电场强度的大小。

图 6-12 为几种常见的电场线，给出了几种静止电荷的电场线图，从图中不难看出，静电场的电场线有以下特点：(1)电场线总是起始于正电荷(或者无穷远处)，终止于负电荷(或者无穷远处)，不会形成闭合曲线；(2)任何两条电场线都不能相交，也不能相切，这是由于电场中每点的电场强度只能有一个确定的方向；(3)电场线在没有电荷地方连续不中断。

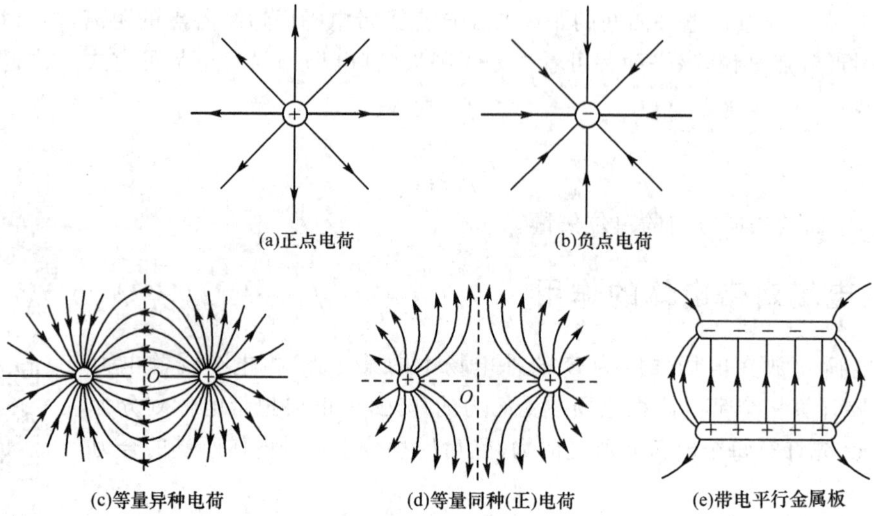

图 6-12 几种常见的电场线

电场线不仅能表示电场强度的方向，而且其在空间的密度分布还能表示电场强度的大小。在某区域内，电场线的密度较大，该处电场强度也较强；电场线的密度较小，该处电场强度也较弱。为了定量地描述的某点场强的大小，对电场线的密度做如下规定：设想通过该点画一个垂直于电场方向的面元 $dS_{\perp}$，通过此面元的电场线条数为 $d\Phi_e$，则

$$E=\frac{d\Phi_e}{dS_{\perp}} \tag{6-21}$$

这就是说，通过电场中某点垂直于电场方向的单位面积所穿过的电场线条数等于该点处电场强度 $\boldsymbol{E}$ 的大小，即电场中某点的电场强度的大小 $\frac{d\Phi_e}{dS_{\perp}}$ 也叫作**电场线数密度。**

6.2.2 电场强度通量

电场强度通量

通过电场中任一给定面 S 的电场线的条数称为通过该面的电场强度通量简称电通量。用符号 Φ_e 表示。

如图 6-13(a)所示，若均匀电场 $\boldsymbol{E}$ 与平面 S 垂直，即 $\boldsymbol{E}$ 与平面 S 的法线 $\boldsymbol{n}$ 的方向夹角为 0，则穿过平面 S 的电通量 Φ_e，根据电场线数密度的定义可知

$$\Phi_e=ES \tag{6-22}$$

若 $\boldsymbol{E}$ 与平面 S 的法线 $\boldsymbol{n}$ 的方向夹角为 θ，则 S 在垂直于 $\boldsymbol{E}$ 的方向上的投影面积 $S'=S\cos\theta$，通过平面 S 的电通量等于通过平面 S' 的电通量即

$$\Phi_e=ES'=ES\cos\theta=\boldsymbol{E}\cdot\boldsymbol{S} \tag{6-23}$$

其中,面积矢量 $\boldsymbol{S}=S\boldsymbol{e}_n$,$\boldsymbol{e}_n$ 为 $\boldsymbol{S}$ 法线方向的单位矢量[图 6-13(b)]。

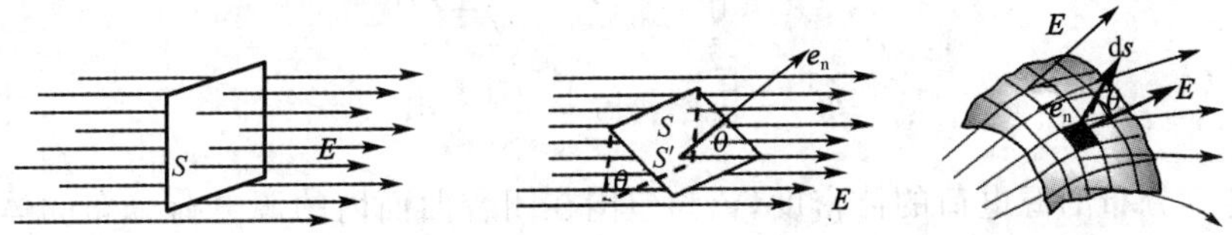

(a)　(b)　(c)

图 6-13　电场强度通量

一般情况下,电场是不均匀的,而且 S 也可以是一个任意的曲面。在曲面上,电场强度的大小和方向是逐点变化的,要计算通过该曲面的电场强度通量时,要把该曲面分割成无限多个无限小的面积元 $\mathrm{d}\boldsymbol{S}$,一个无限小的面积元 $\mathrm{d}\boldsymbol{S}$ 的 $\boldsymbol{e}_n$ 与该面元上 $\boldsymbol{E}$ 的方向的夹角为 θ,如图 6-13(c)所示,可以把 $\mathrm{d}\boldsymbol{S}$ 上的电场强度 $\boldsymbol{E}$ 视为均匀电场,则穿过面积元 $\mathrm{d}\boldsymbol{S}$ 的电通量为

$$\mathrm{d}\Phi_e=\boldsymbol{E}\cdot\mathrm{d}\boldsymbol{S}=E\cos\theta\mathrm{d}S \tag{6-24}$$

电通量是标量,当 $0\leqslant\theta\leqslant\frac{\pi}{2}$ 时,$\mathrm{d}\Phi_e$ 为正,当 $\frac{\pi}{2}\leqslant\theta\leqslant\pi$ 时,$d\Phi_e$ 为负。

通过整个面 $\boldsymbol{S}$ 的电通量等于通过所有 $\mathrm{d}\boldsymbol{S}$ 的电通量的代数和,由于平面 $\boldsymbol{S}$ 连续分布,所以有

$$\Phi_e=\iint_S d\Phi_e=\iint_S \boldsymbol{E}\cdot\mathrm{d}\boldsymbol{S} \tag{6-25}$$

对于闭合曲面,则有

$$\Phi_e=\oiint_S \boldsymbol{E}\cdot\mathrm{d}\boldsymbol{S} \tag{6-26}$$

一般来说,通过闭合曲面的电场线,有“穿进”“穿出”之分,可以用电通量的正、负来表示。为此规定:

1. 对于闭合曲面,其把空间分成两部分,即闭合曲面内和闭合曲面外。规定由内向外为各面积元法线方向的正方向,因此,如图 6-13(c)所示,当电场线从内部穿出时,$0\leqslant\theta\leqslant\frac{\pi}{2}$,$\mathrm{d}\Phi_e$ 为正;当电场线从外部穿入时,$\frac{\pi}{2}\leqslant\theta\leqslant\pi$ 时,$\mathrm{d}\Phi_e$ 为负。通过整个曲面的电通量 Φ_e 就等于穿出与穿入曲面的电场线条数之差,也就是净穿出曲面的电场线的总条数。

2. 对于没有闭合的曲面,曲面上各处的法线的正方向可以任意选取。

6.2.3　静电场中的高斯定理

既然电场是由电荷激发的,那么通过电场空间某一给定闭合曲面的电通量与激发电场的场源电荷必有确定的关系。德国物理学家和数学家高斯通过缜密运算论证了这一关系,这就是著名的**高斯定理**。**高斯定理**是电磁学中的一条基本定理,它给出了通过任意闭合曲面的电通量与闭合曲面内部所包围的电荷的关系,具体表述如下:

静电场中的高斯定理及其应用

在真空中的静电场中,穿过任意闭合曲面的电通量 Φ_e 等于该闭合曲面内包围的电量的代数和 $\sum q_i$ 除以真空中的介电常数 ε_0,与闭合曲面外的电荷无关,即

$$\Phi_e=\oiint_S \boldsymbol{E}\cdot \mathrm{d}\boldsymbol{S}=\frac{1}{\varepsilon_0}\sum q_i \tag{6 27}$$

$$\Phi_e=\oiint_S \boldsymbol{E}\cdot \mathrm{d}\boldsymbol{S}=\frac{1}{\varepsilon_0}\int_V \rho\,\mathrm{d}V \tag{6-28}$$

式中，ρ 为连续分布的源电荷的体密度，V 为包围在闭合曲面内的源电荷分布的体积。高斯定理中的闭合曲面通常称为“**高斯面**”。

为方便我们对高斯定理的理解，下面对该定理进行简明论证：

1. 通过包围点电荷 q 的任意同心球面的电通量都等于 $\dfrac{q}{\varepsilon_0}$

如图 6-14(a)所示，由点电荷的电场强度的分布具有球对称性可知，半径为 r 的球面上任一点的电场强度的大小都是 $\dfrac{q}{4\pi\varepsilon_0 r^2}$，方向都是沿着矢径 $\boldsymbol{r}$ 的方向，且处处与球面垂直，则穿过这个球面的电通量为

$$\begin{aligned}\Phi_e&=\oiint_S \boldsymbol{E}\cdot \mathrm{d}\boldsymbol{S}=\oiint_S E\cos 0\mathrm{d}S\\&=E\oiint_S \mathrm{d}S=\frac{q}{4\pi\varepsilon_0 r^2}\cdot 4\pi r^2=\frac{q}{\varepsilon_0}\end{aligned} \tag{6-29}$$

此结果表明，通过包围点电荷 q 的任一同心球面的电通量都等于 $\dfrac{q}{\varepsilon_0}$，与球面的半径 r 无关，只与它所包围的电荷的电量有关。用电场线的图像来说，表示穿过各任一包围点电荷 q 的闭合球面电场线的总条数相等。当 q 是正电荷时，$\Phi_e>0$，表示电场线从正电荷出发且穿出球面，故 $+q$ 为静电场的源头；当 q 是负电荷时，$\Phi_e<0$，表示电场线穿入球面且止于负电荷，故 $-q$ 为静电场的尾闾(汇)。这说明静电场是有源场，同时也证明了电场线的连续性。

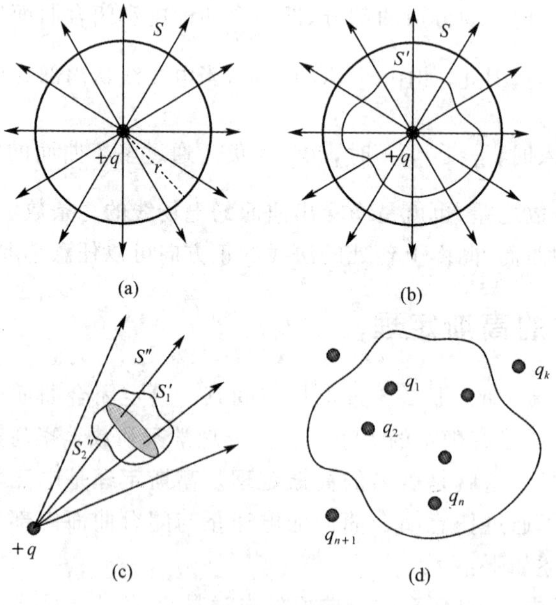

图 6-14　推导高斯定理

2. 包围点电荷 q 的任意闭合曲面 S' 的电通量都等于 $\frac{q}{\varepsilon_0}$

如图 6-14(b)所示，点电荷所在点为球心，在 S' 外做球面 S，由前文可知穿过 S 的电通量等于 $\frac{q}{\varepsilon_0}$。由于 S 与 S' 之间没有其他电荷，从电荷 q 发出的电场线具有连续性，通过 S 的电场线必然全部通过 S'，且延伸到无穷远处，因此通过 S' 的电通量也等于 $\frac{q}{\varepsilon_0}$。

3. 通过不包围点电荷的任意曲面 S'' 的电通量恒为 0

如图 6-14(c)所示，闭合曲面在点电荷外，把曲面分为两部分 S''_1 和 S''_2。通过 S''_1 的电通量 Φ_e 和通过 S''_2 的电通量 Φ'_e 大小相等，但符号相反，它们的代数和 $\Phi_e+\Phi'_e=0$，即每一条电场线只要从某处穿入必定从另一处穿出，一进一出正负抵消。

4. 对于多个点电荷或任意带电体形成的电场，通过任意闭合曲面 S 的电通量等于 $\frac{1}{\varepsilon_0}\sum\limits_{S内} q_i$

如图 6-14(d)所示，闭合曲面内有点电荷 $q_1, q_2, \cdots, q_n$，闭合曲面外有点电荷 $q_{n+1}, q_{n+2}, \cdots, q_k$。由场强的叠加原理可知，在闭合曲面的某个面元 $\mathrm{d}S$ 处所激发的总场强为

$$E=(\boldsymbol{E}_1+\boldsymbol{E}_2+\cdots\boldsymbol{E}_n)+(\boldsymbol{E}_{n+1}+\boldsymbol{E}_{n+2}+\cdots\boldsymbol{E}_k) \tag{6-30}$$

因此，该点电荷系的总电场在 $\mathrm{d}S$ 处的电通量为

$$\begin{aligned}\mathrm{d}\Phi_e &=\boldsymbol{E}\cdot\mathrm{d}\boldsymbol{S}=(\boldsymbol{E}_1\cdot\mathrm{d}\boldsymbol{S}+\boldsymbol{E}_2\cdot\mathrm{d}\boldsymbol{S}+\cdots+\boldsymbol{E}_n\cdot\mathrm{d}\boldsymbol{S})+\\ &\quad(\boldsymbol{E}_{n+1}\cdot\mathrm{d}\boldsymbol{S}+\boldsymbol{E}_{n+2}\cdot\mathrm{d}\boldsymbol{S}+\cdots+\boldsymbol{E}_k\cdot\mathrm{d}\boldsymbol{S})\\ &=(\mathrm{d}\Phi_{e1}+\mathrm{d}\Phi_{e2}+\cdots+\mathrm{d}\Phi_{en})+(\mathrm{d}\Phi_{e(n+1)}+\mathrm{d}\Phi_{e(n+2)}+\cdots+\mathrm{d}\Phi_{ek})\end{aligned} \tag{6-31}$$

闭合曲面外的点电荷所产生的电场通过闭合曲面的电通量为 0。闭合曲面内的点电荷所产生的电场穿过闭合曲面的电通量为

$$\begin{aligned}\Phi_e &=\oiint \mathrm{d}\Phi_e=\Phi_{e1}+\Phi_{e2}+\cdots+\Phi_{en}\\ &=\frac{q_1}{\varepsilon_0}+\frac{q_2}{\varepsilon_0}+\cdots+\frac{q_n}{\varepsilon_0}\\ &=\frac{1}{\varepsilon_0}\sum_{i=1}^{n}q_i\end{aligned} \tag{6-32}$$

应当指出，高斯定理说明穿过闭合曲面的电通量只与该闭合曲面内所包含的电荷有关，与电荷分布无关，但并没有说明闭合曲面上任一点的电场强度只与该闭合曲面内所包含的电荷有关。电场中涉及的电场强度是由所有场源电荷即闭合曲面内、外所有电荷共同产生的总的电场强度。虽然高斯定理是在库仑定律的基础上得出的，但库仑定律是从电荷间的作用反映静电场的性质，而高斯定理则是从场和场源电荷间的关系反映静电场的性质。从场的研究方面来看，高斯定理比库仑定律更基本，应用范围更广。库仑定律只适用于静电场，而高斯定理不但适用于静电场，而且对变化的电场也适用，它是电磁场理论的基本方程之一，由矢量场的高斯公式

$$\oiint_S \boldsymbol{E}\cdot\mathrm{d}\boldsymbol{S}=\iiint_V(\nabla\cdot\boldsymbol{E})\mathrm{d}V=\frac{1}{\varepsilon_0}\iiint_V\rho\cdot\mathrm{d}V$$

可得

$$\nabla\cdot\boldsymbol{E}=\rho\neq 0 \tag{6-33}$$

它反映了“静电场是有源场”这一基本性质。

6.2.4 高斯定理应用举例

高斯定理不仅反映了静电场的性质，而且还可用于简洁方便地求解某些特殊情况下的电通量和电场强度。如果已知带电体的电荷分布，根据高斯定理很容易求得任意闭合曲面的电通量，但很难直接确定场中各点的电场强度。但当电荷分布具有某种对称性时取合适的高斯面时，可以用高斯定理很方便地计算电场强度，其计算过程比前面介绍的电场叠加原理要简单得多，而这些特殊情况在实际应用中是很常见的。下面我们就举例说明应用高斯定理求解电场强度的方法。具体的思路和方法如下：当场源电荷分布具有某种对称性时，应用高斯定理，选取适当的高斯面，使面积分$\oint\!\!\oint_S \boldsymbol{E}\cdot\mathrm{d}\boldsymbol{S}$中的$\boldsymbol{E}$能以标量的形式提出来，使之成为$E\oint\!\!\oint_S \mathrm{d}S=ES=\frac{1}{\varepsilon_0}\sum_{S内}q_i$，即可求出电场强度。具体的思路：第一，分析$\boldsymbol{E}$的对称性；第二，选取合适的高斯面$S$的原则，是通过待求$\boldsymbol{E}$的区域，让$S$上待求$\boldsymbol{E}$处，$\boldsymbol{E}\ /\!/\ \mathrm{d}\boldsymbol{S}$，使得$\iint \boldsymbol{E}\cdot\mathrm{d}\boldsymbol{S}=E\iint \mathrm{d}S$，其余处必须有$\boldsymbol{E}\cdot\mathrm{d}\boldsymbol{S}=0$($E=0$或$\boldsymbol{E}\perp\mathrm{d}\boldsymbol{S}$)；第三，根据高斯定理列方程求解。下面举例说明如何应用高斯定理来计算对称分布的电场的电场强度。

1. 具有轴对称性的电场(轴对称)

【例 6-7】 求无限长均匀带电直线周围的电场场强分布(线电荷密度为$\lambda>0$)。

解 如图 6-15(a)所示，由于电荷分布的轴对称性，其产生的电场也具有轴对称性，即距离导线轴线垂直距离相等的各点电场强度的大小相等，方向一定垂直于带电直线沿径向，此外和P点在同一圆柱面(以带电直导线为轴)上的各点电场强度的大小也都相等，都沿径向。轴对称的电场分布还有无限长电荷均匀分布的圆柱面、圆柱体以及电荷的体密度按照与轴距离相等的地方密度相等分布的圆柱体等带电体。轴线就是圆柱空间的对称中心，对于具有轴对称性的电场分布通常选取的高斯面为一系列具有不同高度、不同半径的有限圆柱面。

通过所求场点P作一半径为r、高度为l的圆柱面，其上、下底面面积分别为S_1、S_2，侧表面为S_0，如图 6-15(b)所示由于$\boldsymbol{E}$与上、下底面的法线垂直，因此通过两个底面的电通量为零，而在侧面上，$\boldsymbol{E}$的大小相等方向与其法线平行，则通过侧面的电通量为$E2\pi rl$，具体计算过程如下：

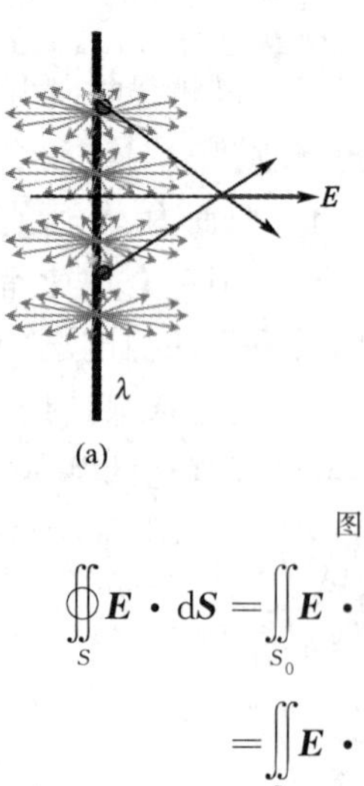

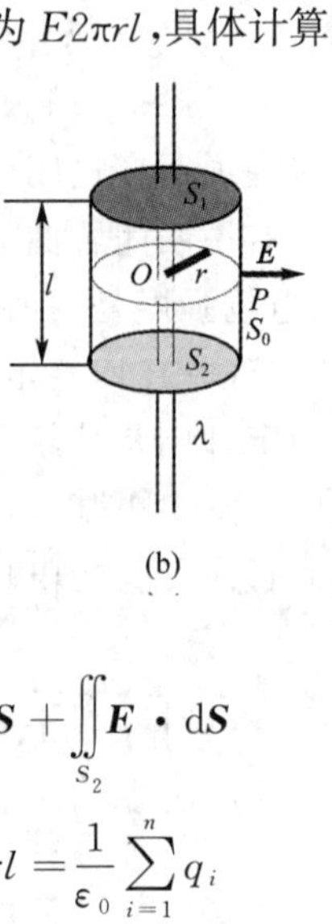

图 6-15 例 6-7

$$\oint\!\!\oint_S \boldsymbol{E}\cdot\mathrm{d}\boldsymbol{S}=\iint_{S_0}\boldsymbol{E}\cdot\mathrm{d}\boldsymbol{S}+\iint_{S_1}\boldsymbol{E}\cdot\mathrm{d}\boldsymbol{S}+\iint_{S_2}\boldsymbol{E}\cdot\mathrm{d}\boldsymbol{S}$$

$$=\iint_{S_0}\boldsymbol{E}\cdot\mathrm{d}\boldsymbol{S}=E\cdot 2\pi rl=\frac{1}{\varepsilon_0}\sum_{i=1}^{n}q_i$$

$$=\frac{\lambda l}{\varepsilon_0}$$

所以无限长均匀带电直线周围电场的电场场强大小为

$$E=\frac{\lambda}{2\pi\varepsilon_0 r}$$

方向：当 $\lambda>0$ 垂直于轴线向外，当 $\lambda<0$ 垂直于轴线向内。如果用 $\boldsymbol{r}_0$ 表示沿径向 $\boldsymbol{r}$ 单位矢量，则写成矢量式 $\boldsymbol{E}=\frac{\lambda}{2\pi\varepsilon_0 r}\boldsymbol{r}_0$。

【例 6-8】　求无限长均匀带电圆柱面(面电荷密度为 σ)、圆柱体内外的电场强度分布(体电荷密度为 ρ)。

解　物理学上的无限长是指所求的场点距离中轴线的距离比圆柱面圆柱体的长度小得多的情况(图 6-16)。通过对称分析可知电场具有轴对称性，选与带电体同轴的圆柱面作为高斯面，分别通过带电体内、外所求场点 P_1、P_2，做一高度为 l 高斯面 S_1、S_2，同一圆柱面上的各点电场强度大小都相等，方向垂直于带电轴线沿径向。则由高斯定理

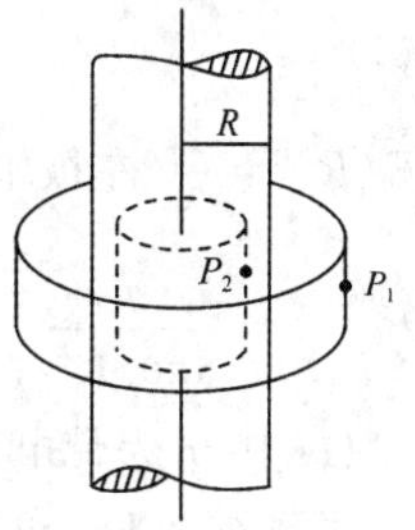

图 6-16　例 6-8

$$\Phi_e=\oiint_S \boldsymbol{E}\cdot d\boldsymbol{S}=\frac{1}{\varepsilon_0}\sum_{S内} q_i$$

其左端整理同为

$$\oiint_S \boldsymbol{E}\cdot d\boldsymbol{S}=E\cdot 2\pi r l$$

对于圆柱面：

(1)$r<R$：$\sum_{S内} q_i=0$，$E_{内}=0$；

(2)$r>R$：$\sum_{S内} q_i=2\pi R l\sigma$，$\boldsymbol{E}_{外}=\frac{R\sigma}{r\varepsilon_0}\boldsymbol{r}_0$。

对于圆柱体：

(1)$r\leqslant R$：$\sum_{S内} q_i=\frac{1}{\varepsilon_0}\rho\pi r^2 l$，$\boldsymbol{E}_{内}=\frac{\rho r}{2\varepsilon_0}\boldsymbol{r}_0$；

(2)$r\geqslant R$：$\sum_{S内} q_i=\frac{1}{\varepsilon_0}\rho\pi R^2 l$，$\boldsymbol{E}_{外}=\frac{\rho R^2}{2\varepsilon_0 r}\boldsymbol{r}_0$。

注意：对于圆柱面，电场强度在面上不连续，对于圆柱体，电场强度在面上连续分布。

2. 具有球对称性的电场(中心对称)

【例 6-9】　试计算均匀带电球面内外电场强度分布。设球面带电总量为 q，半径为 R。

解　由于电荷均匀分布在球面上，因此电荷分布是球对称的，由定性分析可知 $\boldsymbol{E}$ 的分布也呈球对称性，即与球心距离相等的球面上各点的电场强度的大小相等，方向沿着半径呈辐射状。在球内、球外通过所求场点 $\boldsymbol{E}$ 作均为同心球面的高斯面 S_1 和 I_1(图 6-17)，它们都以带电体球心为球心。由对称性可知，高斯面上的电场强度大小处处相等，方向与所穿过的高斯面面元的法线的夹角为 0，根据高斯定理 $\oiint_S \boldsymbol{E}\cdot d\boldsymbol{S}=\frac{1}{\varepsilon_0}\sum_{S内} q_i$ 有

(1)$r>R$：$\oiint_{S_1}\boldsymbol{E}_1\cdot d\boldsymbol{S}=E_1\cdot 4\pi r^2=\frac{q}{\varepsilon_0}$，解得：$E_1=\frac{q}{4\pi\varepsilon_0 r^2}$；

(2) $r<R$：$\oiint_{S_2}\boldsymbol{E}_2\cdot \mathrm{d}\boldsymbol{S}=E_2\cdot 4\pi r^2=\frac{0}{\varepsilon_0}$，解得：$E_2=0$。

写成矢量式为 $\boldsymbol{E}_1=\frac{1}{4\pi\varepsilon_0}\frac{q}{r^2}\boldsymbol{r}_0(r>R)\begin{cases}q>0 & \boldsymbol{E}\text{ 与 }\boldsymbol{r}_0\text{ 同向}\\ q<0 & \boldsymbol{E}\text{ 与 }\boldsymbol{r}_0\text{ 反向}\end{cases}$，式中，$\boldsymbol{r}_0$ 表示沿径向 $\boldsymbol{r}$ 的单位矢量。

由前面的计算结果可知，场强在 $r=R$ 处间断，属于第二类间断点，因此球面上的场强为

$$E(R)=\frac{1}{2}(\text{左极限}+\text{右极限})=\frac{1}{2}\frac{q}{4\pi\varepsilon_0 R^2}$$

$$=\frac{q}{8\pi\varepsilon_0 R^2}=\frac{\sigma}{2\varepsilon_0}$$

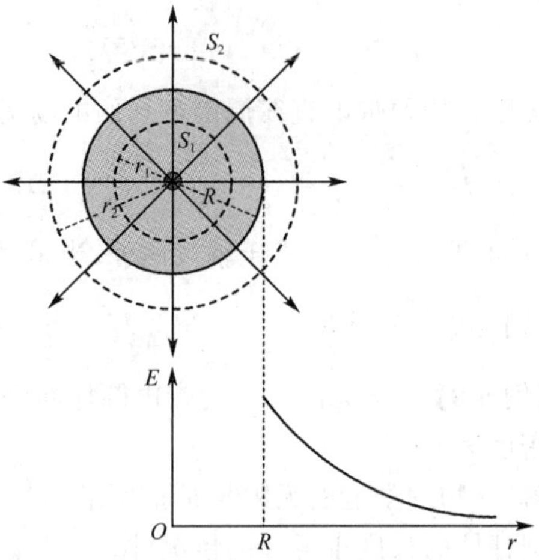

图 6-17　例 6-9

式中，σ 为带电球壳的电荷面密度。均匀带电球面的电场强度在球面上不连续。

【例 6-10】　求均匀带电球体内、外电场强度分布，设均匀带电球体的带电量总为 q，半径为 R（图 6-18）。

解　由于电荷分布具有球对称性，因此电场分布也具有球对称性。在球内、球外过所求场点作均为同心球面的高斯面 S，球心在带电体球心处，通过任意点 P_1，做高斯面 S_1、S_2，根据高斯定理有

(1) $r>R$：$\oiint_{S_1}\boldsymbol{E}\cdot \mathrm{d}\boldsymbol{S}=E_1\cdot 4\pi r^2=\frac{q}{\varepsilon_0}$；

(2) $r<R$：$\oiint_{S_2}\boldsymbol{E}\cdot \mathrm{d}\boldsymbol{S}=E_2\cdot 4\pi r^2=\frac{\frac{4}{3}\pi r^3 q}{\varepsilon_0\frac{4}{3}\pi R^3}$。

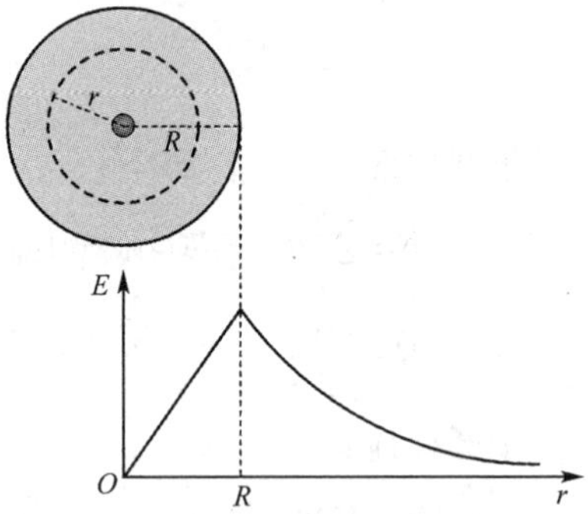

图 6-18　例 6-10

所以有

(1) $r\geqslant R$：$\boldsymbol{E}_1=\frac{q}{4\pi r^2\varepsilon_0}\boldsymbol{r}_0$；

(2) $r\leqslant R$：$\boldsymbol{E}_2=\frac{qr}{4\pi\varepsilon_0 R^3}\boldsymbol{r}_0$。

可见，对于均匀带电球面电场强度在球面上不连续，对于均匀带电球体电场强度在球面上连续分布。

3. 具有面对称性的电场

【例 6-11】　求无限大均匀带电平面周围的电场强度分布。

解　设带电体的面密度为 $+\sigma$，由于均匀带电平面是无限大的，带电平面两侧附近的电场分布具有面对称性，即与带电平面距离相等的两侧 $\boldsymbol{E}$ 的大小相等，方向垂直于带电平面，带电平面就是对称中心，作通过所求 $\boldsymbol{E}$ 的高斯面[图 6-19(a)]，高斯面是个圆柱面，它垂直穿过带电平面，且对带电平面是对称的，其侧面的法线与 $\boldsymbol{E}$ 的方向垂直，所以通过侧面的电通量为 0；而

两底面的外法线方向与$\boldsymbol{E}$ 的方向的夹角为 0，且两底面上$\boldsymbol{E}$ 的大小相等，所以通过两底面的电通量为 ES，根据高斯定理有

$$\oint\!\!\!\oint_S \boldsymbol{E} \cdot \mathrm{d}\boldsymbol{S} = \frac{1}{\varepsilon_0}\sum_{i=1}^{n} q_i = \frac{S\sigma}{\varepsilon_0}$$

又因为

$$\oint\!\!\!\oint_S \boldsymbol{E} \cdot \mathrm{d}\boldsymbol{S} = 2\iint_S \boldsymbol{E} \cdot \mathrm{d}\boldsymbol{S} = 2ES$$

解得

$$E = \frac{\sigma}{2\varepsilon_0}$$

上式表明，无限大均匀带电平面周围的$\boldsymbol{E}$ 与场点到平面的距离无关，而且$\boldsymbol{E}$ 的方向与带电平面垂直，这又为获得匀强电场提供了思路。可利用叠加原理求解出两无限大均匀带电平面之间的电场是均匀电场，可进一步求得两带等量异号电荷的无限大均匀带电平面之间的电场强度大小为 $E = \sigma/\varepsilon_0$，方向由带正电的平面指向带负电的平面。σ 为平面的电荷面密度。两个平行放置电荷面密度等量异号的无限大均匀带电平面外侧的电场强度为 0，极板间为匀强电场［图 6-19(b)］。

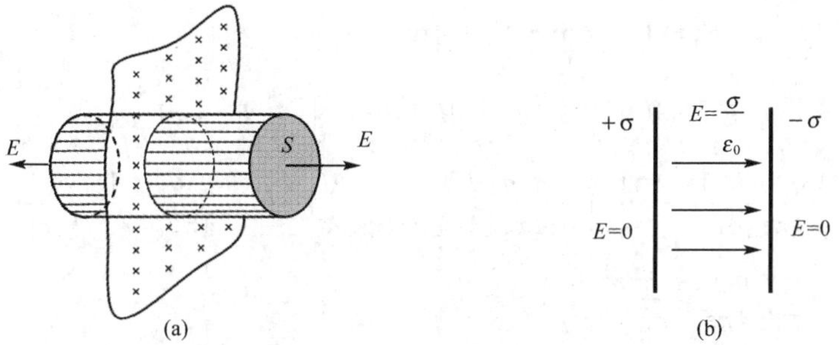

图 6-19　例 6-11

由以上典型例子可以看出，应用高斯定理求解电场强度分布问题非常简单，其关键是寻找合适的高斯面，只有那些具有简单几何形状且具有空间对称性的带电体才能找到简单的高斯面。此外，还可以巧用高斯定理构造闭合曲面方便求解通过某一非闭合曲面的电通量。

6.3　静电场的环路定理　电势能　电势

前面的内容从“电场对电荷有作用力”这一角度出发研究了静电场的性质，下面我们将从电场力做功即功和能的角度出发来研究静电场的性质。

6.3.1　静电力的功

静电力的功

如图 6-20 所示，在点电荷 Q 所激发的静电场中，将试验电荷 q_0 从 a 点沿任意路径移至 b 点，设在此过程中试探电荷 q_0 受到的电场力为 $\boldsymbol{F}$，则电场力 $\boldsymbol{F}$ 在元位移 $\mathrm{d}\boldsymbol{l}$ 的过程中对 q_0 所做的元功为

$$\mathrm{d}A=\boldsymbol{F}\cdot\mathrm{d}\boldsymbol{l}=q_0\boldsymbol{E}\cdot\mathrm{d}\boldsymbol{l}=\frac{q_0Q\mathrm{d}l\cos\theta}{4\pi\varepsilon_0r^2}=\frac{q_0Q\mathrm{d}r}{4\pi\varepsilon_0r^2}\qquad(6\text{-}34)$$

所以在试验电荷从 a 点沿任意路径移至 b 点的过程中，电场力做的总功为

$$A=\int_{r_a}^{r_b}\frac{q_0Q\mathrm{d}r}{4\pi\varepsilon_0r^2}=\frac{q_0Q}{4\pi\varepsilon_0}\left(\frac{1}{r_a}-\frac{1}{r_b}\right)\qquad(6\text{-}35)$$

式中，r_a、r_b 分别是路径的起点和终点离点电荷 Q 的距离。可见，在其点电荷 Q 激发的电场中，电场力做功仅与所移动电荷的电量大小及其始末位置有关，而与所经过的路径无关，因此点电荷的电场是个保守场。

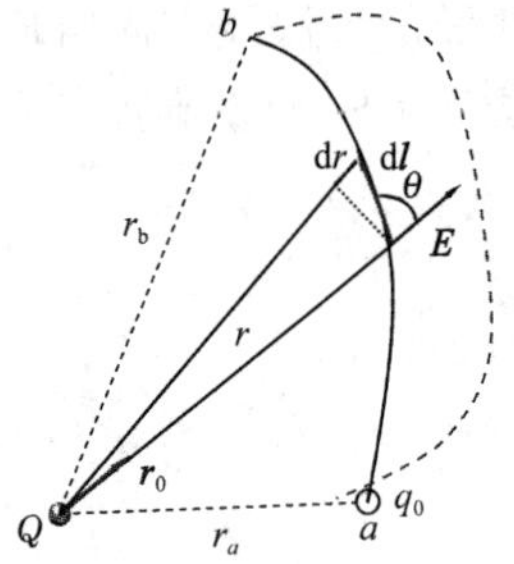

图 6-20　电场力做功

利用电场强度叠加原理很容易将上述结论推广到任意带电体产生的静电场。任意带电体可以看作许多点电荷的集合，某场点总电场强度等于各点电荷在该场点产生的电场强度的矢量和，即 $\boldsymbol{E}=\boldsymbol{E}_1+\boldsymbol{E}_2+\cdots+\boldsymbol{E}_n$。

在电场 $\boldsymbol{E}$ 中，将试验电荷 q_0 从 a 点沿任意路径移动到 b 点时，电场力做功为

$$\begin{aligned}A&=\int_{r_a}^{r_b}q_0\boldsymbol{E}\cdot\mathrm{d}\boldsymbol{l}\\&=\int_{r_a}^{r_b}q_0(\boldsymbol{E}_1+\boldsymbol{E}_2+\cdots+\boldsymbol{E}_n)\cdot\mathrm{d}\boldsymbol{l}\\&=\int_{r_a}^{r_b}q_0\boldsymbol{E}_1\cdot\mathrm{d}\boldsymbol{l}+\int_{r_a}^{r_b}q_0\boldsymbol{E}_2\cdot\mathrm{d}\boldsymbol{l}+\cdots+\int_{r_a}^{r_b}q_0\boldsymbol{E}_n\cdot\mathrm{d}\boldsymbol{l}\qquad(6\text{-}36)\\&=\frac{q_0q_1}{4\pi\varepsilon_0}\left(\frac{1}{r_{1a}}-\frac{1}{r_{1b}}\right)+\frac{q_0q_2}{4\pi\varepsilon_0}\left(\frac{1}{r_{2a}}-\frac{1}{r_{2b}}\right)+\cdots+\frac{q_0q_n}{4\pi\varepsilon_0}\left(\frac{1}{r_{na}}-\frac{1}{r_{nb}}\right)\\&=\sum_{i=1}^{n}\frac{q_0q_i}{4\pi\varepsilon_0}\left(\frac{1}{r_{ia}}-\frac{1}{r_{ib}}\right)\end{aligned}$$

式中，r_{ia}、r_{ib} 分别是试验电荷 q_0 在路径的起点和终点离第 i 个点电荷的距离。式 6-36 表明，电场力做功仍只是取决于所移动电荷的始末位置，而与其所经过的路径无关，因此可以得出结论：试验电荷在任何静电场中移动时，电场力做功只与电场的性质、试验电荷的电量及其路径的其始、末位置有关，而与其路径无关。这说明静电力是保守力，静电场是保守力场。

6.3.2　静电场的环路定理

如图 6-21 所示，在静电场中，若将试验电荷 q_0 从电场中 a 点沿任意闭合路径 $acbda$ 移动一周，电场力做功可表示为

静电场的环路定理

$$\begin{aligned}A&=\oint_L q_0\boldsymbol{E}\cdot\mathrm{d}\boldsymbol{l}=q_0\int_{acb}\boldsymbol{E}\cdot\mathrm{d}\boldsymbol{l}+q_0\int_{bda}\boldsymbol{E}\cdot\mathrm{d}\boldsymbol{l}\\&=q_0\int_{acb}\boldsymbol{E}\cdot\mathrm{d}\boldsymbol{l}-q_0\int_{adb}\boldsymbol{E}\cdot\mathrm{d}\boldsymbol{l}=0\qquad(6\text{-}37)\end{aligned}$$

由于 $q_0\neq0$，因此

$$\oint_L\boldsymbol{E}\cdot\mathrm{d}\boldsymbol{l}=0\qquad(6\text{-}38)$$

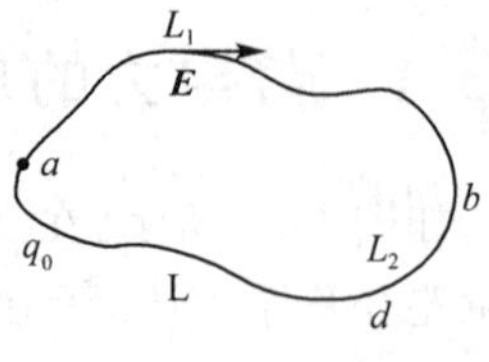

图 6-21　电场强度的环流

式(6-38)表明，对任意静电场，静电场力移动试验电荷做功(电场强度的线积分)均与路径无关，仅与始末位置有关。称电场强度 $\boldsymbol{E}$ 沿任意闭合路径的积分为 **$\boldsymbol{E}$ 的环流**。它表明，在静电场中，电场强

度 $\boldsymbol{E}$ 的环流恒等于 0，这称为**静电场的安培环路定理**。它是静电场为保守力场的数学表示。根据矢量场的斯托克斯公式 $\oint_L \boldsymbol{E} \cdot \mathrm{d}\boldsymbol{l} = \iint_S (\nabla \times \boldsymbol{E}) \cdot \mathrm{d}\boldsymbol{S}$ 可得其微分表示式为

$$\nabla \times \boldsymbol{E} = 0 \tag{6-39}$$

它表示静电场是一个无旋场。总体来说，静电场是一种有源无旋场。式(6-38) 说明了静电场力与重力、万有引力、弹性力一样，也是保守力静电场是保守场，也可以引入电势能、电势的概念。

6.3.3　电势能　电势　电势差

1. 电势能

电势能 电势 电势差

在力学中，由于重力、万有引力、弹性力等保守力做功具有与路径无关的特点，我们曾引入势能的概念，从前文的讨论中我们知道静电力是保守力，其做功也与路径无关，因此可以引入电势能的概念，即电荷在电场中的一定位置上具有一定的电势能，它是属于电荷与电场系统所共有的。这样静电力对电荷所做的功就等于电荷电势能的改变量。若以 E_{pa} 和 E_{pb} 分别表示点电荷 q_0 在电场中 a、b 两点处的电势能，则试验电荷从 a 移动到 b，静电场力对它做的功为

$$A_{ab} = q_0 \int_a^b \boldsymbol{E} \cdot \mathrm{d}\boldsymbol{l} = E_{pa} - E_{pb} = -(E_{pb} - E_{pa}) \tag{6-40}$$

由上式可以看出，电场力做正功时，$A_{ab} > 0$，则 $E_{pa} > E_{pb}$，电势能减少；电场力做负功时，$A_{ab} < 0$，则 $E_{pa} < E_{pb}$，电势能增加。或者说保守力所做的功等于系统势能增量的负值。

电势能和重力势能、弹性势能一样，是一个相对的量，即试验电荷在电场中的电势能与选择的零势能参考点有关。这个参考点的选择可以是任意的，视解决问题方便而定。若选择 q_0 在 b 处的电势能为 0，即 $E_{pb} = 0$，则有

$$E_{pa} = q_0 \int_a^{\text{“}0\text{”}} \boldsymbol{E} \cdot \mathrm{d}\boldsymbol{l} \tag{6-41}$$

这表明，电荷 q_0 在电场中 a 点的电势能，在数值上就等于把它移动到势能零点静电场力所做的功，在国际单位制中，电势能的单位是焦耳 J。当场源电荷局限在有限大小的空间里时，为了方便，通常把电势零点选在无穷远处，即规定 $E_{p\infty} = 0$，则电荷 q_0 在 a 点的电势能为

$$E_{pa} = q_0 \int_a^{\infty} \boldsymbol{E} \cdot \mathrm{d}\boldsymbol{l} \tag{6-42}$$

若场源电荷为点电荷，电量为 Q，则电荷 q_0 在 a 点的电势能为

$$E_{pa} = \int_a^{\infty} \frac{Qq_0}{4\pi\varepsilon_0 r^2} \boldsymbol{r}_0 \cdot \mathrm{d}\boldsymbol{r} = \int_{r_a}^{\infty} \frac{Qq_0}{4\pi\varepsilon_0 r^2} \cdot \mathrm{d}r = \frac{Qq_0}{4\pi\varepsilon_0 r_a} \tag{6-43}$$

应该指出，与其他形式的势能一样，电势能是带电体与电场的相互作用能，它属于带电体与和电场组成的系统。

2. 电势

系统的电势能既与试验电荷有关，也与场源电荷有关。但根据 6-41 式可得 $\dfrac{E_{pa}}{q_0}$ 与试验电荷 q_0 无关，仅由电场的性质和 a 点的位置决定，因此，$\dfrac{E_{pa}}{q_0}$ 是描述电场中任一点 a 电场性质的

另一个基本物理量，称为 a 点的电势，用 U_a 表示。

若规定无穷远处为电势零点，静电场中某 a 点的电势 U_a 被定义为将单位正试验电荷从电场 a 点沿任意路径移至无穷远处的过程中静电场力所做的功。即

$$U_a = \frac{E_{pa}}{q_0} = \frac{A_{a\to\infty}}{q_0} = \frac{q_0\int_a^{\infty}\boldsymbol{E}\cdot \mathrm{d}\boldsymbol{l}}{q_0} = \int_a^{\infty}\boldsymbol{E}\cdot \mathrm{d}\boldsymbol{l} \tag{6-44}$$

电势是标量，在国际单位制中，电势的单位为伏特，符号为 V。

由 6-43 式可得点电荷 Q 的电势公式为

$$U = \frac{Q}{4\pi\varepsilon_0 r} \tag{6-45}$$

电势也是个相对量，其零点选在了无穷远处。对于点电荷系来说，有

$$\begin{aligned} U &= \frac{A_{a\to\infty}}{q_0} = \frac{q_0\int_a^{\infty}\boldsymbol{E}\cdot \mathrm{d}\boldsymbol{l}}{q_0} \\ &= \int_a^{\infty}(\boldsymbol{E}_1 + \boldsymbol{E}_2 + \cdots + \boldsymbol{E}_n)\cdot \mathrm{d}\boldsymbol{l} \\ &= U_1 + U_2 + \cdots + U_n \\ &= \sum_{i=1}^{n} U_i = \frac{1}{4\pi\varepsilon_0}\sum_{i=1}^{n}\frac{Q_i}{r_i} \end{aligned} \tag{6-46}$$

此式称作**“电势叠加原理”**。它表示一个电荷系的电场中任意点的电势等于每一个带电体单独存在时在该点所产生的电势的代数和。

对于连续带电体来说，只要将它分割成无数多个电荷元 $\mathrm{d}q$，就可求得电场中任一处的电势：

$$U = \iiint_V \frac{1}{4\pi\varepsilon_0}\frac{\mathrm{d}q}{r} = \iiint_V \frac{1}{4\pi\varepsilon_0}\frac{\rho}{r}\mathrm{d}V \tag{6-47}$$

式中，V 是整个带电体的体积，ρ 是带电体的电荷体密度。

电场中任意两点 a 和 b 电势之差称为 a、b 两点的**电势差**，也称为**“电压”**，用 U_{ab} 表示，即

$$U_{ab} = U_a - U_b = \int_a^{\infty}\boldsymbol{E}\cdot \mathrm{d}\boldsymbol{l} - \int_b^{\infty}\boldsymbol{E}\cdot \mathrm{d}\boldsymbol{l} = \int_b^{a}\boldsymbol{E}\cdot \mathrm{d}\boldsymbol{l} \tag{6-48}$$

式 6-48 表明，静电场中，a、b 两点的电势差等于单位正电荷从 a 点沿任意路径移至 b 点的过程中静电场力所做的功。据此，当任一电荷 q_0 从 a 点沿任意路径移至 b 点时，电场力做功可用 a、b 两点的电势差表示，即

$$A_{ab} = q_0 U_{ab} = q_0(U_a - U_b) \tag{6-49}$$

对于电势零点的选择也是任意的，一般情况下，场源电荷分布在有限空间中时，选择无穷远处为电势的零点；但当场源电荷的分布广延到无穷大时，不能再取无穷远处为电势的零点，因为会遇到积分不收敛的困难而无法确定电势。这时通常另选一合适的某一点作为电势参考零点，在工程实践中要视具体情况而定，也常选取地球为电势零点。

3. 电势的计算

电势的计算一般有两种方法，第一种是求出空间电场强度分布，根据定义进行计算，此方法普遍适用；第二种是利用点电荷的电势公式和电势的叠加原理进行计算，但前提是选无穷远处为电势的零点才适用。下面举例说明，在真空中的静止电荷分布已知时，如何计算电势的分

布。需要指出的是，根据定义式进行计算时首先明确电势的零点，其次求出电场的分布，最后任选一条路径进行积分。

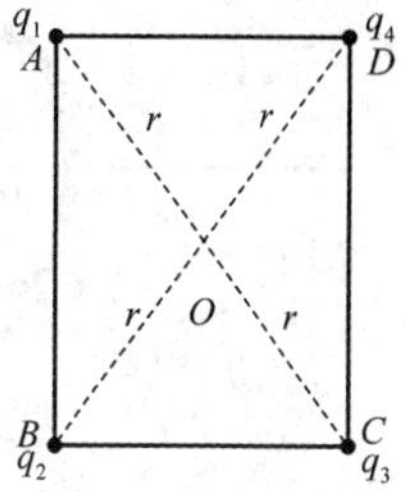

图 6-22　例 6-12

【例 6-12】　如图 6-22 所示，为由四个点电荷组成的电荷系，点电荷的电量均为 $q=2.0\times10^{-8}$C，并且位于矩形的四个顶点上，$\angle ACB=60°$ $|BC|=6\times10^{-2}$ m，求：(1)AC 中点 O 的电势；(2) 若把放在 O 点一电量为 $q_0=3\times10^{-8}$C 的点电荷移至无穷远处时电场力所做的功。

解　由几何关系可知，$|CO|=|BC|=6\times10^{-2}$ m，$\triangle BCO$ 为等边三角形，所以

$$U_O=4\left(\frac{1}{4\pi\varepsilon_0}\frac{q}{|BC|}\right)=1.2\times10^4\ \text{V}$$

将 $q_0(t)$ 移动到无穷远处电场力所做的功等于 q_0 在 O 点具有的电势能：

$$A_O=\frac{q_0}{4\pi\varepsilon_0}\sum_{i=1}^{4}\frac{q_i}{r_i}=q_0U_O=3.6\times10^{-4}\ \text{J}$$

很明显，O 点的电场强度为 0，但电势不为 0，反之亦然。

【例 6-13】　求均匀带电圆环轴线上电势的分布。设圆环的带电量为 Q、半径为 R。

解法 1　用定义式求解。由例 6-5 可知圆环轴线上任一点 P 处的场强大小为

$$E=\frac{Qx}{4\pi\varepsilon_0(R^2+x^2)^{3/2}}$$

$$U_P=\int_x^{\infty}\boldsymbol{E}\cdot\mathrm{d}\boldsymbol{l}=\int_x^{\infty}\frac{Qx}{4\pi\varepsilon_0(R^2+x^2)^{3/2}}\mathrm{d}x$$

$$=\frac{Q}{4\pi\varepsilon_0(R^2+x^2)^{1/2}}$$

解法 2　用电势叠加原理求解。如图 6-23 所示，由题意得圆环上的线电荷密度为 $\lambda=Q/(2\pi R)$，在圆环取电荷元 $\mathrm{d}q=\lambda\,\mathrm{d}l$，它到 P 点的距离 $r=\sqrt{R^2+x^2}$，则 $\mathrm{d}q$ 在 P 点激发的电势为

$$\mathrm{d}U_P=\frac{1}{4\pi\varepsilon_0}\cdot\frac{\mathrm{d}q}{r}=\frac{\lambda\,\mathrm{d}l}{4\pi\varepsilon_0(R^2+x^2)^{1/2}}$$

$$U_P=\frac{\lambda\,\mathrm{d}l}{4\pi\varepsilon_0(R^2+x^2)^{1/2}}\oint_C\mathrm{d}l=\frac{Q}{4\pi\varepsilon_0(R^2+x^2)^{1/2}}$$

【例 6-14】　求均匀带电球面内外的电势分布(设球面半径为 R，带电量为 Q)

解　如图 6-24 所示，球面外任一点 P 处的电场强度为$\boldsymbol{E}_{外}=\frac{1}{4\pi\varepsilon_0}\cdot\frac{Q}{r^2}\boldsymbol{r}_0$，球面内任一点 P 处的电场强度为 $E_{内}=0$，该点的电势为

$$r\geqslant R:U_P=\int_r^{\infty}\boldsymbol{E}\cdot\mathrm{d}\boldsymbol{l}=\int_r^{\infty}\frac{1}{4\pi\varepsilon_0}\cdot\frac{Q}{r^2}\mathrm{d}r=\frac{Q}{4\pi\varepsilon_0 r};$$

$$r\leqslant R:U_P=\int_r^{\infty}\boldsymbol{E}_p\cdot\mathrm{d}\boldsymbol{l}=\int_r^{R}E_{内}\,\mathrm{d}r+\int_r^{\infty}E_{外}\,\mathrm{d}r=\int_r^{\infty}\frac{1}{4\pi\varepsilon_0}\cdot\frac{Q}{r^2}\mathrm{d}r=\frac{Q}{4\pi\varepsilon_0 R}。$$

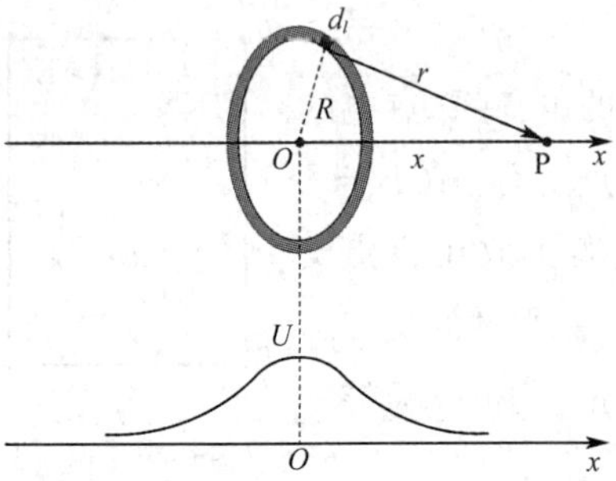

图 6-23 例 6-13

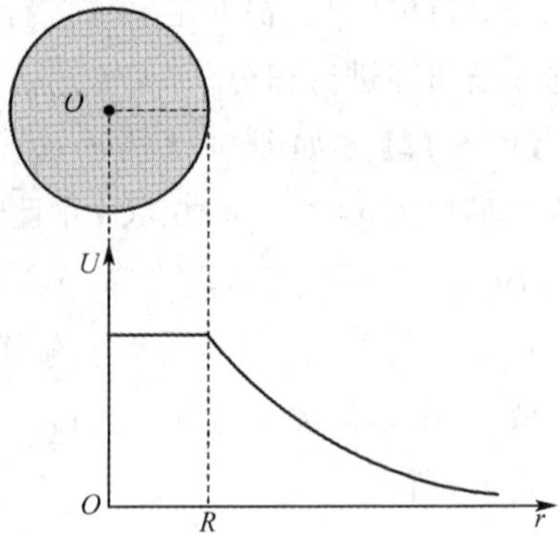

图 6-24 例 6-14

由此可知，均匀带电球面所包围的球体的是一个等势体，其电势是球面处的电势，电势分布在球面处连续。

需要注意的是，以无穷远处为电势的零点是有条件的，它需要带电体所占的空间是有限的。那么对于无限的带电体呢？如果我们仍规定无限远处为电势的零点，那么电场强度的线积分就会发散，也就是会出现无限大而失去意义。为避免这种情况的出现，下面应用更一般的方法来定义电场中的电势。

由前面的讨论可知，场中 a、b 两点间的电势差为

$$U_a - U_b = \int_a^{\infty} \boldsymbol{E} \cdot \mathrm{d}\boldsymbol{l} - \int_b^{\infty} \boldsymbol{E} \cdot \mathrm{d}\boldsymbol{l} = \int_a^b \boldsymbol{E} \cdot \mathrm{d}\boldsymbol{l}$$

由于现在已经不能再把无限远处作为电势的零点，即上式仍然能够使用，我们常将有限远处作为电势的零点，并且根据需要可任意规定。于是上式可写为

$$U_a - U_b = \int_a^c \boldsymbol{E} \cdot \mathrm{d}\boldsymbol{l} - \int_b^c \boldsymbol{E} \cdot \mathrm{d}\boldsymbol{l}$$

其中 c 点为电势的零点。

【例 6-15】 求无限长均匀带电直线周围电势的分布（设电荷线密度为 λ）

解 由前面的例题可知，无限长均匀带电直线周围电场的分布为 $\boldsymbol{E} = \dfrac{\lambda}{2\pi\varepsilon_0 r}\boldsymbol{r}_0$，$\boldsymbol{r}_0$ 为垂直于直导线远离方向的单位矢量，则距离直导线垂直距离为 r 处的电势为：

$$U_a = \int_a^c \boldsymbol{E} \cdot \mathrm{d}\boldsymbol{l} = \int_a^c E \cdot \mathrm{d}r = \int_r^{r_c} \frac{\lambda}{2\pi\varepsilon_0 r}\mathrm{d}r = \frac{\lambda}{2\pi\varepsilon_0}\ln\frac{r_c}{r}$$

式中，$\boldsymbol{r}_c$ 点为电势的零点。电势分布如图 6-25 所示。当我们选取不同的电势的零点时，电势分布函数不同。场中任一点的电势被定义为电场力将单位正电荷从该点移动到电势零点的过程中电场力所做的功。

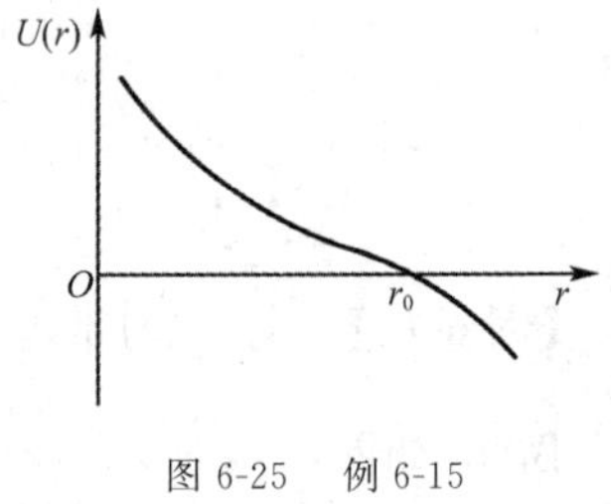

图 6-25 例 6-15

6.3.4 等势面 电势梯度

1. 等势面

在讨论电场强度的分布时，我们引入了电场线，它可以形象地描述电场强度的分布情况。与此类似，我们可以通过图示的形式来描述电场中电势的分布。

电势是标量场。一般来说，电场中的电势是逐点变化的，但场中有很多点的电势是相同的。由电场分的连续性可知，这些电势相同的点组合而成的必是一个面，这个面叫作“**等势面**”。例如，点电荷 q 所激发的电场中，电势 $U=\frac{q}{4\pi\varepsilon_0 r}$ 只与距离 r 有关，所以点电荷电场中的等势面为一系列以 q 为球心的同心球面。不同的电荷分布具有不同形状的等势面，为了直观比较场中各点的电势，在画等势面时，使相邻等势面的电势差都相等(图 6-26)，虚线表示等势面，实线为电场线。为了使等势面能反映电场的强弱，在画等势面时，规定电场中任意两相邻等势面间的电势差为常数，以此根据等势面的定义可知它和电场有如下关系：

等势面　电势梯度

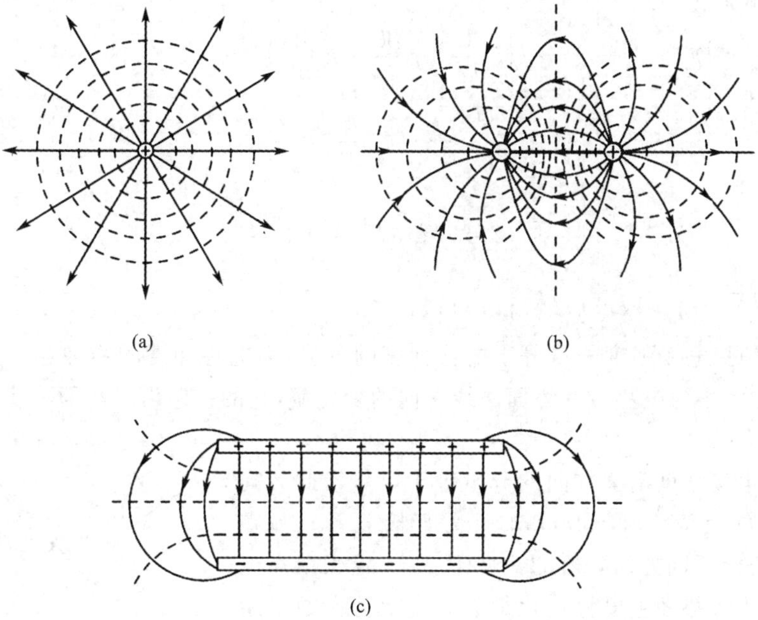

图 6-26　几种典型的电场线与等势面

(1) 除电场强度为零处外，电场线与等势面处处正交。

(2) 规定两个相邻等势面的电势差相等，所以等势面较密集的地方，电场强度大，等势面较稀疏的地方，电场强度小。

(3) 电场强度指向电势降落的方向。

根据等势面的以上性质，我们可由电场线的分布来估计等势面的分布，同样可由等势面的分布来估计电场线的分布。在许多实际问题的解决过程中，往往可以预先通过实验条件把等势面的分布画出来，并由此分析电场的分布。

2. 电势梯度

在静电场中引入了两个物理量来描述它的性质：电场强度 $\boldsymbol{E}$ 和电势 U。其中，电场强度 $\boldsymbol{E}$ 表示电场对电荷有力的作用，是矢量；电势 U 表示电场力对电荷做功的能力，是标量。它们从不同的角度描述了同一个场，因此它们之间必然有内在的联系。现在用数学表述来表示它们之间的关系。

(1) 电势差是电场强度的线积分

电场中任意两点 a、b 间的电势差为

$$U_a - U_b = \int_a^c \boldsymbol{E} \cdot \mathrm{d}\boldsymbol{l} - \int_b^c \boldsymbol{E} \cdot \mathrm{d}\boldsymbol{l} = \int_a^b \boldsymbol{E} \cdot \mathrm{d}\boldsymbol{l} \tag{6-50}$$

微分形式为

$$-\mathrm{d}U = \boldsymbol{E} \cdot \mathrm{d}\boldsymbol{l} \tag{6-51}$$

(2) 电场强度是电势梯度的负值

电势和电场均为空间坐标的函数,用 $U(x,y,z)$ 及 $E(x,y,z)$ 表示,则

$$\left.\begin{aligned} -\mathrm{d}U(x,y,z) &= -\left(\frac{\partial U}{\partial x}\mathrm{d}x + \frac{\partial U}{\partial y}\mathrm{d}y + \frac{\partial U}{\partial z}\mathrm{d}z\right) \\ \boldsymbol{E} \cdot \mathrm{d}\boldsymbol{l} &= \boldsymbol{i}E_x\mathrm{d}x + \boldsymbol{j}E_y\mathrm{d}y + \boldsymbol{k}E_z\mathrm{d}z \end{aligned}\right\} \tag{6-52}$$

由以上两式可得:

$$\begin{gathered} \boldsymbol{E}(x,y,z) = -\left(\boldsymbol{i}\frac{\partial U}{\partial x} + \boldsymbol{j}\frac{\partial U}{\partial y} + \boldsymbol{k}\frac{\partial U}{\partial z}\right) = -\nabla U(x,y,z) \\ E_x = -\frac{\partial U}{\partial x} \quad E_y = -\frac{\partial U}{\partial y} \quad E_z = -\frac{\partial U}{\partial z} \end{gathered} \tag{6-53}$$

即

$$\boldsymbol{E} = -\mathrm{grad}U = -\nabla U \tag{6-54}$$

其中,微分算符$\nabla = \boldsymbol{i}\dfrac{\partial}{\partial x} + \boldsymbol{j}\dfrac{\partial}{\partial y} + \boldsymbol{k}\dfrac{\partial}{\partial z}$。

式 6-54 表明,电场强度矢量等于电势梯度的负值,而电势梯度的物理意义为电势梯度是一个矢量,它的大小为电势沿等势面法线方向的变化率,它的方向沿等势面法线方向且指向电势增大的方向。

电场中某电场强度沿某方向的分量等于电势沿此方向的空间变化率的负值。而与电势本身无直接关系。如图 6-27 所示,电势沿不同方向降落的快慢不一样,定义某点电场强度的大小为等势面上电势变化最大方向上势函数对距离的导数($\partial U/\partial n$),其电势降落最快的方向。

在求解电场场强分布问题时可以先求出电势分布,然后再求导以求出电场强度。

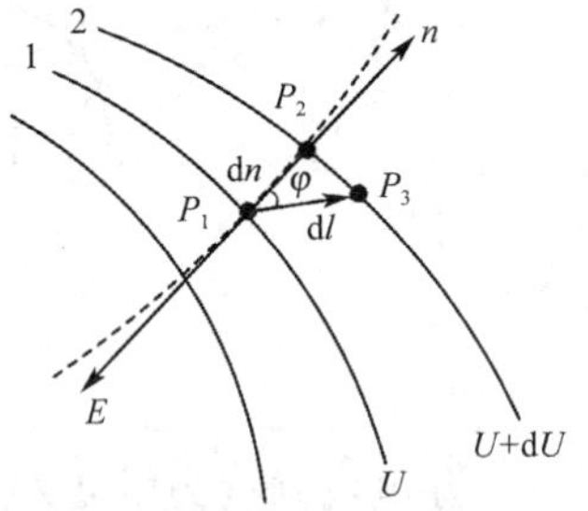

图 6-27 场强与电势的关系

【例 6-16】 均匀带电圆环轴线上电势分布函数为$U_P = \dfrac{Q}{4\pi\varepsilon_0(R^2+x^2)^{1/2}}$,求圆环轴线上的电场强度分布($R$ 为圆环的半径,Q 为圆环所带的电量)。

解 如图 6-23 所示,现利用电场强度与电势的关系,可得电场强度为

$$\boldsymbol{E} = -\nabla U = \boldsymbol{i}\frac{\partial U}{\partial x} + \boldsymbol{j}\frac{\partial U}{\partial y} + \boldsymbol{k}\frac{\partial U}{\partial z} = \frac{Qx}{4\pi\varepsilon_0(R^2+x^2)^{3/2}}\boldsymbol{i}$$

6.4 静电场中的导体

前面研究了真空中静电场的基本性质和规律。接下来将讨论在静电场中引入导体或电介

质(绝缘体)时,导体或电介质与静电场之间的相互作用、相互影响和相互制约。本节讨论在静电场中引入导体后的情况。

导体的静电平衡

6.4.1　导体的静电平衡

金属导体最基本的电结构特征是其内部有可以自由移动的负电子。将金属导体放入电场时,内部的自由电子将在电场的作用下产生定向移动,从而引起导体内部电荷的重新分布,这一现象称为**"静电感应"**。由于静电感应所引起的导体上电荷的重新分布,反过来将会影响导体内部及周围电场的分布。这种电荷和电场的分布将一直改变直到导体达到新的平衡状态为止。

如图 6-28 所示,在均匀电场 $\boldsymbol{E}_0$ 中放入一块不带电的金属板。在电场力的作用下,金属板中的自由电子将逆着电场的方向移动,如图 6-28(a)所示;随着电荷的移动,是金属板的两侧各积累一定量的正、负电荷,如图 6-28(b)所示;随着金属板两侧电荷的逐渐增多,金属板的两侧出现等量异号电荷,如图 6-28(c)所示。这样,在金属板内部形成一个附加电场 $\boldsymbol{E}'$。很明显,在金属板内部 $\boldsymbol{E}'$ 起到削弱 $\boldsymbol{E}_0$ 的作用。当 $\boldsymbol{E}_0 > \boldsymbol{E}'$ 时,将一直会有自由电子的定向移动;当它们处处相等,即导体内部的电场强度处处为 0 时,在宏观上将不再有自由电子的定向移动,即电荷的分布达到了一个新的平衡状态,把这种导体内部及表面再也没有电荷做定向移动的平衡状态称为导体的静电平衡状态。

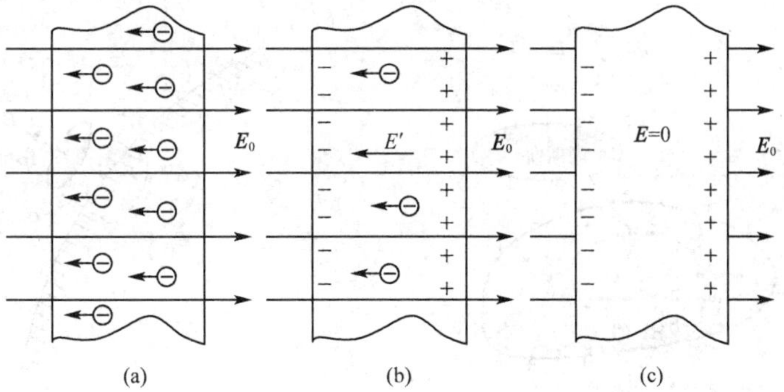

图 6-28　导体的静电平衡

显然,在导体在达到静电平衡时,导体内部电场强度处处为 0。通过前文的学习,我们知道导体内部的电势差也为 0,即达到静电平衡的导体是一个等势体。导体内部及表面都没有电荷做定向移动,这就要求导体外表面附近任一点的电场强度的方向均垂直于该点的导体表面,否则电场强度沿导体表面有切向分量,自由电荷受到该切向分量相应电场力的作用将沿导体表面运动,这样就不是静电平衡状态了。由于电场强度垂直于导体表面,因此根据电势差的定义可知导体表面上任意两点间的电势差也为 0,因此静电平衡的导体表面是等势面。总之,达到静电平衡时的导体将会有以下特征,或者说导体达到静电平衡必须满足以下条件:

(1)导体内部任一点处的电场场强均为 0。

(2)导体外表面附近任一点的电场场强的方向与导体表面垂直。

(3)导体是一个等势体,其表面是一个等势面。

6.4.2 静电平衡时导体上电荷的分布

静电平衡时导体上电荷的分布

处于静电平衡的导体上的电荷分布有以下特征：

(1)处于静电平衡时导体内部净电荷处处为 0，电荷只能分布在导体表面上(实心导体)。

这一规律可以应用高斯定理进行证明。如图 6-29 所示，过导体内部任一点 P 作一个小的闭合曲面 S，由于静电平衡时导体内部电场强度处处为 0，通过该闭合曲面的电通量也为 0。由高斯定理可知，此曲面内电荷的代数和为 0。由于静电平衡的特征要求不可能是正负电荷的代数和为 0，只能是此闭合曲面内没有电荷，由于这个闭合曲面 S 可以很小，且 P 是导体内任意一点，因此可知整个导体内没有电荷，导体内部电荷密度处处为 0，电荷只能分布在导体表面上。

(2)处于静电平衡时，导体外表面附近各处的电场强度的大小与该表面紧邻处的面电荷密度成正比。

这一特征仍然可以用高斯定理证明。如图 6-30 所示，在紧邻导体表面处取一点 P，以 $\boldsymbol{E}$ 表示该处的电场强度，以过 P 点做一个平行于导体表面的小面积元 ΔS，并以 ΔS 为底，过 P 点的导体表面法线为轴做一个圆筒，圆筒的另一底面 $\Delta S'$ 在导体的内部。以 σ 表示导体表面 P 点附近的面电荷密度，根据高斯定理有

$$E \cdot \Delta S=\frac{\sigma \Delta S}{\varepsilon_0}$$

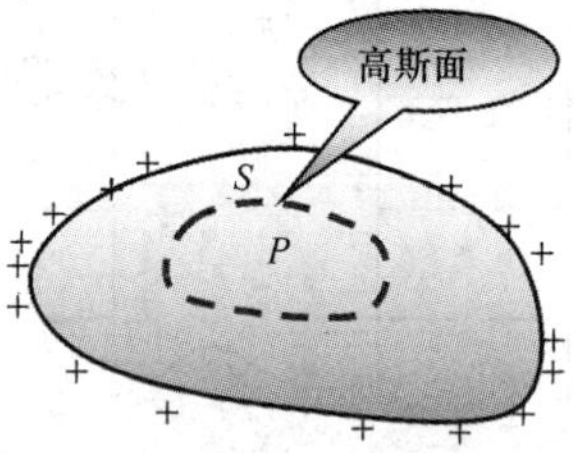

图 6-29 实心导体上电荷分布

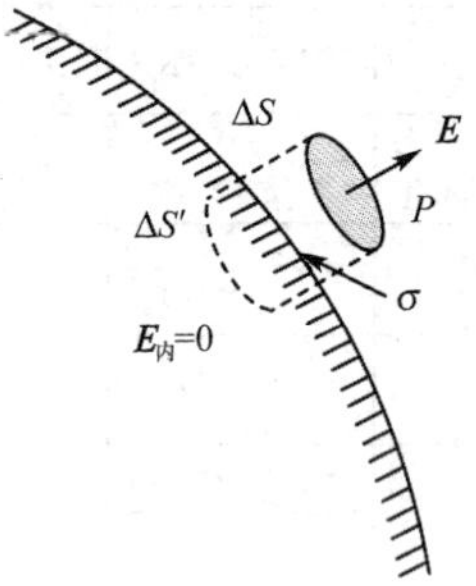

图 6-30

因此有

$$E=\frac{\sigma}{\varepsilon_0} \tag{6-55}$$

此式说明处于静电平衡的导体外表面附近各处的电场强度的大小与该表面紧邻处的面电荷密度成正比。

需要指出的是，此处电场是由导体上所有电荷产生的，电场强度 $\boldsymbol{E}$ 是这些电荷的合电场强度。当导体外的电荷位置发生变化时，导体上的电荷分布也要发生相应的变化。这一变化将一直延续到它们满足式 6-55 的关系，即静电平衡为止。

(3)孤立的导体处于静电平衡时，其表面各处的面电荷密度与各处表面的曲率半径成反比，曲率半径越小、曲率越大的地方，表面电荷密度越大。

由前面的讨论可知，带电导体在静电平衡的情况下，其电荷分布在表面上，那么这些电荷在表面上又是如何分布的呢？下面用一个特例(图 6-31)对此做一个简略估计。

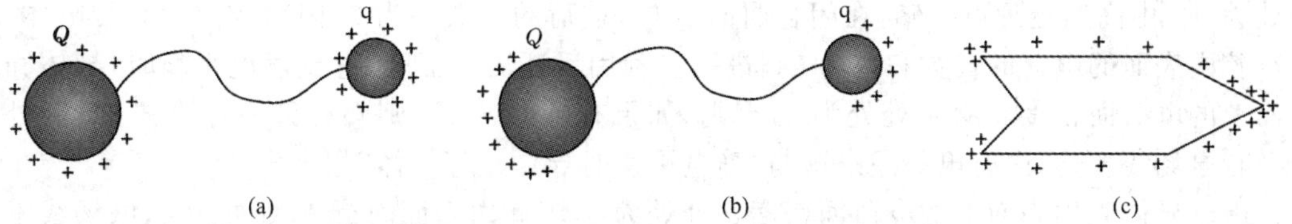

图 6-31 导体面电荷密度与各处表面的曲率关系

如图 6-31(a)所示，设有两个相距很远的导体球，曲率半径分别为 R_1、$R_2$$\left(\frac{R_2}{R_1}=\frac{\rho_1}{\rho_2}\right.$，$\rho_1$、$\rho_2$ 分别为两导体球面的曲率$\left.\right)$，用一根导线将其连接。在静电平衡时，两球所带电量分别为 q_1、q_2，电荷面密度分别为 σ_1、σ_2。由于两球相距很远，可以近似认为它们是相互孤立的导体，又由于二者由导线连接，因此它们的电势相等，则有

$$U=\frac{1}{4\pi\varepsilon_0}\cdot\frac{q_1}{R_1}=\frac{1}{4\pi\varepsilon_0}\cdot\frac{q_2}{R_2} \tag{6-56}$$

显然

$$\frac{q_1}{R_1}=\frac{q_2}{R_2} \tag{6-57}$$

即导体球所带电量与它们的半径成正比。再根据 $q_1=4\pi\varepsilon_0 R_1^2\sigma$、$q_2=4\pi\varepsilon_0 R_2^2\sigma$，于是得

$$\frac{\sigma_1}{\sigma_2}=\frac{R_2}{R_1}=\frac{\rho_1}{\rho_2} \tag{6-58}$$

式 6-58 表示导体球上电荷面密度与曲率半径成反比。需要指出的是，导体表面凸出的地方曲率大，曲率为正；导体表面凹进去的地方，曲率为负[图 6-31(c)]。

如果将两球相互靠近[图 6-31(b)]，因静电感应，电荷向两球相反的区域移动，并重新分布。达到平衡后，每个球面上曲率半径相同，但面电荷密度不同。这说明对于非孤立导体来说，面电荷密度与曲率半径的反比关系不再成立。

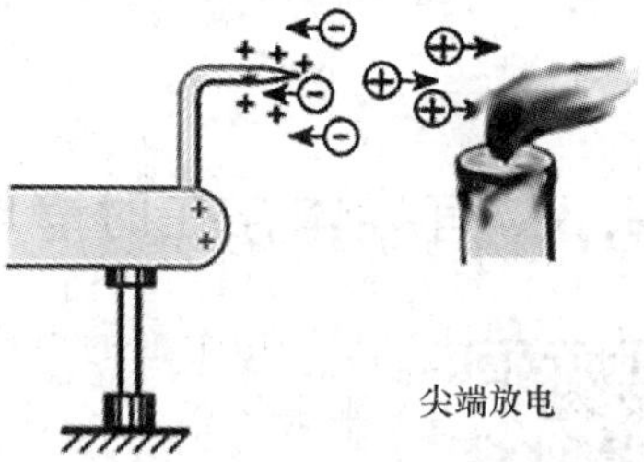

图 6-32

总之，电荷在导体表面上的具体分布，不仅与导体形状有关，而且与外界条件有关。实际上，在曲率大的电荷密集区，有时电场强度可以大到使尖端附近的空气发生电离，形成导体尖端放电现象。如图 6-32 所示，空气电离产生了大量的新离子，与导体尖端电荷异号的离子受到吸引而趋向尖端，与导体尖端电荷同号的离子因受到排斥而加速离开尖端，形成高速离子流，即通常所说的"电风"。尖端附近的空气电离时，在黑暗中可以看到尖端附近笼罩着一层光晕，称为"电晕"。高压输电线附近的电晕效应会浪费大量电能，为防止尖端放电，出现电晕效应，高压设备的电极都被加工成圆滑的球面。而避雷针是利用尖端放电的原理来防止雷击对建筑物的破坏的。切记，避雷针要保证接地良好，否则会适得其反。

(4)导体壳(空心导体)上的电荷分布

①腔内无带电体的情况

当导体腔内没有其他带电体时，静电平衡条件下，导体的内表面没有电荷，电荷只分布在导体壳的外表面，而且空腔内没有电场，或者说空腔内的电势处处相等。

为了证明上述结论[图 6-33(a)]，在导体壳的内、外表面之间取一闭合曲面 S，将空腔包围起来。由于闭合曲面 S 完全处于导体的内部，根据静电平衡条件，闭合曲面 S 上的电场强度

处处为 0。由高斯定理可推知，在闭合曲面 S 内，电荷的代数和为 0，因为腔内没有带电体，所以空腔内表面的电荷的代数和也为 0。进一步利用反证法可证明，达到静电平衡时，导体壳内表面上的电荷面密度 σ 必定处处为 0，否则，如果有一处 $\sigma<0$，则必有另一处的 $\sigma>0$，两处之间必有电场线相连，必有电势差。这与“静电平衡时导体是等势体”相矛盾。

由于导体壳内表面上的电荷面密度 σ 处处为 0，因此内表面附近 $\boldsymbol{E}$ 处处为 0，电场线不可能起于(或止于)内表面。同时，腔内无带电体，在腔内不可能有另外的电场线的端点。由于静电场的电场线不能闭合，因此腔内没有电场线，即腔内没有电场，腔内为等势区。

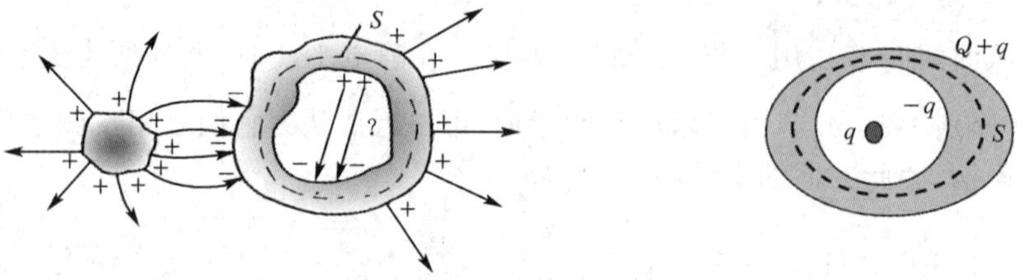

(a)腔内无带电体的情况　　(b)腔内有带电体的情况

图 6-33　导体壳上的电荷分布

②腔内有带电体的情况

当导体腔内有其他带电体时[图 6-33(b)]，在腔内放一带电体 q。可以同样在导体壳的内、外表面之间取一闭合曲面 S，由静电平衡条件和高斯定理可求得闭合曲面 S 内电荷的代数和为 0。因为腔内有带电体 q，所以空腔内表面应有感应电荷 $-q$，即导体内表面所带电荷与腔内带电体的电荷等量异号。则根据电荷守恒定律，导体的外表面也感应出等量同号电荷 q。如果空腔导体本身不带电，此时，导体壳的外表面只有感应电荷 q；如果空腔导体本身带电量为 Q，则导体壳的外表面所带电荷为 $Q+q$。而且空腔内有电场，导体壳与腔内带电体之间有电势差。综上所述，对于导体壳(空心导体)上的电荷分布，可以用以下通用表述：

$$\begin{cases} q_{内表}=-q_{腔内} \\ q_{外表}=Q_{原}+q_{腔内} \end{cases} \tag{6-59}$$

6.4.3　有导体存在时静电场的分析与计算

分布与计算

由上面的讨论可知，处于静电场中的导体的电荷将重新分布并达到静电平衡状态，反过来，重新分布的电荷又会影响原来的电场分布。由于处于静电平衡的导体上的电荷也是静止的，形成的电场仍属静电场，为此，在计算有导体存在时的静电场分布时，首先，根据静电平衡条件和电荷守恒定律确定导体上新的电荷分布，其次，根据静电场的基本规律及静电场的叠加原理进一步分析和计算电场强度及电势。

【例 6-17】 有两块平行且面积相等的导体板，其面积 S 比两板间距离 d 大很多。两块导体板所带电量分别为 q_A、q_B，求静电平衡时，两板各表面上的电荷面密度。

解　如图 6-34 所示，若 A 板单独存在，q_A 分布在两个表面上。静电平衡时，导体内电场强度处处为 0，将 B 板移近 A 板时，它们都将受到对方产生的电场的作用，最后重新达到平衡。此时导体板内部电场强度为 0，电荷分布在四个表面上。设静电平衡后两导体板的电荷分布为 σ_1、σ_2、σ_3、σ_4，根据电荷守恒有

$$\sigma_1 S+\sigma_2 S=q_A \quad \sigma_3 S+\sigma_4 s=q_B$$

在导体板内任取一点 P，因导体内场强为 0，由于导体板面积 S 比两板间距离 d 的大很多，因此可以把导体板作为无限大均匀带电平板处理，于是有

$$E_p=\frac{\sigma_1}{2\varepsilon_0}+\frac{\sigma_2}{2\varepsilon_0}+\frac{\sigma_3}{2\varepsilon_0}-\frac{\sigma_4}{2\varepsilon_0}=0$$

作如图 6-34 所示高斯面，根据高斯定理可得

$$\oiint_S \boldsymbol{E}\cdot \mathrm{d}\boldsymbol{S}=\frac{(\sigma_2+\sigma_3)\Delta S}{\varepsilon_0}=0$$

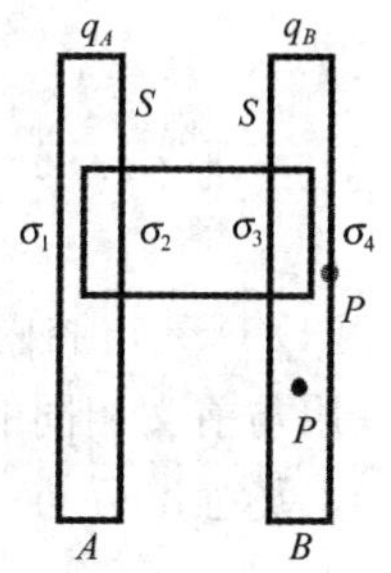

图 6-34　例 6-17

通过以上 4 个方程求得

$$\sigma_1=\sigma_4=\frac{q_A+q_B}{2S}\quad \sigma_2=-\sigma_3=\frac{q_A-q_B}{2S}$$

可见，相对的两面总是带等量异号电荷；外侧带等量同号电荷。

【例 6-18】　有一带电量为 Q 的球壳，其内外半径分别为 R_1、R_2，将一电荷 q 放在球心 O 处。如图 6-35 所示，求

(1) 球壳的电荷分布；

(2) 球壳内外的电场强度分布；

(3) 球壳内外的电势分布；

(4) 与壳内没有电荷时进行比较。

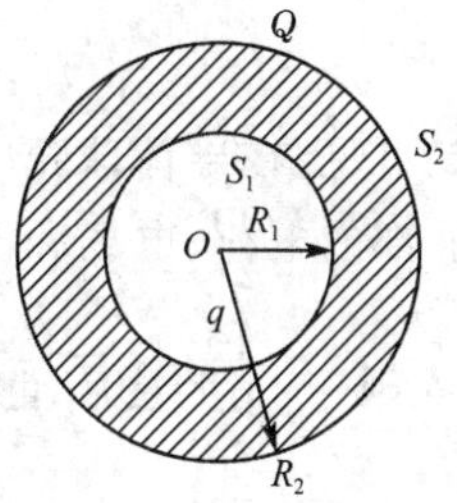

图 6-35　例 6-18

解　(1) 根据高斯定理和静电平衡条件可知，球壳内表面 S_1 上所带电量为 $-q$，再根据电荷守恒定律可知，外表面 S_2 上所带电量为 $Q+q$，它们都均匀分布。

(2) 根据高斯定理可得，

球壳空腔内部($0<r<R_1$)：$\oiint_S \boldsymbol{E}\cdot \mathrm{d}\boldsymbol{S}=4\pi r^2E=\dfrac{q}{\varepsilon_0}$　$E_1=\dfrac{1}{4\pi\varepsilon_0}\dfrac{q}{r^2}$(方向沿径向)

导体内($R_1<r<R_2$)：$E_2=0$

球壳外($r>R_2$)：$\oiint_S \boldsymbol{E}\cdot \mathrm{d}\boldsymbol{S}=4\pi r^2E=\dfrac{q+Q}{\varepsilon_0}$　$E_3\ \dfrac{1}{4\pi\varepsilon_0}\dfrac{q+Q}{r^2}$(方向沿径向)

(3) 根据电势的定义，则有

球壳外($r\geqslant R_2$)：

$$U_3=\int_r^{\infty}\boldsymbol{E}_3\cdot \mathrm{d}\boldsymbol{r}=\int_r^{\infty}\frac{1}{4\pi\varepsilon_0}\frac{q+Q}{r^2}\cdot \mathrm{d}\boldsymbol{r}=\frac{q+Q}{4\pi\varepsilon_0 r}$$

球壳内($R_1\leqslant r\leqslant R_2$)：

$$\begin{aligned}U_2&=\int_r^{\infty}\boldsymbol{E}\cdot \mathrm{d}\boldsymbol{r}=\int_r^{R_2}\boldsymbol{E}_2\cdot \mathrm{d}\boldsymbol{r}+\int_{R_2}^{\infty}\boldsymbol{E}_3\cdot \mathrm{d}\boldsymbol{r}\\&=0+\int_{R_2}^{\infty}\frac{1}{4\pi\varepsilon_0}\frac{q+Q}{r^2}\mathrm{d}r\\&=\frac{q+Q}{4\pi\varepsilon_0 R_2}\end{aligned}$$

球壳空腔内部($0<r\leqslant R_1$)：

$$U_1=\int_r^{\infty}\boldsymbol{E}\cdot \mathrm{d}\boldsymbol{r}=\int_r^{R_1}\boldsymbol{E}_1\cdot \mathrm{d}\boldsymbol{r}+\int_{R_1}^{R_2}\boldsymbol{E}_2\cdot \mathrm{d}\boldsymbol{r}+\int_{R_2}^{\infty}\boldsymbol{E}_3\cdot \mathrm{d}\boldsymbol{r}$$

$$=\int_{r}^{R_1}\frac{1}{4\pi\varepsilon_0}\frac{q}{r^2}\mathrm{d}r+0+\int_{R_2}^{\infty}\frac{1}{4\pi\varepsilon_0}\frac{q+Q}{r^2}\mathrm{d}r$$

$$=\frac{q}{4\pi\varepsilon_0 r}-\frac{q}{4\pi\varepsilon_0 R_1}+\frac{q+Q}{4\pi\varepsilon_0 R_2}$$

(4) 球壳空腔内没有电荷 q 的情况

用与前文相同的方法可得,球壳内表面及导体中均无净电荷,Q 均匀分布在外表面。

电场强度分布

$$\begin{cases}E_1=E_2=0 & (0<r<R_2)\\ E_3=\dfrac{1}{4\pi\varepsilon_0}\dfrac{Q}{r^2} & (r>R_2)\end{cases}$$

电势分布

$$\begin{cases}U_1=U_2=\dfrac{1}{4\pi\varepsilon_0}\dfrac{Q}{R_2} & (0\leqslant r\leqslant R_2)\\ U_3=\dfrac{1}{4\pi\varepsilon_0}\dfrac{Q}{r} & (r\geqslant R_2)\end{cases}$$

可见,在导体球壳中放入 q,不仅改变了球壳内的电荷、电场和电势的分布,而且改变了球壳外部的电荷、电场和电势的分布。

6.4.4 静电屏蔽及应用

静电屏蔽 静电的应用

“静电平衡时导体内部电场强度为 0”这一规律在技术上常用于静电屏蔽。在静电场中,导体的存在使得某些特定的区域不受电场的影响的现象称为“**静电屏蔽**”。下面就来说明其中的原理。

如图 6-36(a) 所示,试验电荷 q_0 受到 Q 形成的外电场的作用;当 q_0 被一金属(网)壳罩住时[图 6-36(b)],试验电荷 q_0 不受 Q 形成的外电场的作用。这说明金属(网)壳处于外电场中,当静电平衡时,由静电感应产生的电荷只分布导体壳的外表面上,导体内和空腔内的电场强度处处为零,起到了屏蔽外面电荷的电场的作用。此时,导体和空腔内的电势处处相等,构成一个等势体,即**空腔导体屏蔽外电场**。

此外,有时还需要屏蔽电荷激发的电场对外界的影响。分析如图 6-36(c)、(d) 所示的实验可知,可以采用在电荷外放置一个外表面接地的空腔导体,使得导体外表面的感应电荷与大地的电荷中和,进而使空腔导体外表面不带电,这样,接地的空腔导体内的电荷激发的电场对导体外就不会产生任何影响了。即接地的空腔导体屏蔽内、外电场。

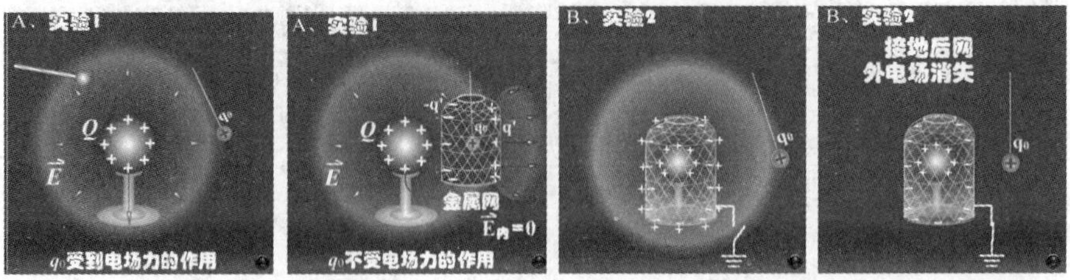

(a) (b) (c) (d)

图 6-36 导体的静电屏蔽

在实际工作中,常用编织得相当紧密的金属网来代替金属壳。在电子仪器中,为了使电路不受外界带电体的影响，常把电路封闭在金属壳内，技术上常用金属网来代替全封闭的金属壳。传输微弱电信号的导线，其外表面就是用金属丝编成的网包起来的。这样的线叫作“屏蔽线”。例如，静电屏蔽的应用有，高压设备周围的金属网，测量用的屏蔽室[图 6-37(a)]。无线电设备中的屏蔽罩屏蔽线，变压器中的屏蔽层，高压作业中的均压服等。如图 6-37(b) 所示，由于要在高数十米、几百甚至几千伏的高压铁塔上进行带电维修和检测时，人体通过铁塔与大地相连，人体与高压线间有非常大的电势差，从而危及人体安全。利用空腔导体屏蔽外电场的原理，工作人员穿上用细铜丝(或导电纤维) 编织成的导电性能良好的工作服(通常叫屏蔽服、均压服)，使之构成一导体网壳。这就相当于把人体置于空腔导体内部，使电场不能深入人体，使人体处于等势区，保证了工作人员的人身安全。同时，虽然输电线通过的是交流电，在输电线周围存在着很强的交变电磁场，但这个电磁场产生的感应电流也只在屏蔽服上流过，从而避免了感应电流对人体的伤害。即使工作人员接触电线的瞬间，放电也只在手套和电线之间发生，之后人体与电线有了相同的电势，检修人员就可以在不断电的情况下，安全、自由地在高压输电线工作。

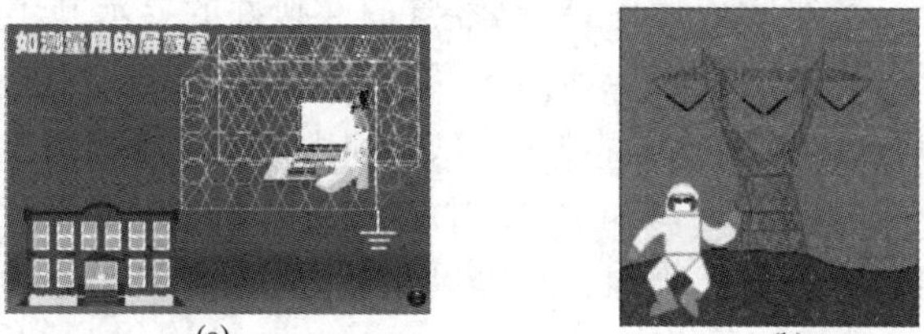

(a)　　(b)

图 6-37　静电屏蔽的应用

6.4.5　电容 电容器

1. 孤立导体的电容

电容 电容器

一个带电量为 q 的导体，在静电平衡时具有一定的电势 U，理论和实验都已经证明了当增加导体所带的电量时，其电势也增加，两者成正比关系，数学表达式为

$$C=\frac{q}{U} \tag{6-60}$$

式中，C 为 q 与 U 之比，却与 q 和 U 无关，其值取决于导体的大小、形状等因素。C 被定义为该孤立导体的**电容**。其物理意义是：孤立导体每升高单位电势所需要的电量，反映了导体储存电荷和电能的能力。电容没有负值，因为以无穷远处为电势的零点时，若导体带正电，则电势为正；若导体带负电，则电势为负。国际单位制中，电容的单位是法拉，符号为 F。工程技术中常用的是微法(μF)、皮法(pF)，它们间的关系为 $1\ \text{F}=10^6\ \mu\text{F}=10^{12}\ \text{pF}$。

【例 6-19】　求半径为 R 的孤立导体球的电容。

解　设该导体球所带电量为 q，则该球的电势为

$$U=\frac{1}{4\pi\varepsilon_0}\frac{q}{R}$$

根据电容的定义

$$C=\frac{q}{U}=4\pi\varepsilon_0 R$$

由此式可以看出，导体的电容确实仅与导体的形状及尺寸有关，而与是否带电无关。电容是描述导体在单位电势下容纳电荷和电能的能力，就像水杯在升高单位高度时所需要装入的水量一样，与水杯的容量和是否装水无关。

2. 电容器及其电容

实际上，孤立导体用作储能元件存在着能量分布在整个空间中，不集中；很难孤立，电容值受到周围导体或带电体影响等。这些问题会影响该电子元件的正常工作，那么如何克服这些问题呢？可以利用静电屏蔽原理，用一个封闭的导体壳 B 把导体 A 屏蔽起来[图 6-38(a)]。

可以证明，导体 A、B 之间的电势差 $U_{AB}=U_A-U_B$ 与 A 所带的电量成正比，不受外界影响。把彼此绝缘的导体和包围它的导体壳所组成的导体系叫作电容器，电容器通常由两块金属板 AB（极板）和之间的绝缘材料（介质）构成。其电容为

$$C=\frac{q}{U_{AB}} \tag{6-61}$$

电容器的电容 C 与导体的尺寸、形状、相对位置及之间的绝缘介质有关。组成电容器的两导体称作电容器的极板。在实际应用中，对电容器的屏蔽性的要求并不高，只要求从一个极板发出的电场线都终止于另一个极板上。如图 6-38(b) 所示。电容器(Capacitor) 是一种常见的电子元件，其主要功能是储存电能。电容器可以分为固定电容器和可变电容器 2 种类型。固定电容器内部极板间距和材料确定，其电容值固定不变。固定电容器广泛应用于滤波、耦合、振荡等电路。可变电容器的极板间距和材料可以改变，其电容值可以调节。可变电容器主要用于调整电路中的信号频率。电容器在电子电路中具有广泛的应用，如模拟电路、数字电路、电源电路等。

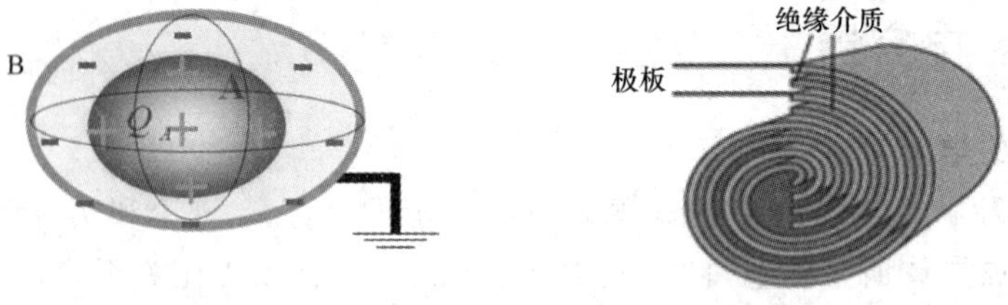

(a)　　　　(b)

图 6-38　电容器

理论上计算电容器的电容的方法思路如下：设电容器的两极板分别带上等量异号电荷，通过计算两极板间的电场强度和电势差，根据 6-59 式可以很方便地计算各种类型的电容器的电容。下面列举几种典型的电容器的电容的求解过程。

(1) 平行板电容器

由两块导体平板 A、B 平行放置组成的导体系统称作平行板电容器。实验已经证明，当两板面积 S 比两板间距离 d 大很多时，其电容基本不受外界导体或者带电体的影响。

如图 6-39 所示，令导体板 A、B 所带电量分别为 $+Q$、$-Q$，则两板间的电势差为

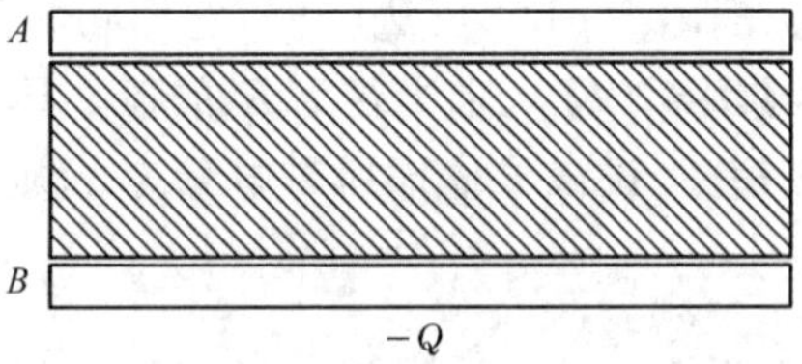

图 6-39　平行板电容器

$$U_{AB}=U_A-U_B=\int_A^B \boldsymbol{E}\cdot \mathrm{d}\boldsymbol{l}=\frac{\sigma}{\varepsilon_0}d=\frac{Qd}{\varepsilon_0 S} \tag{6-62}$$

所以

$$C=\frac{Q}{U_{AB}}=\frac{\varepsilon_0 S}{d} \tag{6-63}$$

这说明平行板电容器的电容在两平行板间间距 d 不变的情况下，与其面积 S 成正比；同理在 S 不变的条件下，与 d 成反比。这是制作平行板电容器时必须遵循的两条基本规律。这个结论同时说明，电容确实只与导体的形状和尺寸有关，而与导体是否带电无关。

(2) 同心球电容器

如图 6-40 所示，有一个半径为 R_A 的导体球 A 和一个与其同心的半径为 R_B 的导体球壳 B 组成的导体系称作球形电容器。令 A 带电量 q，B 带电量 $-q$，则两球间的电势差为

$$U_{AB}=U_A-U_B=\frac{q}{4\pi\varepsilon_0}\left(\frac{1}{R_A}-\frac{1}{R_B}\right) \tag{6-64}$$

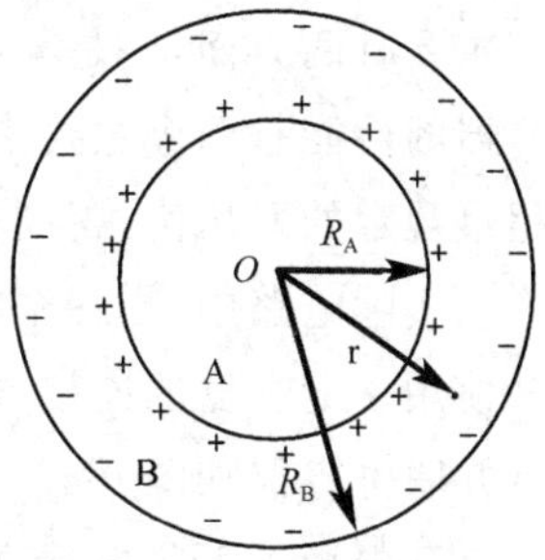

图 6-40 同心球电容器

实验和理论都已经证明，带电量 q 与电势差 U_{AB} 的比值是一个常数，根据前面我们对电容器电容的定义，则球形电容器的电容为

$$C=\frac{q}{U_{AB}}=4\pi\varepsilon_0\left(\frac{R_A R_B}{R_B-R_A}\right) \tag{6-65}$$

(3) 同轴圆柱形电容器

同轴圆柱形电容器由内外半径分别为 R_A、R_B 的同轴圆柱形导体薄壳组成(图 6-41)，显然其轴向长度 $L \gg (R_B-R_A)$，这是一个理想的屏蔽系统。忽略边缘效应时，空腔部分的电场呈辐射状，由于球壳是封闭的，因此外部的导体或者带电体对空腔中的电场没有影响。

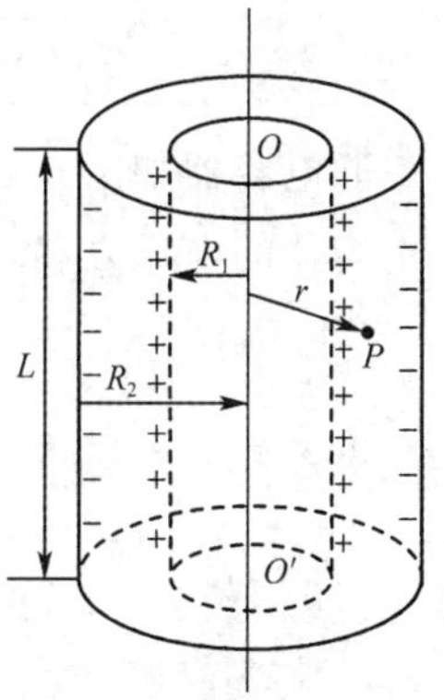

图 6-41 同轴圆柱形电容器

假设圆柱导体电荷线密度为 λ，根据高斯定理可知空腔内的电场强度方向沿垂直于轴向的矢径方向，大小为 $E=\lambda/(2\pi\varepsilon_0 r)$，则两导体间的电势差为

$$U_{AB}=U_A-U_B=\int_A^B \boldsymbol{E}\cdot \mathrm{d}\boldsymbol{l}=\frac{Q}{2\pi\varepsilon_0 L}\ln\frac{R_B}{R_A} \tag{6-66}$$

则该电容器的电容为

$$C=\frac{Q}{U_{AB}}=\frac{2\pi\varepsilon_0 L}{\ln R_B/R_A} \tag{6-67}$$

同轴圆柱形电容器在实际工程中应用非常广泛，同轴电缆就是最典型的一例(图 6-42)。所谓同轴电缆就是中心有一根圆柱形的金属芯线，外面有一层由金属丝编织的网状同轴柱套(外皮)组成，在芯线与外皮间用绝缘介质将其隔开。这样电缆除了能输送电能外，还能输送高频电信号。单位长度电缆的电容为

$$C_0=\frac{C}{L}=\frac{2\pi\varepsilon_0}{\ln R_B/R_A} \tag{6-68}$$

C_0 在高频电路中是一个非常重要的参数，叫作分布电容。为了减少由分布电容引起的电信号损失，就要通过提高 R_B/R_A 的值来降低 C。

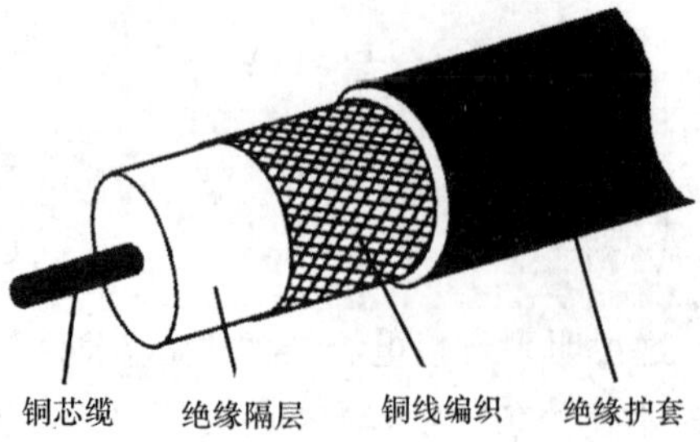

图 6-42　同轴电缆

总之，电容器是由两个中间充满电介质的导体构成。对于孤立导体来说，可以认为它和无限远处的另一个导体构成。这样的电容器就是前面我们讲述的孤立导体的电容。如果考虑不同介质的影响，由后面的式(6-72)可知：影响电容的因素主要有两方面：一是与导体的几何尺寸、形状有关，二是与极间的电介质有关。衡量一个电容器的性能有两个主要指标，一个是其电容的大小，另一个是其耐压能力。使用电容器时不能超过规定的耐压值，否则在电解质中就会产生过大的电场，使电容器有被击穿的危险。

在实际电路中，当一个电容器的电容或耐压能力不能满足需求时，可以把几个电容器连接起来使用。电容器的连接方式有两种：电容器的串联和并联。

并联电容器如图 6-43(a) 所示，这时各电容器的电压相等，即 $U_1=U_2=\cdots=U$，而总电量 Q 年是各电容器所带电量之和。根据电容的定义可知

$$\begin{aligned} C&=\frac{Q}{U}=\frac{q_1+q_2+\cdots+q_n}{U}\\ &=C_1+C_2+\cdots+C_n\\ &=\sum_{i=1}^{n}C_i \end{aligned} \tag{6-69}$$

串联电容器如图 6-43(b) 所示，这时各电容器所带电量相等，$Q_1=Q_2=\cdots=Q$，总电压 U 为各电容器的电压之和。根据电容的定义可知

$$\begin{aligned} \frac{1}{C}&=\frac{U}{Q}=\frac{U_1+U_2+\cdots U_n}{Q}\\ &=\frac{1}{C_1}+\frac{1}{C_2}+\cdots+\frac{1}{C_n}\\ &=\sum_{i=1}^{n}\frac{1}{C_i} \end{aligned} \tag{6-70}$$

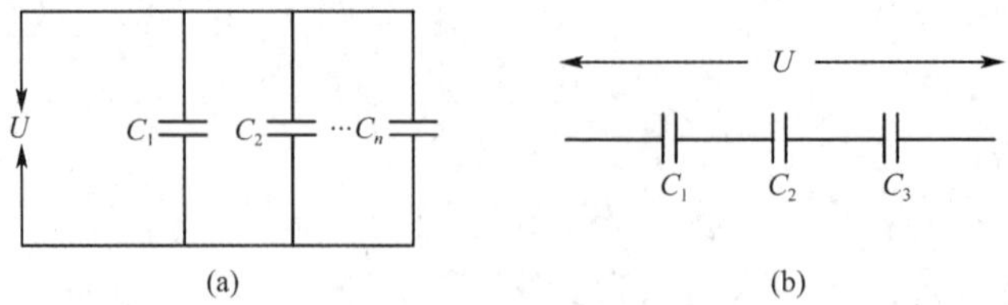

图 6-43　电容器的并联和串联

比较电容器的两种连接方式可得到以下结论：

(1) 并联时，总电容增大，但因为每个电容器都是直接连接到电源上的，所以电容器组的耐压能力受耐压能力最低的电容器的限制。

(2) 串联时，总电容比每个电容器的电容都要小，但因为总电压是分配到各电容器上的，所以电容器组的耐压能力得到了提高。

6.5　电介质

电介质是指在通常条件下导电性能极差的物质，也就是平时我们所说的绝缘体，其内部可自由移动的正负电荷极少。把电介质置于静电场中，该电介质就会发生电极化现象，极化后的电介质会反过来影响电场的分布。下面就先从实验出发，观察电介质对电场的影响，然后从电介质极化的微观机理加以分析说明，建立有电介质存在时的电场理论，从而找到求解电介质中电场强度的思路和方法。

6.5.1　电介质对电场的影响

如图 6-44 所示，在平行平板电容器的两个极板(可以看作无限大平板)上分别充有正、负电荷量 $+Q$、$-Q$(面电荷密度分别为 $+\sigma$、$-\sigma$)。

电介质对电场的影响

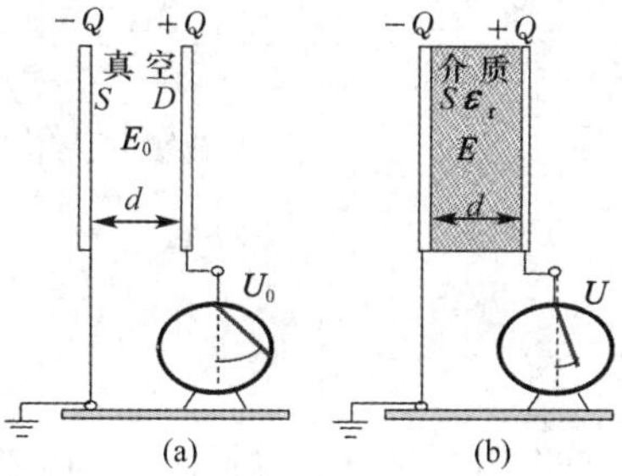

图 6-44　电介质对电场的影响实验装置

实验表明，$U=U_0/\varepsilon_r<U_0$，当平行平板电容器极板间充满均匀电介质后，两极板间电压减小了。当平行平板电容器极板间为真空时，电场强度的大小、两极板间的电势差及电容分别为

$$\begin{cases} E_0=\dfrac{\sigma}{\varepsilon_0} \\ U_0=E_0 d=\dfrac{\sigma}{\varepsilon_0}d \\ C_0=\dfrac{Q}{U_0}=\dfrac{\varepsilon_0 S}{d} \end{cases} \tag{6-71}$$

当平行平板电容器极板间充满均匀电介质后电场强度的大小、两极板间的电势差及电容分别为

$$\begin{cases} E = \dfrac{E_0}{\varepsilon_r} = \dfrac{\sigma}{\varepsilon_0 \varepsilon_r} \\ U = \dfrac{U_0}{\varepsilon_r} = \dfrac{E_0}{\varepsilon_r} d = \dfrac{\sigma}{\varepsilon_0 \varepsilon_r} d \\ C = \dfrac{Q}{U} = \varepsilon_r C_0 \end{cases} \tag{6-72}$$

进一步得出

$$\begin{cases} \dfrac{U_0}{U} = \varepsilon_r \\ \dfrac{E_0}{E} = \varepsilon_r \\ \dfrac{C}{C_0} = \varepsilon_r \end{cases} \tag{6-73}$$

式中，ε_r 为介质的相对介电常数(相对电容率)，是一个无量纲的量，反映的是介质的某种电学性质，每种介质的 ε_r 都不同，通常情况下，$\varepsilon_r > 1$，空气的 $\varepsilon_r = 1$。表 6-1 列出了部分电介质的相对介电常数。

表 6-1　　部分电介质的相对介电常数

电介质	相对介电常数(ε_r)	物质	相对介电常数(ε_r)
真空	1.000 00	石蜡	2.1
空气	1.000 54	云母	6.0 ～ 7.0
水	78.000 00	玻璃	5.5 ～ 7
纸	3.500 00	瓷	5.7 ～ 6.3
硫黄	4.000 00	硬橡胶	2.6
蜡	7.800 00	煤油	2.0

可见，电介质对电场有削弱的作用。虽然，上述结果是由平行板电容器得出的，但理论和实验都已经证明：只要放入的是各向同性的电介质。这些结果对于其他类型的电容器同样适用。为什么加入电介质会使电场减弱、电容增加呢？显然，电介质在电场的作用下发生了某种极化，极化了的电介质反过来影响了电场。下面进一步讨论电场对电介质的影响。

电介质内部的自由电荷很少，即电荷不能自由移动，这类电荷称为**束缚电荷**。在电场的作用下，电荷有微小的移动，部分电介质表面会出现过剩电荷。这种现象称为介质的极化(电极化)。这部分电荷称为**极化电荷**。

根据分子结构的不同，可把电介质分为两类：一类是有极分子，另一类是无极分子。如图 6-45(a) 所示，无极分子是指在没有外电场时，正负电荷的中心重合，即由无极分子构成的电介质对外不显示电性，如 CH_4、He 等；有极分子[图 6-45(b)] 是指在没有外电场时，分子的正电荷中心不重合，如 NH_3、H_2O 等，等量的正负电荷形成电偶极子，具有电偶极矩，由于分子不规则的热运动，电偶极矩取向杂乱无章，因此由该分子组成的电介质宏观上对外也不显示电性。

由于两种电介质的微观结构不同，因此二者的极化过程也不相同。无极分子在外电场的作用下，正负电荷中心发生相对位移，形成电偶极子，电偶极矩指向外电场方向，称为**位移极化**

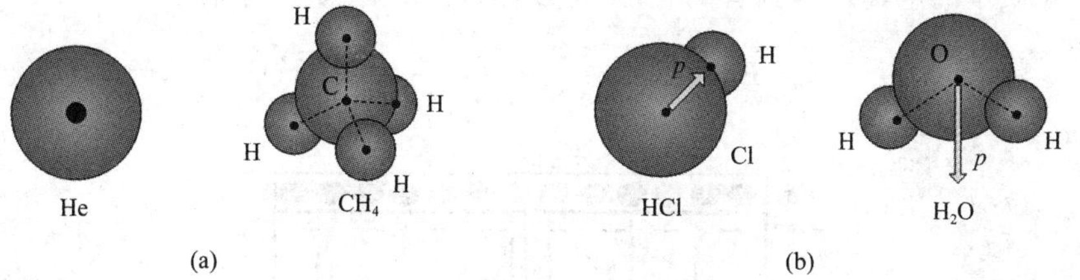

图 6-45　两种电介质微观的结构

(图 6-46)。有极分子在外电场的作用下,相对于外电场方向的正负电荷的位置变化主要是转动,因而称为**转向极化**(图 6-47)。在电介质与外电场垂直的两表面上分别出现了正、负极化电荷。外的电场强度越大,分子电偶极矩越大,极化电荷越多,电极化程度越高;撤去外电场时,由于分子的热运动,重新使分子电偶极矩变得杂乱无章,整个电介质的电性也随之消失。

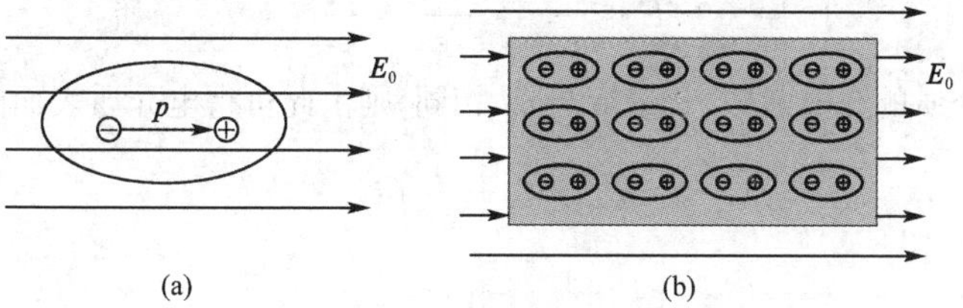

图 6-46　无极分子的位移极化

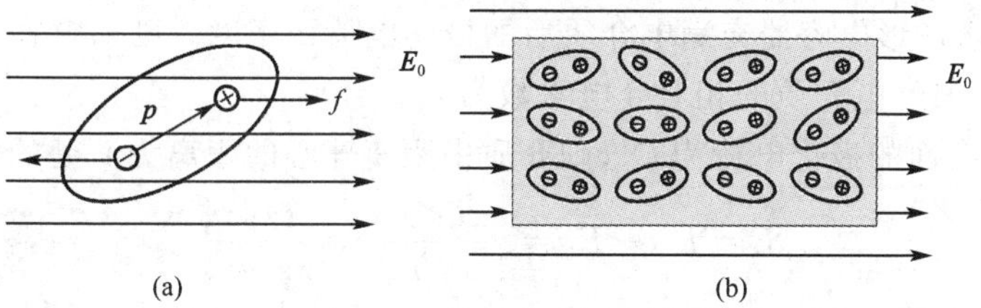

图 6-47　有极分子的转向极化

需要指出的是,对于由有极分子构成的电介质,位移极化同样存在,但转向极化比位移极化要大得多(约一个数量级),所以有极分子介质的极化主要是转向极化。当外电场是高频场时,由于分子的惯性,转向极化跟不上电场的变化,因此主要极化机制便成为位移极化。尽管两种电介质极化的微观机理不尽相同,但宏观现象是一样的,因此进行宏观描述时,对两者没有区分的必要。综上所述,不管是位移极化还是转向极化,其最后的宏观效果是都在电介质与外电场垂直的表面上产生了极化电荷;两种极化都是外电场越强,极化越厉害所产生的分子电偶极矩的矢量和也越大,电偶极矩排列愈有序,说明极化越强。

6.5.2　电介质内的电场强度

电场对电介质有极化作用,反过来,被极化的电介质势必对电场产生影响。

如图 6-48 所示,平行板电容器两极板 A、B 分别带有电量 $+Q_0$、$-Q_0$,电荷面密度分别为 $+\sigma_0$、$-\sigma_0$,激发的电场强度为 $\boldsymbol{E}_0$;在其中充满电介质后,介质的两个表面出现极化电荷面密度分别为 $+\sigma'$、$-\sigma'$,相应激发的极化电场为

电介质的极化
电介质内的
电场强度

$\boldsymbol{E}'$。因此电介质中的电场$\boldsymbol{E}$是两者的叠加，即$\boldsymbol{E}=\boldsymbol{E}_0+\boldsymbol{E}'$，则其大小有

$$E=E_0+E'=\frac{\sigma_0}{\varepsilon_0}-\frac{\sigma'}{\varepsilon_0}=\frac{1}{\varepsilon_0}(\sigma_0-\sigma') \tag{6-74}$$

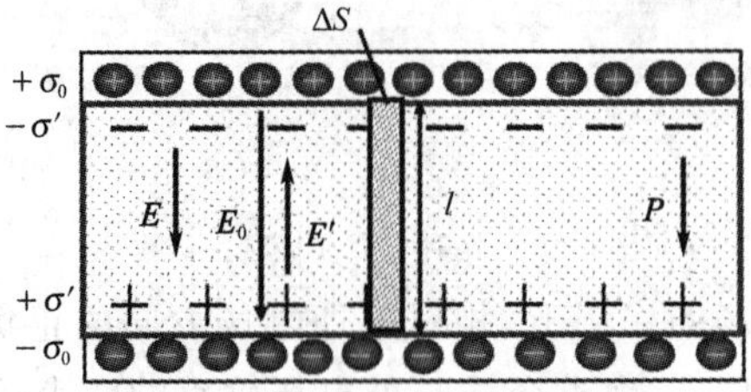

图 6-48　电介质内的电场强度

由实验得，电介质中的电场强度是原场强的 $1/\varepsilon_r$ 倍，即

$$E=\frac{E_0}{\varepsilon_r}=\frac{\sigma_0}{\varepsilon_0\varepsilon_r}=\frac{\sigma_0}{\varepsilon} \tag{6-75}$$

其中 $\varepsilon=\varepsilon_0\varepsilon_r$，$\varepsilon$ 为介质的介电常数，其量纲与 ε_0 相同，则由此可得电介质表面的极化电荷面密度：

$$\sigma'=\left(1-\frac{1}{\varepsilon_r}\right)\sigma_0 \tag{6-76}$$

极化电荷

$$Q'=\frac{\varepsilon_r-1}{\varepsilon_r}Q_0 \tag{6-77}$$

【例 6-20】　求球形电容器充满电介质后的极化电荷面密度。已知电容器带电量为 Q，内外半径分别为 R_A、R_B，电介质的相对介电常数为 ε_r。

解　设介质表面的极化电荷为 Q'，则介质中距离球心的距离为 r 处的电场强度为

$$\begin{aligned}E=E_0+E'&=\frac{Q}{4\pi\varepsilon_0 r^2}-\frac{Q'}{4\pi\varepsilon_0 r^2}\\&=\frac{4\pi R_A^2(\sigma_{0A}-\sigma'_A)}{4\pi\varepsilon_0 r^2}\\&=\frac{R_A^2(\sigma_{0A}-\sigma'_A)}{\varepsilon_0 r^2}=\frac{E_0}{\varepsilon_r}\end{aligned}$$

所以
$$\begin{cases}\sigma'_A=\left(1-\dfrac{1}{\varepsilon_r}\right)\sigma_{0A} & \text{介质内表面极化电荷面密度}\\ \sigma'_B=\left(\dfrac{R_A}{R_B}\right)^2\left(1-\dfrac{1}{\varepsilon_r}\right)\sigma_{0A} & \text{介质外表面极化电荷面密度}\end{cases}$$

6.5.3　电极化强度

为了描述电介质在电场中被极化的程度，引入电极化强度这一物理量。在电介质中任取一宏观小体积 ΔV，由上可知，在没有外电场时，电介质未被极化，此小体积中所有分子的电偶极矩的矢量和为 0，即 $\sum \boldsymbol{p}_i=0$。当存在外电场时，电介质被极化，此小体积中所有分子的电偶极矩的矢量和不为 0，即 $\sum \boldsymbol{p}_i\neq 0$。外电场越强，分子电偶极矩的矢量和越大，因此，用单位体积中分子电偶极矩的矢量和来定义电极化强度$\boldsymbol{P}$，即

$$\boldsymbol{P}=\frac{\sum \boldsymbol{p}_i}{\Delta V} \tag{6-78}$$

电极化强度的单位是库仑每平方米($C \cdot m^{-2}$)，如电介质中各点的电极化强度相同，则称电介质是均匀极化的。

电介质极化时，极化程度越高($\boldsymbol{P}$ 越大)，电介质表面的极化电荷的面密度 σ' 也越大，它们之间的定量关系又如何呢？下面仍以自由电荷的面密度为 $+\sigma_0$ 和 $-\sigma_0$ 的两平行板间充满均匀电介质为例进行讨论(图 6-48)，在介质中取一长为 l，底面积为 ΔS 的柱体，柱体两底面的极化电荷的面密度分别为 $-\sigma'$ 和 $+\sigma'$。柱体内所有分子的电偶极矩的矢量和的大小为 $\sum p_i = \sigma' \Delta S l$，因此电极化强度的大小为

$$P=\frac{\sum p_i}{\Delta V}=\frac{\sigma' \Delta S l}{\Delta S l}=\sigma' \tag{6-79}$$

式 6-79 表明，两极板间均匀电介质的电极化强度的大小等于极化电荷的面密度。

将 $E_0=\sigma_0/\varepsilon_0$，$E=E_0/\varepsilon_r$ 及 $P=\sigma'$ 代入式(6-74)可得，电介质中电极化强度$\boldsymbol{P}$ 与电场强度$\boldsymbol{E}$ 之间的关系为

$$\boldsymbol{P}=(\varepsilon_r-1)\varepsilon_0\boldsymbol{E}=\chi\varepsilon_0\boldsymbol{E} \tag{6-80}$$

其中，$\chi=\varepsilon_r-1$ 称为电介质的电极化率。各向同性电介质就是$\boldsymbol{P}$ 与$\boldsymbol{E}$ 的关系，与$\boldsymbol{E}$ 的方向无关。如果电介质中各点的 χ 值相同，则称该电介质为均匀电介质。理论和实验表明，在各向同性电介质中的任一点，电极化强度$\boldsymbol{P}$ 与电场强度$\boldsymbol{E}$ 的方向相同且大小成正比。

应当指出，在交变电场中，以有极分子的极化为例，由于电偶极子的转向需要时间，在外电场变化频率较低时，电偶极子还来得及跟上电场的变化而不断转向，故 ε_r 的值和在静电场中极化的值差别不大。但当外电场变化频率大到某一程度时，电偶极子就来不及跟随电场方向的改变而转向，这时的相对介电常数 ε_r 就要下降。所以在高频条件下，电介质的相对电容率 ε_r 是和外电场的频率有关的。

6.5.4 电位移矢量 电介质中的高斯定理

前面讨论的高斯定理只给出了自由电荷在真空中的情形，现在简要讨论均匀电场中充满各向同性的均匀电介质的情况(对于各向异性电介质的情况本书不做讨论)。

电位移矢量
电介质中的
高斯定理

下面还是以平行板电容器为例(图 6-49)，平行板电容器中电介质的相对介电常数为ε_r，若极板上有自由电荷，极板的表面会有极化电荷出现。设极板上自由电荷面密度为 σ_0，极化电荷面密度为 σ'。做一个表面积为 S 的圆柱形高斯面，底面面积为 S_1 且与极板平行，其中一个底面在介质中，高斯面所包围的电荷为自由电荷与极化电荷的代数和，则有

$$Q_0=\sigma_0 S_1, Q'=\sigma' S_1 \tag{6-81}$$

根据高斯定理，介质中的电场强度应满足

$$\oint\!\!\!\oint_S \boldsymbol{E}\cdot d\boldsymbol{S}=\frac{1}{\varepsilon_0}(Q_0-Q') \tag{6-82}$$

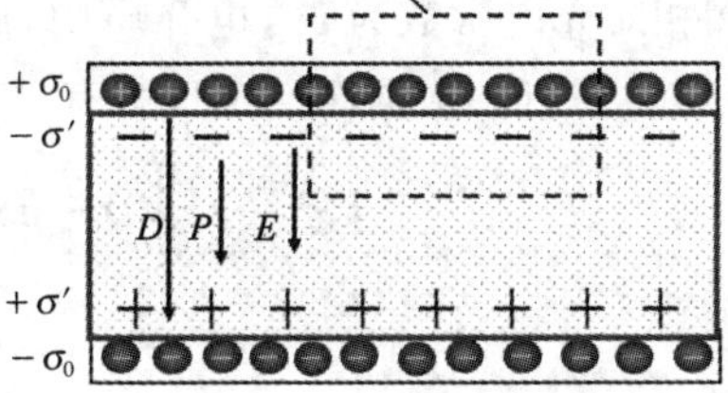

图 6-49 电介质中的高斯定理

又因为$\sigma' = \left(1-\dfrac{1}{\varepsilon_r}\right)\sigma$，代入上式可得

$$\oiint_S \boldsymbol{E}\cdot \mathrm{d}\boldsymbol{S} = \frac{Q_0}{\varepsilon_0\varepsilon_r} = \frac{Q_0}{\varepsilon} \tag{6-83}$$

对于一般电介质来说，其介电常数ε是一个常数，所以上式可改写为

$$\oiint_S \varepsilon\boldsymbol{E}\cdot \mathrm{d}\boldsymbol{S} = Q_0 = \oiint_S \boldsymbol{D}\cdot \mathrm{d}\boldsymbol{S} \tag{6-84}$$

其中，各向同性均匀介质中，有

$$\boldsymbol{D} = \varepsilon_0\varepsilon_r\boldsymbol{E} = \varepsilon\boldsymbol{E} \tag{6-85}$$

$\boldsymbol{D}$称为电位移矢量，单位为库·米$^{-2}$（$\mathrm{C}\cdot\mathrm{m}^{-2}$），$\oiint_S \boldsymbol{D}\cdot \mathrm{d}\boldsymbol{S}$称为电位移通量。在各向异性电介质（如某些晶体）中，同一点的$\boldsymbol{D}$与$\boldsymbol{E}$的方向可能不同，它们的关系不能用式(6-85)

虽然(6-84)式是从平行板电容器的特例中得到的，但是可以证明，在一般情况下它也是成立的。因此一般情况下有介质时的高斯定理的数学表达式为

$$\oiint_S \boldsymbol{D}\cdot \mathrm{d}\boldsymbol{S} = \sum_{i=1}^{n} Q_{i0} \tag{6-86}$$

式(6-86)就是有介质时的电场的高斯定理：在静电场中，通过任意闭合曲面的电位移通量等于闭合曲面内自由电荷的代数和，与极化电荷及高斯面外电荷无关。

在电场中放入电介质后，电介质中电场强度的分布既和自由电荷分布有关，又和极化电荷分布有关，而极化电荷分布是很复杂的。现在引入电位移（矢量）这一物理量后，电介质中的高斯定理就只与自由电荷有关了，所以利用介质中的高斯定理来处理电介质中的电场问题就比较简单了，可以先利用介质中的高斯定理求出电位移$\boldsymbol{D}$，再利用电位移$\boldsymbol{D}$与电场强度$\boldsymbol{E}$的关系，即可求出电场强度$\boldsymbol{E}$。

需要注意的是，电场线是从正电荷出发止于负电荷的。这里说的电荷既包括自由电荷又包括极化电荷。电场强度$\boldsymbol{E}$的物理意义是作用在单位正电荷上的电场力，而电位移$\boldsymbol{D}$没有明确的物理意义，只是一个辅助计算的矢量，描写电场性质的物理量仍是电场强度$\boldsymbol{E}$和电势U。若把带电体放在电场中，决定它受力的是电场强度$\boldsymbol{E}$，而不是电位移$\boldsymbol{D}$。

【例 6-21】 如图 6-50 所示，一平行板电容器中有两层厚度分别为d_1、d_2，相对介电常数分别为ε_{r1}、ε_{r2}的电介质，极板面积为S，求该电容器的电容。

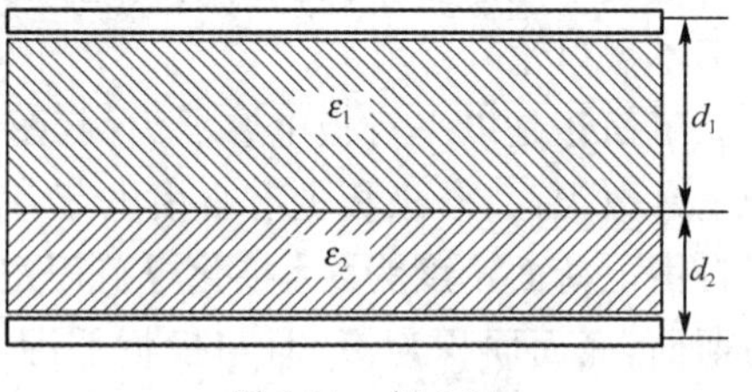

图 6-50 例 6-21

解 设两极板的电量分别为$+q$、$-q$，自由电荷的面密度为$+\sigma$、$-\sigma$，介质中的电场强度的大小分别为E_1、E_2，做圆柱形高斯面，上底面在导体中，下底面在相对介电常数为ε_{r1}电介质中，底面积为S_1，轴线与E_1平行。根据高斯定理则有：

$$\oiint_S \boldsymbol{D}\cdot \mathrm{d}\boldsymbol{S} = S_1\sigma \Rightarrow D = \sigma \Rightarrow E_1 = \frac{\sigma}{\varepsilon_0\varepsilon_{r1}}$$

同理

$$E_2 = \frac{\sigma}{\varepsilon_0\varepsilon_{r2}}$$

两极板间的电势差为

$$U_{AB}=\int_l \boldsymbol{E}\cdot \mathrm{d}\boldsymbol{l}=E_1d_1+E_2d_2=\frac{\sigma}{\varepsilon_0}\left(\frac{d_1}{\varepsilon_{r1}}+\frac{d_2}{\varepsilon_{r2}}\right)$$

所以

$$C=\frac{q}{U_{AB}}=\frac{\varepsilon_0 S}{\dfrac{d_1}{\varepsilon_{r1}}+\dfrac{d_2}{\varepsilon_{r2}}}$$

6.6　静电场的能量

6.6.1　电容器储存的电能

下面讨论静电场能量。先以平行板电容器的带电过程为例，讨论电源消耗其他形式的能量并做功，把其他形式的能量转变为电能的机理。在带电过程中，平行板电容器内建立电场，从而得到电场能量的概念及电场能量的计算。

电容器的储能

电容器充电时，在电源的作用下，把正电荷元 $\mathrm{d}q$ 不断从 B 板移动到 A 板（图 6-51）。若在时间 t 内，从 B 板向 A 板移动了电荷 $q(t)$，这时两极板间的电势差为

$$U(t)=\frac{q(t)}{C} \tag{6-87}$$

此时，若继续从 B 板向 A 板移动电荷 $\mathrm{d}q$，则需要做功为

$$\mathrm{d}A=U(t)\mathrm{d}q=\frac{q(t)}{C}\mathrm{d}q \tag{6-88}$$

这样，从开始极板上没有电荷到极板带电量为 Q 时，电源所做的功为

$$A=\int \mathrm{d}A=\int_0^Q U(t)\mathrm{d}q=\frac{Q^2}{2C} \tag{6-89}$$

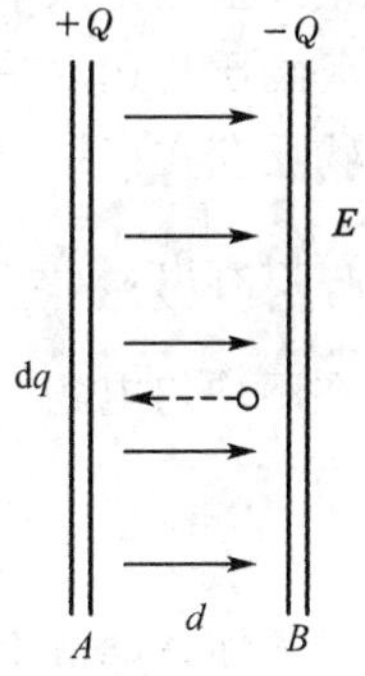

图 6-51　电容器储存的电能

由于 $Q=CU$，所以上式又可以写作

$$A=\frac{1}{2}\frac{Q^2}{C}=\frac{1}{2}CU^2=\frac{1}{2}QU \tag{6-90}$$

式中，U 为极板带电量为 Q 时两极板间的电势差。根据能量守恒定律可得，此时电容器中电场中储存的能量 W 的数值就等于这个功的数值，即

$$W=A=\frac{1}{2}\frac{Q^2}{C}=\frac{1}{2}CU^2=\frac{1}{2}QU \tag{6-91}$$

由此可见，在电容器的带电过程中，外力通过克服静电力做功，就可以把非静电能转换为电容器的电能了。

6.6.2　电场能量密度　电场能量

电容器的能量储存在哪里呢？仍以上面的平行板电容器为例进一步讨论。对于极板面积

电场能量密度
电场能量

为 S，间距为 d 的平行板电容器，如果忽略电容器的边缘效应，两极板间的电场是均匀的，电场所占的空间体积为 $V=Sd$，代入 $U=Ed$，$C=\dfrac{\varepsilon_0 S}{d}$ 可得

$$W_e=\frac{1}{2}\varepsilon_0 E^2 Sd=\frac{1}{2}\varepsilon_0 E^2 V \tag{6-92}$$

仔细看来，式(6-91)和式(6-92)的物理意义不同。式(6-91)表明，电容器所储存的能量是因为外力的作用将电荷 q 从一个极板移到另一个极板，所以，电容器能量的携带者是电荷。而式(6-92)却表明，外力做功使原来没有电场的电容器的两极板间建立了有确定电场强度的静电场，因此，电容器能量的携带者应是电场。已经知道，静电场总是伴随着静止的电荷而产生的，两者形影不离，所以在静电学范围内，上述两种观点是等效的。但对于变化的电磁场来说，情况就不一样了。后面会讨论电磁波是变化的电场和磁场在空间中的传播。电磁波不仅含有电场能量 W_e，而且含有磁场能量 W_m。理论和实验均已证明，电磁波的传播过程并没有伴随着电荷传播，所以不能说电磁波能量的携带者是电荷，而只能说电磁波能量的携带者是电场和磁场。因此，如果某一空间具有电场，那么该空间就具有电场能量。因此可以说，式(6-92)比式(6-91)更具有普遍的意义。

所以单位体积电场内所具有的电场能量叫作**电场能量密度**，用 w_e 表示，即

$$w_e=\frac{W_e}{V}=\frac{1}{2}\varepsilon_0 E^2=\frac{1}{2}DE \tag{6-93}$$

这个结果虽然是从平行板电容器中的均匀电场这个特例推导出来的，但可以证明它是普遍成立的。物质与运动是不可分的，凡是物质都在运动，都具有能量。电场具有能量，表明电场是一种物质存在。

可以看出，只要空间 V 存在着均匀电场$\boldsymbol{E}$，则该处电场就储存着电场能量$\dfrac{1}{2}\varepsilon_0 E^2 V$。

在不均匀电场中，可任取一体积元 $\mathrm{d}V$，设该处的能量密度为 w_e，则体积元 $\mathrm{d}V$ 中储存的静电能为

$$\mathrm{d}W_e=w_e\mathrm{d}V \tag{6-94}$$

整个电场储存的静电能为

$$W_e=\int \mathrm{d}W_e=\int_V \frac{1}{2}\varepsilon_0 E^2\mathrm{d}V \tag{6-95}$$

式中，V 是整个电场分布的空间体积。

【例 6-22】 有一半径为 a、带电量为 q 的导体球。求它所产生的电场中储存的静电能。

解 该导体球所产生的静电场具有球对称性，大小为 $E=\dfrac{1}{4\pi\varepsilon_0}\cdot\dfrac{q}{r^2}$，由于电场的球对称性，我们可以取体积元 $\mathrm{d}V$ 为一球壳，则 $\mathrm{d}V=4\pi r^2\mathrm{d}r$，该球壳中储存的静电能为

$$\begin{aligned}\mathrm{d}W&=w\mathrm{d}V=\frac{1}{2}\varepsilon_0 E^2 4\pi r^2\mathrm{d}r\\&=\frac{1}{2}\varepsilon_0\left(\frac{q}{4\pi\varepsilon_0 r^2}\right)^2 4\pi r^2\mathrm{d}r\\&=\frac{q^2}{8\pi\varepsilon_0 r^2}\mathrm{d}r\end{aligned}$$

整个电场中储存的能量为

$$W=\int \mathrm{d}W=\int_a^{\infty}\frac{q^2}{8\pi\varepsilon_0 r^2}\mathrm{d}r=\frac{q^2}{8\pi\varepsilon_0 a}$$

本章小结

1. 电荷守恒定律

电荷守恒定律是物理学中普遍的基本定律，对于一个系统，如果没有净电荷的流入与流出，则该系统的正、负电荷代数和保持不变，这就是**电荷守恒定律。**

$$\oiint_{(S)}\boldsymbol{J}_0\cdot\mathrm{d}\boldsymbol{S}=-\frac{\mathrm{d}q_0}{\mathrm{d}t}$$

单位时间内，从闭合曲面流出的电荷量等于单位时间内该曲面内电荷的减少量。

2. 库仑定律

在真空中，两个静止的点电荷的作用力

$\boldsymbol{F}=\frac{1}{4\pi\varepsilon_0}\cdot\frac{q_1q_2}{r^2}\boldsymbol{r}_0=\frac{1}{4\pi\varepsilon_0}\cdot\frac{q_1q_2}{r^3}\boldsymbol{r}$（与受力电荷的速度无关）

其中$\boldsymbol{r}=r\boldsymbol{r}_0$ 方向由施力电荷指向受力电荷。

$\varepsilon_0=8.85\times10^{-12}\ \mathrm{C^2\cdot N^{-1}\cdot m^{-2}}$，称为真空介电常数(真空电容率)。

3. 电场力的叠加原理

$$\boldsymbol{F}=\sum_{i=1}^{n}\boldsymbol{F}_i$$

连续分布：

$$\boldsymbol{F}=\int\mathrm{d}\boldsymbol{F}$$

4. 电场强度的定义式

$\boldsymbol{E}=\frac{\boldsymbol{F}}{q_0}$(N/C)，$q_0$ 为静止电荷。

5. 电场强度的叠加原理

$$\boldsymbol{E}=\sum_{i=1}^{n}\boldsymbol{E}_i$$

6. 点电荷周围的电场的电场强度

$$\boldsymbol{E}=\frac{1}{4\pi\varepsilon_0}\cdot\frac{q}{r^2}\boldsymbol{r}_0$$

7. 已知电场$\boldsymbol{E}$ 的分布时，求受力

(1) 点电荷 q 在电场$\boldsymbol{E}$ 中的受力$\boldsymbol{F}=q\boldsymbol{E}$，$q$ 可以是静止的，也可以是运动的。

(2) 任意带电体在电场$\boldsymbol{E}$ 中的受力$\boldsymbol{F}=\int\mathrm{d}q\boldsymbol{E}$，$\mathrm{d}q$ 是带电体上的微元所带电量 $\mathrm{d}q=\begin{cases}\lambda\,\mathrm{d}l\\ \sigma\,\mathrm{d}S\\ \rho\,\mathrm{d}V\end{cases}$。

(3) 电偶极子($\boldsymbol{p}=q\boldsymbol{l}$) 在电场$\boldsymbol{E}$ 中受到的力矩为$\boldsymbol{M}=\boldsymbol{p}\times\boldsymbol{E}$。

8. 电通量

$\Phi_e=\iint_S\boldsymbol{E}\cdot\mathrm{d}\boldsymbol{S}$

9. 静电场中的高斯定理

$\Phi_e=\oiint\limits_S \boldsymbol{E}\cdot \mathrm{d}\boldsymbol{S}=\frac{1}{\varepsilon_0}\sum\limits_{S包围}q_{内}=\iiint\limits_{V(S包围)}\frac{1}{\varepsilon_0}\rho \mathrm{d}V$ 说明静电场是无源场。

10. 静电场的环路定理

$\oint\limits_{L(任意)}\boldsymbol{E}\cdot \mathrm{d}\boldsymbol{l}=0$,说明静电场是保守场。

11. 电势能、电势、电势差和电场力做功

电势能：$E_{pa}=\int_a^{\infty}q_0\boldsymbol{E}\cdot \mathrm{d}\boldsymbol{l}$。

电势：$U_a=\frac{E_{pa}}{q_0}=\int_a^{\infty}\boldsymbol{E}\cdot \mathrm{d}\boldsymbol{l}$。

电势差：$U_{ab}=U_a-U_b=\int_a^b\boldsymbol{E}\cdot \mathrm{d}\boldsymbol{l}$。

电场力做功：$A_{ab}=q_0U_{ab}=q_0(U_a-U_b)$。

12. 点电荷的电势

$$U_r=\frac{q}{4\pi\varepsilon_0 r}$$

13. 电势的叠加原理

$$U=\sum_i^n U_i$$

14. 电势的计算方法

(1) 定义式：(普遍适用)$U_P=\int_P^0\boldsymbol{E}\cdot \mathrm{d}\boldsymbol{l}=\int_P^{P_1}\boldsymbol{E}\cdot \mathrm{d}\boldsymbol{l}+\int_{P_1}^0\boldsymbol{E}\cdot \mathrm{d}\boldsymbol{l}$ 选择一简洁的路径。

(2) 点电荷电势叠加法：$(a)U=\sum\limits_{i=1}^n U_i=\sum\limits_{i=1}^n\frac{q_i}{4\pi\varepsilon_0 r_i}$ $(b)U_p=\int \mathrm{d}U_p=\int\frac{\mathrm{d}q}{4\pi\varepsilon_0 r}$ 条件是无穷远处电势为 0 才适用。

15. 电场强度的计算方法

(1) 利用点电荷的场强公式＋电场强度的叠加原理：

$$\boldsymbol{E}=\sum_{i=1}^n\frac{1}{4\pi\varepsilon_0}\frac{q_i}{r_i^2}\boldsymbol{r}_{i0},\boldsymbol{E}=\int \mathrm{d}\boldsymbol{E}=\int\frac{\mathrm{d}q}{4\pi\varepsilon_0 r^2}\boldsymbol{r}_0$$

(2) 当场源电荷分布具有某种对称性时，应用高斯定律，经过所求场点选取适当的高斯面，使面积分$\oiint\limits_S\boldsymbol{E}\cdot \mathrm{d}\boldsymbol{S}$ 中的所求场点的$\boldsymbol{E}$ 能以标量的形式提出来，即可利用

$$E=\frac{\frac{1}{\varepsilon_0}\sum\limits_{S内}q_i}{\oiint\limits_S \mathrm{d}S}=\frac{\frac{1}{\varepsilon_0}\sum\limits_{S内}q_i}{S}$$

求出电场强度 E。

(3) 利用电场强度$\boldsymbol{E}$ 与电势 U 的微分关系式

$$\boldsymbol{E}=-\nabla U=-\left(\frac{\partial U}{\partial x}\boldsymbol{i}+\frac{\partial U}{\partial y}\boldsymbol{j}+\frac{\partial U}{\partial z}\boldsymbol{k}\right)$$

16. 导体的静电平衡

(1) 导体内部和表面无电荷的定向移动

(2) 导体内部的电场强度处处为 0；导体外表附近电场强度方向处处与导体表面垂直，其大小为 $E=\sigma/\varepsilon_0$

(3) 导体是一个等势体；其表面是等势面。

(4) 静电平衡时导体上的电荷分布：实心导体的电荷只能分布在导体表面，内部净电荷处处为 0，空腔导体(原来带有电量 Q) 电荷的分布与腔内有无带电体 q 有关，其结果为 $\begin{cases} q_{内表}=-q_{腔内} \\ q_{外表}=Q_{原}+q_{腔内} \end{cases}$。

(5) 孤立导体的表面电荷面密度与导体表面的曲率 ρ(曲率半径 r) 有关。$\frac{\sigma_1}{\sigma_2}=\frac{r_2}{r_1}=\frac{\rho_2}{\rho_1}$。

17. 有导体存在时静电场的分析与计算

首先要根据静电平衡条件和电荷守恒定律确定导体上新的电荷分布，其次，根据静电场的基本规律及静电场的叠加原理进一步分析和计算电场强度及电势。

18. 电场对电介质的影响

电介质的极化使介质的表面出现极化电荷。

19. 电介质对电场的影响

$$U=\frac{U_0}{\varepsilon_r}\downarrow \quad \boldsymbol{E}=\frac{\boldsymbol{E}_0}{\varepsilon_r}\downarrow \quad C=\varepsilon_r C_0\uparrow \quad \boldsymbol{E}=\boldsymbol{E}_0+\boldsymbol{E}'$$

其中，$\varepsilon_r>1$，称为相对介电常数(相对电容率)，介电常数 $\varepsilon=\varepsilon_0\varepsilon_r$。

20. 电介质中的高斯定理

$$\oint\!\!\!\oint_{S(任意)}\boldsymbol{D}\cdot d\boldsymbol{S}=q_0=\sum_{S包围的自由电荷}q_{0i}$$

电位移矢量 $\boldsymbol{D}=\varepsilon_0\varepsilon_r\boldsymbol{E}=\varepsilon\boldsymbol{E}$ 是一个辅助矢量，无直接的物理意义。

21. 电容器的能量

$$W=\frac{1}{2}\frac{Q^2}{C}=\frac{1}{2}CU^2=\frac{1}{2}QU$$

22. 电场能量密度及电场能量

$$w_e=\frac{1}{2}DE=\frac{1}{2}\varepsilon E^2$$

$$W_e=\iiint_V w_e\,dV=\iiint_V\frac{1}{2}\varepsilon E^2\,dV$$

第 7 章 稳恒磁场

上一章主要介绍了在静止电荷周围形成的静电场的基本性质和基本规律。明确了电荷在静电场中，无论运动与否，在某一点所受的电场力均为 $\boldsymbol{F}_e=q\boldsymbol{E}$，也就是说，电场力的大小与电荷速度的快慢无关。如果电荷相对于观察者运动，那么观察者测得在它的周围不仅有电场，还发现一种仅对运动电荷有作用的物质，称为**磁场**。与受力电荷的速度有关的力称为**磁力**。最初，人们分别研究磁现象和电现象。发现磁现象和电现象之间存在着相互联系的事实，首先应归功于丹麦物理学家奥斯特。他在实验中发现，通有电流的导线附近的磁针，会因受力而偏转。这个事实表明电流对磁铁有作用力，电流和磁铁一样会产生磁现象。由此，电学和磁学联系起来了，电磁学进入了迅速发展的阶段。在其后短短的几年内，人们就发现了稳恒电流相互作用的所有规律。本章主要介绍真空中稳恒电流激发的、不随时间变化的**稳恒磁场**的规律和性质。

磁感应强度是描述磁场性质的基本物理量；磁场中的高斯定理和环路定理是反映磁场性质的基本规律。求解磁感应强度的基本方法是利用毕奥-萨伐尔定律及磁场的叠加原理，对于具有一定对称分布的磁场，也可以应用安培环路定理求解，涉及的对称性分析方法类似于利用电场中的高斯定理求解电场强度的分布的方法。磁场对运动电荷的洛伦兹力作用和磁场对载流导线的安培力作用及磁力矩作用在许多领域都得到了广泛应用。另外，在磁场的作用下，磁介质会发生磁化现象，磁化的磁介质反过来会影响磁场的分布。

本章所讨论的概念、规律和理论方法与静电场类似，但又有所不同，大家在学习过程中应注意与静电场进行比较，融会贯通。

7.1 恒定电流

7.1.1 电流 电流密度矢量

当在导体两端加上电势差(电压)后，大量电荷有规则地定向运动形成了电流。形成电流的带电粒子统称为载流子。载流子可以是自由电子、质子、正负离子，在半导体中还可以是带正电的“空穴”。由载流子定向运动形成的电流称作传导电流。通常把正电荷的运动方向规定为电流的方向，因而电流的方向与负电荷的运动方向相反。常见的电流是沿着一根导线流动的，流动的方向因导线的形状而定。

电流 电流密度矢量

电流的强弱用电流强度（简称“电流”）来描述，定义为单位时间里通过导线某一截面的电量。如图 7-1 所示，在截面积为 S 的一段导体中，有正电荷以速度 v 运动。如果在 $\mathrm{d}t$ 时间内，通过截面 S 的电荷为 $\mathrm{d}q$，那么导体中的电流 I 的定义为通过截面 S 的电荷随时间的变化率，即

$$I=\frac{\mathrm{d}q}{\mathrm{d}t} \tag{7-1}$$

在国际单位制中，电流的单位为安培（A），常用的单位还有毫安（mA）和微安（μA）。

$$1\ \mathrm{A}=10^{3}\ \mathrm{mA}=10^{6}\ \mu\mathrm{A}$$

如果导体中的电流不随时间而变化，那么该电流称为恒定电流。这里强调的是，电流是标量，方向是指大量的正电荷的流向。

电流强度只能从整体上反映导体内电流的大小，当电流在大块导体中流动时，导体内各处的电流分布可能是不均匀的，为了细致地描述导体内各点电流分布的情况，还需要引入一个物理量，即电流密度（矢量）$\boldsymbol{j}$。

如图 7-2 所示，设在导体中任一点 P 处取一微小面积元 $\mathrm{d}\boldsymbol{S}$，$\mathrm{d}\boldsymbol{S}$ 的正法向单位矢量 $\boldsymbol{n}$ 与电量为 q 的正电荷的运动方向 v（电流密度 $\boldsymbol{j}$ 的方向）间成 θ 角。在 $\mathrm{d}t$ 时间内通过 $\mathrm{d}\boldsymbol{S}$ 的载流子应为底面积为 $\mathrm{d}\boldsymbol{S}$、斜长为 $v\mathrm{d}t$ 的斜柱体内的所有载流子。此斜柱体的体积为 $v\mathrm{d}t\cos\theta\mathrm{d}\boldsymbol{S}$，以 n 表示单位体积内载流子的数目，则单位时间内通过 $\mathrm{d}\boldsymbol{S}$ 的电量（电流）为

$$\mathrm{d}I=\frac{qnv\mathrm{d}t\cos\theta\mathrm{d}\boldsymbol{S}}{\mathrm{d}t}=qnv\cos\theta\mathrm{d}\boldsymbol{S}=qn\boldsymbol{v}\cdot\mathrm{d}\boldsymbol{S} \tag{7-2}$$

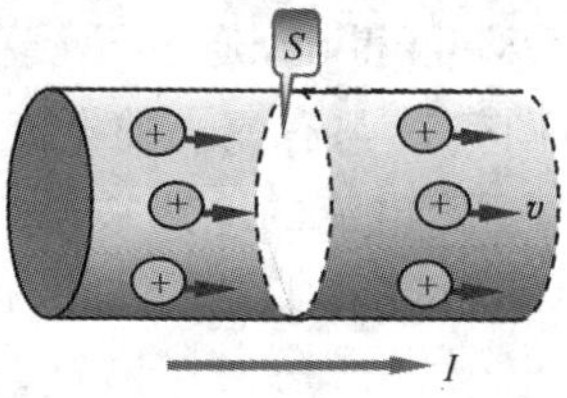

图 7-1　导体中的电流

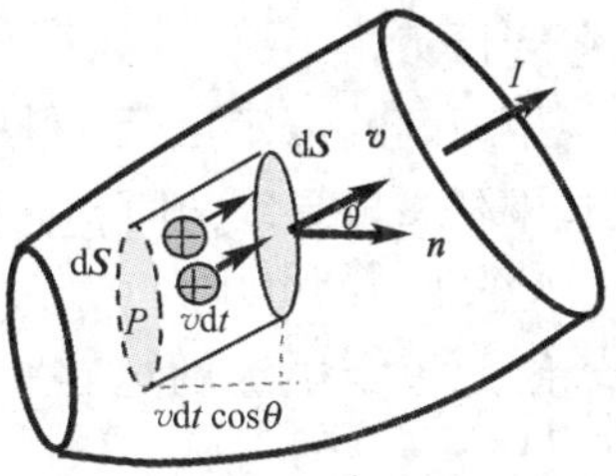

图 7-2　电流密度矢量

由此定义任一点 P 处电流密度矢量 $\boldsymbol{j}$，即

$$\boldsymbol{j}=qn\boldsymbol{v} \tag{7-3}$$

则式(7-2)可写

$$\mathrm{d}I=\boldsymbol{j}\cdot\mathrm{d}\boldsymbol{S} \tag{7-4}$$

因此，导体中任意一点电流密度 $\boldsymbol{j}$ 的方向为该点带正电的载流子的运动方向，与带负电的载流子的运动方向相反；$\boldsymbol{j}$ 的大小等于在单位时间内，通过该点附近垂直于载流子运动方向的单位面积的电量。

在国际单位制中，电流密度的单位为安每平方米（$\mathrm{A/m^2}$）。

则通过导体任一有限截面 S 的电流为

$$I=\iint_S \mathrm{d}I=\iint_S \boldsymbol{j}\cdot\mathrm{d}\boldsymbol{S} \tag{7-5}$$

由此可知，通过导体任一有限截面 S 的电流也就是通过导体该截面 S 的电流密度通量。所以电流是代数量(标量)，不是矢量。

7.1.2　电流的连续性方程 恒定电流条件

电流的连续性方程 恒定电流条件

对于求解通过一个闭合曲面 S 的电流 I(图 7-3)，如果规定曲面上任一点的单位法线矢量 $\boldsymbol{n}$ 的方向为垂直于曲面向外。这样，在单位时间内从闭合曲面向外流出的电荷，即通过闭合曲面向外的总电流(净流出闭合曲面的电量)为

$$I=\oint\!\!\oint_S \boldsymbol{j}\cdot\mathrm{d}\boldsymbol{S} \tag{7-6}$$

根据电荷守恒定律，单位时间内通过闭合曲面流出的电量，应等于此时间内闭合曲面内电荷 q_{int} 的减少量。即

$$\oint\!\!\oint_S \boldsymbol{j}\cdot\mathrm{d}\boldsymbol{S}=-\frac{\mathrm{d}q_{\text{int}}}{\mathrm{d}t} \tag{7-7}$$

这也称为电流的连续性方程。

恒定电流有一个很重要的性质，就是通过任一闭合曲面的恒定电流为 0，即

$$\oint\!\!\oint_S \boldsymbol{j}\cdot\mathrm{d}\boldsymbol{S}=0 \tag{7-8}$$

如果不是这样，那么假设流出某一闭合曲面的净电流大于 0，意味着有正电荷从封闭面内流出，又由于电流不随时间变化，那么这一流出将永不休止。这就意味着闭合曲面内不断地产生正电荷。这有违电荷守恒定律。

对于在一根导线中通过的恒定电流，利用式(7-8)可得出，通过导线各截面的电流都相等。这是因为对于包围任一段导线的闭合曲面 S_1(图 7-4)只有流入的电流 I_3 和流出的电流 I 相等，才能使通过此闭合曲面的电流为 0。对流通着恒定电流的电路来说，由于通过电路各截面的电流必须相等，因此恒定电流的电路一定是闭合的，即只有闭合的回路中才能有恒定电流。

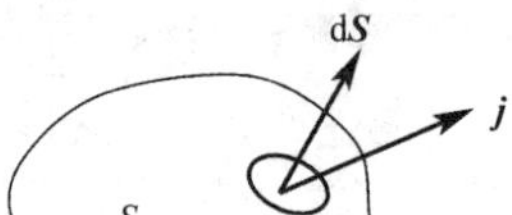

图 7-3　电流连续性方程

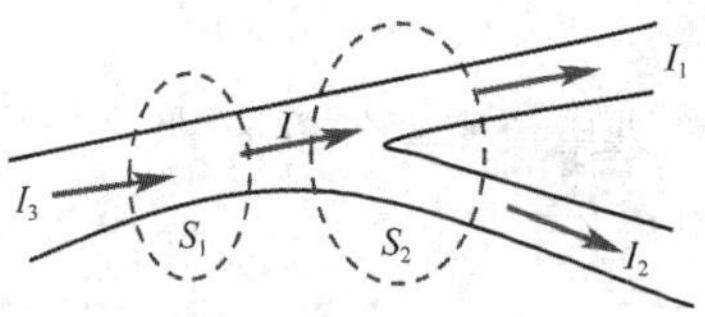

图 7-4　恒定电流条件

对于恒定电流电路中几根导线相交的节点，即几个电流的汇合点来说，取一包围该节点的闭合曲面 S_2，由式(7-8)可得

$$\sum I_i=0 \tag{7-9}$$

即流出节点的电流的代数和为 0。若流出节点的电流为正、流入为负，则对于图 7-4 中的节点，应有

$$I_1+I_2-I=0 \text{ 或 } I=I_1+I_2 \tag{7-10}$$

式(7-10)也称为恒定电流电路中的**节点电流方程**，也称为**基尔霍夫(第一)电流方程。**

在有恒定电流的情况下，导体内电荷的分布不随时间改变。不随时间改变的电荷分布产生不随时间改变的电场，这种电场称为**恒定电场**。恒定电场与静电场有许多相似之处，都服从高斯定理和环路定理，如果仍用$\boldsymbol{E}$表示恒定电场的电场强度，则有

$$\oint_L \boldsymbol{E}\cdot \mathrm{d}\boldsymbol{l}=0 \tag{7-11}$$

$\boldsymbol{E}\cdot \mathrm{d}\boldsymbol{l}$ 就是通过线元 $\mathrm{d}\boldsymbol{l}$ 的电势降落，所以式(7-11)也可表述为在恒定电流电路中，沿任意闭合回路一周的电势降落的代数总和等于 0。在直流电路中，常根据这一规律列出一些方程，称为**回路电压方程**，也叫作**基尔霍夫第二方程。**

这里强调，恒定电场和静电场的主要区别在于产生恒定电场的电荷分布虽然不随时间变化，但这种分布总伴随着电荷的运动，而产生静电场的电荷是相对静止不动的，因此即使在导体内部，恒定电场也不等于 0。又因为在电荷的运动时恒定电场力是要做功的，所以恒定电场的存在总要伴随着能量的转换。静电场是由静止电荷产生的，所以维持静电场不需要能量的转换。

7.2　磁场　磁感应强度

7.2.1　基本磁现象 磁现象本质 磁场

我国是世界上最早认识和应用磁性的国家之一。春秋战国时期的《管子·地数》篇中就记载了“上有慈石者，其下有铜金”；战国时期，人们发明了司南；北宋朱彧在《萍洲可谈》中记载了“舟师识地理，夜则观星，昼则观日，阴晦则观指南针”；北宋时期，沈括创制了航海用的指南针，并发现了地磁偏角。地球的 N 极在地理南极附近，S 极在地理北极附近。

基本磁现象

把能够吸引铁、钴、镍等物质的性质称作**磁性**。磁体具有极性且同性相斥、异性相吸的特点。磁体与磁体的相互作用如图 7-5(a)所示。目前，人们无法获得独立存在的 N 极和 S 极。天然磁铁和人造磁铁都称为**永磁铁**，具有磁性、极性和极性的不可分割性。

“磁现象和电现象之间存在着相互联系”的事实是 1820 年由丹麦物理学家奥斯特首次发现的。他在实验中发现，通有电流的导线(也叫载流导线)附近的磁针会受力而偏转[图 7-5(b)]，这就是历史上著名的奥斯特实验。1820 年 7 月，他在《电流对磁针作用的实验》宣布了这个发现。这个事实表明，电流对磁铁有作用力[图 7-5(c)]，电流和磁铁一样，也会产生磁现象。

1820 年 8 月，奥斯特发表的论文指出：放在马蹄形磁铁两极间的载流导线也会受力而运动。同年，法国物理学家安培也发现了放在磁铁附近的载流导线和线圈，会受到力的作用而运动[图 7-5(d)]。这些实验均说明了磁铁对电流有作用力。

1820 年 9 月，安培发现了通有电流的直导线间有相互作用力，并在 1820 年底给出了两平行导线相互作用力的计算公式。这说明电流之间也有相互作用力。例如，把两个线圈“面对面”挂在一起，当通有相同方向的电流时，两个线圈相互吸引；当通有相反方向的电流时，两个

线圈相互排斥[图 7-5(e)]。

电子射线在磁场中的路径发生偏转的实验进一步说明了磁体对运动电荷有作用力[图 7-5(f)]。

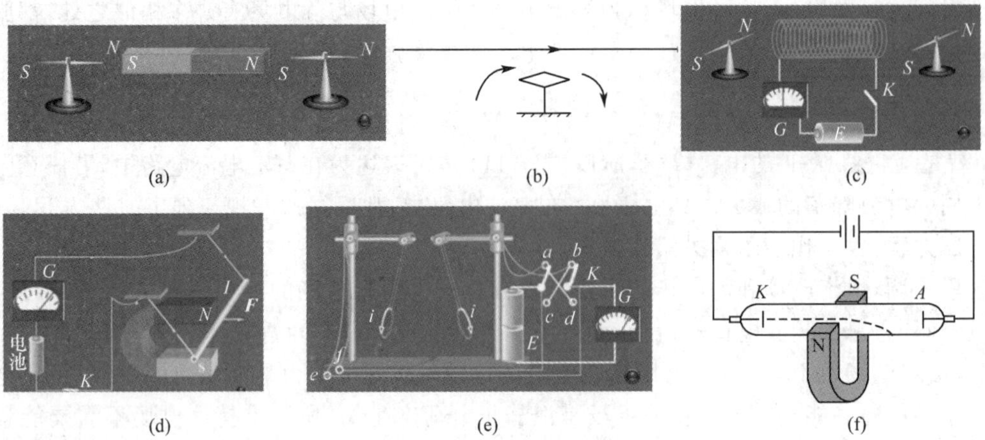

图 7-5　基本磁现象

上述实验现象启迪着人们去探索磁现象的本质。1822 年，安培提出了有关物质磁性的本质的假说——分子电流假说(图 7-6)，他认为一切磁现象都是电流(运动电荷)产生的，磁铁的磁性是由分子电流产生的。可以很容易地将载流导线之间和载流线圈之间的相互作用理解成电流之间的相互作用的表现，那么磁铁与电流或磁铁与磁铁之间的相互作用也是电流之间的相互作用的表现吗？安培提出，任何物质都是由分子和原子组成的，而组成分子、原子的电子和质子等带电粒子的运动(如现代物质的电结构理论认为分子中的电子除绕原子核运动外，电子本身还有自旋运动)会形成微小的环形电流，称为**分子电流**。分子电流相当于**基元磁铁**，由此产生磁效应。当物体不显磁性时，各分子电流无规则地排列，它们的磁效应会相互抵消，从而使得物体在宏观上不呈现磁性；在外磁场的作用下，与分子电流相当的基元磁铁将趋向于外磁场取向，从而使得物体整体对外显示磁性。安培假说还可以说明磁单极的不存在，因为基元磁铁的两个磁极对应于分子环流的正反两个面。这两个面显然是无法单独存在的。

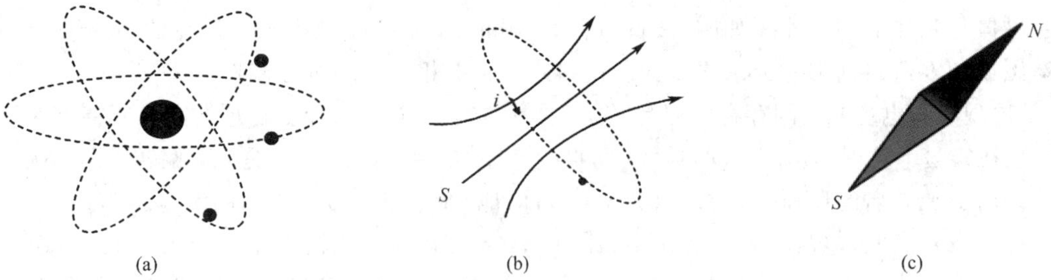

图 7-6　分子电流假说

由于电流是由电荷的定向移动形成的，因此可以说，一切磁现象都起源于电荷的运动。磁现象的本质是**运动电荷对运动电荷的作用**。

为了说明磁力的相互作用，类似于电场，也引入“场”的概念。电流(运动电荷)周围都存在一种物质，对置于其中的运动电荷、载流导线和线圈有磁力(或磁力矩)的作用，称为**磁场**。运动电荷之间、电流之间、磁体之间的相互作用，都是通过磁场这种特殊物质来传递的，都可以看成是它们中任意一个所激发的磁场对另一个施加作用力的结果。简化模型为

运动电荷(电流 1 或磁体 1)⇌磁场⇌运动电荷(电流 2 或磁体 2)

磁场和电场一样，是客观存在的特殊形态的物质。其存在的宏观表现为：

(1)磁场对进入其中的运动电荷、载流导体和载流线圈有磁力的作用，分别称为洛伦兹力、安培力和磁力矩。

(2)载流导体在磁场中移动时，磁力将对载流导体做功。这表明磁场具有能量。

综上所述，电场力和磁力都是电荷之间的一种相互作用力。关于电荷之间的相互作用归结如下：

(1)静止电荷对静止电荷的作用力 $\boldsymbol{F}=q\boldsymbol{E}$。

(2)静止电荷对运动电荷的作用力 $\boldsymbol{F}=q\boldsymbol{E}$。这说明静电场对电荷 q 的作用力与电荷的运动速度无关。这也就提供了在既有磁场又有电场的场点测电场力和磁力的方法。

(3)运动电荷对静止电荷的作用力 $\boldsymbol{F}=q\boldsymbol{E}$，只不过运动电荷周围形成的电场并非静电场(如静止点电荷周围的电场分布是以点电荷为中心的球对称分布；而对于运动的点电荷来说，由于在其周围的空间内有一特殊的方向，即运动的点电荷的速度方向，因此其电场不再具有球对称性)。以上的三种情况是引用了电场来说明电荷之间的相互作用的，而电场强度是用静止电荷的受力来判断的。

(4)对于运动电荷对运动电荷的作用力，与受力电荷的速度有关的力称为**磁力**。运动电荷之间的磁力作用也是通过**磁场**完成的。对于电场，根据静止电荷的受力引入了电场强度 $\boldsymbol{E}$ 来描述电场的强弱和方向；同样对于磁场，将引入**磁感应强度 $\boldsymbol{B}$** 来描述磁场的强弱和方向。

7.2.2　磁感应强度

如同在描述电场的性质时引入进电场强度一样，为了描述磁场的性质，引入磁感应强度 $\boldsymbol{B}$ 这一物理量来描述磁场中各点磁场的方向和强弱。下面从最接近磁现象本质的运动电荷对运动电荷的作用的角度来定义磁感应强度 $\boldsymbol{B}$。

磁感应强度

由于运动电荷周围既存在电场，又存在磁场，在测量运动电荷在某一场点受到的磁力时需要分两步(图 7-7)，先将一试验电荷 q_0 静止于该点，测出电场力 $\boldsymbol{F}_e$；再令 q_0 以某一速度经过该点测得的力应为电场力和磁力的合力 $\boldsymbol{F}$，则磁力运动的试验电荷在该点受的磁力为

$$\boldsymbol{F}_m=\boldsymbol{F}-\boldsymbol{F}_e \tag{7-12}$$

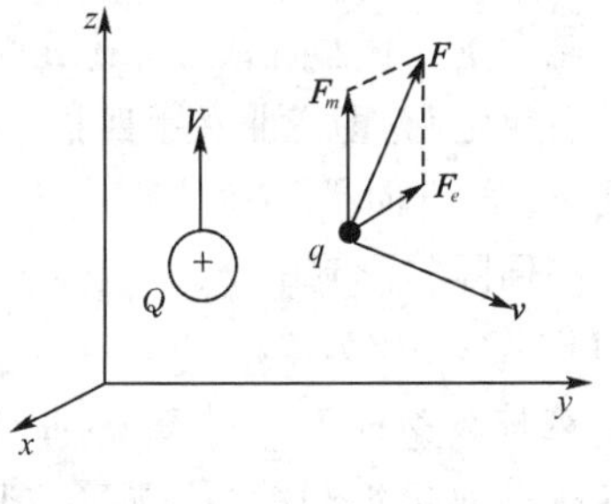

图 7-7　运动电荷对运动电荷的作用力

实验表明，如图 7-8(a)所示，当 q_0 沿不同方向运动时，其在通过某一固定点 P 时所受的磁力 $\boldsymbol{F}_m$ 的大小和方向一般不同，但在沿某一特定方向(或其反方向)运动通过 P 点时，所受磁力 $\boldsymbol{F}_m=0$(不受磁力)且不依赖于试验电荷的电量和速度的大小。对于不同的 P 点，这种特定的方向一般不同，即磁场中各点都有各自的特定方向，说明磁场具有方向性，进一步实验表明这一方向是小磁针在磁场中平衡时 N 极的指向，所以规定磁场中运动电荷不受磁力的运动方向，即置于该点

的小磁针平衡时 N 极所指的方向为磁感应强度 $\boldsymbol{B}$ 的方向。

当试验电荷 q_0 沿其他方向运动时，它所受的磁力 $\boldsymbol{F}_m$ 的方向总与上述 q_0 的运动方向垂直，也与 q_0 的速度 $\boldsymbol{v}$ 的方向垂直。当 q_0 的运动方向与磁感应强度方向垂直时，q_0 所受磁力最大，用 F_{max} 表示。实验表明，这个最大磁力 F_{max} 与试验电荷 q_0 的电荷量 q 及速率 v 的乘积成正比，其比值 $\frac{F_{max}}{qv}$ 是一个仅与场点位置有关，而与试验电荷 q_0 无关的物理量。比值 $\frac{F_{max}}{qv}$ 对磁场中的某一点来说是一定的，对磁场中不同的点一般来说是不同的，显然，比值 $\frac{F_{max}}{qv}$ 的大小反映了各点处磁场的强弱。进一步实验表明，若以 α 表示 q_0 的速度 $\boldsymbol{v}$ 与磁感应强度 $\boldsymbol{B}$ 之间的夹角，则磁力 $\boldsymbol{F}_m$ 的大小 F_m 与 $qv\sin\alpha$ 成正比，且比值 $\frac{F_m}{qv\sin\alpha}=\frac{F_{max}}{qv}$ 的大小反映了各点处磁场的强弱且仅由磁场本身的性质决定。所以定义磁感应强度 $\boldsymbol{B}$（矢量）的大小为

$$B=\frac{F_m}{qv}=\frac{F_m}{qv\sin\alpha} \tag{7-13}$$

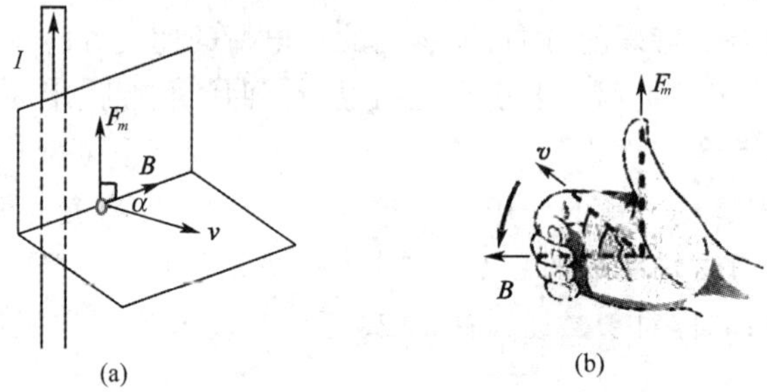

图 7-8　磁感应强度的定义

综上所述，磁场中磁感应强度的方向与该点运动电荷所受磁力为 0 时的速度方向相同；磁感应强度的大小等于单位正电荷以单位速度运动时所受到的最大磁场力。磁力 $\boldsymbol{F}_m$、$\boldsymbol{B}$ 和 $q\boldsymbol{v}$ 之间满足如下关系

$$\boldsymbol{F}_m=q\boldsymbol{v}\times\boldsymbol{B} \tag{7-14}$$

将式(7-14)代入式(7-12)可得

$$\boldsymbol{F}=q\boldsymbol{E}+q\boldsymbol{v}\times\boldsymbol{B} \tag{7-15}$$

通常把式(7-14)表示的磁力称为洛伦兹力，而把运动电荷在另外的运动电荷周围所受的力的一般表达式(7-15)称作洛伦兹力公式。

磁力 $\boldsymbol{F}_m$ 的方向总与上述 $\boldsymbol{B}$ 的方向垂直，也与 q_0 的速度 $\boldsymbol{v}$ 的方向垂直，具体的方向关系满足右手定则，即弯曲右手四指，指向 $\boldsymbol{v}$ 方向，沿小于 180°的角 θ 转向 $\boldsymbol{B}$，大拇指指向即正电荷所受 $\boldsymbol{F}_m$ 的方向[图 7-8(b)]。

在国际单位制中，磁感应强度 $\boldsymbol{B}$ 的单位为特斯拉，简称“特(T)”。历史上，磁感应强度还曾用高斯(G)作为单位，$1\ \mathrm{T}=10^4\ \mathrm{G}$。如果磁场中各点的磁感应强度 $\boldsymbol{B}$ 的大小和方向都相同，则把这种磁场称为**匀强磁场**，也称均匀磁场；否则为非匀强磁场。地球表面的磁感应强度 $\boldsymbol{B}$ 的大小约为 0.3×10^{-4} T(赤道)到 0.6×10^{-4} T(两极)；一般仪表中的永久磁铁的磁感应强度为 10^{-2} T；大型电磁铁能激发出大于 2 T 的恒定磁场；超导磁体能激发高达的磁场 10^2 T；在微观领域中，研究人员已发现某些原子核附近的磁场可达 10^4 T。

7.3　毕奥-萨伐尔定律及其应用

前文讨论了磁场的来源是运动电荷(电流),那么如何求解电流周围的磁场分布呢？仿照在静电场中求带电体周围的电场强度时,是把带电体看成由许多电荷元组成的,写出电荷元的电场强度表达式之后,然后用电场叠加原理求整个带电体周围的电场强度。现在求载流导线周围某点的磁感应强度时,也可以将其看成组成导线的各个电流元在该点处产生的磁感应强度的叠加。不过,由于实际中不可能有单独的电流元,因此无法直接从实验中找到单独的电流元与其所产生的磁感应强度之间的关系。

受奥斯特的电流磁效应实验的启发,1820 年 10 月,法国科学家毕奥和萨伐尔通过长直和弯折载流导线对磁极的作用力的实验得出了作用力与距离和弯折角的定量关系。之后,数学家拉普拉斯等将毕奥和萨伐尔的实验结果用数学公式来定量表述,总结了电流元产生磁场的基本规律——毕奥-萨伐尔定律,简称“毕-萨定律”。

7.3.1　毕奥-萨伐尔定律

假设有一载流导线,电流强度为 I。将电流看作无数多个小段电流的集合,各小段电流称为**电流元**,用 $I\mathrm{d}\boldsymbol{l}$ 来表示,其中 $\mathrm{d}\boldsymbol{l}$ 表示在载流导线上所取的线元,I 为导线中的电流。规定电流元的方向为电流沿线元 $\mathrm{d}\boldsymbol{l}$ 的流向。任意形状的线电流所激发的磁场等于各电流元激发的磁场的矢量和。

毕奥-萨伐尔定律

如图 7-9 所示,在导线上任取一电流元 $I\mathrm{d}\boldsymbol{l}$,$P$ 为空间中任一点,由电流元 $I\mathrm{d}\boldsymbol{l}$ 到 P 点的位矢为 $\boldsymbol{r}$,$\boldsymbol{r}$ 方向的单位矢量为 $\boldsymbol{r}_0$,$I\mathrm{d}\boldsymbol{l}$ 与 $\boldsymbol{r}$ 之间的夹角为 θ。毕-萨定律表述如下:任一电流元 $I\mathrm{d}\boldsymbol{l}$ 在空间某一点 P 处所产生的磁感应强度 $\mathrm{d}\boldsymbol{B}$ 的大小与电流元的大小成正比,与电流元 $I\mathrm{d}l$ 和电流元 $I\mathrm{d}l$ 到 P 点的矢径间的夹角的正弦成正比,而与电流元 $I\mathrm{d}\boldsymbol{l}$ 到为 P 点的距离 r 的平方成反比。$\mathrm{d}\boldsymbol{B}$ 的方向垂直于 $\mathrm{d}\boldsymbol{l}$ 和 $\boldsymbol{r}$ 所组成的平面且与 $I\mathrm{d}\boldsymbol{l}$ 和 $\boldsymbol{r}$ 之间遵循右手定则,即弯曲右手四指,指向 $I\mathrm{d}\boldsymbol{l}$ 方向,沿小于 180°的角 θ 转向 $\boldsymbol{r}$,大拇指指向即 $\mathrm{d}\boldsymbol{B}$ 方向。其数学表达式为

$$\mathrm{d}B=\frac{\mu_0}{4\pi}\frac{I\,\mathrm{d}l\sin\theta}{r^2} \tag{7-16}$$

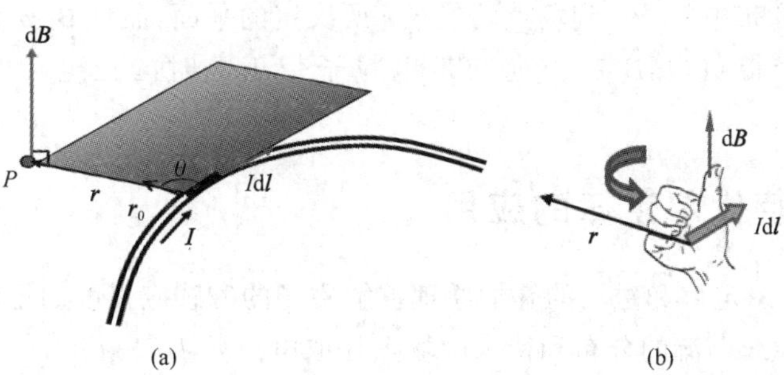

图 7-9　毕奥-萨伐尔定律

矢量式为

$$\mathrm{d}\boldsymbol{B}=\frac{\mu_0}{4\pi}\frac{I\mathrm{d}\boldsymbol{l}\times\boldsymbol{r}_0}{r^2}=\frac{\mu_0}{4\pi}\frac{I\mathrm{d}\boldsymbol{l}\times\boldsymbol{r}}{r^3} \tag{7-17}$$

式中，$\mu_0=4\pi 10^{-7}\ \mathrm{T\cdot m/A}$(或 H/m)，称为**真空磁导率**。

实验表明，叠加原理对磁场也适用。整个导线在 P 点产生的磁感应强度 $\boldsymbol{B}$ 为

$$\boldsymbol{B}=\int \mathrm{d}\boldsymbol{B}=\int_l \frac{\mu_0}{4\pi}\cdot\frac{I\mathrm{d}\boldsymbol{l}\times\boldsymbol{r}}{r^3} \tag{7-18}$$

毕奥-萨伐尔定律不可能直接由实验验证，它的正确性是通过由它及磁场的加原理计算出的稳恒电流磁场与实验相符合得到证明的。

按照经典电子理论，导体中的电流就是大量带电粒子的定向运动。因此，电流产生的磁场实际上是运动电荷产生的磁场的宏观表现。那么一个带电量为 q、速度为 $\boldsymbol{v}$ 的带电粒子在其周围产生的磁场分布又是怎样的呢？

设在导体的单位体积内有 n 个带电粒子，每个带电粒子的电量为 q，以速度为 $\boldsymbol{v}$ 沿电流元 $I\mathrm{d}\boldsymbol{l}$ 的方向做匀速运动而形成导体中的电流[图 7-10(a)]，如果电流元横截面的面积为 S，那么单位时间内通过截面 S 的电量即电流 I 为

$$I=nqSv \tag{7-19}$$

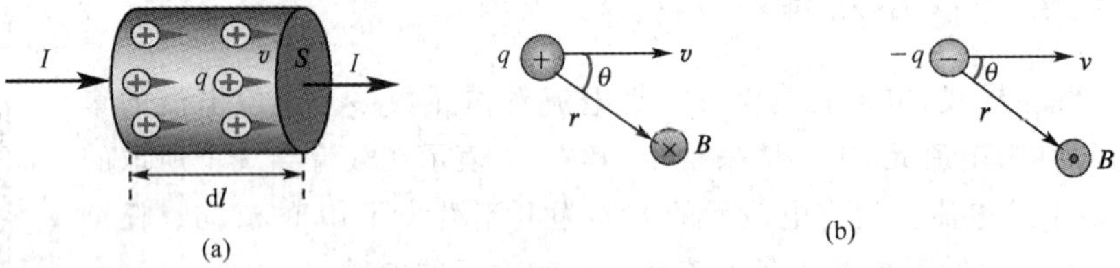

图 7-10　运动电荷产生的磁场

由于 $I\mathrm{d}\boldsymbol{l}$ 的方向与 $\boldsymbol{v}$ 的方向相同，将式(7-19)代入式(7-17)得

$$\mathrm{d}\boldsymbol{B}=\frac{\mu_0}{4\pi}\cdot\frac{nS\mathrm{d}lq\,\boldsymbol{v}\times\boldsymbol{r}}{r^3} \tag{7-20}$$

在电流元 $I\mathrm{d}\boldsymbol{l}$，有 $\mathrm{d}N=nS\mathrm{d}l$ 个带电粒子，因此，从微观意义上说，电流元 $I\mathrm{d}\boldsymbol{l}$ 产生的磁感应强度 $\mathrm{d}\boldsymbol{B}$ 就是 $\mathrm{d}N$ 个带电粒子所产生的。这样就得到了一个带电量为 q，速度为 $\boldsymbol{v}$ 的带电粒子在其周围任一场点 $\boldsymbol{r}$ 处产生的磁感应强度 $\boldsymbol{B}$，即

$$\boldsymbol{B}=\frac{\mathrm{d}\boldsymbol{B}}{\mathrm{d}N}=\frac{\mu_0}{4\pi}\cdot\frac{q\,\boldsymbol{v}\,\boldsymbol{r}}{r^3} \tag{7-21}$$

$\boldsymbol{B}$ 的方向垂直于 $\boldsymbol{v}$ 和带电粒子 q 到场点的矢径 $\boldsymbol{r}$ 所决定的平面，而且 $\boldsymbol{B}$、$\boldsymbol{v}$ 和 $\boldsymbol{r}$ 三者符合右手定则。如果带电粒子带负电，$\boldsymbol{B}$ 的方向与带电粒子带正电时的正电荷时的 $\boldsymbol{B}$ 的方向相反[图 7-10(b)]。

7.3.2　毕奥-萨伐尔定律的应用

应用毕奥-萨伐尔定律和磁场的叠加原理求解磁场的磁感应强度的思路如下。

(1)根据载流导线电流的分布和待求的场点任取电流元 $I\mathrm{d}\boldsymbol{l}$。

(2)建立合适的坐标系。

(3)根据毕奥-萨伐尔定律写出电流元在待求场点 $\boldsymbol{r}$ 处产生的磁场的磁感应强度 $\mathrm{d}\boldsymbol{B}=\frac{\mu_0}{4\pi}\frac{I\mathrm{d}\boldsymbol{l}\boldsymbol{r}_0}{r^2}$。

(4) 根据叠加原理求出整条电流导线在空间中该点处产生的磁场的磁感应强度$\boldsymbol{B}=\int_L \mathrm{d}\boldsymbol{B}=\int_L \frac{\mu_0}{4\pi}\frac{I\mathrm{d}\boldsymbol{l}\boldsymbol{r}_0}{r^2}$。注意:一般情况下,各个电流元产生的 $\mathrm{d}\boldsymbol{B}$ 的方向往往不同,可先将其分解成分量式,再做积分,即$\begin{cases}B_x=\int \mathrm{d}\boldsymbol{B}_x\\ B_y=\int \mathrm{d}\boldsymbol{B}_y\\ B_z=\int \mathrm{d}\boldsymbol{B}_z\end{cases}$,$\boldsymbol{B}=B_x\boldsymbol{i}+B_y\boldsymbol{j}+B_z\boldsymbol{k}$。

毕奥-萨伐尔定律的应用

【例 7-1】　计算一段载流直导线的磁感应强度。

如图 7-11 所示,在长为 L 的载流直导线中通有稳恒电流 I,试求距离载流直导线为 a 处的点的磁感应强度 $\boldsymbol{B}$。

解　在导线上任取电流元 $I\mathrm{d}\boldsymbol{l}$,到 P 点的矢径为 $\boldsymbol{r}$,判断 $\mathrm{d}\boldsymbol{B}$ 的方向为垂直纸面向内。由于直线上所有 $I\mathrm{d}\boldsymbol{l}$ 的方向相同,故 $\mathrm{d}\boldsymbol{B}$ 在同一方向上,其大小可直接积分。电流元 $I\mathrm{d}\boldsymbol{l}$ 在 P 点产生的场强的磁感应强度的大小为

$$\mathrm{d}\boldsymbol{B}=\frac{\mu_0}{4\pi}\frac{I\mathrm{d}l\sin\theta}{r^2}$$

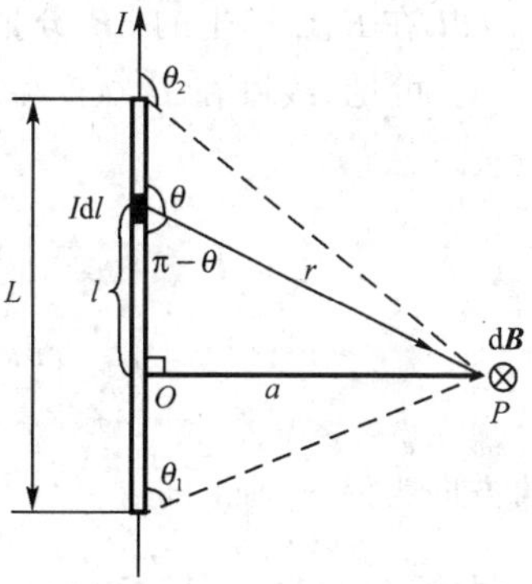

图 7-11　长直导线的磁场

因为　$$l=-a\cot\theta$$

所以　$$\mathrm{d}l=\frac{a\,\mathrm{d}\theta}{\sin^2\theta}$$

$$r=\frac{a}{\sin\theta}$$

代入则有　$$\mathrm{d}\boldsymbol{B}=\frac{\mu_0 I}{4\pi a}\sin\theta\,\mathrm{d}\theta$$

积分可得　$$\boldsymbol{B}=\frac{\mu_0 I}{4\pi a}(\cos\theta_1-\cos\theta_2)$$

方向为垂直于纸面向内。

讨论:(1) 当载流导线为无限长时,$\theta_1\approx 0$,$\theta_2\approx\pi$,磁感应强度 $\boldsymbol{B}=\frac{\mu_0 I}{2\pi a}$。

(2) 当 P 点位于导线上或导线延长线上时,$\theta_1=\theta_2=0$ 或 $\theta_1=\theta_2=\pi$,磁感应强度 $\boldsymbol{B}=0$。

(3) 当载流导线为半无限长时,$\theta_1=0$、$\theta_2=\frac{\pi}{2}$ 或 $\theta_1=\frac{\pi}{2}$、$\theta_2=\pi$,磁感应强度 $\boldsymbol{B}=\frac{\mu_0 I}{4\pi a}$。

(4) 无限长载流导线磁场分布规律 —— 轴对称。

(5) 所得的结论可推广到无限长载流柱体、柱面、柱壳、同轴柱面等。

【例 7-2】　求载流细圆环轴线上的磁感应强度分布。

如图 7-12 所示,有一半径为 R 的圆线圈,通有电流 I,试求通过圆心、垂直圆平面的轴线上的磁感应强度的分布规律。

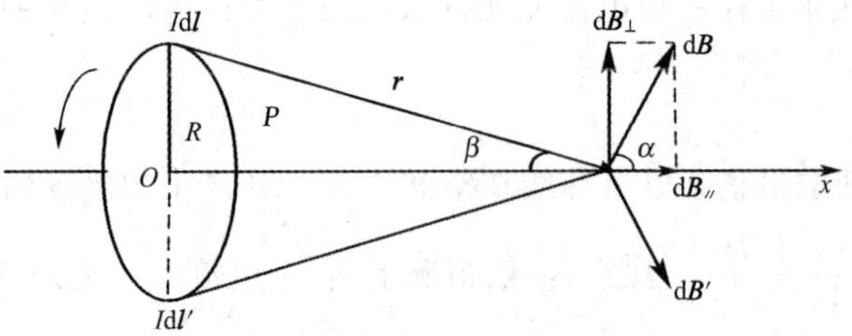

图 7-12　载流细圆环轴线上的磁场

解　取 x 轴为线圈轴线，O 为线圈中心，电流元 $I\mathrm{d}\boldsymbol{l}$ 在任一点 P 产生的 $\mathrm{d}\boldsymbol{B}$ 的大小为

$$\mathrm{d}\boldsymbol{B}=\frac{\mu_0}{4\pi}\frac{I\mathrm{d}l\sin\theta}{r^2}=\frac{\mu_0 I\mathrm{d}l}{4\pi r^2}\left(\theta=\frac{\pi}{2}\right)$$

将 $\mathrm{d}\boldsymbol{B}$ 分成平行于 x 轴的分量 $\mathrm{d}\boldsymbol{B}_{/\!/}$ 与垂直于 x 轴的分量 $\mathrm{d}\boldsymbol{B}_{\perp}$，与 $I\mathrm{d}\boldsymbol{l}$ 在同一直径上的电流元 $I\mathrm{d}\boldsymbol{l}$ 在 P 点产生的 $\mathrm{d}\boldsymbol{B}$ 分量分别为 $\mathrm{d}\boldsymbol{B}'_{/\!/}$、$\mathrm{d}\boldsymbol{B}'_{\perp}$，由对称性可知，$\mathrm{d}\boldsymbol{B}'_{/\!/}$ 与 $\mathrm{d}\boldsymbol{B}'_{\perp}$ 相抵消，即 $\boldsymbol{B}_{\perp}=0$。可见，线圈在 P 点产生的垂直于 x 轴的分量因两两抵消而为 0，故只有平行于 x 轴的分量。

$$B=B_{/\!/}=\int\mathrm{d}\boldsymbol{B}\cos\alpha=\int_0^{2\pi R}\frac{\mu_0 I\mathrm{d}l}{4\pi r^2}\cos\alpha=\frac{\mu_0 I}{4\pi}\int_0^{2\pi R}\frac{\mathrm{d}l}{r^2}\sin\beta$$

$$=\frac{\mu_0 I}{4\pi}\int_0^{2\pi R}\frac{\mathrm{d}l}{r}=\frac{\mu_0 IR}{4\pi r^3}\cdot 2\pi R=\frac{\mu_0 IR^2}{2(x^2+R^2)^{3/2}}$$

$\boldsymbol{B}$ 的方向为沿 x 轴正向。

讨论：(1) $x=0$ 处，$B_0=\dfrac{\mu_0 I}{2R}$；

(2) 若 $x\gg R$，$(x^2+R^2)^{3/2}\approx x^3$，则轴线上磁感应强度 $\boldsymbol{B}$ 的大小约为

$$\boldsymbol{B}=\frac{\mu_0 IR^2}{2x^3}=\frac{\mu_0 IS}{2\pi x^3}$$

【例 7-3】　分析载流螺线管的磁场。已知导线中的电流为 I，螺线管单位长度上有 n 匝线圈，并且线圈密绕，求螺线管轴线上任一点的 $\boldsymbol{B}$。

解　如图 7-13 给出了螺线管的纵剖图。设此剖面图在纸面内。在距 P 点为 x 处取长为 $\mathrm{d}x$，$\mathrm{d}x$ 上的线圈数为 $n\mathrm{d}x$ 匝。因为螺线管上线圈绕得很密，所以，$\mathrm{d}x$ 段相当于一个圆电流，电流强度为 $nI\mathrm{d}x$。因此，宽为 $\mathrm{d}x$ 的圆线圈产生的 $\mathrm{d}\boldsymbol{B}$ 的大小为

$$\mathrm{d}\boldsymbol{B}=\frac{\mu_0}{2}\cdot\frac{R^2\mathrm{d}l}{(R^2+x^2)^{3/2}}=\frac{\mu_0}{2}\cdot\frac{R^2 nI\mathrm{d}x}{(R^2+x^2)^{3/2}}$$

因为所有线圈在 P 点产生的 $\mathrm{d}\boldsymbol{B}$ 均向右，所以 P 点的 $\boldsymbol{B}$ 为

$$\boldsymbol{B}=\int\mathrm{d}\boldsymbol{B}=\int_{AB}\frac{\mu_0 R^2 In}{2}\cdot\frac{\mathrm{d}x}{(x^2+R^2)^{3/2}}$$

$$=\frac{\mu_0 R^2 In}{2}\int_{AB}\frac{\mathrm{d}x}{(x^2+R^2)^{3/2}}$$

从图 7-13 中可以看出

$$x=R\cot\theta$$

对上式微分得

$$\mathrm{d}x=-R\csc^2\theta\,\mathrm{d}\theta$$

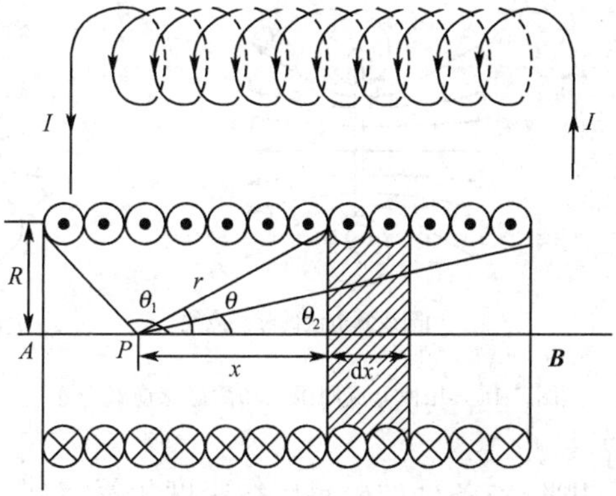

图 7-13　载流螺线管的磁场

又

$$x^2+R^2=R^2\csc^2\theta$$

$$\boldsymbol{B}=\frac{\mu_0}{2}nl\int_{\theta_1}^{\theta_2}(-\sin\theta)\,\mathrm{d}\theta=\frac{\mu_0 nI}{2}(\cos\theta_2-\cos\theta_1)$$

讨论：(1) 螺线管无限长时，$\theta_1\approx\pi,\theta_2\approx0,\boldsymbol{B}=\mu_0 nI$；

(2) 对于半无限长螺线管，如 P 在无穷远处，对于 A 轴线上的一点有 $\theta_1=\dfrac{\pi}{2},\theta_2=0,\boldsymbol{B}=\dfrac{1}{2}\mu_0 nI$。

7.4　稳恒磁场的高斯定理

7.4.1　磁感应线

在描述电场时，引入了电场线这一辅助概念，与此类似，在描述磁场中时，也可以引入曲线来表示磁场中各处磁感应强度的方向和大小。这样的曲线称为“**磁感应线**”。

磁感应线

由图 7-14 可以看出磁感应线具有如下特性。

(1)在任何磁场中，磁感应线都是无头无尾的闭合曲线，既没有起点也没有终点，而且这些闭合曲线和闭合电路互相套链，因此磁场为有旋场(涡旋场)。

(2)任何两条磁感应线在空间中不相交。这是因为磁场中任一点的磁场方向都是唯一确定的。

(3)在任何磁场中，每一条闭合的磁感应线的环绕方向与它所包围的电流流向互为右手螺旋关系。若拇指指向电流方向，则四指的环绕方向为磁感应线的环绕方向；若四指方向为电流方向，则拇指方向为磁感应线的环绕方向。

为了使磁感应线的分布能够定量描述磁场的强弱，规定磁场中某点处垂直于 $\boldsymbol{B}$ 的单位面积上通过的磁感应线条数(磁感应线密度)在数值上等于该点 $\boldsymbol{B}$ 的大小。因此，在磁场较强的地方，磁感应线较密；反之，磁感应线较疏。同时，磁感应线上任一点的切线方向与该点处的磁场方向一致。这样磁感应线的分布就能反映磁感应强度的大小和方向。显然，对于均匀磁场

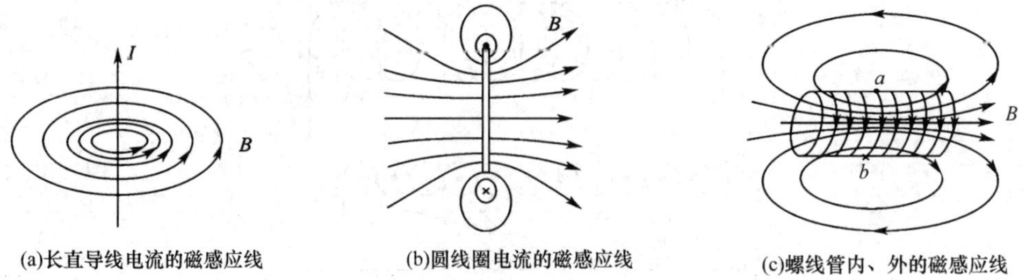

图 7-14 几种电流周围磁场的磁感应线分布

来说,磁场中的磁感应线互相平行,各处的磁感应线密度相等。

7.4.2 磁通量

磁通量

通过磁场中某一曲面的磁感应线数叫作通过此曲面的磁通量,用符号 Φ_m 表示。磁通量单位为韦伯,符号为 Wb。

如图 7-15(a) 所示,在磁感应强度为 $\boldsymbol{B}$ 的均匀磁场中,取一面积矢量 $\boldsymbol{S}$,大小为 S,方向用其单位法线矢量 $\boldsymbol{n}$ 表示,有 $\boldsymbol{S}=S\boldsymbol{n}$,当 B 与 S 之间的夹角为 θ 时,依据磁通量和磁感应线密度的定义,通过 $\boldsymbol{S}$ 的磁通量为

$$\Phi_m = BS_{\perp} = BS\cos\theta = \boldsymbol{B}\cdot\boldsymbol{S} \tag{7-22}$$

在非均匀磁场中,通过任意曲面的磁通量又如何计算呢?

如图 7-15(b) 所示,在 $\boldsymbol{S}$ 上取面元 $\mathrm{d}\boldsymbol{S}$,$\mathrm{d}\boldsymbol{S}$ 可看作平面,$\mathrm{d}\boldsymbol{S}$ 上的磁感应强度 $\boldsymbol{B}$ 可视为均匀,$\boldsymbol{n}$ 为 $\mathrm{d}\boldsymbol{S}$ 的法向单位矢量,通过 $\mathrm{d}\boldsymbol{S}$ 的磁通量为 $\Phi_m=\boldsymbol{B}\cdot\mathrm{d}s$,则通过曲面 S 的磁通量

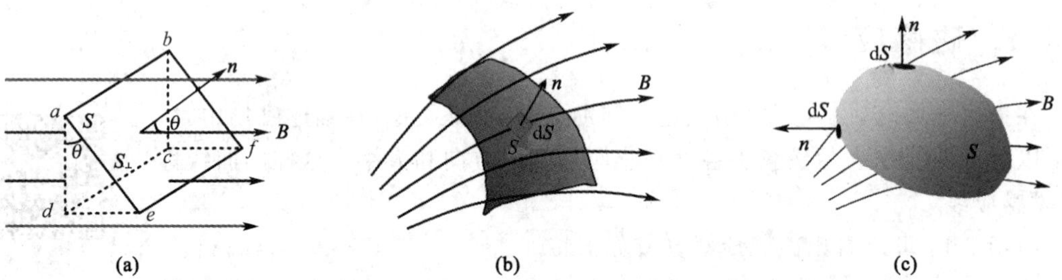

图 7-15 磁通量的计算

$$\Phi_m = \iint_S \mathrm{d}\Phi_m = \iint_S \boldsymbol{B}\cdot\mathrm{d}\boldsymbol{S} \tag{7-23}$$

对于闭合曲面 S[图 7-15(c)],规定其单位法线矢量 $\boldsymbol{n}$ 的方向为垂直于曲面向外。因此,当磁感应线从曲面内穿出时$\left(\theta<\frac{\pi}{2}\right)$,磁通量为正;当磁感应线从曲面外穿入时$\left(\theta<\frac{\pi}{2}\right)$,磁通量为负。通过闭合曲面 S 的磁通量为穿入(负)和穿出(正)闭合曲面 S 的磁感应线的代数和。即

$$\Phi_m = \oint\!\!\!\oint_S \boldsymbol{B}\cdot\mathrm{d}\boldsymbol{S} \tag{7-24}$$

7.4.3　磁场中的高斯定理

对于闭合曲面,因为磁感应线是闭合的,所以穿入闭合曲面和穿出闭合曲面的磁感应线条数相等,故 $\Phi_m=0$,也就是说,通过任意闭合曲面的磁通量必等于零,即

磁场中的高斯定理

$$\Phi_m=\oiint_S \boldsymbol{B}\cdot d\boldsymbol{S}=0 \tag{7-25}$$

这称为**磁场中的高斯定理**,也称为磁通连续原理,即通过以同一闭合回路为边界的任意曲面的磁通量相等,只要给定了回路 L,穿过 L 的磁通量与所选择的积分曲面(以 L 为边界)的形状无关。这是表明磁场性质理论的基本定理之一,其微分形式 $\nabla\cdot\boldsymbol{B}=0$ 说明了磁场是“无源场”。该定理适用于任何磁场,包括非稳恒磁场。它与静电学中的高斯定理 $\oiint_S \boldsymbol{E}\cdot d\boldsymbol{S}=\frac{\sum q}{\varepsilon_0}$ 相对应。但磁场的高斯定理与电场的高斯定理在形式上明显不对称,根本原因是自然界存在自由的正负电荷,而不存在单个磁极(磁单极)。1933 年,英国物理学家狄拉克曾经从理论上探讨了磁单极存在的可能性。由于磁单极是否存在与基本粒子的构造及宇宙演化的问题都有密切关系,所以自从磁单极假设提出后,人们一直试图通过实验中找到它。但是,截至目前,尚没有磁单极存在的确实证据。

7.5　稳恒磁场的安培环路定理

7.5.1　稳恒磁场的安培环路定理及应用

在静电场中,电场强度 $\boldsymbol{E}$ 的环流等于0,即环路定理 $\oint_L \boldsymbol{E}\cdot d\boldsymbol{l}=0$,表明静电场是无旋场。稳恒磁场的**安培环路定理**指出:真空中,稳恒磁场的磁感应强度 $\boldsymbol{B}$ 沿任一闭合路径 L 的线积分($\boldsymbol{B}$ 的环流)等于该闭合路径所包围(套链)的电流强度的代数和的 μ_0 倍,数学表达式为

稳恒磁场的安培环路定理

$$\oint_L \boldsymbol{B}\cdot d\boldsymbol{l}=\mu_0\sum I_i \tag{7-26}$$

在安培环路定理中,电流是代数量,其正、负可用右手定法则判定:右手四指弯曲方向代表积分路径绕行方向,大拇指伸直,若电流流向与大拇指指向相同,则电流为正;若电流流向与大拇指指向相反,则电流为负。

安培环路定理的一般证明很复杂,下面仅用无限长载流直导线作为一个特例来验证安培环路定理的正确性,并限定所选绕行回路垂直于直导线。

1. 闭合回路 L 包围电流的情况

设 L 为平面闭合曲线,电流强度为 I 的直导线垂直于 L 所在的平面(图 7-16)。在 L 上取一线元 $d\boldsymbol{l}$,a、b 分别为始点、终点,Oa 和 Ob 的夹角为 $d\varphi$,$Oa=r$,在 a 处 $\boldsymbol{B}$ 的大小为 $B=\frac{\mu_0 I}{2\pi r}$($\boldsymbol{B}$ 与 L 在同一平面内)

$$\oint_L \boldsymbol{B}\cdot \mathrm{d}\boldsymbol{l}=\oint_L B\,\mathrm{d}l\cos\theta \tag{7-27}$$

而 $\mathrm{d}l\cos\theta=r\mathrm{d}\varphi$，所以

$$\oint_L \boldsymbol{B}\cdot \mathrm{d}\boldsymbol{l}=\int_0^{2\pi} Br\mathrm{d}\varphi=\int^{2\pi}_0 \frac{\mu_0 I}{2\pi r}\cdot r\mathrm{d}\varphi=\mu_0 I \tag{7-28}$$

若 I 反向，则 $\mathrm{d}l\cos(\pi-\theta)=-r\mathrm{d}\varphi$ 因而

$$\oint_L \boldsymbol{B}\cdot \mathrm{d}\boldsymbol{l}=-\int_0^{2\pi} Br\mathrm{d}\varphi=-\int_0^{2\pi} \frac{\mu_0 I}{2\pi r}\cdot r\mathrm{d}\varphi=-\mu_0 I \tag{7-29}$$

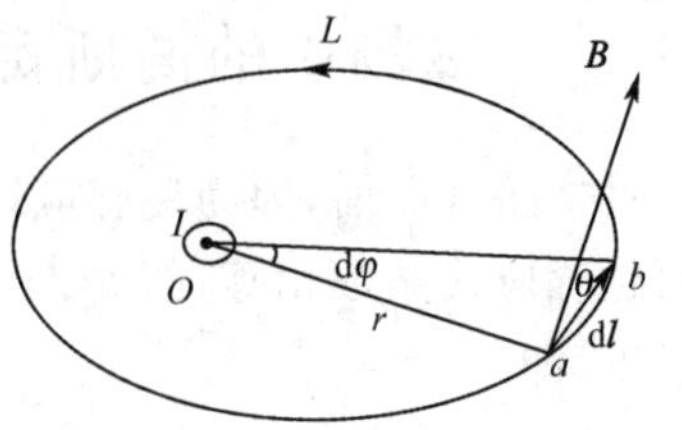

图 7-16　验证稳恒磁场的安培环路定理

综上可得：$\oint_L \boldsymbol{B}\cdot \mathrm{d}\boldsymbol{l}=\begin{cases}\mu_0 I（L 与 I 呈右手螺旋关系）\\ -\mu_0 I（L 与 I 呈左手螺旋关系）\end{cases}$

2. 闭合回路 L 不包含电流的情况

把前文的长直导线平移到 L 外，则图 7-17(a) 可表示如下：

$$\oint_L \boldsymbol{B}\cdot \mathrm{d}\boldsymbol{l}=\int_{L_1}\boldsymbol{B}\cdot \mathrm{d}\boldsymbol{l}+\int_{L_2}\boldsymbol{B}\cdot \mathrm{d}\boldsymbol{l}=\frac{\mu_0 I}{2\pi}\left(\int_{L_1}\mathrm{d}\varphi+\int_{L_2}\mathrm{d}\varphi\right)$$

$$=\frac{\mu_0 I}{2\pi}(\varphi-\varphi)=0 \tag{7-30}$$

可见，L 不包围电流时，

$$\oint_L \boldsymbol{B}\cdot \mathrm{d}\boldsymbol{l}=0。$$

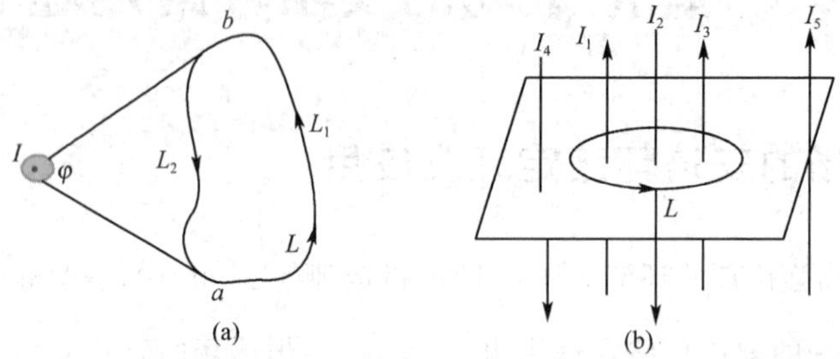

图 7-17　验证安培环路定理

3. 闭合回路 L 在一个平面内的情况

如果闭合曲线 L 不在一个平面内，那么可以通过 L 上各点且垂直于导线的各个平面作为参考，分别把每一段线元 $\mathrm{d}\boldsymbol{l}$ 分解为在平面内的分矢量 $\mathrm{d}\boldsymbol{l}_{/\!/}$ 及垂直于该平面的分矢量 $\mathrm{d}\boldsymbol{l}_{\perp}$，则

$$\boldsymbol{B}\cdot \mathrm{d}\boldsymbol{l}=B\cdot(\mathrm{d}\boldsymbol{l}_{\perp}+\mathrm{d}\boldsymbol{l}_{/\!/})=B\cos 90^\circ \mathrm{d}l_{\perp}+B\cos\theta\,\mathrm{d}l_{/\!/}$$

$$=0\pm\frac{\mu_0 I}{2\pi r}r\mathrm{d}\varphi=\pm\frac{\mu_0 I}{2\pi}\mathrm{d}\varphi$$

式中“±”号取决于积分回路绕行方向与电流方向的关系，则积分结果仍为

$$\oint_L \boldsymbol{B}\cdot \mathrm{d}l=\mu_0 I \tag{7-31}$$

4. 闭合回路 L 中有 n 条平行导线的情况

在闭合回路 L 中有 n 条平行导线情况[图 7-17(b)]，

$$\oint_L \boldsymbol{B}\cdot \mathrm{d}l=\oint_L(\boldsymbol{B}_1+\boldsymbol{B}_2+\cdots+\boldsymbol{B}_n)\cdot \mathrm{d}\boldsymbol{l}$$

$$=\oint_L \boldsymbol{B}_1 \cdot \mathrm{d}\boldsymbol{l} + \oint_L \boldsymbol{B}_2 \cdot \mathrm{d}\boldsymbol{l} + \cdots + \oint_L \boldsymbol{B}_n \cdot \mathrm{d}\boldsymbol{l} = \mu_0 \sum_{L内} I_i \tag{7-32}$$

即

$$\oint_L \boldsymbol{B} \cdot \mathrm{d}\boldsymbol{l} = \mu_0 \sum_{L内} I_i \tag{7-33}$$

以上讨论虽然是针对长直导线而言的,但其结论具有普遍性。对于任意的稳恒电流所产生的磁场,闭合回路 L 也不一定是平面曲线,并且穿过闭合回路的电流可以有许多个,都具有上述结论,这一普遍规律性的关系称为磁场的**安培环路定理**。

式(7-33)中,$\boldsymbol{B}$ 是所有电流产生的总磁感应强度;L 是磁场中任取的闭合路径,须事先规定一个绕行方向;$\sum\limits_{L内} I_i$ 表示被包围(与 L 套链)的电流的代数和。规定:当电流 I 的流向与 L 的绕行方向满足右手定则时,电流为正,反之为负。

安培环路定理的微分形式为

$$\nabla \times \boldsymbol{B} = \mu_0 \boldsymbol{j} \tag{7-34}$$

这说明磁场是有旋场(涡旋场),且为非保守力场,不同于静电场(保守力场)。

7.5.2 安培环路定理的应用

正如利用高斯定理可以计算某些具有对称性的带电体的电场分布一样,利用安培环路定理也可求解某些具有一定的对称性的载流体的磁场分布。求解思路为:首先,进行对称性分析;其次,经过所求场点 $\boldsymbol{B}$ 选取合适的安培环路(闭合曲线)L,使得在闭合曲线 L 的某一段上,所求场点的 $\boldsymbol{B}$ 的大小处处相同且方向与 L 处处相切,即使得 $\int \boldsymbol{B} \cdot \mathrm{d}\boldsymbol{l} = B\int \mathrm{d}l$,$L$ 其余处的 $B=0$ 或 $\boldsymbol{B} \perp \mathrm{d}\boldsymbol{l}$ 使得 $\int \boldsymbol{B} \cdot \mathrm{d}\boldsymbol{l} = 0$,这样,积分 $\oint_L \boldsymbol{B} \cdot \mathrm{d}\boldsymbol{l}$ 中所求场点的 $\boldsymbol{B}$,能以标量的形式 B 从积分号内提出来,使等式左端变为 $B\int \mathrm{d}l$;最后,根据安培环路定理列方程,求出 $B = \dfrac{\mu_0 \sum I_i}{\int \mathrm{d}l}$。下面列举几个简单实例。

安培环路定理的应用

【例 7-4】 求无限长载流柱体的 $\boldsymbol{B}$ 分布(已知 I、R,电流分布均匀)。

解 如图 7-18 所示,由于场源电流相对于中心轴分布对称,因此,其产生的磁场对相对于中心轴线也有对称性,即磁感应线是一组分布在垂直于中心轴线的平面上并以中心轴线为圆心的同心圆。与柱体轴线距离相等的地方的磁感应强度 $\boldsymbol{B}$ 的大小相等,方向与电流成右手螺旋关系。作一半径为 r 的圆形环路,圆心在中心轴线上,且圆形环路所在平面与柱体轴线垂直,将安培环路定理应用在此圆周上,有

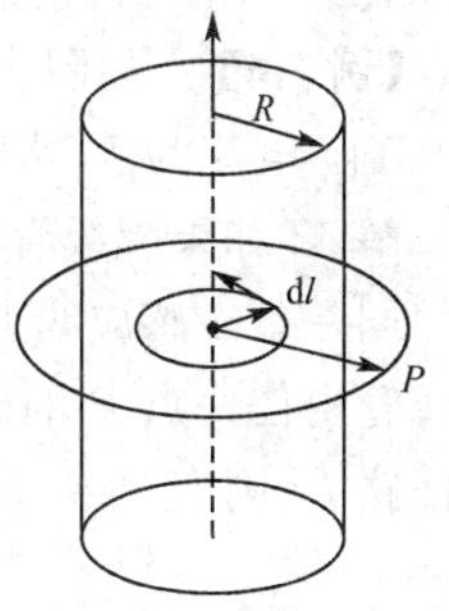

图 7-18 无限长载流柱体的磁场

$$\oint_L \boldsymbol{B} \cdot \mathrm{d}\boldsymbol{l} = \mu_0 \sum_{L内} I_i, B \cdot 2\pi r = \mu_0 \sum I_i,$$

当 $r > R$ 时,有

$$\sum I_i = I, B = \frac{\mu_0 I}{2\pi r}$$

这相当于 I 全部集中在中心轴线上时，线电流产生 B

当 $r < R$ 时，
$$\sum I_i = \frac{r^2}{R^2} I$$

即
$$B \cdot 2\pi r = \frac{r^2}{R^2} I$$

则
$$B = \frac{\mu_0 r}{2\pi R^2} I$$

且 $\boldsymbol{B}$ 在 $r = R$ 处连续。

前面我们用毕奥-萨伐尔定律计算了无限长载流直线的 B 分布，$B = \dfrac{\mu_0 I}{2\pi r}$在半径为 r 的圆周上，B 的大小相等且方向在圆周切线上。实际上，导线是有一定半径的，流过导线的电流也均匀分布在导线截面，对于无限长载流柱体而言，其磁场分布必然与载流导线的磁场分布相同。无限长直线电流、无限长均匀电流圆柱面、无限长均匀电流圆柱体等类型的载流导体周围的磁场都具有这种轴对称性，应用安培环路定理求解磁感应强度的思路方法也相同。

【例 7-5】 求无限长、直、密绕载流螺线管内 $\boldsymbol{B}$ 的分布（已知 n、I）。

解 对于长、直、密绕螺线管，前面已经用毕奥-萨伐尔定律求出轴线上一点 $B = \mu_0 nI$。通过对称性分析可知，无限长通电螺线管外部 $B=0$，内部 $\boldsymbol{B}$ 的方向平行于轴线，与电流成右手螺旋关系。现用安培环路定理求解。选取如图 7-19 所示的矩形闭合回路 $abcda$，$ab /\!/ dc /\!/$轴，$ad /\!/ bc \perp$ 轴则有

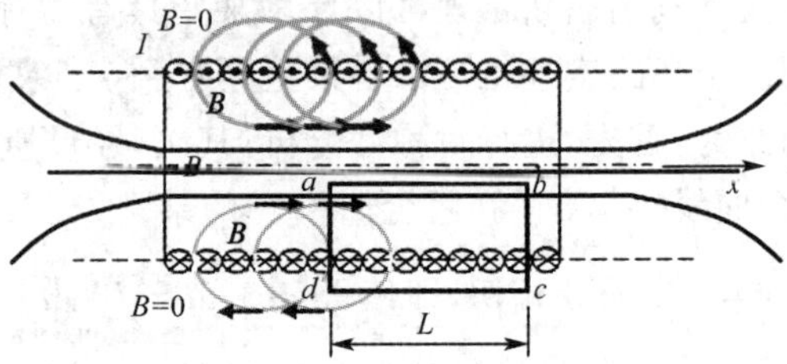

图 7-19 无限长、直、密绕载流螺线管

$$\oint_L \boldsymbol{B} \cdot \mathrm{d}\boldsymbol{l} = \mu_0 \sum_{L内} I_i$$

即
$$\oint_L \boldsymbol{B} \cdot \mathrm{d}\boldsymbol{l} = BL = \mu_0 \sum_{L内} I_i = \mu_0 nLI$$

则
$$B = \mu_0 nI$$

可见，无限长、直、密绕载流螺线管内的磁场为匀强磁场。

【例 7-6】 如图 7-20 所示，匀密地绕在圆环上的一组圆形线圈形成螺线管。设环上导线共 N 匝，电流为 I，求环内任一点的 $\boldsymbol{B}$ 的大小。

解 如果螺线管上的导线绕得很密，那么全部磁场都集中在管内。磁力线是一系列同心圆。同一条磁感应线上各点的 $\boldsymbol{B}$ 的大小相等，方向是该圆形磁感应线的切线方向。现在计算螺线管内任一点 P 的磁感应强度。根据对称性，可在环形螺线管内取过 P 点的磁感应线为闭合回路 L，则有

$$\oint_L \boldsymbol{B} \cdot \mathrm{d}\boldsymbol{l} = \mu_0 \sum_{L内} I_i$$

可知

$$\oint_L \boldsymbol{B} \cdot \mathrm{d}\boldsymbol{l} = \oint_L B \mathrm{d}l \cos 0^\circ = B \oint_L \mathrm{d}l = B 2\pi r$$

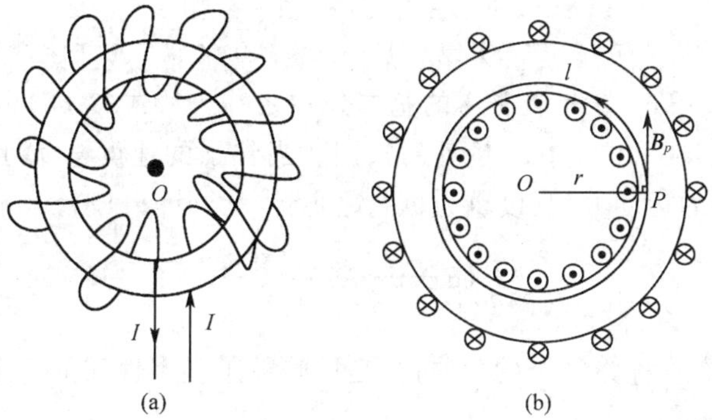

图 7-20 匀密绕螺线管

$$\mu_0 \sum_{L内} I_i = \mu_0 nLI$$

即

$$B = \frac{\mu_0 NI}{2\pi r}$$

讨论：

(1) r 不同的位置，$\boldsymbol{B}$ 的大小不同。

(2) 如果螺绕环截面积很小，即其内、外半径近似相等，$n=\dfrac{N}{2\pi r}$ 为单位长度上的匝数，那么螺线管内任一点 P 的磁感应强度 $\boldsymbol{B}$ 的大小 $B=\dfrac{\mu_0 NI}{2\pi r}=\mu_0 nI$，与长直螺线管的磁感应强度的表达式相同，则可认为环内为均匀磁场，即其各处磁场的大小 $B=\dfrac{\mu_0 NI}{L}=\mu_0 nI$。

7.6 磁场对运动电荷和载流导线的作用

7.6.1 磁场对运动电荷的作用力——洛伦兹力

一个带电量为 q 的粒子，以速度 $\boldsymbol{v}$ 在磁场中运动时，磁场对运动电荷作用的磁场力叫作**洛伦兹力**，数学表述为

$$\boldsymbol{f}_m = q\boldsymbol{v} \times \boldsymbol{B} \tag{7-35}$$

磁场对运动电荷和载流导线的作用

其方向为垂直于运动电荷的速度 $\boldsymbol{v}$ 和磁感应强度 $\boldsymbol{B}$ 所组成的平面，且符合右手定则，即弯曲右手四指指向 $\boldsymbol{v}$ 的方向，沿小于 180°的角 θ 转向 $\boldsymbol{B}$，大拇指指向即正电荷所受 $\boldsymbol{f}_m$ 的方向。显然，当电荷为 $+q$ 时，$\boldsymbol{f}_m$ 与 $\boldsymbol{v}\times\boldsymbol{B}$ 的方向相同；当电荷为 $-q$ 时，$\boldsymbol{f}_m$ 与 $\boldsymbol{v}\times\boldsymbol{B}$ 的方向相反。

洛伦兹力有一个非常重要的特征，即洛伦兹力的方向总是垂直于运动电荷的速度的方向，因此洛伦兹力对运动电荷不做功，它只改变运动电荷速度的方向，不改变速度的大小。它使运动电荷的运动路径发生弯曲。

当带电粒子进入电场和磁场共存的空间时，它将受到电场力和磁场力的共同作用。带电

粒子所受的合力为

$$\boldsymbol{F}=q(\boldsymbol{E}+\boldsymbol{v}\times\boldsymbol{B}) \tag{7-36}$$

式(7-36)称为洛伦兹关系式，它是电磁学的基本公式之一。从式(7-36)可以看出，设法改变电场和磁场的分布可以实现对带电粒子运动的控制。当粒子的速度 v 远小于光速 c 时，根据牛顿第二定律，带电粒子的运动方程(设重力可忽略不计)为

$$\frac{q}{m}(\boldsymbol{E}+\boldsymbol{v}\times\boldsymbol{B})=\frac{\mathrm{d}\boldsymbol{v}}{\mathrm{d}t} \tag{7-37}$$

式中，m 为粒子的质量；$\frac{q}{m}$称为粒子的荷质比，是反映粒子基本性质的一个重要参量。

对于带电粒子在匀强磁场中的运动，下面分三种情况讨论。

1. 带电粒子的初速度方向与磁场方向平行或反平行

带电粒子受到的洛伦兹力为 0 时，$\boldsymbol{v}$ 为恒矢量，粒子做匀速直线运动。

2. 带电粒子的初速度$\boldsymbol{v}$ 垂直于$\boldsymbol{B}$

当$\boldsymbol{v}$ 与 $\boldsymbol{B}$ 垂直时，$f_m=qvB$，洛伦兹力 $\boldsymbol{f}_m$ 永远垂直于运动电荷的速度$\boldsymbol{v}$ 和磁感应强度 $\boldsymbol{B}$ 所组成的平面，所以带电粒子将以速率 v 做匀速圆周运动(图 7-21)。

洛伦兹力是粒子做圆周运动的向心力。

$$qvB=m\frac{v^2}{R} \tag{7-38}$$

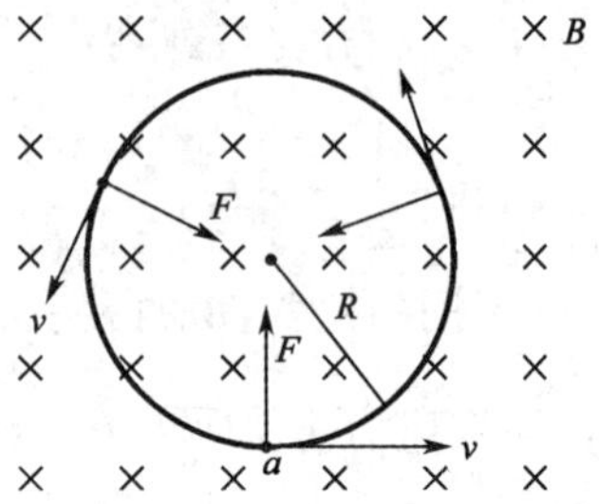

图 7-21 带电粒子的$\boldsymbol{v}\perp\boldsymbol{B}$

式中，R 为带电粒子做匀速圆周运动的轨迹半径，也称为**“回旋半径”**。由式(7-38)可得

$$R=\frac{mv}{qB} \tag{7-39}$$

粒子回绕一周所需的时间即为**回旋周期**

$$T=\frac{2\pi R}{v}=\frac{2\pi m}{qB} \tag{7-40}$$

而单位时间内绕的圈数即为**回旋频率**

$$f=\frac{1}{T}=\frac{qB}{2\pi m} \tag{7-41}$$

对于给定的带电粒子，荷质比是一定的，所以当 $\boldsymbol{B}$ 一定时，粒子的速率越大，其回旋半径也越大，但回旋频率与粒子的速率无关。

3. 带电粒子的初速度$\boldsymbol{v}$ 与 $\boldsymbol{B}$ 成任意夹角 θ

设带电粒子的速度$\boldsymbol{v}$ 的方向与磁感应强度 $\boldsymbol{B}$ 的方向成任意角度 θ，则可将$\boldsymbol{v}$ 分解成平行于 $\boldsymbol{B}$ 和垂直于 $\boldsymbol{B}$ 的两个分量即 $v_{/\!/}$和 $v_{\perp}$[图 7-22(a)]，因磁场的作用，垂直于 $\boldsymbol{B}$ 的速度分量 $v_{\perp}$，虽不改变大小，却不断改变方向，带电粒子在垂直于 $\boldsymbol{B}$ 的平面内做匀速圆周运动；平行于 $\boldsymbol{B}$ 的速度分量 $v_{/\!/}$不变，其运动是沿 $\boldsymbol{B}$ 方向的匀速直线运动。该带电粒子做的是这两种运动的合成运动[图 7-22(b)]，为螺旋线运动。此带电粒子做螺旋运动时，螺旋线的半径(带电粒子在磁场中做圆周运动的回旋半径)为

$$R=\frac{mv_{\perp}}{qB}=\frac{mv\sin\theta}{qB} \tag{7-42}$$

粒子每转一周前进的距离称为**“螺距”**，用符号 h 表示，则

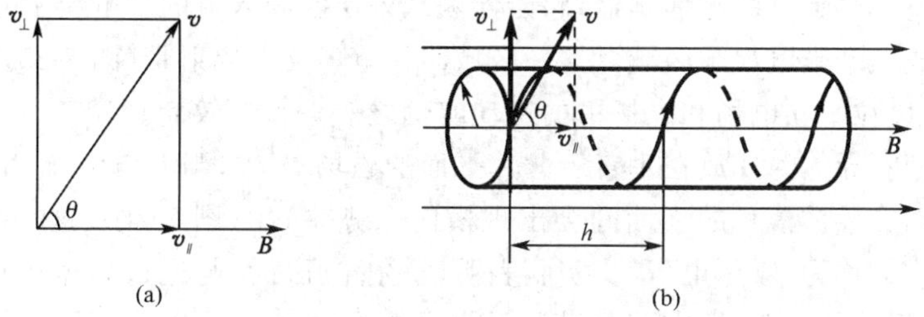

图 7-22　带电粒子的初速度 v 与 B 成任意夹角

$$h = v_\parallel T = \frac{2\pi m v\cos\theta}{qB} \tag{7-43}$$

如果在均匀磁场中某点 A 处(图 7-23)引入一束带电粒子,当带电粒子的速度 $\boldsymbol{v}$ 与 $\boldsymbol{B}$ 的夹角 θ 很小且各粒子速率大致相同时,这些粒子具有几乎相同的螺距。经一个回旋周期后,它们各自经过不同的螺旋轨迹重新会聚到 A' 点。这种发散粒子束依靠磁场的作用汇聚到一点的现象称为"**磁聚焦**"。它与光束经光学透镜聚焦相类似。在实际应用中多使用短线圈,利用它产生的非均匀磁场聚焦。短线圈的作用类似于光学中的透镜,因此称为"**磁透镜**"。磁聚焦广泛地应用于电真空器件中,特别是电子显微镜。

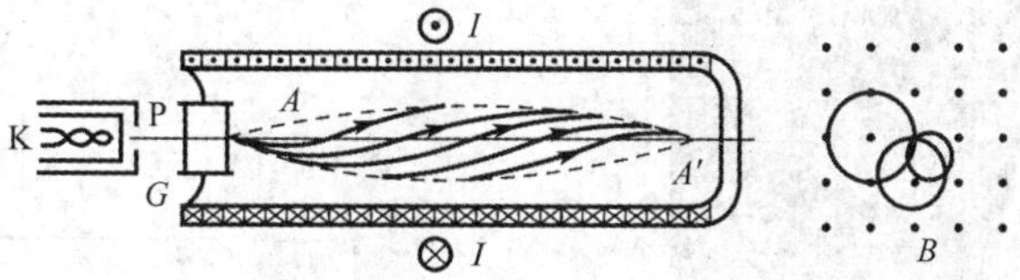

图 7-23　磁聚焦

在非均匀磁场中,速度方向和磁场不同的带电粒子,也要做螺旋运动,但半径和螺距都将不断发生变化。特别是当带电粒子具有一向磁场较强处螺旋前进的分速度时,它受到的磁场力有一个和前进方向相反的分量。这一分量有可能最终使粒子的前进速度减小到 0,并继续沿反方向前进。由于强度逐渐增加的磁场能使带电粒子发生"反射",因此把这种磁场分布叫作**磁镜**。可以用两个电流方向相同的线圈产生一个中间弱、两端强的磁场(图 7-24)。这个磁场能够迫使带电粒子局限在一定的范围内做往返运动而不能逃脱。这种能够约束带电粒子的磁场分布叫"**磁瓶**"。在受控热核反应实验中,需要把温度很高的等离子体限制在一定的空间区域。在这样的高温下,任何固体材料都将因气化而不能成为容器。而上述所说的**磁约束**是达到这种目的的常用方法之一。

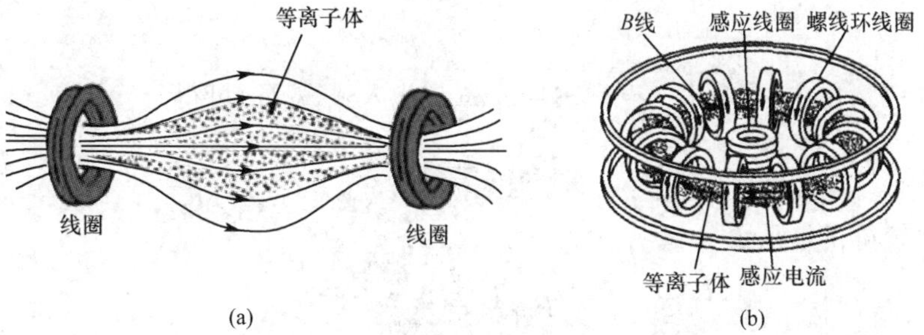

图 7-24　磁约束

磁约束现象也存在于宇宙空间中,由于地球是一个不均匀的大磁体,磁场在两极强而中间弱,因此地磁场是一个天然的磁捕集器,它能俘获从外层空间入射的带电粒子并使之在两磁极间来回振荡,形成一个带电粒子区域。这一区域叫作范·艾仑辐射带(图 7-25)。

下面介绍带电粒子在电场和磁场中的运动实例之——霍尔效应。1879 年,美国物理学家霍尔首先发现,把一导体薄片放在垂直于薄片平面的磁场 $\boldsymbol{B}'$中,当有电流 I'沿着垂直于 $\boldsymbol{B}'$的方向通过导体时,在导体薄片的表面间会出现横向电势差 U_H(图 7-26),这一现象称为**“霍尔效应”**。电势差 $U_H{}'$称为“霍尔电压”。实验表明,霍尔电压 U_H 与通过导体薄片的电流强度 I 和磁感应强度 $\boldsymbol{B}$ 的大小成正比,与导体薄片沿 $\boldsymbol{B}$ 方向的厚度 d 成反比,即

$$U_H = R_H \frac{IB}{d} \tag{7-44}$$

其中,R_H 是一常量,称为“霍尔系数”,它仅与导体或半导体材料的种类有关,可以用带电粒子在磁场中运动所受到的洛伦兹力解释霍尔效应的成因。导体中参与导电的粒子(称为“载流子”)是自由电子(图 7-26),当电流流过金属时,其中的电子沿与电流相反的方向运动。设电子的平均运动速率为 v,则它在磁场中受到的洛伦兹力为

$$f_m = evB \tag{7-45}$$

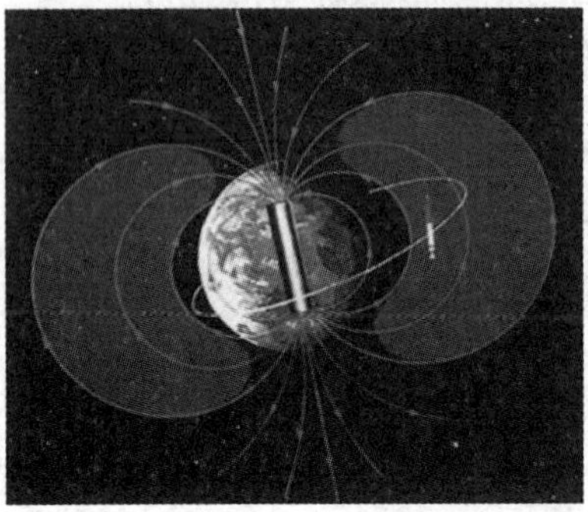

图 7-25 范·艾仑辐射带

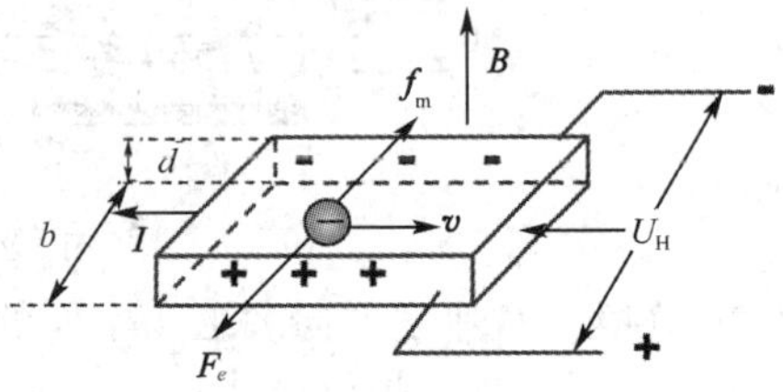

图 7-26 霍尔效应

因此,电子聚集在导体薄片的上表面,同时在其下表面出现正电荷,在导体薄片内部上、下表面之间就形成了电势差 U_H,产生了电场,此电场随电荷的积累而增强,如果导体薄片的宽度为 b 则电子所受电场力的大小

$$F_e = eE = e\frac{U_H}{b} \tag{7-46}$$

当洛伦兹力 $\boldsymbol{f}_m = \boldsymbol{F}_e$ 达到平衡时,电荷的积累达到稳定状态,此时的电势差即霍尔电压为

$$evB = e\frac{U_H}{b} \tag{7-47}$$

设导体内载流子浓度为 n,于是 $I = nevS = nevbd$,代入式(7-47)可得

$$U_H = \frac{1}{ne}\cdot\frac{IB}{d} \tag{7-48}$$

与式(7-44)比较得霍尔系数

$$R_H = \frac{1}{ne} = \frac{1}{nq} \tag{7-49}$$

式(7-49)表明,霍尔系数的数值取决于每个载流子所带的电量 q 和载流子浓度 n,其正负取决于载流子所带电荷的正负。若 q 为正,则 $U_H > 0$;若 q 为负,则 $U_H < 0$。根据霍尔电压的正负

可判断半导体的导电类型(图 7-27)。一般金属导体中的载流子就是自由电子,载流子浓度很高,所以,金属材料的霍尔系数很小,相应的霍尔电压也很弱。但在半导体中,载流子浓度 n 很低,因此半导体材料的霍尔系数与霍尔电压比金属导体大得多,故实用中大多采用半导体霍尔效应。

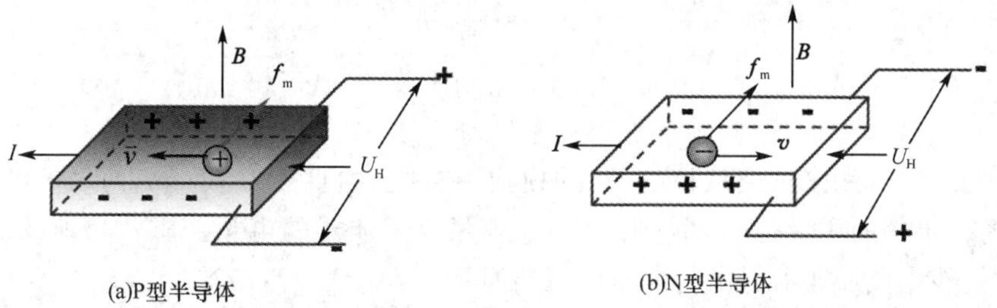

图 7-27　判断半导体类型

现在,利用半导体材料制成的各种霍尔元件已广泛应用于测量磁场、交直流电路中的电流和功率,以及转换和放大电信号等技术领域。霍尔效应在自动控制和计算机技术方面的应用也越来越多。

【例 7-7】 测定离子荷质比的仪器称为"质谱仪"。它是用物理方法分析同位素的仪器,由英国物理学家、化学家阿斯顿于 1919 年创造,他发现了氯与汞的同位素,后又发现了许多同位素,特别是一些非放射性的同位素。为此,阿斯顿于 1922 年获诺贝尔化学奖。

如图 7-28 所示,离子源产生的带电量为 q 的离子,经狭缝 S_1 和 S_2 之间的电场加速,进入由 P_1 和 P_2 组成的速度选择器。在速度选择器中,有如图 7-28 所示方向的电场强度 $\boldsymbol{E}$ 和磁感应强度 $\boldsymbol{B}$,离子因受洛伦兹力而做匀速圆周运动。不同质量的离子打在底片的不同位置上,形成按离子质量排列的线系。若底片上的线系有 3 条,则该元素有几种同位素?设 d_1、d_2、d_3 是底片上 3 个位置与速度选择器轴线间的距离,该元素的几种同位素的质量 m_1、m_2、m_3 各为多少?

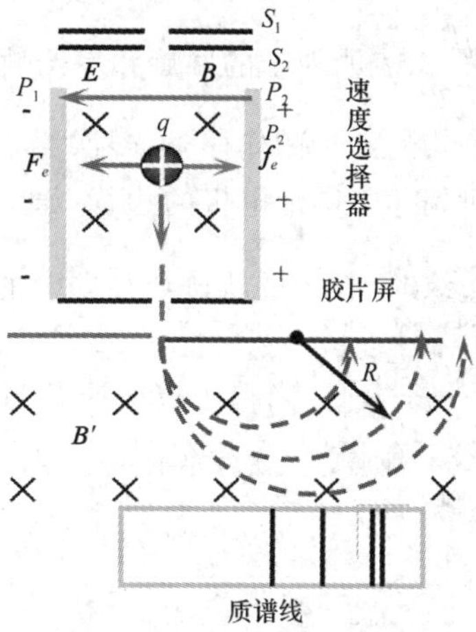

图 7-28　质谱仪原理

解　在速度选择器中,离子 q 受电场力 $F_e=qE$,同时受洛伦兹力 $f_m=qvB$ 两力方向相反,只有当离子的速度满足 $qE=qvB$,即 $v=\dfrac{E}{B}$时,离子才有可能穿过由 P_1 和 P_2 组成的速度选择器并射出。离子进入匀强磁场 $\boldsymbol{B}'$后做匀速圆周运动,设圆周半径为 R,则

$$qvB'=m\frac{v^2}{R}$$

式中 B'、q、v 是一定的,质量 m 不同的离子对应不同的圆周运动的半径 R 不同,所以该元素有 3 种同位素。将 $v=\dfrac{E}{B}$代入上式可得 $m=\dfrac{qBB'}{E}R$。

将 $R=\dfrac{d}{2}$分别代入，可得 3 种同位素的质量 m_1、m_2、m_3

$$\begin{cases} m_1=\dfrac{qBB'}{2E}d_1 \\ m_2=\dfrac{qBB'}{2E}d_2 \\ m_3=\dfrac{qBB'}{2E}d_3 \end{cases}$$

【例 7-8】 一台用来加速氘核的回旋加速器的 D 盒的直径为 75 cm，两磁极可产生 1.5 T 的均匀磁场。氘核的质量为 3.34×10^{-27} kg，电量就是质子的电量。求：(1)所用交流电源的频率。(2)氘核由此加速器射出的能量(单位：MeV)。

解 回旋加速器原理如图 7-29 所示，它的主要部分是作为电极的两个金属半圆形真空盒 D_1 和 D_2，二者置于真空容器中，将回旋加速器放在电磁铁所产生的强大均匀磁场 $\boldsymbol{B}$ 中，磁场方向与半圆形真空盒 D_1 和 D_2 的平面垂直。当电磁铁两极加有高频交变电压时，两极间就会产生高频交变电场 $\boldsymbol{E}$，使两极间电场的方向在相等的时间间隔 t 内迅速交替改变。如果一质量为 m、带正电荷且电量为 q 的粒子从极缝间的粒子源 O 中被释放，在电场力的加速作用下，加速进入半盒 D_1 内做匀速圆周运动，经时间 t 后，粒子恰好到达缝隙，这时改变交变电压的符号，使缝间的电场也改变方向，所以粒子又在电场力的作用下加速进入半盒 D_2 内，速率由 v_1 增加至 v_2，并做匀速圆周运动，D_2 内的轨迹半径也相应增大。由式(7-30)可知，粒子的回旋频率 $f=\dfrac{qB}{2\pi m}$，表明粒子的回旋频率与轨迹半径无关，与粒子速率无关，这样，带正电的粒子在交变电场和均匀磁场的作用下，多次累积式被加速而沿着螺旋形的平面轨迹运动，直到粒子能量足够高时到达半圆形电极的边缘，通过铝箔覆盖着的小窗 T，被引出加速器。当粒子到达半圆盒的边缘时，粒子的轨迹半径即盒的半径 R_0，此时粒子的速率 $v=\dfrac{qBR_0}{m}$则粒子的动能 $E_k=\dfrac{1}{2}mv^2=\dfrac{q^2B^2R_0^2}{2m}$。当粒子被加速到与光速接近时，由相对论动力学可知，在回旋加速器中，粒子的回旋频率 $f=\dfrac{qB}{2\pi m_0}\sqrt{1-\left(\dfrac{v}{c}\right)^2}$。

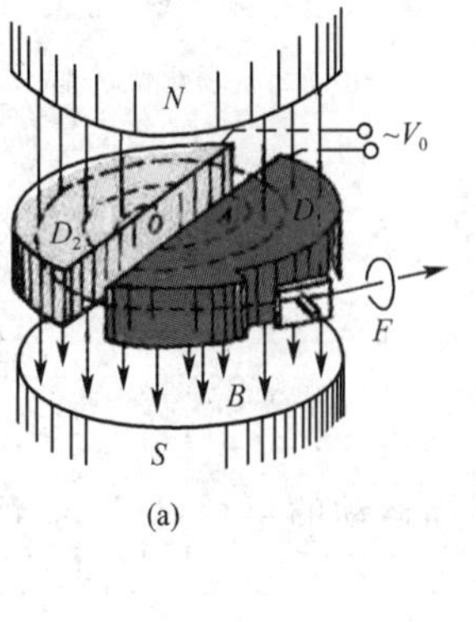

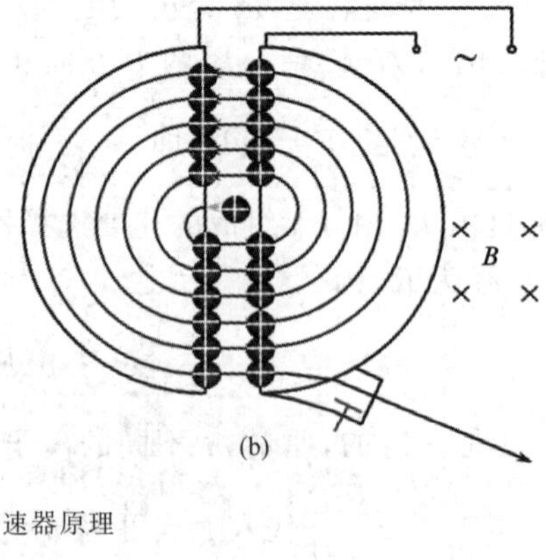

图 7-29 回旋加速器原理

(1)交流电源的频率应等于粒子的回旋频率，即

$$f=\frac{qB}{2\pi m}=\frac{1.6\times10^{-19}\times1.5}{2\times3.14\times3.34\times10^{-27}}\text{Hz}=1.1\times10^{7}\ \text{Hz}=11\ \text{MHz}$$

(2)氘核由此加速器射出的速度

$$v=\frac{eBR_0}{m}=\frac{eBD}{2m}$$

氘核由此加速器射出的能量

$$E_{\text{k}}=\frac{1}{2}mv^2=\frac{(eBD)^2}{8m}=\frac{(1.6\times10^{-19}\times1.5\times0.75)^2}{8\times3.34\times10^{-27}}\text{J}=1.2\times10^{-12}\ \text{J}=7.6\ \text{MeV}$$

7.6.2　磁场对载流导线的作用——安培力

通常把磁场对载流导线的作用力称为“**安培力**”，其基本规律是安培于1820 年由大量实验结果中总结出来的，也称为“**安培定律**”，其内容如下：电流元 $Id\boldsymbol{l}$ 在磁场中某点所受到的磁力 $d\boldsymbol{F}$ 的大小，与该点磁感应强度 $\boldsymbol{B}$ 的大小、电流元 $Id\boldsymbol{l}$ 的大小及电流元 $Id\boldsymbol{l}$ 与磁感应强度 $\boldsymbol{B}$ 的夹角 θ 的正弦成正比，即

磁场对载流导线的作用——安培力

$$d\boldsymbol{F}=\boldsymbol{B}I\,dl\sin\theta \tag{7-50}$$

$d\boldsymbol{B}$ 的方向垂直于 $Id\boldsymbol{l}$ 与 $\boldsymbol{B}$ 所决定的平面，满足右手定则[图 7-30(a)]。可将式(7-50)写为矢量式，即

$$d\boldsymbol{F}=Id\boldsymbol{l}\times\boldsymbol{B} \tag{7-51}$$

下面由磁场对运动电荷的洛伦兹力出发进行简单推导：如图 7-30(b)所示，电流元 $Id\boldsymbol{l}$ 中的每个载流子 q 所受的洛伦兹力的大小 $f_m=qvB\sin\theta$，如果电流元的截面积为 S，单位体积中有 n 个载流子，则电流元 $Id\boldsymbol{l}$ 中的载流子数为 $n\,dV=nS\,dl$，因为在电流元 $Id\boldsymbol{l}$ 中，每个载流子受到的力的方向、大小都相同，这样，电流元 $Id\boldsymbol{l}$ 所受的力 $d\boldsymbol{F}=nS\,dlq\boldsymbol{v}\times\boldsymbol{B}$，而通过导线的电流 $I=nSqv$，所以可得电流元 $Id\boldsymbol{l}$ 所受的磁场力如式(7-51)。

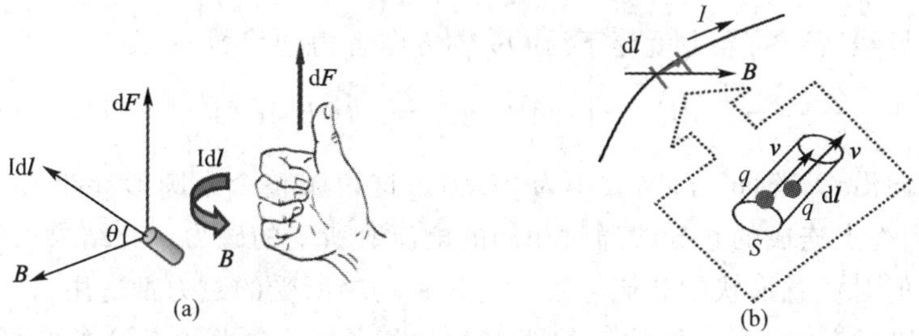

图 7-30　磁场对电流元的作用力

一段载流导线所受的总磁场力服从力的叠加原理，一段载流导线所受到磁场的总作用力 $\boldsymbol{F}$ 等于每个电流元受到磁场作用力的矢量和，即对式(7-51)求积分得

$$\boldsymbol{F}=\int d\boldsymbol{F}=\int_L Id\boldsymbol{l}\times\boldsymbol{B} \tag{7-52}$$

【例 7-9】　如图 7-31 所示，将一段长为 L 的载流直导线置于磁感应强度为$\boldsymbol{B}$ 的匀强磁场中，$\boldsymbol{B}$ 的方向在纸面内，电流流向与的$\boldsymbol{B}$ 夹角为 θ，求导线的受力$\boldsymbol{F}$。

解　电流元受到的安培力为

$$d\boldsymbol{F}=Id\boldsymbol{l}\times\boldsymbol{B}$$

大小为

$$F=\int \mathrm{d}lB\sin\theta$$

方向为垂直指向纸面。

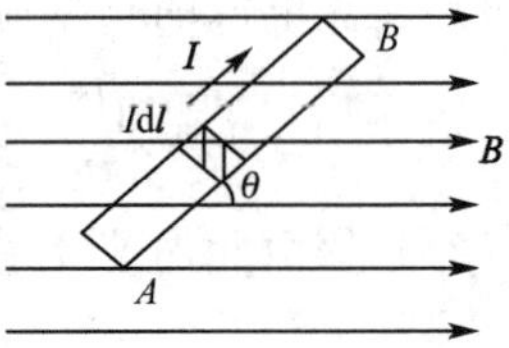

图 7-31　例 7-9

所以导线上所有电流元受力方向相同，因为整个导线受到安培力为

$$\boldsymbol{F}=\int I\mathrm{d}\boldsymbol{F}=\int \mathrm{d}\boldsymbol{l}\times\boldsymbol{B}$$

大小为

$$F=\int_A^B IB\sin\theta\,\mathrm{d}l=\int_0^L IB\sin\theta\,\mathrm{d}l=BIL\sin\theta$$

$\boldsymbol{F}$ 的方向为垂直纸面向内。

讨论：(1)$\theta=0$ 时，$F=0$。

(2)$\theta=\dfrac{\pi}{2}$ 时，$F=F_m=BIL$。

【例 7-10】　半径为 R 的半圆形载流导线，电流强度为 I，放在磁感应强度为 $\boldsymbol{B}$ 的匀强磁场中，$\boldsymbol{B}$ 垂直于导线所在的平面。求它所受的安培力。

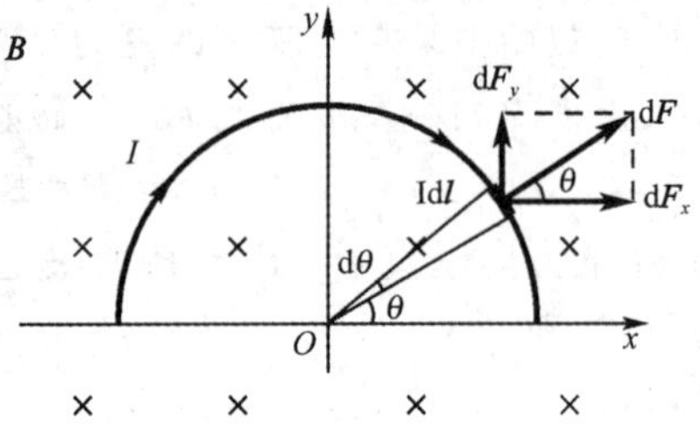

图 7-32　例 7-10

解　如图 7-32 所示，以圆心 O 为原点，建立坐标系 Oxy，在半圆上任取一电流元 $I\mathrm{d}\boldsymbol{l}$，其位置可由电流元所在处的半径与 Ox 轴的夹角 θ 表示。根据式 7-51，电流元 $I\mathrm{d}\boldsymbol{l}$ 在磁场中所受的安培力的大小为

$$\mathrm{d}\boldsymbol{F}=I\mathrm{d}lB$$

$\mathrm{d}\boldsymbol{F}$ 的方向为沿径向向外。由于导线上各电流元所受安培力的方向均沿各自的径向向外，因此将 $\mathrm{d}\boldsymbol{F}$ 分解为沿 Ox 轴方向和沿 i 轴方向的两个分量 $\mathrm{d}F_x=\mathrm{d}F\cos\theta$ 和 $\mathrm{d}F_y=\mathrm{d}F\sin\theta$。由对称性可知，半圆形导线上所有线元沿 Ox 轴方向的受力总和为 0，即

$$F_x=\int \mathrm{d}F_x=0$$

因此，整个半圆形导线所受的合力就等于沿 Oy 轴方向各力的代数和，即

$$F_{合}=F_y=\int_L \mathrm{d}F_y=\int_L I\mathrm{d}lB\sin\theta=\int_0^{\pi} IRB\sin\theta\,\mathrm{d}\theta=2IRB$$

上式表明，合力方向沿 Oy 轴正方向，大小为 $2IRB$。这说明整个半圆形导线所受到的磁力的总和等于从起点到终点连成的直导线通过相同的电流时所受的磁力。此结果虽然是从半圆形载流导线得出的，但对任意形状的载流导线在均匀磁场中所受的磁力都适用。

【例 7-11】　如图 7-33 所示，圆柱形磁铁的正上方放置一个半径为 R 的圆形载流线圈，通电流为 I。已知线圈上各点处的磁场大小为 $\boldsymbol{B}$，方向与竖直方向夹角为 α。求圆形载流线圈所受的磁力。

解　由安培定律：$\boldsymbol{F}=\oint I\mathrm{d}\boldsymbol{l}\times\boldsymbol{B}$。

注意：磁场是非匀强的。

先考虑任一电流元所受安培力，由对称性易知：合力必沿竖直方向。所以

$$F=F_z=\oint BI\mathrm{d}l\sin\alpha=BI\sin\alpha\int_0^{2\pi R}\mathrm{d}l=2\pi RBI\sin\alpha$$

【例 7-12】　如图 7-34 所示，设有两根相距为 a 的无限长平行载流导线，分别通有同方向

的电流 I_1 和 I_2，计算两根导线每单位长度所受的磁场力。

解　考虑导线 2（电流 I_2）受导线 1（电流 I_1）的作用。电流 I_1 在电流元 $I_2\mathrm{d}\boldsymbol{l}$ 处产生的磁场 $B_1=\dfrac{\mu_0 I_1}{2\pi a}$ 方向如图 7-34 所示，电流元 $I_2\mathrm{d}\boldsymbol{l}$ 受磁场 $\boldsymbol{B}$ 的安培力的大小为

$$\mathrm{d}F=I_2\mathrm{d}lB_1=I_2\mathrm{d}l\,\frac{\mu_0 I_1}{2\pi a}=\frac{\mu_0 I_1 I_2}{2\pi a}\mathrm{d}l$$

方向在平行载流导线所在的平面内，垂直于载流导线 2，并指向载流导线 1。

载流导线 2 单位长度受的安培力大小为 $\dfrac{\mathrm{d}F}{\mathrm{d}l}=\dfrac{\mu_0 I_1 I_2}{2\pi a}$。

同理，载流导线 1 单位长度受的安培力大小为 $\dfrac{\mathrm{d}F}{\mathrm{d}l}=\dfrac{\mu_0 I_1 I_2}{2\pi a}$。

方向在平行载流导线所在的平面内，垂直于载流导线 1，并指向载流导线 2。

由此可知，两平行直导线中的电流相同时，两导线通过磁场的相互作用而相互吸引；两平行直导线中的电流相反时，两导线通过磁场的相互作用而相互排斥。

这也是国际单位制规定电流的基本单位是安培的由来，即放在真空中的两无限长平行直导线，各通有相等的稳恒电流，当两导线相距 1 m，每一导线每米长度上受力为 2×10^{-7} N 时，各导线中的电流强度为 1 A。

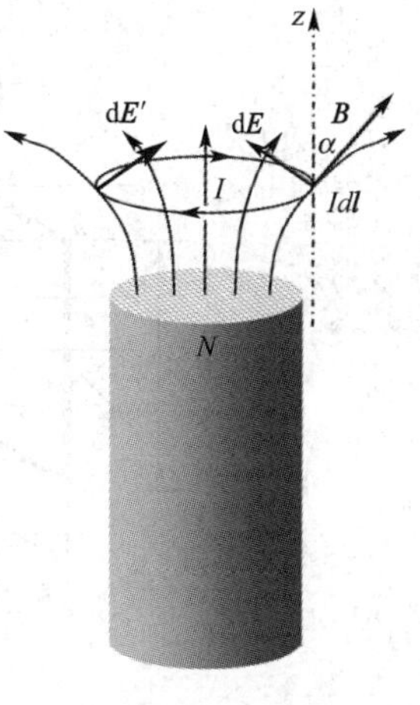

图 7-33　例 7-11

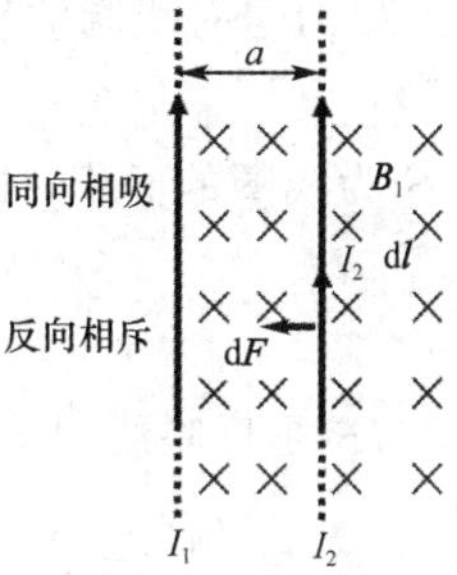

图 7-34　例 7-12

7.6.3　磁场对载流线圈的作用——磁力矩

如图 7-35 所示，在均匀磁场 $\boldsymbol{B}$ 中，有一载流矩形线圈 $abcd$，设它的边长为 l_1 和 l_2，电流为 I，流向为 $a\to b\to c\to d\to a$。线圈法向为 $\boldsymbol{n}$（$\boldsymbol{n}$ 与电流流向满足右手螺旋关系），$\boldsymbol{n}$ 与 $\boldsymbol{B}$ 的方向的夹角为 θ，即线圈平面与 $\boldsymbol{B}$ 的方向的夹角为 $\varphi\left(\varphi+\theta=\dfrac{\pi}{2}\right)$，并且 bc 边和 da 边均垂直于 $\boldsymbol{B}$，根据式（7-52）计算各边受力情况

磁场对载流线圈的作用——磁力矩

$$F_{da}=BIl_1\sin\left(\frac{\pi}{2}+\theta\right)=BIl_1\cos\theta \tag{7-53}$$

$$F_{bc}=BIl_1\sin\left(\frac{\pi}{2}-\theta\right)=BIl_1\cos\theta \tag{7-54}$$

$\boldsymbol{F}_{da}$ 与 $\boldsymbol{F}_{bc}$ 方向相反、大小相等，并且在同一直线上是一对平衡力，所以对整个线圈来说，它的合力及合力矩都为 0［图 7-35(a)］。

$$F_{ab}=BIl_2\sin\frac{\pi}{2}=BIl_2 \tag{7-55}$$

$$F_{cd}=BIl_2 \tag{7-56}$$

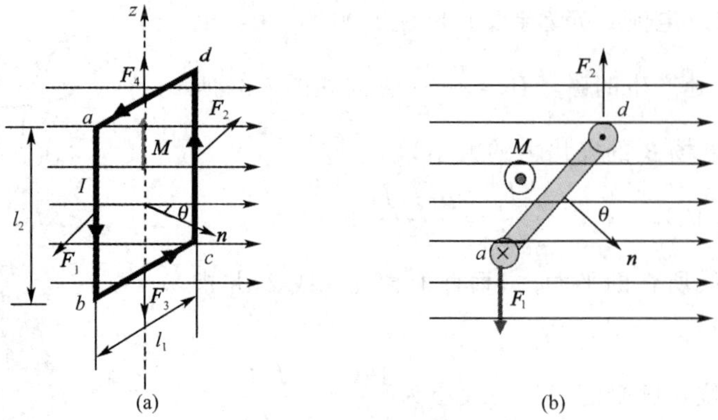

图 7-35　磁场对载流线圈的作用

$\boldsymbol{F}_{ab}$ 与$\boldsymbol{F}_{cd}$ 方向相反、大小相等，但不在同一直线上，形成了一对力偶[图 7-31(b)]。它们的合力虽然为 0，但对线圈的轴线 z 轴的力矩大小为

$$M=F_{ab}d=BIl_2\cdot l_1\sin\theta=BIS\sin\theta \tag{7-57}$$

式中，S 为线圈的面积，磁力矩的方向为垂直于纸面向上。若平面线圈有 N 匝，则磁力矩的大小为

$$M=NIBS\sin\theta \tag{7-58}$$

式中，NIS 是反映线圈自身性质的物理量。定义**载流线圈磁矩** $\boldsymbol{m}$（$\boldsymbol{p}_m$）的大小为

$$m=NIS \tag{7-59}$$

其方向与线圈平面的法向一致，用$\boldsymbol{n}$ 表示线圈法向的单位矢量，则载流线圈的磁矩矢量式为

$$\boldsymbol{m}=NIS\boldsymbol{n} \tag{7-60}$$

则载流线圈所受的**磁力矩**的矢量表示为

$$\boldsymbol{M}=\boldsymbol{m}\times\boldsymbol{B} \tag{7-61}$$

当 $\boldsymbol{m}$ 与 $\boldsymbol{B}$ 的方向一致时，线圈所受的磁力矩为 0，这时线圈处于稳定平衡位置，当 $\boldsymbol{m}$ 与 $\boldsymbol{B}$ 的方向垂直时，$\sin\theta=1$，线圈所受的磁力矩最大；当 $\boldsymbol{m}$ 与 $\boldsymbol{B}$ 的方向相反时，$\sin\theta=0(\theta=180^\circ)$，线圈所受的磁力矩也为 0，但这一平衡位置是不稳定的，只要线圈稍偏过一个微小的角度，就会在磁力矩的作用下离开这个位置并稳定在 $\theta=0^\circ$ 时的平衡状态。总之，磁场对载流线圈作用的磁力矩的效果总是力图使载流线圈磁矩 $\boldsymbol{m}$ 的方向转向外加磁场$\boldsymbol{B}$ 的方向。如同电场对电偶极子的作用力矩总是力图使电偶极子极矩 $\boldsymbol{p}$ 的方向转向外加电场 $\boldsymbol{E}$ 的方向一样。应当指出，上述结论虽然是从矩形线圈推导出来的，但对任意形状的线圈都适用。

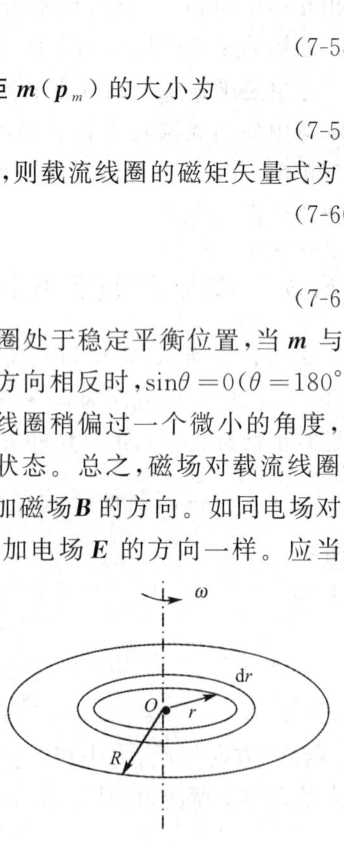

图 7-36　例 7-13

【例 7-13】　将一半径 R 为的薄圆盘放在磁感应强度为 $\boldsymbol{B}$ 的均匀磁场中，$\boldsymbol{B}$ 的方向与盘面平行(图 7-36)。圆盘表面的电荷面密度为 σ，若圆盘以角速度 ω 绕其轴线转动，试求作用在圆盘上的磁力矩的大小。

解　取半径为 r、宽为 $\mathrm{d}r$ 细圆环，其电量 $\mathrm{d}q=\sigma 2\pi r\mathrm{d}r$，转动形成电流

$$\mathrm{d}I=\frac{\mathrm{d}q}{T}=\frac{\omega\,\mathrm{d}q}{2\pi}=\omega\sigma r\,\mathrm{d}r$$

磁矩的大小为 $\mathrm{d}m=\pi r^2\mathrm{d}I=\pi\sigma\omega r^3\mathrm{d}r$ 且方向为沿轴线向上。

细圆环受到的磁力矩的大小 $\mathrm{d}M=\mathrm{d}mB$ 整个圆盘受到的磁力矩的大小为

$$M=\int\mathrm{d}M=\int\mathrm{d}mB=\pi\sigma\omega B\int_0^R r^3\mathrm{d}r=\frac{\pi\sigma\omega BR^4}{4}$$

7.7　磁力的功

载流导线和载流线圈在磁场中运动时，磁力就要对它们做功。下面从一些特殊情况出发，建立磁场力做功的一般公式。

7.7.1　磁力对载流导线做功

设在磁感应强度为 $\boldsymbol{B}$ 的匀强磁场中，有一载流闭合回路 $abcd$，其中导线 ab 的长度为 l，可自由滑动(图 7-37)。若回路中电流 I 保持不变，按照安培定律，载流导线 ab 在磁场中所受的安培力 $\boldsymbol{F}$ 是一恒力，其大小 $F=IlB$，方向向右。在 $\boldsymbol{F}$ 的作用下，ab 将从初始位置向右移动，当移动到位置 $a'b'$ 时，$\boldsymbol{F}$ 所做的功为

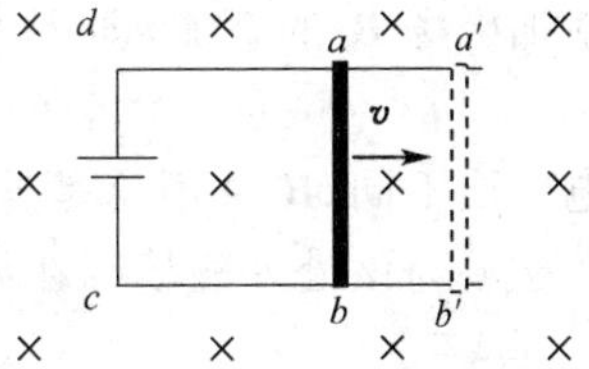

图 7-37　磁力对载流导线做功

$$A=Faa'=BIlaa'=BI\Delta S=I\Delta\Phi_m \tag{7-62}$$

这一结果表明，当载流导线在磁场中运动时，如果电流保持不变，磁力所做的功等于电流强度乘以通过环路的面积内磁通量的增量。

7.7.2　磁力对载流线圈做功

设有一载流线圈在磁场磁力矩的作用下转动(图 7-38)，线圈中的电流 I 保持不变，线圈的磁矩 $\boldsymbol{m}=IS\boldsymbol{n}$，假定某时刻线圈的法向单位矢量 $\boldsymbol{n}$ 和磁感应强度 $\boldsymbol{B}$ 之间的夹角为 θ，则线圈受到的磁力矩的大小为 $M=mB\sin\theta$。若线圈在磁力矩的作用下转过 $\mathrm{d}\theta$ 角，磁力矩做功为

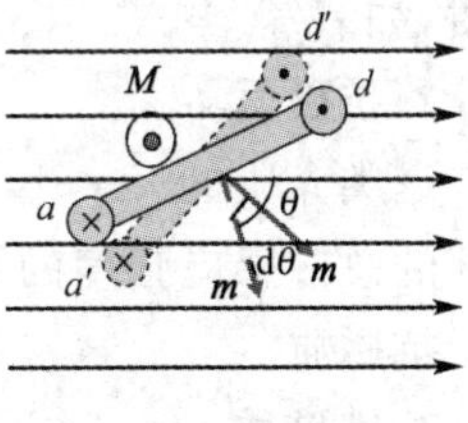

图 7-38　磁力对载流线圈做功

$$\mathrm{d}A=-M\mathrm{d}\theta=-BIS\sin\theta\mathrm{d}\theta=I\mathrm{d}(BS\cos\theta)=I\mathrm{d}\Phi_m \tag{7-63}$$

式中，负号表示磁力矩做正功时将使 θ 减小。当线圈从 θ_1 转到 θ_2 时，磁力矩做功为

$$A=\int\mathrm{d}A=\int_{\Phi_{m1}}^{\Phi_{m2}}I\mathrm{d}\Phi_m=I(\Phi_{m2}-\Phi_{m1})=I\Delta\Phi_m \tag{7-64}$$

可以证明，一个任意的闭合电流回路在磁场中改变位置或形状时，如果线圈内的电流强度 I 保持不变，那么磁力矩所做的功都满足 $A=I\Delta\Phi_m$。这一结果与式(7-62)相同，也就是说，磁场对载流导线和载流线圈做的功都可以用式(7-64)计算。

7.8 磁介质

磁介质

如同在电场中放入电介质，电介质要被极化，而极化了的电介质又会影响电场分布一样，在实际的磁场中大多存在着各种各样的物质，由于磁场与实物之间的相互作用，实物粒子的分子状态会发生变化，从而改变原来的磁场分布。这种在磁场的作用下，其内部状态会发生变化并反过来影响磁场分布的物质称为**“磁介质”**。下面简要介绍磁介质的分类及其磁化机理、磁化强度，以及磁介质中的高斯定理和安培环路定理。

7.8.1 磁介质的分类

正如电介质在电场中会发生极化，产生附加电场并影响原来的电场一样，磁介质在磁场中也会被磁化并产生**附加磁场** $\boldsymbol{B}'$。磁介质中空间的任一点的磁场是原来磁场 $\boldsymbol{B}_0$ 与磁介质产生的附加磁场 $\boldsymbol{B}'$ 的叠加，即

$$\boldsymbol{B}=\boldsymbol{B}_0+\boldsymbol{B}' \tag{7-65}$$

与电介质不同，$\boldsymbol{B}'$ 并不总是与 $\boldsymbol{B}_0$ 方向相反。实验表明：当磁场中充满均匀磁介质时，磁介质中的磁场与该处外磁场存在如下关系

$$\boldsymbol{B}=\mu_r\boldsymbol{B}_0 \tag{7-66}$$

式中，$\mu_r=\dfrac{\mu}{\mu_0}$ 称为磁介质的**相对磁导率**，其大小反映磁介质磁化后对原磁场的影响程度，用来描述磁介质特性的物理量。对于不同的磁介质，μ_r 一般是不同的。对于真空中的磁场来说，$\mu_r=1$。根据 μ_r 的大小，可把磁介质分为顺磁质、抗磁质和铁磁质三类。

1. 顺磁质

这类介质的 $\mu_r>1$，磁介质磁化后产生的附加磁场 $\boldsymbol{B}'$ 与外磁场 $\boldsymbol{B}_0$ 方向相同，而使顺磁质内部的总磁感应强度的大小 $B>B_0$，起到增强磁场的作用。自然界中的大多数物质都属于顺磁质，如氧气、空气、铝、铬等。

2. 抗磁质

这类介质的 $\mu_r<1$，磁介质磁化后产生的附加磁场 $\boldsymbol{B}'$ 与外磁场 $\boldsymbol{B}_0$ 方向相反，而使抗磁质内部的总磁感应强度的大小 $B<B_0$，起到减弱磁场的作用。比如，铜、汞、铅、氢气、石油等都属于抗磁质。

3. 铁磁质

铁磁质是一类磁性很强的物质，其相对磁导率 $\mu_r\gg1$，$B\gg B_0$，铁磁质磁化后能产生很强的与外磁场同方向的附加磁场，如铁、钴、镍等都属于铁磁质。

顺磁质和抗磁质在磁化后对原磁场影响不显著，均称为**弱磁性物质**；铁磁质磁化后对原磁场的影响很大，还具有一些特殊的性质，称为**强磁性物质**。

7.8.2 磁介质的磁化机理

近代物理理论和实验证明，任何物质都由分子或原子组成。原子中的电子同时参与两种

运动:一种是环绕原子核的轨迹运动,另一种是电子本身的自旋运动。这两种运动都等效为电流分布。按照安培的分子电流假说,把分子或原子看作一个整体,分子或原子中的各个电子对外界产生的磁效应的总和相当于一圆电流,该圆电流称为**分子电流**。它形成的磁矩称为**分子磁矩**,用符号 $\boldsymbol{m}$ 表示,可以求得原子中电子的轨迹磁矩 $\boldsymbol{p}_m=-\frac{e\omega}{2}r^2\boldsymbol{n}_0=-\frac{e}{2m}\boldsymbol{L}$,电子的自旋磁矩 $\boldsymbol{p}_s=-\frac{e}{m}\boldsymbol{S}$,电子的自旋磁矩与轨迹磁矩有相同的数量级,分子固有磁矩所有电子磁矩的总和。

1. 顺磁质的磁化

如图 7-39(a)所示,组成顺磁质的分子有一定的磁矩 $\boldsymbol{m}$。在没有外磁场时,由于分子热运动,磁矩 $\boldsymbol{m}$ 的方向杂乱无章。这使得顺磁质中任一宏观小体积元内的分子磁矩的矢量和为 0,整个磁介质对外不显磁性。当加上外磁场 $\boldsymbol{B}_0$ 后,每个分子磁矩 $\boldsymbol{m}$ 都受到磁力矩 $\boldsymbol{M}$ 的作用,使分子磁矩转向 $\boldsymbol{B}_0$ 的方向,由于分子的热运动,分子磁矩尚不能与 $\boldsymbol{B}_0$ 完全一致,只是在一定程度上沿外磁场方向排列起来,因此在磁介质内任一点产生与外磁场 $\boldsymbol{B}_0$ 方向相同的附加磁感应强度 $\boldsymbol{B}'$[图 7-39(b)],从而在整体上显示出一定的磁性,这种磁介质的磁化也称取向磁化[图 7-39(c)]。

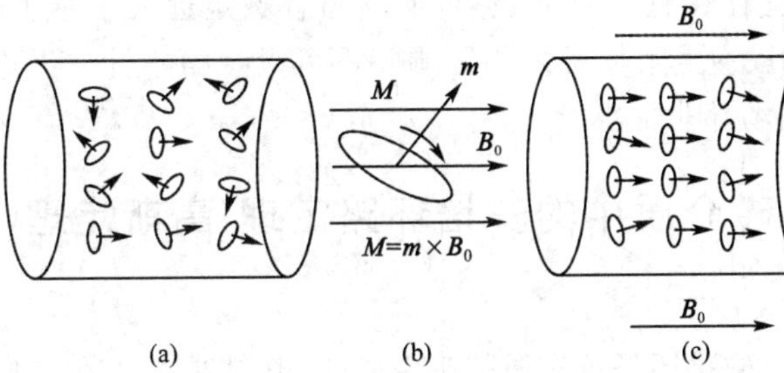

图 7-39　顺磁质的磁化机理

2. 抗磁质的磁化

对于抗磁质,每个分子或原子中的所有电子的轨迹磁矩和自旋磁矩都不为 0,但其所有的矢量和等于 0,所以在没有外磁场作用时,抗磁质并不显示磁性。当外加磁场 $\boldsymbol{B}_0$ 时,分子中每个电子的轨迹运动和自旋运动都将发生变化,从而引起的附加磁矩 $\Delta\boldsymbol{m}'$的方向总是与外磁场 $\boldsymbol{B}_0$ 的方向相反,导致产生的附加磁场 $\boldsymbol{B}'$的方向与外磁场 $\boldsymbol{B}_0$ 的方向相反(感生磁化)。于是,抗磁质内部的磁感应强度的大小 $B<B_0$,起到减弱磁场的作用。

下面利用力学中的“**进动**”(或称“旋进”)现象加以说明(图 7-40),设一电子以半径、角速度 ω 绕核运动,则电子的轨迹角动量为

$$\boldsymbol{L}=J\omega=mr^2\omega\boldsymbol{n}_0 \tag{7-67}$$

电子的轨迹磁矩为

$$\boldsymbol{m}_e=I\boldsymbol{S}=-\frac{e}{\frac{2\pi}{\omega}}\pi r^2\boldsymbol{n}_0=-\frac{e\omega}{2}r^2\boldsymbol{n}_0 \tag{7-68}$$

即

$$\boldsymbol{m}_e=-\frac{e}{2m}\boldsymbol{L} \tag{7-69}$$

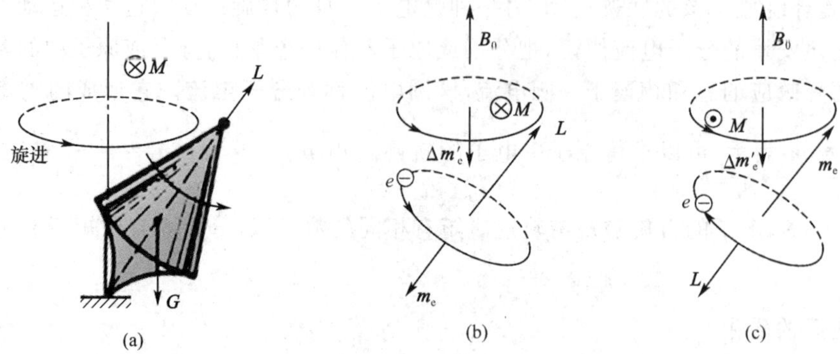

图 7-40　抗磁质的磁化机理

无论电子的轨迹运动如何，根据角动量定理 $\boldsymbol{M}=\frac{\mathrm{d}\boldsymbol{L}}{\mathrm{d}t}$，即 $\boldsymbol{L}=\boldsymbol{M}\mathrm{d}t$，$\mathrm{d}\boldsymbol{L}$ 与 $\boldsymbol{M}$ 同向，外磁场对它的磁力矩 $\boldsymbol{M}=\boldsymbol{m}_e\times\boldsymbol{B}$ 的方向与 $\boldsymbol{m}_e$ 和 $\boldsymbol{B}_0$ 组成的平面垂直，所以 $\mathrm{d}\boldsymbol{L}\perp\boldsymbol{L}$，即只改变 $\boldsymbol{L}$ 的方向而不改变其大小，因而形成了电子的"**进动**"，电子的进动亦相当于一圆电流，因为电子带负电，所以该圆电流所产生的附加磁矩 $\Delta m_e'$ 的方向总是与外磁场 $\boldsymbol{B}_0$ 的方向相反，导致产生的附加磁场 $\boldsymbol{B}'$ 的方向与外磁场 $\boldsymbol{B}_0$ 的方向相反，如图 7-40(b)、(c)所示。

顺磁质在外磁场中也存在感生附加磁矩，但其固有磁矩远大于感生附加磁矩，故在磁化时，固有磁矩起主导作用，感生附加磁矩的影响几乎可以忽略不计。无论是顺磁质还是抗磁质，由磁化引起的附加磁场都非常小。

7.8.3　磁场强度 磁介质中的安培环路定理 高斯定理

1. 磁场强度

无论是顺磁质的取向磁化还是抗磁质的感生磁化，其结果均为在介质内部出现了分子磁矩。为此，可以用宏观上，单位体积的磁介质中因磁化而产生的分子磁矩的总矢量和表示磁介质的磁化程度，称为**磁化强度**，用符号表示，即

$$\boldsymbol{M}=\frac{\sum\boldsymbol{m}}{\Delta V}\tag{7-70}$$

介质内部的分子磁矩在外部磁场 $\boldsymbol{B}_0$ 的作用下有规则排列[图 7-41(b)]，形成了相对应的分子电流。在磁介质内部，各处分子电流方向相反，相互抵消；只有在磁介质的边缘表面，分子电流的外面部分并没有被抵消，它们都沿着相同的方向流通，这些表面上的电流的总效果相当于在介质表面上有一层电流流过。这种电流称为**磁化面电流**，也叫**束缚电流**，用 I_S 表示，把圆柱形磁介质表面上沿柱体母线方向单位长度的磁化电流称为**磁化面电流密度** $\boldsymbol{j}_S$。与之相比较，由电荷的宏观移动形成的电流称作**传导电流或自由电流**，用 I_0 表示，相应的传导电流密度矢量为 $\boldsymbol{j}_0$。S 为磁介质的截面积，L 为所选取的磁介质的长度。在长度 L 上，磁化电流 $I_S=Lj_S$，因此在这段总体积 SL 的磁介质中由于被磁化而具有的总磁矩为 $\sum\boldsymbol{m}=j_SL\boldsymbol{S}$，根据式(7-70) 磁介质磁化强度的大小为

$$M=\frac{\sum m}{\Delta V}=\frac{j_SLS}{LS}=j_S\tag{7-71}$$

磁化面电流密度与磁化强度间的方向满足如图 7-41(a) 所示的右手螺旋关系。

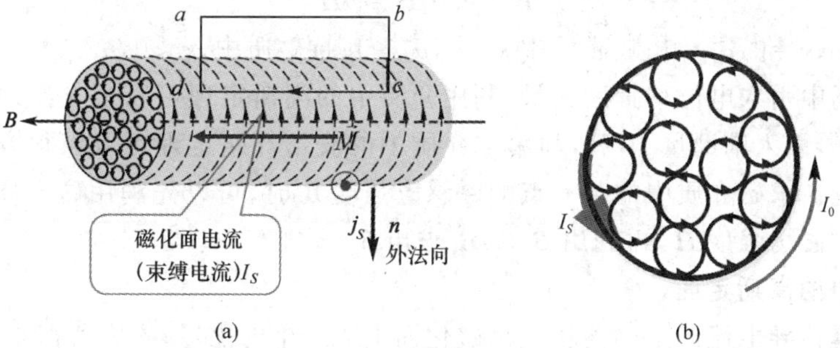

图 7-41　磁介质的磁化结果

磁化面电流密度矢量式如下

$$\boldsymbol{j}_S=\boldsymbol{M}\times\boldsymbol{n} \tag{7-72}$$

如图 7-41(a) 所示，在磁介质边界附近取一长方形的闭合回路 $abcda$，其中，ab 在介质外，cd 在介质内且平行于柱体轴线，则磁化强度 $\boldsymbol{M}$ 沿闭合回路 $abcda$ 的线积分为

$$\oint_L \boldsymbol{M}\cdot\mathrm{d}\boldsymbol{l}=M\overline{cd}=j_s\overline{cd}=\sum I_S \tag{7-73}$$

磁介质被磁化的结果就是在磁介质表面边界出现了磁化面电流(束缚电流)I_S。如果磁场中有弱磁介质存在，那么介质中的安培环路定理和高斯定理的形式又如何呢?

2. 磁介质中的安培环路定理

以如图 7-41(a)所示的充满相对磁导率 μ_r 的通电长直螺线管为例，对磁介质中的安培环路定理加以说明。介质中磁场由传导电流和束缚电流共同产生，考虑磁介质表面的磁化面电流(束缚电流)I_S 对磁场的贡献，则安培环路定理可以写成

$$\begin{cases}\oint_L \boldsymbol{B}\cdot\mathrm{d}\boldsymbol{l}=\mu_0\sum I_i=\mu_0\left(\sum I_{i0}+I_S\right)+\mu_0\left(\sum I_{i0}+\oint_L\boldsymbol{M}\cdot\mathrm{d}\boldsymbol{l}\right)\\ \text{或}\oint_L\left(\dfrac{\boldsymbol{B}}{\mu_0}-\boldsymbol{M}\right)\cdot\mathrm{d}\boldsymbol{l}=\mu_0\sum I_{i0}\end{cases} \tag{7-74}$$

与在电介质中引入辅助矢量 $\boldsymbol{D}$ 一样，用 $\dfrac{\boldsymbol{B}}{\mu_0}-\boldsymbol{M}$ 定义一个新的辅助物理量 $\boldsymbol{H}$，称为**磁场强度矢量**。即

$$\boldsymbol{H}=\frac{\boldsymbol{B}}{\mu_0}-\boldsymbol{M} \tag{7-75}$$

这样，磁介质中的安培环路定理便有如下的简单形式

$$\oint_L \boldsymbol{H}\cdot\mathrm{d}\boldsymbol{l}=\sum I_{i0} \tag{7-76}$$

它说明，磁介质内磁场强度沿任意闭合回路的线积分($\boldsymbol{H}$ 的环流)等于该闭合回路所包围的传导电流的代数和。当电流 I 的流向与 L 的绕行方向满足右手定则，电流的数值为正，反之为负。

在国际单位制中，磁场强度 $\boldsymbol{H}$ 的单位是安培每米($\mathrm{A\cdot m^{-1}}$)

在磁介质中，满足 $\boldsymbol{M}\propto\boldsymbol{H}$ 的磁介质称为线性磁介质，于是有

$$\boldsymbol{H}=\frac{\boldsymbol{B}}{\mu_0}-\boldsymbol{M}=\frac{\boldsymbol{B}}{\mu_0}-\kappa\boldsymbol{H}\ \text{或}\ \boldsymbol{B}=\mu_0(1+\kappa)\boldsymbol{H} \tag{7-77}$$

式中，令 $\mu_r=(1+\kappa)$，为相对磁导率；$\mu=\mu_0\mu_r$，为磁导率，有

$$B=\mu_0\mu_r H=\mu H \tag{7-78}$$

在真空中，$M=0,\kappa=0,\mu_r=1$；顺磁质中 $\kappa>0,\mu_r>1$；抗磁质中，$\kappa<0,\mu_r<1$。

如同在电场中引入电位移辅助矢量，利用介质中的高斯定理可以很方便地处理电介质中的电场问题一样，引入辅助量 $\boldsymbol{H}$ 后，利用磁介质中的安培环路定理也可以很方便地处理磁介质中的磁场问题。求磁介质中的某一点的磁感应强度 $\boldsymbol{B}$ 时，可以先利用磁介质中的安培环路定理求出该点的磁场强度 $\boldsymbol{H}$，再利用 $\boldsymbol{B}=\mu\boldsymbol{H}$ 求出 $\boldsymbol{B}$。

3. 磁介质中的高斯定理

由于无论是传导电流产生的磁场还是磁化面电流产生的磁场，磁力线都是闭合的，因此磁介质中的高斯定理仍然有如下形式：

为通过任意闭合曲面的磁通量必等于 0，即

$$\Phi_m=\oint\!\!\!\oint_S \boldsymbol{B}\cdot \mathrm{d}\boldsymbol{S}=0 \tag{7-79}$$

其微分表达式为

$$\nabla\cdot\boldsymbol{B}=0 \tag{7-80}$$

这说明稳恒磁场是无源场。不存在“磁单极”(磁荷)。

磁场的高斯定理又称磁通连续原理，其数学表述为

$$\iint_{S_1(L)}\boldsymbol{B}\cdot \mathrm{d}\boldsymbol{S}=\iint_{S_2(L)}\boldsymbol{B}\cdot \mathrm{d}\boldsymbol{S} \tag{7-81}$$

这也说明，只要给定了回路 L，穿过以 L 为边界的所有曲面的磁通量都一样，与所选择的积分曲面(以 L 为边界)的形状无关。

【例 7-14】 如图 7-42 所示，一根同轴线由半径为 R_1 的长导线和它外面的内、外半径分别为 R_2、R_3 的同轴导体圆筒组成，中间介质的磁导率 μ(各向同性非铁磁绝缘材料)，传导电流 I 沿导线向上流去并由圆筒向下流回(均匀分布)。求同轴线内外的磁感应强度 $\boldsymbol{B}$ 的分布。

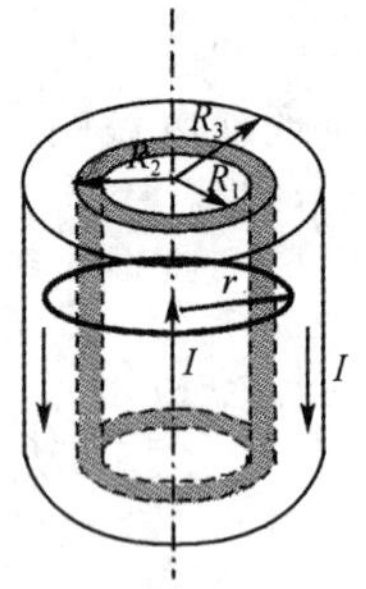

图 7-42　例 7-14

解　通过所求场点选择如图 7-42 所示的半径为 r、圆心在轴线上的圆周作为闭合回路，根据介质中的安培环路定理

$$\oint_L \boldsymbol{H}\cdot \mathrm{d}\boldsymbol{l}=\sum I_{i0}$$

(1)在 $0<r<R_1$ 区域中：$2\pi rH=\dfrac{I\pi r^2}{\pi R_1^2}$ 有 $H=\dfrac{Ir}{2\pi R_1^2}$，$B=\dfrac{\mu_0 Ir}{2\pi R_1^2}$。

(2)在 $R_1<R<R_2$ 区域中：$2\pi rH=I$ 有 $H=\dfrac{I}{2\pi r}$，$B=\dfrac{\mu I}{2\pi r}$。

(3)在 $R_2<r<R_3$ 区域中：$2\pi rH=I-\dfrac{I\pi(r^2-R_2^2)}{\pi(R_3^2-R_2^2)}$ 有 $\begin{cases}H=\dfrac{I}{2\pi r}\left(1-\dfrac{r^2-R_2^2}{R_3^2-R_3^2}\right)\\ B=\dfrac{\mu_0 I}{2\pi r}\left(1-\dfrac{r^2-R_2^2}{R_3^2-R_2^2}\right)\end{cases}$。

(4)在 $r>R_3$ 区域中：在 $r>R_3$ 区域有 $H=0,B=0$。

7.8.4 铁磁质

铁磁质是在实际中有广泛应用的磁介质，在电磁铁、电动机、变压器和电表的线圈中都要放置铁磁质，以增强磁性及磁场。铁磁质的性质和规律比顺磁质、抗磁质复杂，下面通过图 7-

43 所示的实验装置来测定铁磁质磁化特性。

以铁磁质为芯的环形螺线管、电源及可变电阻器 R 构成一回路。设 n 为单位长度螺线管的线圈匝数，当线圈通有电流强度为 I 的电流时，环内磁场强度大小为

$$H=nI=\frac{NI}{2\pi r} \tag{7-82}$$

圆环内的 $\boldsymbol{B}$ 的大小可用磁通计来测量。

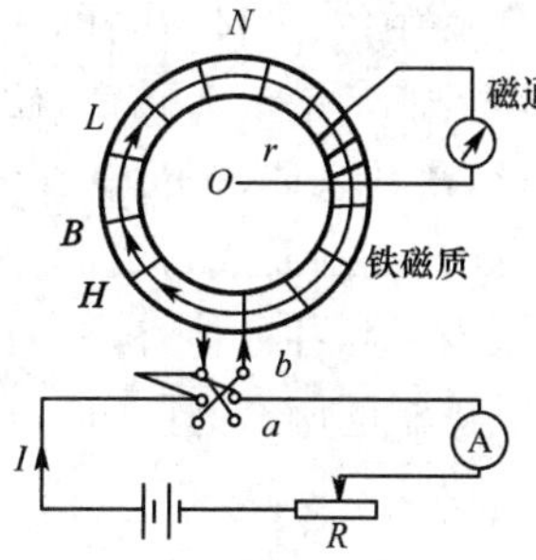

图 7-43　测定铁磁质磁化特性的实验装置

通过改变 R 而改变 I 测得相应的 H 和 B，实验结果为如图 7-44 所示的曲线。

由磁化曲线可以看出，oa 称为**初始磁化曲线**，H 和 B 之间是非线性关系，当 H 从零逐渐增加时，B 也从零逐渐增加。开始时，B 随之急剧增加，随后 B 随 H 的增加而缓慢增加，当 H 增大到一定值时(图 7-44 中 a 点)，B 几乎不再增加，这时磁化达到了饱和，此时对应的 B 值称作饱和磁感应强度 B_s，对应于 H_s。由于磁化曲线不是直线，因此铁磁质的磁导率 $\mu=B/H$ 以及相对磁导率 $\mu_r=\mu/\mu_0$ 都不是恒量(图 7-45)。在磁化达到饱和后，令 H 减小，则 B 也减小。

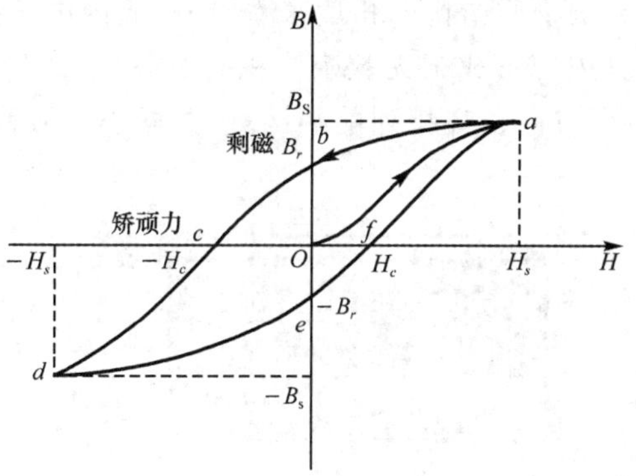

图 7-44　磁化曲线　磁滞回线

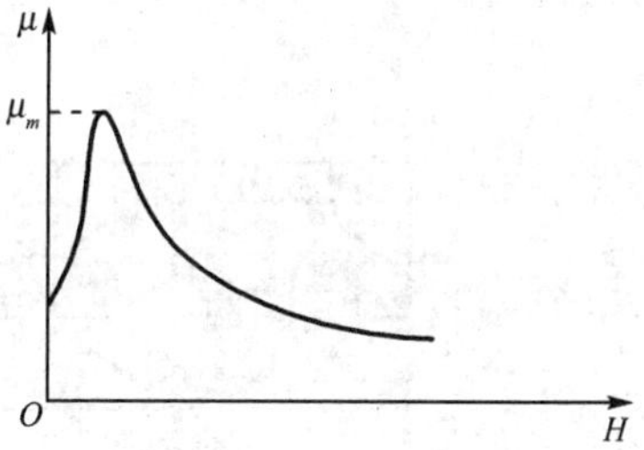

图 7-45　铁磁质的 μ-H 曲线

但不按 ao 减小，而是沿曲线 ab 减小。当 H 等于零时，$B=B_r$，即磁场强度减小到 0 时，介质的磁化状态并不恢复到原来的起点 O，而是保留一定的磁性，这叫作**剩磁现象**，B_r 叫剩磁感应强度，简称"**剩磁**"。这种 B 的变化落后于 H 的变化的现象称为磁滞现象，简称"**磁滞**"。如果随着反向磁场强度 H 的增加，B 值逐渐减小，当 $H=-H_c$ 时，B 变为 0，即介质完全退磁，使介质完全退磁所需要的反向磁场强度 H_c 叫作**矫顽力**。当反向磁场 H 继续增加时，铁磁质将向反方向磁化，达到饱和后，若使反向磁场 H 减小到 0，再向正方向增加，则 B 将沿 $defa$ 曲线而变化，B-H 曲线形成一条闭合曲线 $abcdefa$，称这条闭合曲线为**磁滞回线**。在沿磁滞回线反复磁化的过程中，大部分电磁能将其变为介质中的热而损耗，而损耗的能量与磁滞回线所包围的面积有关，面积越大，能量的损耗越多。不同的铁磁材料有不同的磁滞回线，它们的区别在于矫顽力的大小不同。铁磁材料按矫顽力的大小分为两类，即硬磁材料和软磁材料。软磁材料(如纯铁、硅钢、坡莫合金、铁氧体等)的相对磁导率和饱和 B_s 一般较大，但矫顽力小，磁滞回线的面积窄而长，磁滞损耗小，易磁化、易退磁，适宜制造电磁铁、变压器、交流发电机、继电器、电机，以及各种高频电磁元件的磁芯、磁棒等[图 7-46(a)]。硬磁材料(如钨钢，碳

钢，铝镍钴合金等）硬磁材料剩磁和矫顽力比较大，磁滞回线所围的面积大，磁滞损耗大，磁滞特性非常显著，适合做永久磁铁，磁电式电表中的永磁铁。硬磁材料如图 7-46(b)所示；矩磁铁氧体材料锰镁铁氧体、锂锰铁氧体等，又叫“**铁淦氧**”，是由三氧化二铁和其他二价的金属氧化物的粉末混合烧制而成，常称为“**磁性瓷**”。具有 $B_s=B_r$，H_c 不大，磁滞回线是矩形。适用于记忆元件，当正脉冲产生 $H>H_c$ 使磁芯呈 $+B$ 态，则负脉冲产生 $H<H_c$ 使磁芯呈 $-B$ 态，可作为二进制的两个态[图 7-46(c)]。

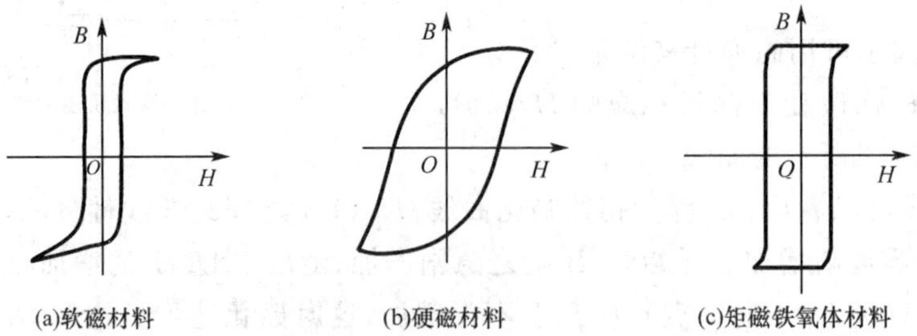

图 7-46　铁磁性材料

铁磁质为什么会有如此不同于弱磁介质的种种磁化特性呢？下面用磁畴理论加以简要说明，铁磁质的微观结构同顺磁质和抗磁质不同，从物质结构的角度来看，铁磁质内电子间由自旋引起的相互作用非常强烈，在这种作用下，其内部形成了无数个体积为 $10^{-12}\sim10^{-9}$ m^3、内含 $10^{17}\sim10^{20}$ 个原子、所有原子的磁矩都沿一个方向整齐排列的小区域，这样小区域称为“**磁畴**”(图 7-47)。

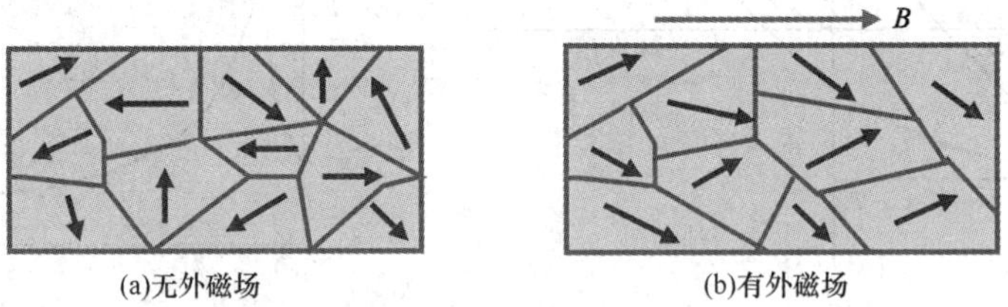

图 7-47　磁畴

在每个磁畴中，所有分子或原子的磁矩都向着同一个方向，排列得非常整齐。在未磁化的铁磁质中，各磁畴的磁矩取向是无序的，因而宏观上整个铁磁质没有明显的磁性[图 7-47(a)]。如图 7-47(b)所示，当把铁磁质置于外磁场时，随着外磁场的逐渐增强，磁矩方向与外磁场相同的磁畴体积逐渐扩大，而磁矩方向与外磁场相差角度较大的磁畴的体积逐渐缩小。这时，铁磁质也就逐渐对外显示磁性。初始磁化曲线中的起始阶段磁畴在磁场的作用下迅速沿外磁场方向排列，使 B 急剧增加。当外磁场增强到一定程度后，所有磁畴的磁矩方向都沿着外磁场方向排列，这时，铁磁质的磁化达到饱和。由于铁磁质中存在杂质和内应力等阻碍了各磁畴在去掉外磁场后，重新回到原来混乱排列的消磁状态，因此当再撤去外磁场时，各个磁畴间的摩擦阻力会阻碍它们恢复到磁化以前的取向分布，从而表现过程的不可逆性，即产生磁滞效应。这就是宏观上磁滞和剩磁现象产生的原因。

铁磁质的磁化特性与磁畴结构的存在是分不开的，当磁铁受到强烈震动或在高温情况下，分子剧烈的热运动可瓦解磁畴内磁矩的规则排列，通常当温度达到临界温度时，磁畴全被破坏，铁磁质就转为普通的顺磁质了，此时的磁铁与铝块没有什么区别；但当温度低于临界温度时，其又变为铁磁质了，将临界温度称为“居里点”，铁、钴、镍的居里点分别为 770 ℃、1 115 ℃、358 ℃，坡莫合金的居里点为 440 ℃。

本章小结

1. 一 磁现象的本质

运动电荷对运动电荷的作用。

运动电荷(电流 1 或磁体 1)⇌磁场⇌运动电荷(电流 2 或磁体 2)

2. 毕奥-萨伐尔定律

$$\mathrm{d}\boldsymbol{B}=\frac{\mu_0}{4\pi}\cdot\frac{I\mathrm{d}\boldsymbol{l}\times\boldsymbol{r}_0}{r^2}=\frac{\mu_0}{4\pi}\cdot\frac{I\mathrm{d}\boldsymbol{l}\times\boldsymbol{r}}{r^3}$$

其中，$\mu_0=4\pi\times10^{-7}\ \mathrm{T\cdot m/A}$(或 H/m)，称为**真空磁导率**。

3. 磁场的叠加原理

$$\boldsymbol{B}=\sum_i\boldsymbol{B}_i$$

4. 磁通量

$\Phi_m=\iint_S \mathrm{d}\Phi_m=\iint_S\boldsymbol{B}\cdot\mathrm{d}\boldsymbol{S}$ 磁通量单位为韦伯(Wb)。

5. 磁场的高斯定理(磁通连续定理)

$$\Phi_m=\oint\!\!\!\oint_S\boldsymbol{B}\cdot\mathrm{d}\boldsymbol{S}=0\ \text{或}\iint_{S_1}\boldsymbol{B}\cdot\mathrm{d}\boldsymbol{S}=\iint_{S_2}\boldsymbol{B}\cdot\mathrm{d}\boldsymbol{S}$$

表明了磁场的无源性。

6. 稳恒磁场的安培环路定理

$$\oint_L\boldsymbol{B}\cdot\mathrm{d}\boldsymbol{l}=\mu_0\sum I_i\ \text{表明磁场的有旋性}$$

7. 计算磁场 B 的两个基本方法

(1)利用毕奥-萨伐尔定律和磁场的叠加原理

$$\mathrm{d}\boldsymbol{B}=\frac{\mu_0}{4\pi}\frac{I\mathrm{d}\boldsymbol{l}\times\boldsymbol{r}_0}{r^2},\boldsymbol{B}=\int_L\mathrm{d}\boldsymbol{B}$$

(2) 对于具有一定对称性的磁场分布利用安培环路定理求解更简洁方便，即经过所求场点选取适当的闭合回路，使线积分$\oint_L\boldsymbol{B}\cdot\mathrm{d}\boldsymbol{l}$ 中所求场点的 $\boldsymbol{B}$ 能以标量的形式提出，再利用 $B=\dfrac{\mu_0\sum I_i}{\int\mathrm{d}l}$ 求出磁感应强度 B。

8. 磁场对运动电荷、载流导线的作用

(1) 磁场 $\boldsymbol{B}$ 对运动电荷的作用力 —— 洛伦兹力：$\boldsymbol{f}_m=q\boldsymbol{v}\times\boldsymbol{B}$。

(2) 磁场 $\boldsymbol{B}$ 对载流导线的作用 —— 安培力：$\mathrm{d}\boldsymbol{F}=I\mathrm{d}\boldsymbol{l}\times\boldsymbol{B},\boldsymbol{F}=\int\mathrm{d}\boldsymbol{F}=\int_L I\mathrm{d}\boldsymbol{l}\times\boldsymbol{B}$。

(3) 磁场 $\boldsymbol{B}$ 对载流线圈的作用 —— 磁力矩：$\boldsymbol{M}=\boldsymbol{m}\times\boldsymbol{B},\boldsymbol{m}=NIS_n$。

9. 磁力和磁力矩的功

$$A=I\Delta\Phi_m$$

10. 磁介质对磁场的影响

$$\boldsymbol{B}=\mu_r\boldsymbol{B}_0,\boldsymbol{B}=\boldsymbol{B}_0+\boldsymbol{B}'$$

其中，μ_r 称为相对磁导率，$\mu=\mu_0\mu_r$。

磁介质的分类为$\begin{cases}\mu_r>1,\text{顺磁质},\boldsymbol{B}>\boldsymbol{B}_0\\\mu_r<1,\text{抗磁质},\boldsymbol{B}<\boldsymbol{B}_0\\\mu_r\gg1,\text{铁磁质},\boldsymbol{B}\gg\boldsymbol{B}_0\end{cases}$

11. 磁场对磁介质的影响

磁介质的磁化使介质内部出现了分子磁矩其结果就是在磁介质表面边界出现了磁化面电流(束缚电流)。

磁化结果包括 $\boldsymbol{M}$、I_S、$\boldsymbol{B}=\boldsymbol{B}_0+\boldsymbol{B}'$ 用于描绘磁化。

12. 磁介质中的高斯定理

$$\Phi_m=\oiint_S\boldsymbol{B}\cdot\mathrm{d}\boldsymbol{S}=0$$

13. 磁介质中的安培环路定理

$$\oint_L\boldsymbol{H}\cdot\mathrm{d}\boldsymbol{l}=\sum I_{i0}$$

磁场强度 $\boldsymbol{H}=\dfrac{\boldsymbol{B}}{\mu_0\mu_r}=\dfrac{\boldsymbol{B}}{\mu}$ 是一个辅助矢量，无直接的物理意义。

第8章 电磁感应

在1820年奥斯特发现电流的磁效应后，许多物理学家便试图寻找它的逆效应。法拉第提出了磁能否产生电，以及磁能否对电产生作用的问题。1822年，阿喇戈和洪堡在测量地磁强度时，偶然发现金属对附近磁针的振荡有阻尼作用。1824年，阿喇戈根据这个现象做了铜盘实验，发现转动的铜盘会带动上方自由悬挂的磁针旋转，但磁针的旋转与铜盘不同步，稍滞后。电磁阻尼和电磁驱动是最早发现的电磁感应现象，但由于没有直接表现为感应电流，当时未能予以说明。

1831年8月，法拉第在软铁环两侧分别绕了两个线圈，一个为闭合回路，在导线下端附近平行放置了一个磁针；另一个与电池组相连，接开关，形成有电源的闭合回路。实验发现，合上开关后，磁针偏转；打开开关后，磁针反向偏转。这表明在无电池组的线圈中出现了感应电流。法拉第立即意识到这是一种非恒定的暂态效应。紧接着他做了几十个实验，把产生感应电流的情形概括为五类：变化的电流、变化的磁场、运动的恒定电流、运动的磁铁、在磁场中运动的导体，并把这些现象正式命名为“电磁感应”。随后，法拉第发现在相同条件下，不同金属导体回路中产生的感应电流与导体的导电能力成正比。由此认识到感应电流是由与导体性质无关的感应电动势产生的，即使没有回路没有感应电流，感应电动势依然存在。

后来，法拉第给出了确定感应电流方向的楞次定律，以及描述电磁感应定量规律的法拉第电磁感应定律。按产生原因的不同，法拉第把感应电动势分为动生电动势和感生电动势2种，前者起源于洛伦兹力，后者起源于变化磁场产生的有旋电场。

人们注意到电磁现象是从它们的力学效应开始的。库仑定律揭示了电荷间的静电作用力与它们之间距离的平方成反比。安培等又发现电流元之间的作用力也符合上述关系，并提出了安培环路定律。基于这与牛顿万有引力定律十分类似，泊松、高斯等仿照引力理论，在电磁现象的研究中也引入了各种场矢量，如电场强度、电通密度(电位移)、磁场强度、磁通密度等，并将这些量表示为空间坐标的函数。但是当时这些量仅是为了描述方便而提出的数学手段，实际上，人们认为电荷或电流之间的物理作用是超距作用。直到法拉第认为，场是真实的物理存在，电力或磁力是经过场中的力线逐步传递的，最终才作用到电荷或电流。他在1831年发现了著名的电磁感应定律，并用磁感应线的模型对电磁感应定律成功地进行了阐述。1846年，法拉第提出了光波是力线振动的设想。麦克斯韦继承并发展了法拉第的这些思想，参考流体力学中的方法，采用严格的数学形式，将电磁场的基本定律归结为5个微分方程，称为麦克斯韦方程组。在麦克斯韦方程组中，麦克斯韦对安培环路定律补充了位移电流的作用，他认为位移电流也能产生磁场。根据这组方程，麦克斯韦还导出了场的传播是需要时间的，其传播速度为有限数值并等于光速，从而断定电磁波与光波有共同属性，预见存在电磁辐射现象。静电场、恒定磁场及导体中的恒定电流的电场也包括麦克斯韦方程，只是作为不随时间变化的特例。

法拉第的电磁感应实验将机械功与电磁能联系，证明二者可以互相转化。麦克斯韦进一步提出：电磁场中各处有一定的能量密度，即能量定域于场中。根据这个理论，1884 年，坡印廷提出在时变场中能量传播的坡印廷定理，矢量代表场中单位时间内穿过单位面积的能量流。这些理论为电能的广泛应用开辟了道路，为制造发电机、变压器、电动机等奠定了理论基础。

麦克斯韦预言的电磁辐射在 1887 年被赫兹的实验所证实：电磁波可以不凭借导体的联系，在空间传播信息和能量。这为无线电技术的广泛应用创造了条件。

电磁场理论给出了场的分布以及变化规律。若已知电场中介质的性质，再运用适当的数学手段，即可对电工设备的结构设计、材料选择、能量转换、运行特性等进行分析计算。这极大地促进了电工技术的发展。

电磁场理论涉及的内容都属于大量带电粒子共同作用下的统计平均结果，不涉及物质构造的不均匀性及能量变化的不连续性。它属于宏观的理论，或称为经典的理论。涉及个别粒子的性质、行为的理论则属于微观的理论，不能仅仅依赖电磁场理论去分析微观起因的电磁现象，如有关介质的电磁性质、激光、超导问题等。这并不否定在宏观意义上电磁场理论的正确性。电磁场理论不仅是物理学的重要组成部分，也是电工技术的理论基础。

电磁波是电磁场的一种运动形态。电与磁可以说是一体两面，电流会产生磁场，变动的磁场则会产生电流。变化的电场和变化的磁场构成了不可分离的统一的场，这就是电磁场，而变化的电磁场在空间的传播形成了电磁波。电磁场的变化就如同微风轻拂水面产生水波一般，因此称为电磁波，也常称为电波。

上一章稳恒电流磁场主要研究了毕奥-萨伐尔定律和安培环路定理，它们都是关于稳恒电流激发的磁场的规律。由此人们自然会想到：既然用电流可以产生磁场，根据对称性思考，反过来能否用磁场获得电流呢？本章主要研究电磁感应现象及其变化规律、电磁场中各物理量之间的关系及其空间分布和时间变化的理论，包括电磁感应现象、感应电动势、动生电动势、感生电动势、涡旋电场与自感现象、位移电流、麦克斯韦方程组以及电磁波的产生与传播特性等。

8.1 电源、电动势和电磁感应现象

8.1.1 电源、电动势

当在导体两端维持恒定的电势差时，导体中就会有恒定的电流，那么怎样才能维持恒定的电势差呢？

如图 8-1(a)所示，平行板电容器充电后，两极板间存在电势差 $U_{ab}=U_a-U_b$。若用导线进行外部连接，则导线中存在电场。在电场力的作用下，正电荷将从极板 a 通过导线移至极板

b，并与极板 b 上的负电荷中和，直至两极板间的电势差消失，电流也就停止了。要使回路中有稳恒的电流，就必须维持 a，b 两极板间的电压 U_{ab}，而要维持两极板间的电压，就必须把经过外电路进入负极板 b 上的正电荷会从电容器内部再搬运到正极板 a。这样 a 极板上的正电荷源源不断地得到补充，从而维持电压 U_{ab} 不变，继而维持电路中稳恒的电流。但是在电容器内，正电荷显然不可能自发从负极板运动到正极板，其受到从正极板指向负极板的静电场力的作用，因此，单纯靠静电力无法维持导体两端恒定的电势差，也就不可能获得稳恒电流。为了获得稳恒电流，在电容器的内部必须有一种不同于静电力的力的作用才可以把经过外电路进入 b 负极板的正电荷再搬运到正极板 a，从而使两极板间保持恒定的电势差，进而维持由 a 到 b 的稳恒电流。这种能把正电荷从电势较低的点（如电源负极板）输送到电势较高的点（如电源正极板）的作用力称为非静电力，记作 $\boldsymbol{F}_k$。提供非静电力的装置称为**电源**。在电源内部，非静电力 $\boldsymbol{F}_k$ 克服静电力 $\boldsymbol{F}_e$ 对正电荷做功，方能使正电荷从极板 b 经电源内部输送到极板 a。显然，该场必须是非静电场。这与图 8-1(b)中的水循环系统类似：由于上下水槽间存在由重力引起的水压差，因此会有短暂的水流，而为了维持稳定的水流，必须把流入下面水槽中的水搬运回来，才能够维持水槽间的水压差，继而维持循环系统内有稳定水流。但是在下面水槽里的水是不可能依靠重力回到上面水槽的，必须由水泵提供一种非重力，水泵的作用类似于电源。

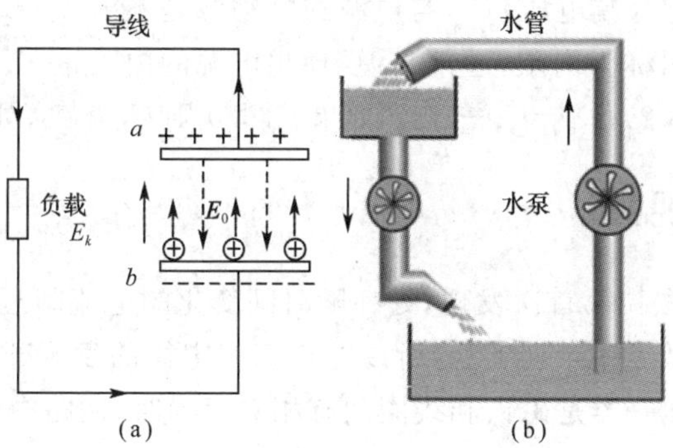

图 8-1　电动势原理

不同类型的电源，非静电力性质各不相同，如干电池，其非静电力是化学力，而在发电机中，非静电力是洛伦兹力。在电源内部，非静电力 $\boldsymbol{F}_k$ 做功增加了电荷的电势能，从能量转换与守恒的角度看，实际上是电源通过非静电力做功，把其他形式的能量转化为电势能。不同电源将其他形式的能量转化为电能的本领不一样，为了体现出不同电源的这种差异，可引入电源电动势的概念来体现。“1.5 V 干电池”中的数字指电动势的大小，意味着在电源内部每把一个单位正电荷从负极搬运到正极，就有 1.5 J 化学能的能量转变为电势能；“12 V 蓄电池”指的是每把一个单位正电荷从负极搬运到正极就有 12 J 化学能的能量转变为电势能。

设在内电路 $\boldsymbol{F}_k$ 将 q_0 从负极运送到正极时做的功为 A，由功的定义式可知非静电力所做的功为

$$A=\int_{-}^{+}\boldsymbol{F}_k\cdot \mathrm{d}\boldsymbol{l} \tag{8-1}$$

与静电场类似，作用在单位正电荷上的非静电力称为非静电场强，记作 $\boldsymbol{E}_k$，即

$$E_k=\frac{F_k}{q_0} \tag{8-2}$$

则

$$A=\int_{-}^{+}F_k\cdot dl=\int_{-}^{+}q_0E_k\cdot dl \tag{8-3}$$

非静电力 F_k 将单位正电荷从负极搬运到正极所做的功全部转化为 q_0 的电势能，在此过程中，功 A 越大，电源将其他能量转化为电能的本领越强，电动势就越大，因此，电源电动势的定义为非静电力把单位正电荷从负极经过电源内部迁移到正极时所做的功，即

$$\varepsilon=\frac{A}{q_0}=\int_{-}^{+}E_k\cdot dl \tag{8-4}$$

由于电源外部 E_k 为 0，因此对于一闭合回路，电源的电动势也可定义为把单位正电荷绕闭合回路一周时，电源中非静电力所做的功，即

$$\varepsilon=\oint_l E_k\cdot dl \tag{8-5}$$

电动势与电势一样，也是标量，单位伏特，符号为 V。规定电动势的正方向在电源内部由负极指向正极。电源的电动势与外电路的性质无关，与电源所在电路接通与否无关，是表征电源本身性质的物理量。通常把电源内部电动势升高的方向，或者说从电源负极到正极的方向规定为电源电动势方向。电源两极之间的电势差称为端电压 U_{ba}，与电源的电动势是不同的。电源内部也有电阻称为内阻，通常来说，理想电源的内阻非常小，可以忽略(图 8-2)，$\varepsilon_{ab}=U_b-U_a$。如果 $\varepsilon_{ab}>0$ 则 $U_b>U_a$；如果 $\varepsilon_{ab}<0$ 则 $U_b<U_a$。

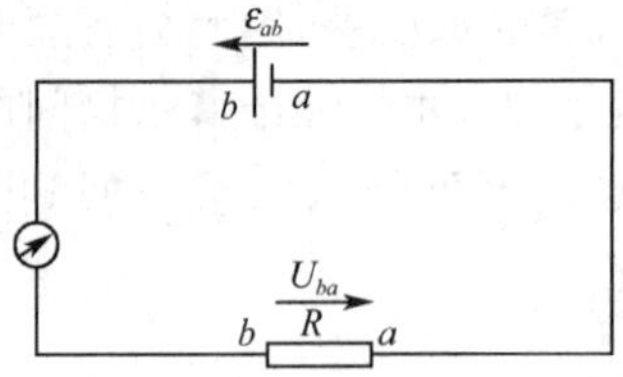

图 8-2 电动势与端电压

8.1.2 电磁感应现象

1831 年 8 月 29 日，法拉第首次发现，处在随时间变化的电流附近的闭合回路中有感应电流产生，兴奋之余，他又做了一系列实验，所以电磁感应定律的发现建立在大量的实验基础之上，实验大致可分为两类：一类是磁铁和线圈间有相对运动时，回路中会产生电流；另一类是当一个回路中的电流变化时，会导致附近其他闭合回路中也出现电流。

如图 8-3(a)所示，金属杆切割磁场线，闭合回路中有电流，是因为导体相对磁场有运动时，闭合回路构成的面积发生变化而引起回路磁通量变化，这属于第一类情形。如图 8-3(b)所示，闭合回路中的导体与磁场虽无相对运动，但是由于电键闭合或断开时，螺线管内磁感应强度变化，这使得整个回路中的磁通量也发生变化，进而产生电流，属于第二类情形。如图 8-3(c)所示，闭合回路构成的面积的法向方向与磁感应强度方向的夹角发生了变化导致回路磁通量变化进而产生电流，这也属于第一类情形。

通过大量的实验发现：不管是磁铁与导线做相对运动，还是相对静止的两个线圈中有一个的电流发生了变化，它们具有的共同点即通过闭合回路(或线圈)的磁通量发生了变化。需要特别强调的是，不是磁通量本身，而是磁通量的变化，这才是引发电磁感应现象的必要条件。于是得出下述结论：当通过一个闭合导体回路所围面积的磁通量发生变化时，不管引起这种变化的原因如何，回路中就有电流产生，这种现象就是电磁感应现象，回路中出现的电流称为**感应电流**。闭合回路中出现了电流，一定是由于回路中存在着电动势，这个驱动电荷定向移动形成电流的电动势，是通过回路的磁通量变化而产生的，称为**感应电动势**。

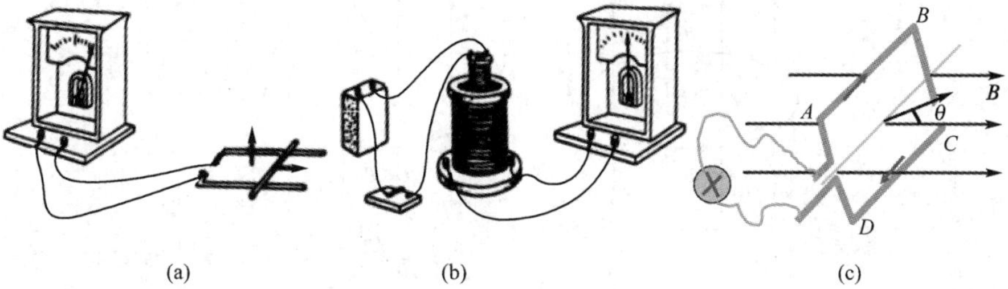

图 8-3　电磁感应现象

8.1.3　法拉第电磁感应定律

电磁感应定律

法拉第(M. Faraday,1791—1867)英国物理学家,出生于伦敦近郊的一个铁匠家庭。13 岁在书报店当报童,22 岁左右被化学家戴维推荐到皇家研究院做助理实验员。在 1821 年皇家研究院实验室主任;1824 年成为皇家学会会员;1825 年成为皇家研究院教授。法拉第是 19 世纪电磁理论中最伟大的实验物理学家,主要从事电学、磁学、磁光学、电化学方面的研究,并在这些领域取得了一系列成就。

法拉第深信,磁产生电流一定会实现,并决心用实验来证实。1821—1831 年,经过一次又一次的失败和挫折(不成功的尝试比成功的尝试多),法拉第终于发现感应电流不是与原电流本身有关,而是与原电流的变化有关。1831 年 10 月,法拉第在提交给皇家学会的一篇重要论文中,总结出在以下五种情况下都可以产生感应电流:变化着的电流;变化着的磁场;运动着的恒定电流;运动着的磁铁;在磁场中运动着的导体。并且,他创造性地提出场的思想、电解定律、物质的抗磁性和顺磁性以及光的偏振面在磁场中的旋转。

1845 年,德国物理学家诺伊曼对法拉第的工作从理论上做出了定量表述:当穿过闭合回路的磁通量发生变化时,回路中就产生感应电流,确切地说,回路中就产生感应电动势,而感应电动势与穿过回路的磁通量对时间的变化率的负值成正比,其在国际单位制中表示为

$$\varepsilon=-\frac{\mathrm{d}\Phi_m}{\mathrm{d}t} \tag{8-6}$$

式中,负号反映了感应电动势与磁通量变化的关系,以及感应电动势的方向。在判断感应电动势的方向时,应先规定回路的绕行方向为参考正方向。当穿过回路的磁感应线 $\boldsymbol{B}$ 的方向与规定的绕行方向为右手螺旋关系时,穿过回路的磁通量为正值,否则为负值,即导体回路所围面积的法线方向与磁感应强度 $\boldsymbol{B}$ 的夹角小于 90°时,通过回路所围面积上的磁通量 $\Phi_m=\iint_S \boldsymbol{B}\cdot\mathrm{d}\boldsymbol{s}>0$。例如,在图 8-4(a)中,当磁感应强度 $\boldsymbol{B}$ 增强时,$\frac{\mathrm{d}\Phi_m}{\mathrm{d}t}>0$,因而 $\varepsilon=-\frac{\mathrm{d}\Phi_m}{\mathrm{d}t}<0$,说明 ε 与 L 的方向相反,感应电流 I 与 L 方向相反,产生的附加 $\boldsymbol{B}'$ 与原 $\boldsymbol{B}$ 的方向也相反,阻碍磁通量 Φ_m 增加,因此“负号”不代表正负、大小,实际上代表一个方向、一种阻碍。如图 8-4(b)所示,当磁场减弱时,$\frac{\mathrm{d}\Phi_m}{\mathrm{d}t}<0$,所以 $\varepsilon=-\frac{\mathrm{d}\Phi_m}{\mathrm{d}t}>0$,表示 ε 与 L 方向相同,感应电流 i 与 L 方向相同,产生附加 $\boldsymbol{B}'$ 与原 $\boldsymbol{B}$ 同向,阻碍磁通量 Φ_m 减少。需要明确的是,感应电动势方向仅与磁通量变化情况有关,与如何选取绕行正方向无关。所以,回路的绕行正方向可以任意选取,不会影响结果。

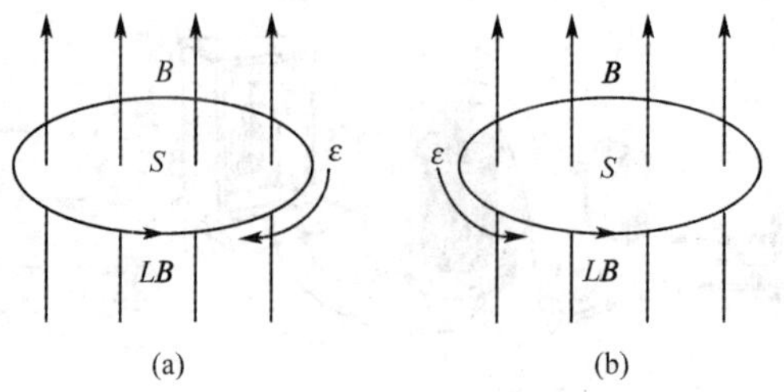

图 8-4　电动势的方向

如果闭合回路的总电阻为 R，则回路中的感应电流为

$$I=\frac{\varepsilon}{R}=-\frac{1}{R}\frac{d\Phi_m}{dt} \tag{8-7}$$

在 t_1 到 t_2，通过回路导线中任一截面的感应电量为

$$q=\int_{t_1}^{t_2} I\,dt=-\frac{1}{R}\int_{\Phi_{m1}}^{\Phi_{m2}} d\Phi_m=\frac{1}{R}(\Phi_{m1}-\Phi_{m2}) \tag{8-8}$$

式中，Φ_{m1} 和 Φ_{m2} 分别是时刻 t_1 和 t_2 时通过回路的磁通量。式(8-8)表明，在一段时间内通过导线任一截面的电量与这段时间内导线所包围的面积的磁通量的变化量成正比，而与磁通量变化快慢无关。常用的测量磁感应强度的磁通计就是根据这个原理制成的。

实际中用到的线圈常常是由多匝线圈串联而成的，如果穿过每匝线圈的磁通量均相等且方向相同，那么在磁通量变化时，每匝线圈中的感应电动势的大小相等且方向相同。因此 N 匝线圈中总的感应电动势为

$$\varepsilon=-N\frac{d\Phi_m}{dt}=-\frac{d\Psi_m}{dt} \tag{8-9}$$

式中，$\Psi_m=\sum_{i=1}^{N}\Phi_{mi}=N\Phi_m$ 称为线圈的磁通匝链数，简称"磁链"。在国际单位制中，磁链的单位与磁通量的单位相同，均为韦伯(Wb)。

应用法拉第电磁感应定律求解思路如下：

(1)先规定回路的绕行方向 L，确定回路的法向方向(右手定则)：若四指为回路的绕行方向，则大拇指的指向为回路面积的法向方向。

(2)计算回路的磁通量，当 $\boldsymbol{B}$ 与 $\boldsymbol{S}$ 的夹角 $\theta<\frac{\pi}{2}$ 时，Φ_m 为正，当 $\theta>\frac{\pi}{2}$ 时，Φ_m 为负。

(3)代入法拉第电磁感应定律计算电动势，即 $\varepsilon=-\frac{d\Phi_m}{dt}$。

当 $\varepsilon>0$ 时，电动势 ε 的方向与绕行回路 L 的方向相同；当 $\varepsilon<0$ 时，电动势 ε 的方向与绕行回路 L 的方向相反。

8.1.4　楞次定律

楞次(1804—1860 年)，俄国物理学家，生于爱沙尼亚，1836 年任圣彼得堡大学教授，是圣彼得堡科学院院士。楞次主要从事电学的研究。楞次定律对充实、完善电磁感应规律是一大贡献。1842 年，楞次和焦耳各自独立确定了电流热效应的规律。这就是大家熟知的焦耳-楞次定律。他还定量比较了不同金属线的电阻率，确定了电阻率与温度的关系，并建立了电磁铁

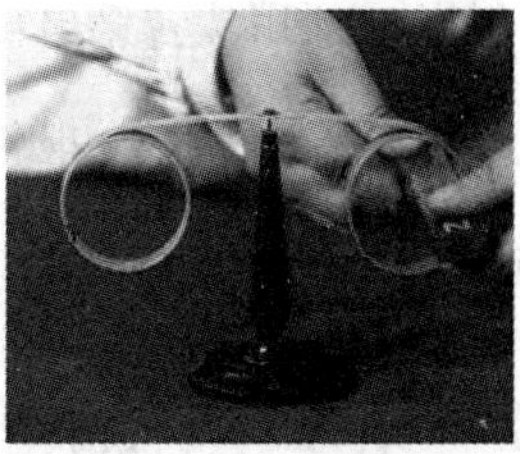

图 8-5　楞次定律

吸力正比于磁化电流的二次方定律。楞次通过大量实验，于 1833 年总结了判断感应电流方向的规律，称为楞次定律，用以确定感应电动势及感应电流的方向。其内容是变化回路中感应电流的方向，总是使它所激发的磁场去阻碍（反抗）引起感应电流的原磁通量的变化这一结论称作**楞次定律**，又叫作**阻碍定律**。如何理解“阻碍”呢？

若磁通量的变化是由相对运动引起的，则会阻碍相对运动。如图 8-5 所示，当条形磁铁前后移动时，通过闭合圆环的磁通量发生变化，圆环就会跟着条形磁铁向同一方向运动，即阻碍原磁通变化是通过阻碍两者间的相对运动实现的。若磁通量的变化是由磁场变化引起的，则原磁通量增大时，感生电流激发的磁场方向与原磁场方向相反，阻碍磁场增强；原磁通量减小时，感生电流激发的磁场方向与原磁场方向相同，阻碍磁场减弱。故法拉第电磁感应定律中的负号实际代表着楞次定律。应注意：“阻碍”不是“相反”，也不是“阻止”，电路中的磁通量还是变化的。由此可见，从运动的角度来看，楞次定律总是体现为阻碍效果原因。如果把磁通量的变化视作原因，感应电流激发的磁场视作是效果，那么楞次定律又可表述为感应电流的效果，总是去反抗引起感应电流的原因。

注意：

（1）感应电流所产生的磁通量要阻碍的是“磁通量的变化”，而不是磁通量本身。

（2）阻碍并不意味着抵消，如果磁通量的变化完全被抵消了，则感应电流也不存在了。

在实际中，运用楞次定律来确定感应电动势的方向往往是比较方便的。

用楞次定律判断感应电流方向的步骤如下：

（1）判断穿过闭合回路的磁场沿什么方向，磁通量发生什么变化（增加或减少）。

（2）根据楞次定律来确定感应电流所激发的磁场沿什么方向（与原来的磁场是反向还是同向）。

（3）利用右手螺旋定则依据感应电流产生的磁场方向确定感应电流的方向。

电磁阻尼现象源于电磁感应原理。当闭合导体与磁铁发生相对运动时，两者之间会产生电磁阻力，阻碍相对运动。这一现象可以用楞次定律解释：闭合导体与磁体之间发生切割磁感应线的运动时，由于穿透闭合导体所围面积中的磁通量发生变化，闭合导体中会产生感生电流，这一电流所产生的磁场会阻碍两者的相对运动。阻力的大小正比于磁体的磁感应强度、相对运动速度等物理量。电磁阻尼现象广泛应用于需要稳定摩擦力及制动力的场合，如电度表、电磁制动机械、磁悬浮列车等。

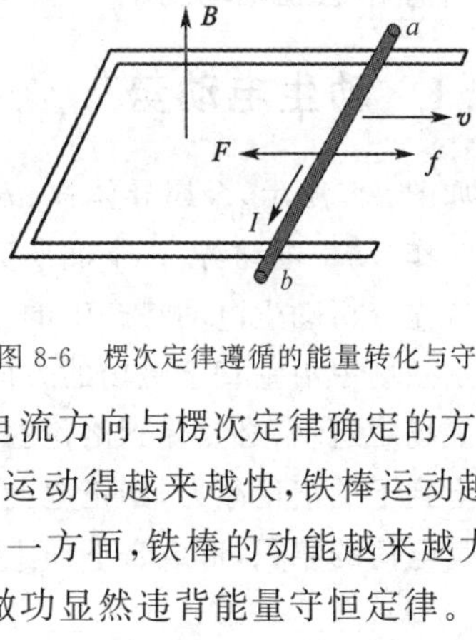

图 8-6　楞次定律遵循的能量转化与守恒

楞次定律的实质是能量守恒定律在电磁学中的具体表现之一：从功能的角度分析，如图 8-6 所示，铁棒 ab 匀速运动，根据楞次定律，闭合回路内产生感应电流 I，方向由 a 到 b。而此时铁棒作为载流体在磁场中运动，受到与运动方向相反的安培力 $\boldsymbol{B}$。因此，要保持铁棒匀速运动，需加外力 $\boldsymbol{f}=-\boldsymbol{F}$，克服安培力。同时，电流流过电阻时，电阻要放热，这个热量由外力功转化而来。设想若感应电流方向与楞次定律确定的方向恰好相反，则安培力 $\boldsymbol{F}$ 使铁棒加速，因而不需要外力铁棒就会运动得越来越快，铁棒运动越快，产生电流就越大，受安培力越大，加速度就越大。如此循环，一方面，铁棒的动能越来越大，闭合电路放出热量越来越多，而在这个过程中，没有任何外力做功显然违背能量守恒定律。

原则上，用法拉第电磁感应定律可求解任何情况下产生的感应电动势，应用法拉第电磁感应定律求电动势时，一般情况下，感应电动势 ε 的大小由 $\varepsilon=\left|\frac{\mathrm{d}\Phi_m}{\mathrm{d}t}\right|$ 计算求得，方向由楞次定律确定。

【例 8-1】 如图 8-7 所示，空间中分布着均匀磁场 $B=B_0\sin\omega t$。一旋转半径为 r、长为 l 的矩形导体线圈以匀角速度 ω 绕与磁场垂直的轴 OO' 旋转。$t=0$ 时，线圈的法向 $\boldsymbol{n}$ 与 $\boldsymbol{B}$ 之间的夹角 $\varphi_0=0$。求线圈中的感应电动势。

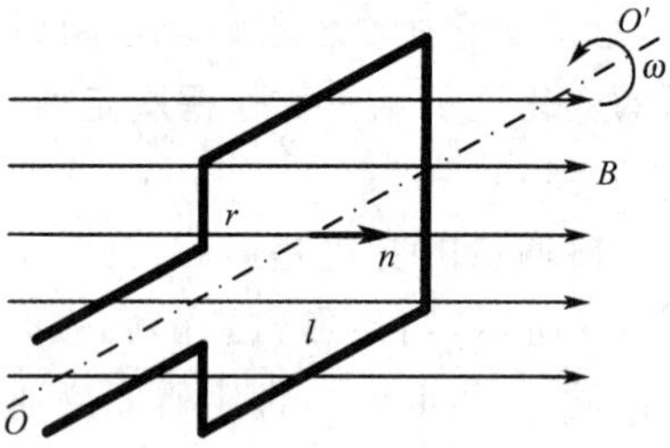

图 8-7　例 8-1

解　设 φ 表示 t 时刻 $\boldsymbol{n}$ 与 $\boldsymbol{B}$ 之间的夹角，则

$$\varphi=\omega t+\varphi_0$$

所以，t 时刻通过矩形导体线圈的磁通量为

$$\Phi_m=\boldsymbol{B}\cdot\boldsymbol{S}=BS\cos\omega t=B_0\sin\omega t\,2rl\cos\omega t=B_0 rl\sin 2\omega t$$

线圈中的感应电动势为

$$\varepsilon_i=-\frac{\mathrm{d}\Phi_m}{\mathrm{d}t}=-2\omega_0 rl\cos 2\omega t$$

可见，ε_i 是随时间有周期性变化的。$\varepsilon_i>0$ 表示感应电动势的方向与 n 成右手螺旋关系；$\varepsilon_i<0$ 表示 ε_i 的方向与 $\boldsymbol{n}$ 成左手螺旋关系。另外，当 $\boldsymbol{B}$ 是不随时间变化的稳恒磁场时，本例就是交流发电机的基本原理，产生的是交变电动势。

8.2　动生电动势与感生电动势

动生电动势
感生电动势

法拉第电磁感应定律告诉我们，只要通过回路所围面积中的磁通量发生了变化，回路中就会产生感应电动势。由磁通量的定义可知，使磁通量发生变化的方法是多种多样的，但从其本质上讲，可归纳为两类：一类是保持磁场不变，使导体回路或导体在磁场中运动，由此产生的电动势称为**动生电动势**；另一类是导体回路不动，磁场发生改变，由此产生的感应电动势称作**感生电动势**。

8.2.1　动生电动势

如图 8-8 所示，金属导体杆 ab 在恒定磁场中运动时，回路中就有电动势产生，这种感应电动势叫作“动生电动势”。下面研究在各类电磁感应现象中产生动生电动势的机理。

首先分析动生电动势产生的原因。如图 8-8 所示，一段导体以速度 $\boldsymbol{v}$ 在磁感应强度为 B 的恒定磁场中沿垂直于磁场的方向运动。带动导体内带电粒子以共同速度 $\boldsymbol{v}$ 前进，而带电粒子在磁场中运动，必然受到洛伦兹力的作用 $\boldsymbol{f}=q\boldsymbol{v}\times\boldsymbol{B}$。假设带电粒子带正电，电量为 q，受到从上到下的洛伦兹力，则正电荷在导体下端聚集，同时在导体上端出现了等量的负电荷。随着正负电荷的累积，形成自下而上的附加静电场，设静电场的电场强度为 $\boldsymbol{E}_e$。此时带电粒子

受到的附加电场力 $\boldsymbol{F}_e = q_0\boldsymbol{E}_e$，与其所受到的洛伦兹力方向相反。当 $\boldsymbol{F}_e = -\boldsymbol{f}$ 时，达到动态平衡，不再有带电粒子的定向宏观运动，并在导体上下两端出现稳定电压，$U_{ab} = U_a - U_b$。若把导体看成等效电源，这个电势差是电源正负极间的差值，也就是电源电动势。这电动势是由导线切割磁感应线产生的，故称其为**动生电动势**。导体 ab 相当于电源，搬运电荷的非静电力 $\boldsymbol{F}_k$ 是洛伦兹力 $\boldsymbol{f}$，即 $\boldsymbol{F}_k = \boldsymbol{f} = q\boldsymbol{v} \times \boldsymbol{B} = q\boldsymbol{E}_k$，则有

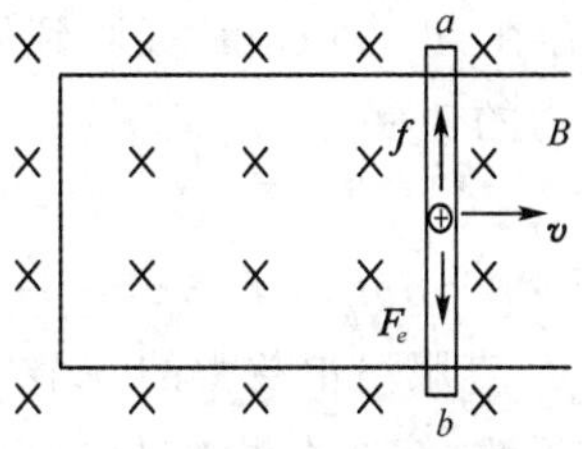

图 8-8　动生电动势

$$\boldsymbol{E}_k = \boldsymbol{v} \times \boldsymbol{B} \tag{8-10}$$

根据电源电动势的定义有

$$\varepsilon_{ab} = \int_-^+ \boldsymbol{E}_k \cdot \mathrm{d}\boldsymbol{l} = \int_a^b (\boldsymbol{v} \times \boldsymbol{B}) \cdot \mathrm{d}\boldsymbol{l} \tag{8-11}$$

写成微分式为

$$\mathrm{d}\varepsilon = (\boldsymbol{v} \times \boldsymbol{B}) \cdot \mathrm{d}\boldsymbol{l} \tag{8-12}$$

其含义是导体线元 $\mathrm{d}\boldsymbol{l}$ 在磁场中以速度$\boldsymbol{v}$ 切割磁感应线时产生的电动势。当$(\boldsymbol{v} \times \boldsymbol{B})$的方向与 $\mathrm{d}\boldsymbol{l}$ 的方向的夹角成锐角时，电动势 $\mathrm{d}\varepsilon$ 的方向与 $\mathrm{d}\boldsymbol{l}$ 的方向相同；当$(\boldsymbol{v} \times \boldsymbol{B})$的方向与 $\mathrm{d}\boldsymbol{l}$ 的方向夹角成钝角时，电动势 $\mathrm{d}\varepsilon$ 的方向与 $\mathrm{d}\boldsymbol{l}$ 的方向相反。实际上，动生电动势的方向取决于$(\boldsymbol{v} \times \boldsymbol{B})$的方向。

对于一个任意形状的一段导线 ab 来说，在恒定的非均匀磁场中做任意运动时，可以把其看成由许多线元 $\mathrm{d}\boldsymbol{l}$ 构成的，在任意线元 $\mathrm{d}\boldsymbol{l}$ 上，各点的速度$\boldsymbol{v}$ 及磁感应强度 $\boldsymbol{B}$ 处处相同，$\mathrm{d}\boldsymbol{l}$ 上的动生电动势 $\mathrm{d}\varepsilon = (\boldsymbol{v} \times \boldsymbol{B}) \cdot \mathrm{d}\boldsymbol{l}$，导线上总的电动势 $\varepsilon_{ab} = \int_a^b (\boldsymbol{v} \times \boldsymbol{B}) \cdot \mathrm{d}\boldsymbol{l}$，对于闭合回路中回路的总的电动势 $\varepsilon_i = \oint_L \mathrm{d}E_i = \oint_L (\boldsymbol{v} \times \boldsymbol{B}) \cdot \mathrm{d}\boldsymbol{l}$，如果导体为直线，且 B、L、v 相互垂直，则有 $\varepsilon = BLv$。

归纳动生电动势解题步骤如下：

(1) 在运动导体上任取一线元 $\mathrm{d}\boldsymbol{l}$。

(2) 确定$\boldsymbol{v}$ 与 $\boldsymbol{B}$ 之间的夹角 θ 及$(\boldsymbol{v} \times \boldsymbol{B})$ 与 $\mathrm{d}\boldsymbol{l}$ 之间的夹角 α。

(3) 写出 $\mathrm{d}\varepsilon_{ab} = (\boldsymbol{v} \times \boldsymbol{B}) \cdot \mathrm{d}\boldsymbol{l} = vB\sin\theta\cos\alpha\,\mathrm{d}l$。

(4)$\varepsilon_{ab} = \int_a^b \mathrm{d}\varepsilon$ 统一变量，确定积分上下限进行积分运算。

(5)$\varepsilon_{ab} = \int_a^b \boldsymbol{E}_k \cdot \mathrm{d}\boldsymbol{l} = U_b - U_a \begin{cases} > 0 & U_b > U_a \\ < 0 & U_b < U_a \end{cases}$。

(6)ε_{ab} 方向总是取决于$(\boldsymbol{v} \times \boldsymbol{B})$ 的方向。

我们已经知道，洛伦兹力总是垂直于电荷的运动速度的，因此洛伦兹力对电荷不做功。但在动生电动势中，非静电力就是洛伦兹力，并且洛伦兹力搬运电荷产生电动势时已做功。这又如何解释呢？对这一问题可通过图 8-9 加以说明。导体内的正自由电荷同时参与 2 种运动：与导体一起运动的速度$\boldsymbol{v}$，因而受到洛伦兹力与导体一起运动的速度$\boldsymbol{v}$，因而受到洛伦兹力 $\boldsymbol{f}_1$。$\boldsymbol{f}_1$ 的存在使正自由电荷具有了从负极到正极的速度，因此正自由电荷的合速度$\boldsymbol{V} = \boldsymbol{v} + \boldsymbol{u}$。由于

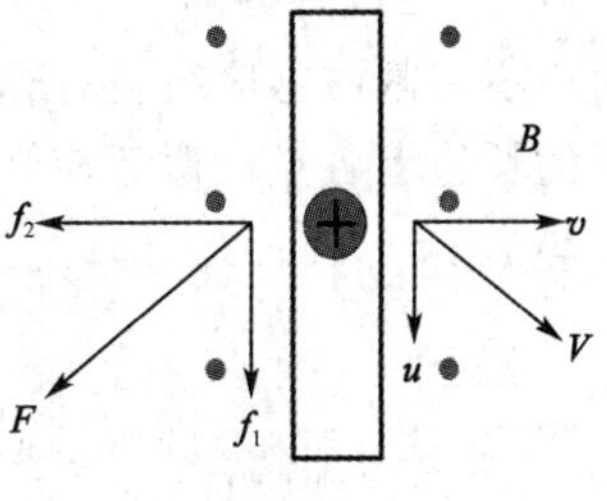

图 8-9　洛伦兹力做功问题

$\boldsymbol{u}$ 的存在,正自由电荷又受到另外一个洛伦兹力 $\boldsymbol{f}_2$ 作用,因其受到合外力 $\boldsymbol{F}=\boldsymbol{f}_1+\boldsymbol{f}_2$,所以洛伦兹力的功率为

$$P=\boldsymbol{F}\cdot\boldsymbol{V}=(\boldsymbol{f}_1+\boldsymbol{f}_2)\cdot(\boldsymbol{v}+\boldsymbol{u})=\boldsymbol{f}_1\cdot\boldsymbol{u}+\boldsymbol{f}_2\cdot\boldsymbol{v}$$

而 $\boldsymbol{f}_1\cdot\boldsymbol{u}=qvBu$,$\boldsymbol{f}_2\cdot\boldsymbol{v}=-quBv$。这一结果说明,总的洛伦兹力不对正自由电荷做功。施加外力 $\boldsymbol{F}$ 克服洛伦兹力的一个分力 $\boldsymbol{f}_2$ 所做的功,并通过另一个分力量 $\boldsymbol{f}_1$ 对自由电荷的定向运动做正功,使外力做的功全部转化为感应电流的能量。洛伦兹力的两个分量做功总是等值反号的。洛伦兹力起能量转化的传递作用,前提是运动导体中必须有能自由移动的电荷。

【例 8-2】 在如图 8-10 所示,在匀强磁场中,一个均匀细杆长为 l,其绕一端以角速度 ω 旋转,求细杆中的动生电动势 ε。

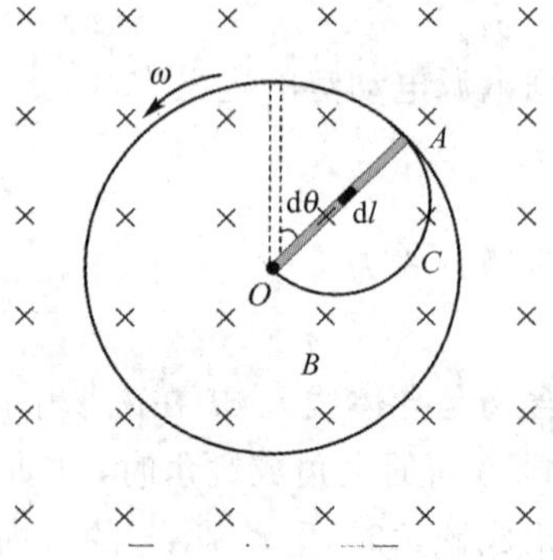

图 8-10 例 8-2

解 本题可用两种方法求解。

方法一 细杆虽然处在匀强磁场中,但其各处切割磁感线的速度的大小不同,距离固定端 r 处取微元 $\mathrm{d}\boldsymbol{l}$,长为 $\mathrm{d}r$,其速度 $v=\omega r$,利用 $\mathrm{d}\varepsilon=(\boldsymbol{v}\times\boldsymbol{B})\cdot\mathrm{d}\boldsymbol{l}$ 计算,由于 $\boldsymbol{v}$、$\boldsymbol{B}$、$\mathrm{d}\boldsymbol{l}$ 相互垂直,则

$$\mathrm{d}\varepsilon=B\omega r\mathrm{d}r>0$$

说明 $\mathrm{d}\varepsilon$ 与 $\mathrm{d}\boldsymbol{l}$ 的方向相同,O 点电势高,即

$$\varepsilon=\int_0^l B\omega r\mathrm{d}r=\frac{1}{2}B\omega l^2$$

方法二 利用法拉第电磁感应定律求解。设存在一闭合回路 $AOCA$,当细杆转过 θ 角时,扫过面积上的磁通量为

$$\Phi_m=\iint_S\boldsymbol{B}\cdot\mathrm{d}\boldsymbol{S}=\frac{1}{2}Bl^2\theta$$

由法拉第电磁感应定律

$$\varepsilon=\left|\frac{\mathrm{d}\Phi_m}{\mathrm{d}t}\right|=\frac{1}{2}Bl^2\frac{\mathrm{d}\theta}{\mathrm{d}t}=\frac{1}{2}Bl^2\omega$$

根据楞次定律,可判定 O 点电势高。

【例 8-3】 在如图 8-11 中,无限长的直导线中通有恒定电流 I,与其共面矩形导线回路 $abcd$ 以速度 $\boldsymbol{v}$ 向右运动,求回路中的感应电动势 ε(已知 I,a,b,v)。

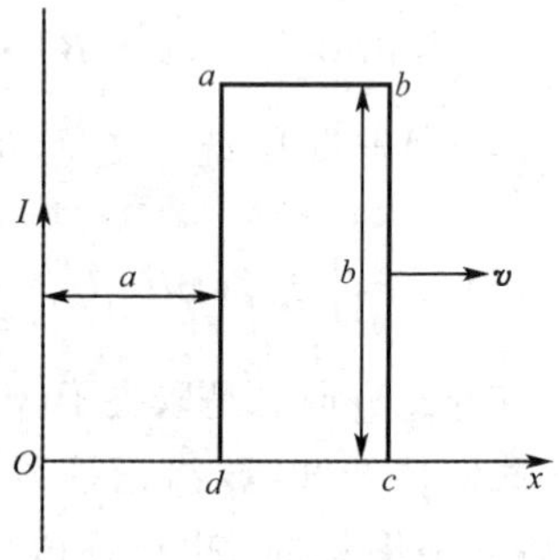

图 8-11 例 8-3

解 对于无限长的载流直导线,其周围空间的磁场分布规律为 $B=\dfrac{\mu_0 I}{2\pi r}$,方向与线框垂直且向内。线框与导线垂直的两边不切割磁感应线,在任意时刻与无限长的载流直导线平行的长边上各点的磁感应强度 $\boldsymbol{B}$ 和速度 $\boldsymbol{v}$ 均相同,产生的电动势为 $\varepsilon_i=B(x)lv$,即

$$\varepsilon_1=\frac{\mu_0 Ilv}{2\pi x}$$

$$\varepsilon_2=\frac{\mu_0 Ilv}{2\pi(x+a)}$$

$$\varepsilon=\varepsilon_1-\varepsilon_2=\frac{\mu_0 Ibav}{2\pi x(x+a)}$$

若利用法拉第电磁感应定律 $\varepsilon=-\frac{\mathrm{d}\Phi_m}{\mathrm{d}t}$ 求解，式中 Φ_m 为整个闭合回路上磁通量，为

$$\Phi_m=\iint_S \boldsymbol{B}\cdot\mathrm{d}s=\frac{\mu_0 Ib}{2\pi}\int_x^{x+a}\frac{\mathrm{d}x}{x}=\frac{\mu_0 I}{2\pi}\ln\frac{x+a}{x}$$

$$\varepsilon=\frac{\mu_0 Ib}{2\pi}\left(\frac{1}{x}-\frac{1}{x+a}\right)\frac{\mathrm{d}x}{\mathrm{d}t}=\frac{\mu_0 Ibav}{2\pi x(x+a)}$$

8.2.2　感生电动势

如前文所述，导体在磁场中运动时，其内的自由电子也跟着运动，并因此受到磁力的作用。据我们所知，洛伦兹力是动生电动势产生的根源，即产生动生电动势的非静电力。

对于磁场随时间变化而线圈不动的情况[图 8-12(a)]，显然，该空间既无库仑力，也无洛伦兹力，究竟是什么力使导体回路中的电子运动的呢？在感生电动势中，非静电力 $\boldsymbol{F}_k$ 会是什么性质的力？非静电场 $\boldsymbol{E}_k$ 又会是什么场？感生电动势对应的非静电力是什么呢？在变化的磁场中有一闭合导体线圈，当它包围的磁场发生变化时，穿过它的磁通量 $\Phi_m=\iint_S \boldsymbol{B}\cdot\mathrm{d}\boldsymbol{S}$ 也会发生变化，回路中就会产生电动势，这就是**感生电动势**。如图 8-12(b)所示，当磁场逐渐减弱时，由楞次定律确定感生电动势的方向为逆时针，感生电流的方向也为逆时针。电荷的定向移动才会形成电流，是什么样的力使导体内的自由电荷发生定向移动呢？非静电场 $\boldsymbol{E}_k$ 又会是什么场？法拉第当时只着眼于导体回路中感生电动势是如何产生的，并未对这些问题给予回答。麦克斯韦分析了这种情况，敏锐洞察到其中蕴藏的新理论。

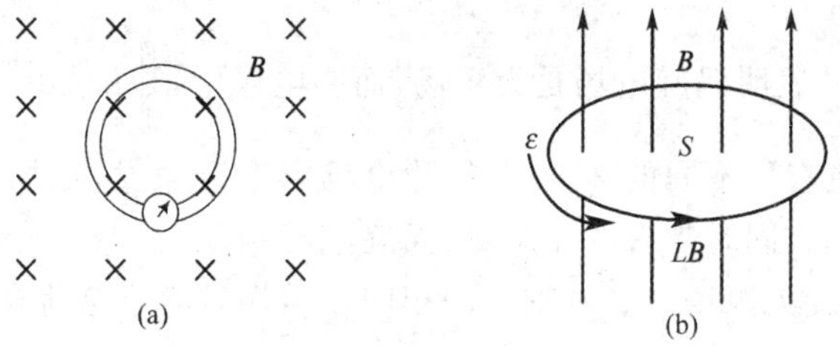

图 8-12　感生电动势

麦克斯韦于 1861 年提出了以下假说：变化的磁场在它周围的空间中产生一种场。这种场与导体的形状、性质和温度无关，即使无导体存在，只要磁场变化，就有这种场存在。由于这种场对静止的电荷有力的作用，因此其既不是静电场，也不是磁场，而是一种新的场，称为**感生电场或涡旋电场**，用 $\boldsymbol{E}_c$ 表示。这是麦克斯韦电磁场理论假说之一。涡旋电场对电荷的作用力是产生感生电动势的非静电力。

闭合线圈内自由电荷在涡旋电场 $\boldsymbol{E}_c$ 的作用下形成感应电流。涡旋电场的实际存在被美国的物理学家斯柯特在 1940 年制成的电子感应加速器所证明。电子感应加速器是回旋加速器的一种，与普通加速器不同，它利用变化磁场激发的感生电场来加速电子(图 8-13)。在电磁铁的两极之间安置一个环形真空室，当用交变电流励磁电磁铁时，在环形室内除了有磁场，还会感生出很强的、同心环状的涡旋电场。用电子枪将电子注入环形室，电子在涡旋电场和洛

伦兹力的共同作用下沿圆形轨迹运动并被加速。所以,电子感应加速器是一种利用涡旋电场加速电子以获得高能粒子的装置。目前,利用电子感应加速器可使电子能量达到几十兆电子伏特。

当大块金属处于变化的磁场中时,其内部会产生涡旋电流。由于大块金属的电阻很小,其产生的涡旋电流很大,能把金属加热到很高温度,因此其在实际生活中应用比较多。图 8-14 为电磁炉。当线圈中通有交流电时,就会产生与线圈垂直的变化磁场;变化磁场又会在锅体上产生涡旋电场,形成涡旋电流。因此,电磁炉就是利用电流的热效应来加热食品的。此外,大块金属还应用于电磁阻尼、高频淬火和精炼金属等工艺中。

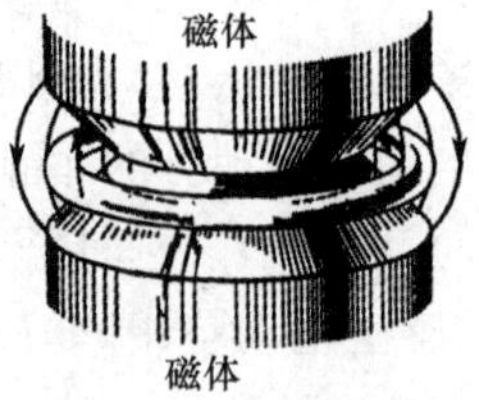

图 8-13 电子感应加速器

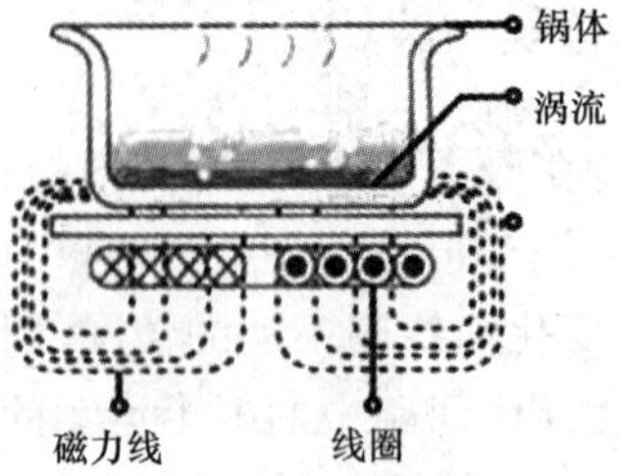

图 8-14 电磁炉

根据电动势定义和法拉第电磁感应定律,可知感生电动势为

$$\varepsilon = \oint_L \boldsymbol{E}_c \cdot \mathrm{d}\boldsymbol{l} = -\frac{\mathrm{d}\Phi_m}{\mathrm{d}t} \tag{8-13}$$

涡旋电场的电场线是闭合曲线,同静电场相比较:静电场中$\oint_L \boldsymbol{E} \cdot \mathrm{d}\boldsymbol{l} = 0$,表明静电场是无旋场,而涡旋电场中,$\varepsilon = \oint_L \boldsymbol{E}_c \cdot \mathrm{d}\boldsymbol{l} \neq 0$,说明感生电场是有旋场;涡旋场电场中,任意闭合曲面的电通量$\oiint_S \boldsymbol{E}_c \cdot \mathrm{d}\boldsymbol{s} = 0$,表明涡旋电场是无源场,而静电场中,$\oiint_S \boldsymbol{E} \cdot \mathrm{d}\boldsymbol{s} = \frac{\sum q_i}{\varepsilon_0} \neq 0$。因此,涡旋电场与静电场是性质有所不同的 2 种电场:静电场由电荷激发,电场线不闭合,始于正电荷而止于负电荷,为保守场,同时是有源无旋场;涡旋电场由变化的磁场激发,电场线是闭合的,为非保守场,同时是有旋无源场。二者唯一的相同点是都对静止电荷有力的作用。

磁通量 $\Phi_m = \iint_S \boldsymbol{B} \cdot \mathrm{d}\boldsymbol{S}$,由式(8-13) 可得

$$\varepsilon = \oint_L \boldsymbol{E}_c \cdot \mathrm{d}\boldsymbol{l} = -\frac{\mathrm{d}}{\mathrm{d}t}\left(\iint_S \boldsymbol{B} \cdot \mathrm{d}\boldsymbol{S}\right) \tag{8-14}$$

由于L和S是固定的,磁通量的变化完全由$\boldsymbol{B}=\boldsymbol{B}(t)$的变化引起,因此求磁通量的变化率可转换为求磁感应强度的变化率。由于磁感应强度 $\boldsymbol{B}=\boldsymbol{B}(x,y,z,t)$ 通常是关于时间和空间的函数,上述微分应变成偏导

$$\oint_L \boldsymbol{E}_c \cdot \mathrm{d}\boldsymbol{l} = -\iint_S \frac{\partial \boldsymbol{B}}{\partial t} \cdot \mathrm{d}\boldsymbol{S} \tag{8-15}$$

在式(8-15) 中,S 是以 l 为边界的曲面,若$\frac{\partial \boldsymbol{B}}{\partial t} \neq 0$,则 $\varepsilon = \oint_L \boldsymbol{E}_c \cdot \mathrm{d}\boldsymbol{l} \neq 0$,即 $\boldsymbol{E}_c \neq 0$,其物理意义是**变化的磁场可激发涡旋电场**。

涡旋电场不是在导体内部产生，而是在空间中的任一点都会产生，因此表达式 $\varepsilon=\oint_L \boldsymbol{E}_c\cdot \mathrm{d}\boldsymbol{l}\neq 0$ 不只是对由导体构成的回路成立，而且对全空间都适用，即在空间中的任一点，只要存在变化的磁场就一定会产生涡旋电场，而且涡旋电场沿着任何闭合路径（圆形、方形等）的环路积分都满足式(8-15)；$\frac{\partial \boldsymbol{B}}{\partial t}$ 与 $\boldsymbol{E}_c$ 在方向上应遵从左手螺旋关系（图 8-15），设 B 增大。

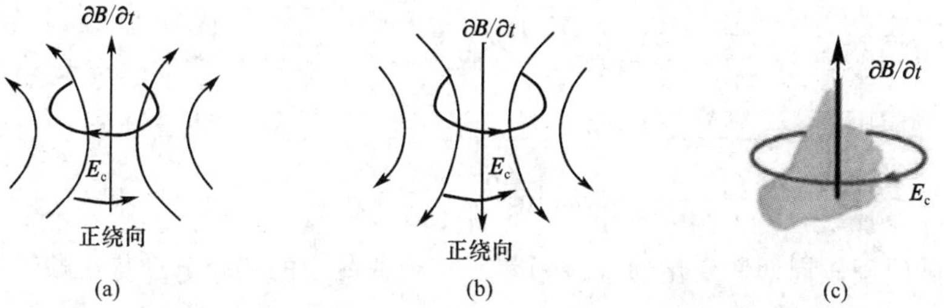

图 8-15　$\frac{\partial \boldsymbol{B}}{\partial t}$ 与 $\boldsymbol{E}_c$ 的方向上遵从左手螺旋关系

若某一闭合路径上各点的 $\boldsymbol{E}_c$ 大小相等，且方向都在切线上，则式(8-15) 左端变为

$$\oint \boldsymbol{E}_c\cdot \mathrm{d}\boldsymbol{l}=E_c\oint_L \mathrm{d}l \tag{8-16}$$

若 $\frac{\partial \boldsymbol{B}}{\partial t}$ 是常数，即磁场均匀变化，且 $\boldsymbol{B}$ 与 S 处处垂直，则式(8-15) 右端有

$$-\iint_S \frac{\partial \boldsymbol{B}}{\partial t}\cdot \mathrm{d}\boldsymbol{S}=-\frac{\partial B}{\partial t}\iint_S \mathrm{d}S \tag{8-17}$$

则涡旋电场的 $\boldsymbol{E}_c$ 可方便求得，显然这样的涡旋电场是极其特殊的。如图 8-16，磁场必须分布在圆柱形空间内，且为轴对称分布，此时在与圆柱同轴的各个圆上，各点的 $\boldsymbol{E}_c$ 大小相同，且处处与圆相切。设闭合圆周 l 对应半径是 r

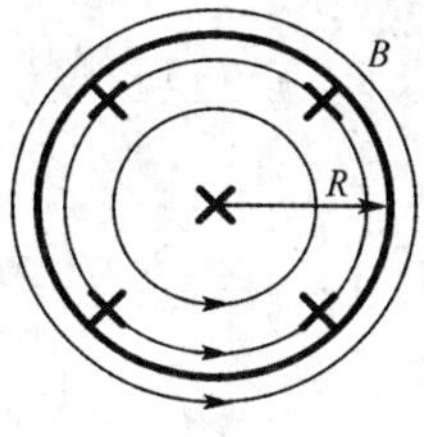

图 8-16　涡旋电场

$$E_c\oint_L \mathrm{d}l=E_c 2\pi r=-\frac{\partial B}{\partial t}\iint_S \mathrm{d}S=\frac{\partial B}{\partial t}\pi r^2$$

可以计算涡旋电场的电场强度大小 $E_c=-\frac{\partial B}{\partial t}\cdot\frac{r}{2}$。

【例 8-4】　若轴对称分布的匀强磁场分布在圆柱形空间内，磁感应强度 $\boldsymbol{B}$ 随时间的变化率 $\frac{\mathrm{d}B}{\mathrm{d}t}$ 为常数，圆柱半径为 R，求涡旋电场分布。

解　作半径为 r 的同轴圆，则圆周上各点的 $\boldsymbol{E}_c$ 大小相等，且方向都在圆周切线上，由已知可得

$$E_c 2\pi r=-\frac{\partial B}{\partial t}\pi r^2=-\frac{\mathrm{d}B}{\mathrm{d}t}\pi r^2$$

当 $r<R$ 时　$$E_c=-\frac{\mathrm{d}B}{\mathrm{d}t}\cdot\frac{r}{2}$$

当 $r>R$ 时　$$E_c 2\pi r=-\frac{\mathrm{d}B}{\mathrm{d}t}\pi R^2,$$

$$E_c = -\frac{\mathrm{d}B}{\mathrm{d}t} \cdot \frac{R^2}{2r}$$

【例 8-5】 一根无限长的直导线载有交流电流 $I = I_0 \sin\omega t$，旁边有一共面矩形线圈 $abcd$（图 8-17），$ab = l_1$，$bc = l_2$，ab 与直导线平行且相距为 d。求线圈中的感应电动势。

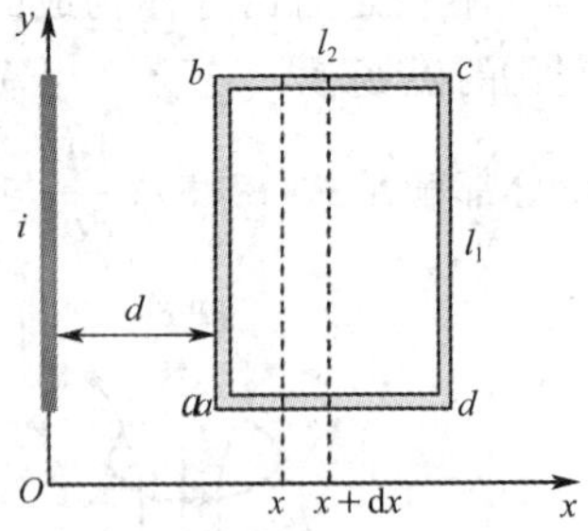

图 8-17　例 8-5

解　取矩形线圈沿顺时针 $abcda$ 方向为回路正绕向，则

$$\varphi_m = \int_S \boldsymbol{B} \cdot \mathrm{d}\boldsymbol{S} = \int_d^{d+l_2} \frac{\mu_0 I l_1}{2\pi} \mathrm{d}x = \frac{\mu_0 I l_1}{2\pi} In \frac{d + l_2}{d}$$

所以，线圈中感应电动势

$$\varepsilon_i = -\frac{\mathrm{d}\Phi_m}{\mathrm{d}t} = -\frac{\mu_0 l_1 \omega}{2\pi} I_0 \cos\omega t \ln \frac{d + l_2}{d}$$

可见，ε_i 也是随时间做周期性变化的 $\varepsilon_i > 0$ 表示矩形线圈中的感应电动势沿顺时针方向；$\varepsilon_i < 0$ 表示它沿逆时针方向。

8.3　自感与互感

自感与互感

由法拉第电磁感应定律可知，不论用什么方法，只要能使穿过闭合回路的磁通量 Φ_m 发生变化，闭合回路内就一定有感应电动势产生。引起 Φ_m 变化的因素很多，在实际中磁通量的变化通常由电流的变化引起，因此把感应电动势和电流的变化直接联系起来，具有重要的实际意义。下面对自感和互感现象的研究就是要找出二者的规律。

8.3.1　自感现象、自感系数和自感电动势

当一回路中有电流时，必然要在自身回路中有磁通量，当磁通量变化时，由法拉第电磁感应定律可知，在回路中要产生感应电动势。由回路中的电流发生变化而在本身回路中产生感应电动势的现象称为**自感现象**。该电动势称为自感电动势。实际上，回路中的电流不变，而回路的形状改变，也会产生自感电动势。

在图 8-18 中，A_1 和 A_2 是完全相同的 2 个小灯泡，带铁心的线圈 L 的电阻与 R 相同。当电键 S 闭合时，灯 A_2 立即变亮，灯 A_1 由暗到亮要延后一段时间，最终两灯亮度相同；当电键 S 断开时，两灯会渐渐熄灭。为什么会出现这种现象呢？若将线圈 L 换成等值电阻，发现小灯泡 A_1 和 A_2 在电键 S 闭合或断开时，两盏灯立即亮或同时灭，可见起作用的是线圈 L，下面针对载流线圈的作用进行分析。

通过回路的电流发生变化，会引起通过线圈所围面积的磁通量发生变化，从而在自身激起感应电动势和感应电流，产生自感现象。当闭合回路中的电流增大时，通过线圈所围面积的磁通量也变大，由楞次定律可知，激起的感应电动势产生的感应电流与原电流反向，宏观表现为阻碍电流的增加，但最终支路电流会达到稳定值且大小与电阻支路电流是相等的，此时自感现象消失。

若改用不同的线圈，上述实验中的小灯泡亮度和亮、灭的持续时间不一样，即不同的线圈

产生自感现象的能力不同。线圈匝数越多，横截面越大，自感现象越明显。为了体现线圈的这种特性，我们用自感系数（简称“自感”）来描述。

对于一个 N 匝线圈（图 8-19）。根据毕奥-萨伐尔定律，由于通电而在线圈内部产生的磁链 $\Psi_m(\Psi_m=N\Phi_m)$ 与电流 I 成正比，设比例系数为 L，写成等式为

$$\Psi_m=LI \tag{8-18}$$

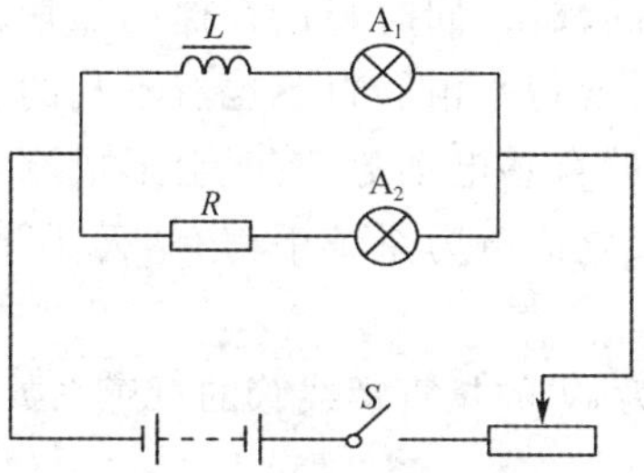

图 8-18　含有自感线圈的电路

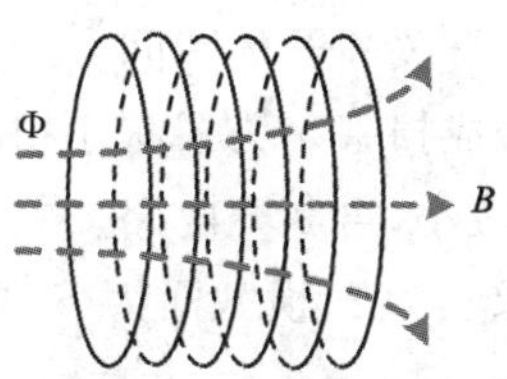

图 8-19　自感现象

实验表明，当电流 I 增大时，磁链 Ψ_m 也增大，但 $\frac{\Psi_m}{I}$ 是一个常量。比例系数 L 是与电流 I 和磁链 Ψ_m 无关的物理量，如同电容器电容 $C=\frac{Q}{U}$ 与极板所带电荷 Q 和电压 U 无关一样，定义 L 为线圈的**自感系数**，如果回路周围不存在铁磁质，自感系数 L 仅由回路的匝数、几何形状、大小及周围磁介质的磁导率的大小来决定，是个常量。为了纪念美国科学家亨利，将自感的国际单位定为亨利，简称“亨”，符号 H。亨利在对绕有不同长度导线的各种电磁铁的提举力做比较实验时，意外发现通有电流的线圈在断路时有电火花产生，于是对这种现象进行了研究，宣布发现了电的自感现象。亨利于 1830 年首先观察到自感现象，但于 1832 年才发表。一年后，法拉第发现电磁感应现象。强力实用电磁铁、磁电器都是亨利发明的。

线圈内磁通量发生变化时会产生电动势，这个电动势叫作**自感电动势**，用 ε_L 表示，其在实质上是感生电动势。自感电动势可由法拉第电磁感应定律 $\varepsilon=-\frac{\mathrm{d}\Phi_m}{\mathrm{d}t}$ 确定，对于 N 匝线圈，Φ_m 用磁链 Ψ_m 代入，即

$$\varepsilon_L=-\frac{\mathrm{d}\Psi_m}{\mathrm{d}t} \tag{8-19}$$

式中，磁链 $\Psi_m=N\Phi_m=LI$，代入上式有 $\varepsilon_L=-\frac{\mathrm{d}(LI)}{\mathrm{d}t}=-\left(L\frac{\mathrm{d}I}{\mathrm{d}t}+I\frac{\mathrm{d}L}{\mathrm{d}t}\right)$，当自感系数为常量时

$$\varepsilon_L=-\frac{\mathrm{d}\Psi_m}{\mathrm{d}t}=-L\frac{\mathrm{d}I}{\mathrm{d}t} \tag{8-20}$$

线圈中的自感电动势 ε_L 与通过线圈的电流随时间的变化率成正比，比例系数正是线圈的自感系数，通过式（8-20）也可求解线圈的自感系数。这也是通过实验测定线圈电感的主要方法。由式（8-20）还可知，在 ε_L 相同的情况下，L 越大，$\frac{\mathrm{d}I}{\mathrm{d}t}$ 越小，说明电流 I 越难以改变，所以说自感系数 L 是“电磁惯性”

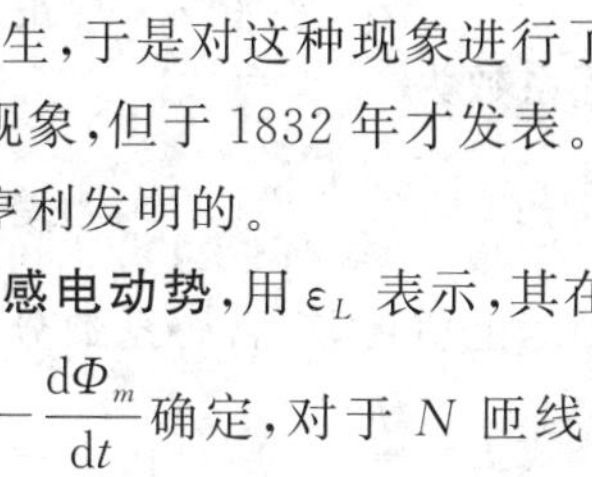

图 8-20　L-C 滤波电路

的量度。

自感现象在工程技术和日常生活中应用广泛，如扼流圈、日光灯镇流器、滤波电路等。图 8-20 是典型 L-C 滤波电路，当流过线圈的电流变化时，电感线圈中产生的感生电动势将阻止电流的变化。当通过电感线圈的电流增大时，电感线圈产生的自感电动势与电流方向相反，阻止电流的增加，同时将一部分电能转化成磁场能存储于电感中；当通过电感线圈的电流减小时，自感电动势与电流的方向相同，阻止电流的减小，同时释放存储的能量，以补偿电流的减小。因此经电感滤波后，负载电流脉动小，波形变得平滑。自感也有不利的一面，在有较大自感的电力系统中，开关断开的瞬间会产生较大的自感电动势，有时会形成剧烈放电，产生开关"火弧"，对机器造成损害。为了减小损害，在大电流电力系统中都有"灭弧"装置，一般都是先增加电阻使电流减小，再断开电路。

【例 8-6】 求长为 l、横截面为 S、总匝数为 N 的长直螺线管的自感系数。

解 由前面分析可知 $L=\frac{\Psi_m}{I}$，若通过螺线管的电流和磁链 $\Psi_m=N\Phi_m$ 已知，则可求 L。给螺线管通电流 I，则

$$B=\mu_0 nI=\mu_0\frac{N}{l}\cdot I$$

$$\Phi_m=BS=\mu_0\frac{N}{l}\cdot I\cdot S$$

是每一单匝线圈磁通量，则磁链

$$\Psi_m=N\Phi_m=\mu_0\cdot\frac{N^2}{l}IS$$

自感系数为

$$L=\frac{\Psi_m}{I}=\mu_0\cdot\frac{N^2}{l}S=\mu_0\cdot\frac{N^2}{l^2}IS=\mu_0 n^2V$$

综上所述，求自感系数分 3 步：①设定电流 I，求 B；②求线圈的磁通量 $\Psi_m=N\Phi_m$；③利用公式 $L=\frac{\Psi_m}{I}$ 求解。由 $L=\mu_0 n^2V$ 可知，自感系数 L 确定与 I 和 Ψ_m 无关，通电不是目的，而是为了利用公式求 Ψ_m。

8.3.2 互感现象、互感系数、互感电动势

假设有 2 个临近的闭合线圈回路 1、2(图 8-21)。2 个相互靠近的闭合线圈 1 和 2，分别通以电流 I_1 和 I_2，当其中一个线圈内的电流发生变化时，必定会引起另一线圈内的磁通量的变化，继而产生感应电动势，这种现象称为**互感**。I_1 产生的磁场的部分磁感应线(实线)通过线圈 2，磁通量用 Ψ_{21} 表示，当 I_1 变化时，在线圈 2 中要激发感应电动势 ε_{21}；同理，I_2 变化时，它产生的磁场通过线圈 1 的磁通量 Ψ_{12} 也发生变化，在线圈 1 中也要激发感应电动势 ε_{12}。如上所述，一个回路线圈的电流发生变化时，在另一个回路线圈中激发感应电动势的现象称为互感现象，该电动势称为互感电动势。

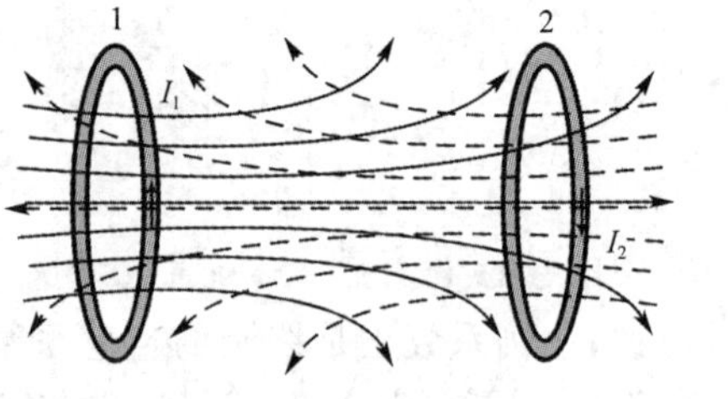

图 8-21 互感现象

当 2 个线圈的结构、相对位置及周围介质的磁导率不变时，根据毕奥-萨伐尔定律，有 $\Psi_{21} \propto I_1$，写成

$$\Psi_{21}=M_{21}I_1 \tag{8-21}$$

M_{21} 称为回路线圈 1 对回路线圈 2 的互感系数。同理，当 I_2 变化时，对线圈 1 有 Ψ_{12}，且有 $\Psi_{12}\propto I_2$，写成

$$\Psi_{12}=M_{12}I_2 \tag{8-22}$$

M_{12} 称为回路线圈 2 对回路线圈 1 的互感系数。理论和实验都可证明，对任意两线圈都有

$$M_{12}=M_{21}=M$$

$$M=\frac{\Psi_{12}}{I_2}=\frac{\Psi_{21}}{I_1} \tag{8-23}$$

将 M 定义为互感系数，简称“互感”。互感系数与线圈的形状、尺寸、匝数，周围介质的磁导率及 2 个线圈的相对位置有关，如果线圈周围有铁磁质，互感系数还与线圈中的电流有关。在国际单位制中，M 的单位为 H。

在互感现象中，产生的互感电动势可利用法拉第电磁感应定律计算。当 I_1 发生变化时，在线圈 2 中激发的互感电动势为

$$\varepsilon_{21}=-\frac{\mathrm{d}\Psi_{21}}{\mathrm{d}t}=-M\,\frac{\mathrm{d}I_1}{\mathrm{d}t} \tag{8-24}$$

当 I_2 发生变化时，在线圈 1 中激发的互感电动势为

$$\varepsilon_{12}=-\frac{\mathrm{d}\Psi_{12}}{\mathrm{d}t}=-M\,\frac{\mathrm{d}I_2}{\mathrm{d}t} \tag{8-25}$$

说明：

(1)互感系数 M 的数值：$\mathrm{d}I/\mathrm{d}t$ 为 1 时，互感电动势的绝对值。

(2)式(8-24)和式(8-25)中的负号表明，在一个线圈中所引起的互感电动势，要反抗另一个线圈中电流的变化。

(3)互感系数 M 是表征互感强弱的物理量，是 2 个电路耦合程度的量度。

利用互感现象可以把交变信号非接触地从一个电路转移到另外一个电路。这一点在电工技术、无线电技术中得到广泛运用，如变压器、互感器和收音机磁棒等。任何事物都有两面性，互感也有不利的一面，通常采用磁屏蔽的方法将某些器件保护起来。磁屏蔽的基本原理：利用磁感应线从非铁磁质进入铁磁质时，除了垂直于铁磁质表面磁感应线外，其他方向磁感应线会有很大的方向改变，使铁磁质内部的磁感应线几乎都平行于铁磁质的表面传播。这样铁磁质空腔内的磁场就会很弱。这就是封闭的铁盒能够实现磁屏蔽的原因。

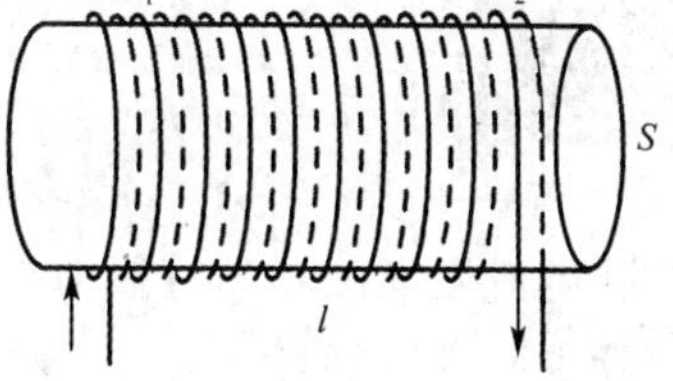

图 8-22　例 8-7

【例 8-7】　求 2 个同轴、等长、横截面积为 S、总匝数分别为 N_1 和 N_2 的长直螺线管的互感系数(图 8-22)。

解　将螺线管 1 中通以电流 I_1 其产生的

$$B_1=\mu\,\frac{N_1}{l}I_1$$

在线圈 2 中产生的磁链为

$$\Psi_{21}=N_2\varphi_{21}=N_2\mu\cdot\frac{N_1}{l}I_1 S$$

$$M=\frac{\Psi_{21}}{i_1}=\mu\cdot\frac{N_1N_2}{l}S$$

$$M=\mu\frac{N_1}{l}\cdot\frac{N_2}{l}\cdot V=\mu n_1n_2V$$

两个线圈的自感系数与互感系数之间的关系

线圈的自感系数分别为

$$L_1=\mu\frac{N_1^2}{l}S$$

$$L_2=\mu\frac{N_2^2}{l}S$$

则

$$L_1\cdot L_2=\mu^2$$

$$\frac{N_1^2N_2^2}{l^4}V^2=M^2$$

即 $M=\sqrt{L_1\cdot L_2}$。此表达式仅适用例题中的无漏磁情形，不可推广。一般情况下，$M=K\sqrt{L_1\cdot L_2}$，其中 K 为耦合系数（$0\leqslant K\leqslant 1$）。耦合系数的大小反映了 2 个回路的磁场的耦合程度。因为在一般情况下都有漏磁，所以耦合系数小于 1。

【例 8-8】 求自感系数分别为 L_1 和 L_2，耦合系数为 K 的 2 线圈串联后总的自感系数。

解 同向串联（顺接）如图 8-23(a)所示，通过 2 线圈总磁链 $\Psi_m=\Phi_{11}+\Phi_{22}+\Phi_{21}+\Phi_{12}$，则

$$L=\frac{\Psi_m}{I}=\frac{\Phi_{11}}{I}+\frac{\Phi_{22}}{I}+\frac{\Phi_{21}}{I}+\frac{\Phi_{12}}{I}=L_1+L_2+2M=L_1+L_2+2K\sqrt{L_1\cdot L_2}$$

此时，ε_1 与 ε_{12}，ε_2 与 ε_{21} 及 $\varepsilon_1+\varepsilon_{12}$ 与 $\varepsilon_2+\varepsilon_{21}$ 的方向均相同，2 个子线圈激发的磁场彼此加强。

反向串联（反接）如图 8-23(b)所示，通过两线圈总磁链 $\Psi_m=\Phi_{11}+\Phi_{22}-\Phi_{21}-\Phi_{12}$

$$L=\frac{\Psi_m}{I}=L_1+L_2-2K\sqrt{L_1\cdot L_2}$$

此时，ε_1 与 ε_{12}，ε_2 与 ε_{21} 的方向均相反，2 个子线圈激发的磁场彼此减弱。

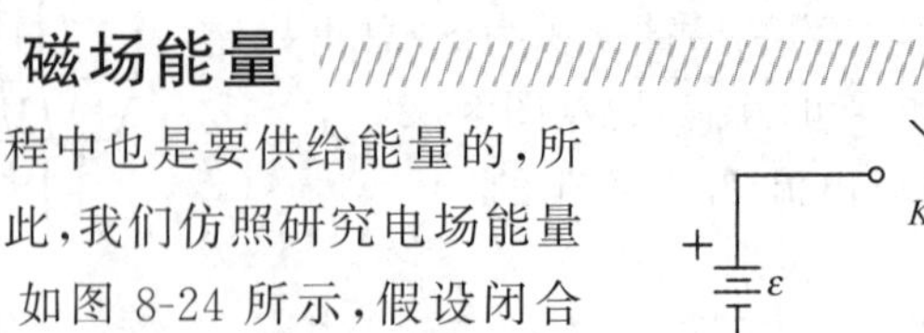

图 8-23 例 8-8

磁感应强度

8.3.3 磁场能量

在电流激发磁场的过程中也是要供给能量的，所以磁场也应具有能量。为此，我们仿照研究电场能量的方法来讨论磁场能量。如图 8-24 所示，假设闭合电路中含有一个自感为 L 的线圈，电阻为 R，电源的电动势为 ε。在电键 K 未闭合时，电路中没有电流，线圈内也没有磁场，而电键闭合后，线圈中的电流逐

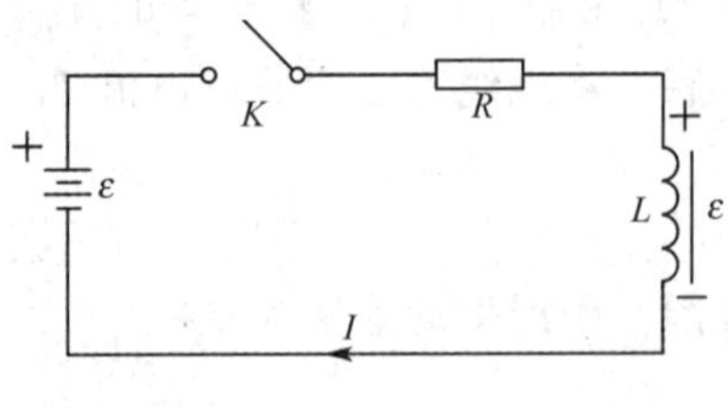

图 8-24 自感电路

渐增大，最后电流达到稳定值。在电流增大的过程中，线圈中有自感电动势，它会阻止磁场的建立，与此同时，在电阻 R 上释放焦耳热，因此，在电流在线圈内建立磁场的过程中，电源供给的能量分成两个部分：一部分转换为热能，另一部分为转换为线圈内的磁场能量。下面来定量分析。

由全电路欧姆定律有

$$\varepsilon=\varepsilon_l+RI \tag{8-26}$$

两边同乘 $I\mathrm{d}t$ 有

$$\varepsilon I\,\mathrm{d}t=\varepsilon_l I\,\mathrm{d}I+RI^2\,\mathrm{d}t \tag{8-27}$$

若在 $t=0$ 时，$I=0$；在 $t=t$ 时，电流增加到 I，则式(8-27)的积分为

$$\int_0^t \varepsilon I\,\mathrm{d}t=\int_0^I LI\,\mathrm{d}I+\int_0^I RI^2\,\mathrm{d}t=\frac{1}{2}LI^2+\int_0^I RI^2\,\mathrm{d}t \tag{8-28}$$

式中，$\int_0^t \varepsilon I\,\mathrm{d}t$ 为电源供给的能量(电源在由 0 到 t 这段时间内所做的功)；$\int_0^I RI^2\,\mathrm{d}t$ 回路中导体在由 0 到 t 这段时间内放出的焦耳热；$\int_0^I LI\,\mathrm{d}I$ 电源反抗自感电动势所做的功。这部分能量在产生感应磁场的过程中转换为磁场的能量而储存在自感线圈中。

故自感线圈储存的磁场能量为

$$W_m=\int_0^I LI\,\mathrm{d}I=\frac{1}{2}LI^2 \tag{8-29}$$

即电源做功一部分用来产生焦耳热，另一部分用来克服自感电动势做功。

通过前面的讨论我们已经知道，当电路上的电流从 0 到 I 时，电路周围空间建立逐渐增强的磁场，磁场与电场类似，是一种特殊形态的物质，具有能量。所以，电源反抗自感电动势所做的功必然转换为线圈的磁场能量。就像电场能量分布在具有电场分布的整个空间中一样，磁能也是定域在整个磁场空间中的。也可以仿照电容中存储的电能的公式导出电场能量及电场能量密度的公式的方法，从通电自感线圈储存的磁能公式导出磁场能量及磁场能量密度的公式。

下面以长直螺线管为例给出一般情况下计算磁场能量的方法，所得结论具有普遍性。长直螺线管长为 l、横截面积 S、总匝数为 N，因此该长直螺线管自感系数 $L=\mu\dfrac{N^2}{l}S$。当通以电流 I 时，螺线管内部 $H=\dfrac{N}{l}I$，磁感应强度 $B=\mu\dfrac{N}{l}I$，则电流可以表示为 $I=\dfrac{Bl}{\mu N}$，代入式(8-29)得

$$W_m=\frac{1}{2}LI^2=\frac{1}{2}\mu\frac{N^2}{l}S\cdot\frac{B^2l^2}{\mu^2N^2}=\frac{1}{2}\cdot\frac{B^2}{\mu}S\cdot l=\frac{1}{2}\cdot\frac{B^2}{\mu}\cdot V \tag{8-30}$$

式中，V 是螺线管内部空间体积，也就是存储磁能在的空间体积，并且螺线管内为匀强磁场，则磁场能量也是均匀分布在螺线管内部空间中的，所以磁场能量密度可以表示为

$$w_m=\frac{W_m}{V}=\frac{1}{2}\cdot\frac{B^2}{\mu}=\frac{1}{2}BH \tag{8-31}$$

式(8-31)表明，磁场能量密度只与磁感应强度和周围磁介质有关。对于不均匀磁场，只要知道磁感应强度分布情况就知道了 w_m，可求任一区域磁场所储存的总能量，具体方法是将空间划分若干体积元 $\mathrm{d}V$，在体积元内认为 B 不变，则体积元内磁场能为

$$dW_m = w_m dV = \frac{1}{2} \cdot \frac{B^2}{\mu} dV = \frac{1}{2} BH dV \tag{8-32}$$

则有限体积内的磁场能量为

$$W_m = \iiint_V w_m dV = \iiint_V \frac{1}{2} \cdot \frac{B^2}{\mu} dV \tag{8-33}$$

对于一个载流线圈，式(8-30)不仅为自感 L 提供了另一种计算方法，而且对于有限横截面积的导体来说(导体的横截面积不能忽略时)，它还为自感提供了基本的定义，即磁能法定义自感

$$L = \frac{2W_m}{I^2} \tag{8-34}$$

【例 8-9】 计算载流为 I，长为 l 的直电缆内的磁场能量(已知 R_1 和 R_2、μ)。

解 电流分布具有轴对称性，由介质中的环路定理 $\oint_L \boldsymbol{H} \cdot d\boldsymbol{l} = \sum I_0$ 可知 $H \cdot 2\pi r = \sum I_0 = I$，则

$$H = \frac{I}{2\pi r}, w_m = \frac{1}{2}\mu \frac{I^2}{4\pi^2 r^2}$$

对于不均匀分布磁场 $dW_m = w_m dV$，其中 $dV = 2\pi r dr l$，则

$$dW_m = \frac{\mu I^2 l}{4\pi} \cdot \frac{dr}{r}$$

$$W_m = \int_{R_1}^{R_2} \frac{\mu I^2 l}{4\pi} \cdot \frac{dr}{r} = \frac{\mu I^2}{4\pi} \ln \frac{R_2}{R_1}$$

由于 $W_m = \frac{1}{2} L I^2$，则 $L = \frac{\mu l}{2\pi} \cdot \frac{R_2}{R_1}$，因此已知线圈内的磁场能量，可以求得自感系数。

8.4 位移电流 全电流定律

位移电流

8.4.1 位移电流

1. 电磁场的基本规律

对于静电场，由库仑定律和电场强度的叠加原理，可以导出描述电场性质的高斯定理和静电场的环路定理

$$\oiint_S \boldsymbol{D} \cdot d\boldsymbol{S} = \sum_{i=1}^{n} Q_{i0} \tag{8-35}$$

$$\oint_L \boldsymbol{E} \cdot d\boldsymbol{l} = 0 \tag{8-36}$$

对于稳恒磁场，由毕奥 - 萨伐尔定律和磁场强度的叠加原理，可以导出描述稳恒磁场性质的高斯定理和安培环路定理

$$\oiint_S \boldsymbol{B} \cdot d\boldsymbol{S} = 0 \tag{8-37}$$

$$\oint_L \boldsymbol{H} \cdot d\boldsymbol{l} = \sum I_{i0} \tag{8-38}$$

对于变化的磁场，根据法拉第电磁感应定律及麦克斯韦提出的涡旋电场假说，给出了在普遍（非稳恒）情况下的电场的环路定理

$$\oint_L \boldsymbol{E} \cdot \mathrm{d}\boldsymbol{l} = -\iint_S \frac{\partial \boldsymbol{B}}{\partial t} \cdot \mathrm{d}\boldsymbol{S} \tag{8-39}$$

式(8-39) 中的电场 $\boldsymbol{E} = \boldsymbol{E}_e + \boldsymbol{E}_c$ 包括静电场和涡旋电场，静电场的环路定理式只是式(8-39) 的一个特例。

从当时的实验资料和理论分析，人们都没有发现电场的高斯定理和磁场的高斯定理在非稳恒条件下有什么不合理的地方。麦克斯韦假定它们在普遍（非稳恒）情况下仍成立。然而，当他在把磁场的安培环路定理应用到非稳恒磁场时遇到了困难。为了克服这一困难，他提出了重要的“位移电流”假说。下面就从遇到问题的解决思路谈起。

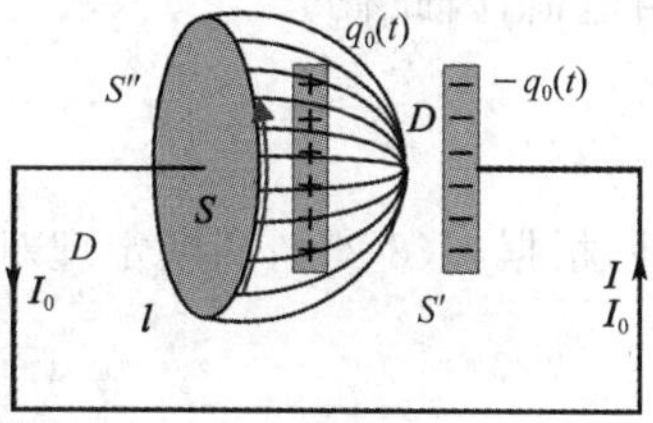

图 8-25　非稳恒电路

如图 8-25 所示，以 l 为边界的平面 S''，曲面 S'，闭合曲线 l 与电路套链，故电路穿过以闭合回路为边界的任意曲面。若以平面 S'' 为衡量有无电流穿过 l 的依据，$I = I_0$ 确实穿过了以为边界曲面 S''(套链)，则有

$$\oint_L \boldsymbol{H} \cdot \mathrm{d}\boldsymbol{l} = I_0 = \iint_{S''} \boldsymbol{j}_0 \cdot \mathrm{d}\boldsymbol{S} \tag{8-40}$$

其中，I_0 是穿过以闭合回路为边界的任意曲面 S'' 的传导电流，等于传导电流密度 $\boldsymbol{j}_0$ 在 S'' 上的通量。

若以 S' 为衡量有无电流穿过的依据，则没有传导电流穿过 S'，传导电流在电容器极板间中断了，$I = 0$ 故

$$\oint_L \boldsymbol{H} \cdot \mathrm{d}\boldsymbol{l} = 0 \tag{8-41}$$

磁场强度 $\boldsymbol{H}$ 沿同一闭合回路积分，对于同一边界对应的不同曲面，却有 2 个截然不同的结论，问题出现在哪里呢？对于稳恒磁场，因稳恒电路中电流是连续的，即传导电流连续，有

$$\iint_{(\text{以}L\text{为边界}S'')} \boldsymbol{j}_0 \cdot \mathrm{d}\boldsymbol{S} = \iint_{(\text{以}L\text{为边界}S')} \boldsymbol{j}_0 \cdot \mathrm{d}\boldsymbol{S}$$

即

$$\oiint_S \boldsymbol{j}_0 \cdot \mathrm{d}\boldsymbol{S} = 0 \tag{8-42}$$

$\oint_{(L)} \boldsymbol{H} \cdot \mathrm{d}\boldsymbol{r} = \sum_{L\text{内}} I_{i0} = \iint_{(S;\text{以}L\text{为边界的任意曲面})} \boldsymbol{j}_0 \cdot \mathrm{d}\boldsymbol{S}$ 当然不会有问题。但对于非稳恒电路，电容器破坏传导电流的连续性，式(8-41) 不再成立，安培环路定理对于非稳恒电路是不适用的，必须寻求新的规律。

在科学史上，解决问题的思路一般有 2 种：一是在大量实验事实的基础上提出新概念，建立与实验事实相符合的新理论；二是在原有理论的基础上提出假设，对原有理论做必要的修正，使问题得以解决，并用实验检验假设的合理性。而在科学发展的一定阶段，人们往往选择第二种思路，近代物理研究更是如此。若要在非稳恒电路中应用安培环路定理，则必须对其加以改造。麦克斯韦引入的位移电流的概念成功解决了上述问题。

既然上述问题的出现是由于非稳恒电路中传导电流不再连续，安培环路定理不再适用，那么就来思考对于非稳恒电路，什么量是连续的？麦克斯韦注意到，虽然在曲面 S' 上没有传导

电流通过，但其中却有一个变化的电场穿过；极板上电量 $q_0(t)$ 虽然是随时间变化的，但任意时刻 $q_0(t)$ 都是均匀分布在极板上的，故极板上的电荷面密度 $\sigma_0(t)=\frac{q_0(t)}{S}$ 与 $q_0(t)$ 一样，按相同规律变化，平行板电容器内的电场是匀强场的，电场强度为

$$E(t)=\frac{\sigma(t)}{\varepsilon_0}=\frac{q_0(t)}{\varepsilon_0 S} \tag{8-43}$$

根据电荷守恒定律，在单位时间内，从闭合曲面流出的电量应等于单位时间内该闭合曲面内电荷的减少量。这里的闭合曲面 S 是由 S'' 和 S' 构成的。$q_0(t)$ 是积累在该闭合曲面内极板上的自由电荷，因此有

$$\oint\!\!\!\oint_S \boldsymbol{j}_0\cdot \mathrm{d}\boldsymbol{S}=-\frac{\mathrm{d}q_0(t)}{\mathrm{d}t} \tag{8-44}$$

此外，根据式(8-35)，高斯定理对此非稳恒电场仍适用，则有

$$\oint\!\!\!\oint_S \boldsymbol{D}\cdot \mathrm{d}\boldsymbol{S}=q_0(t) \tag{8-45}$$

对式(8-45) 求导，得

$$\frac{\mathrm{d}}{\mathrm{d}t}\oint\!\!\!\oint_S \boldsymbol{D}\cdot \mathrm{d}\boldsymbol{S}=\oint\!\!\!\oint_S \frac{\partial \boldsymbol{D}}{\partial t}\cdot \mathrm{d}\boldsymbol{S}=\frac{\mathrm{d}q_0(t)}{\mathrm{d}t} \tag{8-46}$$

把式(8-46) 代入式(8-44) 得

$$\oint\!\!\!\oint_S \boldsymbol{j}_0\cdot \mathrm{d}\boldsymbol{S}=-\oint\!\!\!\oint_S \frac{\partial \boldsymbol{D}}{\partial t}\cdot \mathrm{d}\boldsymbol{S} \tag{8-47}$$

式(8-47) 可写成

$$\oint\!\!\!\oint_S \left(\boldsymbol{j}_0+\frac{\partial \boldsymbol{D}}{\partial t}\right)\cdot \mathrm{d}\boldsymbol{S}=0 \tag{8-48}$$

或

$$\oint\!\!\!\oint_{(S'')} \left(\boldsymbol{j}_0+\frac{\partial \boldsymbol{D}}{\partial t}\right)\cdot \mathrm{d}\boldsymbol{S}=-\oint\!\!\!\oint_{(S'')} \left(\boldsymbol{j}_0+\frac{\partial \boldsymbol{D}}{\partial t}\right)\cdot \mathrm{d}\boldsymbol{S} \tag{8-49}$$

由此可见，在非稳恒情况下，传导电流（电流密度 $\boldsymbol{j}_0$）不一定连续，但 $\boldsymbol{j}_0+\frac{\partial \boldsymbol{D}}{\partial t}$ 永远是连续的。并且，$\frac{\partial \boldsymbol{D}}{\partial t}$ 与电流密度 $\boldsymbol{j}_0$ 有相同的量纲，因此具有相同的性质，看成一种新的电流密度，麦克斯韦称它为**位移电流密度 $\boldsymbol{j}_D$**，即

$$\boldsymbol{j}_D=\frac{\partial \boldsymbol{D}}{\partial t} \tag{8-50}$$

而把 $I_D=\frac{\mathrm{d}\Phi_D}{\mathrm{d}t}$ 称为**位移电流 I_D**，即

$$I_D=\frac{\mathrm{d}\Phi_D}{\mathrm{d}t}=\frac{\mathrm{d}}{\mathrm{d}t}\iint_S \boldsymbol{D}\cdot \mathrm{d}\boldsymbol{S}=\iint_S \frac{\partial \boldsymbol{D}}{\partial t}\cdot \mathrm{d}\boldsymbol{S}=\iint_S \boldsymbol{j}_D\cdot \mathrm{d}\boldsymbol{S} \tag{8-51}$$

并把传导电流 I_0 和位移电流 I_D 合在一起称为全电流 I，即

$$I=I_0+I_D=\iint_S \boldsymbol{j}_0\cdot \mathrm{d}\boldsymbol{S}+\iint_S \boldsymbol{j}_D\cdot \mathrm{d}\boldsymbol{S}=\iint_S \left(\boldsymbol{j}_0+\frac{\partial \boldsymbol{D}}{\partial t}\right)\cdot \mathrm{d}\boldsymbol{S} \tag{8-52}$$

极板间变化的电场（位移电流）的方向和传导电流的方向关系又如何呢？

如图 8-26(a) 所示，电容器极板的充电过程，随着电量 $q_0(t)$ 的增加，极板上的电荷 $\sigma_0(t)$

密度也增大，电场强度 $\boldsymbol{E}$ 和电位移 $\boldsymbol{D}$ 也增大，则 $\boldsymbol{D}$ 对时间的变化率 $\frac{\partial \boldsymbol{D}}{\partial t}>0$，与 $\boldsymbol{D}$ 的方向相同，即位移电流 I_D 和传导电流 I_0 的方向相同；图 8-26(b) 为电容器极板的放电过程，随着电量 $q_0(t)$ 的减少，极板上的电荷密度 $\sigma_0(t)$ 也减少，$\boldsymbol{E}$ 和 $\boldsymbol{D}$ 也减小，则 $\boldsymbol{D}$ 对时间的变化率 $\frac{\partial \boldsymbol{D}}{\partial t}<0$，与 $\boldsymbol{D}$ 的方向相反，位移电流 I_D 和传导电流 I_0 的方向仍相同；

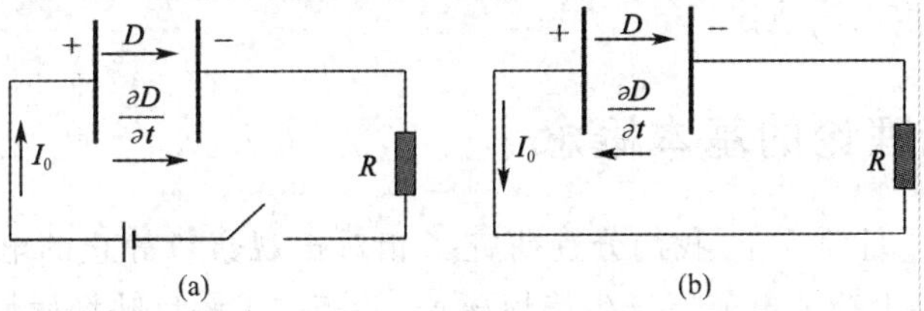

图 8-26　位移电流的方向

综上可见，传导电流 I_0 虽然被电容器极板表面中断了，但被介质中的位移电流 I_D 接续，二者合在一起，保持全电流的连续性。一般情况下，电介质中的电流主要是位移电流，传导电流可忽略不计；而在导体中主要是传导电流，位移电流可忽略不计。但在超高频电流情况下，导体内的传导电流和位移电流均起作用，均不可忽略。

麦克斯韦定义的位移电流的大小和方向均与回路中的传导电流 I 相同，并且位移电流同传导电流一样，按相同的规律激发磁场。引入了位移电流，将安培环路定理应用于非稳恒电场的问题便解决了。对于 S'' 有 $\oint_L \boldsymbol{H}\cdot \mathrm{d}\boldsymbol{l}=I$，对于 S' 有 $\oint_L \boldsymbol{H}\cdot \mathrm{d}\boldsymbol{l}=I_D$。

8.4.2　全电流定律

在引入位移电流的概念后，麦克斯韦为了推广安培环路定理，使之在非稳恒情况下也适用，用全电流代替式(8-38)中等号右边的传导电流，即

用全电流对稳恒电流磁场中安培环路定理进行推广，得到

$$\oint_L \boldsymbol{H}\cdot \mathrm{d}\boldsymbol{l}=I_0+I_D=\sum I_0+\iint_S \frac{\partial \boldsymbol{D}}{\partial t}\cdot \mathrm{D}\boldsymbol{S} \tag{8-53}$$

即在普遍情况下，磁场强度 $\boldsymbol{H}$ 沿任一闭合回路的积分等于穿过以该闭合回路为边界的任意曲面的全电流。这就是麦克斯韦的**全电流定律**。

麦克斯韦提出的位移电流的实质在于电流(运动的电荷)和变化的电场都能产生磁场，它说明位移电流和传导电流都是激发磁场的源，其核心是变化的电场可以激发磁场。严格来说，$I_D=\frac{\mathrm{d}\Phi_D}{\mathrm{d}t}$ 并非真正意义上的电流，同传导电流相比，除了在激发磁场方面等效，在其他方面(如热效应、化学效应等)并无相似之处。位移电流的本质是变化着的电场，而传导电流是自由电荷的定向运动；传导电流在通过导体时会产生焦耳热，而位移电流则不会产生焦耳热；位移电流可以存在于真空、导体、电介质中，而传导电流只能存在于导体中。引入位移电流这一假说是因为当时的人们受到认识上的限制 —— 只有电流才能激发磁场，不知道变化的电场也会激发磁场。所以，位移电流的概念如同前面所学的极化电荷，只不过是人类认识自然过程中一个过渡性概念，其实质是变化的电场产生涡旋磁场，麦克斯韦进一步认为，不管有无导体回

路存在，变化的电场所激发的磁场总是客观存在的，即

$$\varepsilon\frac{\partial \boldsymbol{E}}{\partial t}=\frac{\partial \boldsymbol{D}}{\partial t}=\boldsymbol{j}_D \rightarrow I_D \rightarrow \boldsymbol{B} \tag{8-54}$$

8.5 电磁场理论的基本概念　麦克斯韦方程组

8.5.1 电磁场理论的基本概念

麦克斯韦方程组

目前为止，我们分别研究了相对于观察者静止的电荷所产生的静电场，运动电荷或电流所产生稳恒磁场，并相应了解反映场属性的 2 个定理：高斯定理和环路定理。麦克斯韦认为，上述定理虽然是从静电场和稳恒电流磁场中得出的，但是可以将它们推广至非稳恒情况变化的电场、磁场、电磁场。于是麦克斯韦引入位移电流和涡旋电场，将 2 个定理进行推广，得到了具有普遍意义的高斯定理和环路定理。麦克斯韦把电磁现象的普遍规律概括为 5 个方程，通常称其为麦克斯韦方程组，它可以解决宏观电磁场的各类问题。为了方便起见，设自由电荷激发的电场为 $\boldsymbol{E}_e(\boldsymbol{D}_1)$，变化磁场激发涡旋电场为 $\boldsymbol{E}_e(\boldsymbol{D}_2)$，传导电流激发的磁场为 $\boldsymbol{B}_1(\boldsymbol{H}_1)$，位移电流激发的磁场为 $\boldsymbol{B}_2(\boldsymbol{H}_2)$，则空间中任一点的总电场强度 $\boldsymbol{E}=\boldsymbol{E}_1+\boldsymbol{E}_2$，总电位移 $\boldsymbol{D}=\boldsymbol{D}_1+\boldsymbol{D}_2$；总磁感应强度 $\boldsymbol{B}=\boldsymbol{B}_1+\boldsymbol{B}_2$，总磁场强度 $\boldsymbol{H}=\boldsymbol{H}_1+\boldsymbol{H}_2$。

(1) 变化的磁场激发涡旋电场，电场强度沿任意闭合曲线的线积分等于以该曲线为边界的任意曲面的磁通量对时间变化率的负值。即

$$\oint_L \boldsymbol{B}\cdot \mathrm{d}\boldsymbol{l}=-\iint_S \frac{\partial \boldsymbol{B}}{\partial t}\cdot \mathrm{d}\boldsymbol{S} \tag{8-55}$$

这也是法拉第电磁感应定律的表述形式，它说明变化的磁场能感应出有旋电场。式中 $\boldsymbol{E}$ 包括电荷产生的静电场 $\boldsymbol{E}_e$ 和磁场变化产生的涡旋电场 $\boldsymbol{E}_c$。由于静电场的保守性 $\oint \boldsymbol{E}_e\cdot \mathrm{d}\boldsymbol{l}=0$，可以看出是变化的磁场产生涡旋电场。这从侧面说明了电场和磁场是统一的，形成电磁场。式中，负号代表楞次定律，说明 $\boldsymbol{E}_c$ 的方向[图 8-27(a)]，即 $\boldsymbol{E}_c$ 与 $\boldsymbol{B}$ 符合左手定则。

(2) 变化的电场激发磁场，磁场强度沿任意闭合曲线的线积分等于穿过以该曲线为边界的任意曲面的全电流，即一般形式下的安培环路定理（全电流定律）。

$$\oint_L \boldsymbol{H}\cdot \mathrm{d}\boldsymbol{l}=\iint_S \frac{\partial \boldsymbol{D}}{\partial t}\cdot \mathrm{d}\boldsymbol{S}+I_0 \tag{8-56}$$

它说明电流（运动的电荷）和变化的电场都能产生磁场，当稳恒电流 $I_0=0$ 时，即 $\oint_L \boldsymbol{H}\cdot \mathrm{d}\boldsymbol{l}=\iint_S \frac{\partial \boldsymbol{D}}{\partial t}\cdot \mathrm{d}\boldsymbol{S}$，很自然会得出“变化的电场会激发磁场”的结论。这侧面表明了电场和磁场的统一性和不可分割性。由于表达式(8-56)不带负号。$\boldsymbol{H}$ 的方向同向[图 8-27(b)]，即 $\boldsymbol{H}$ 与 $\boldsymbol{E}$ 成右手螺旋定则。

以上进一步说明了电场和磁场是相互联系、不可分离的，是电磁这一客观存在的 2 种表现方式。

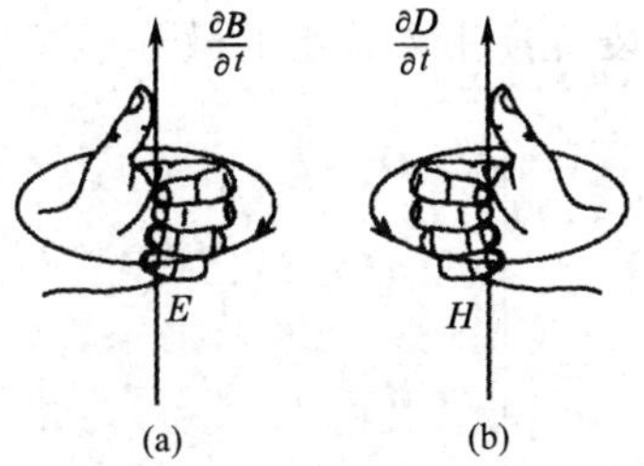

图 8-27　变化的电场和磁场相互关系

(3) 通过任意闭合曲面的电位移通量等于该闭合曲面所包围的自由电荷的代数和，即电场的高斯定理。

$$\oiint_S \boldsymbol{D} \cdot \mathrm{d}\boldsymbol{S} = \sum Q_{i0} = \iiint_V \rho \mathrm{d}V \tag{8-57}$$

这说明了电场与电荷的关系。电场是包括静电场和涡旋电场在内的总电场，其中静电场是有源场，而涡旋电场是有旋电场，电场线闭合，$\oiint_S \boldsymbol{D} \cdot \mathrm{d}\boldsymbol{S} = 0$。

(4) 通过任意闭合曲面的磁通量恒等于 0，即磁场的高斯定理（磁通连续）。

$$\oiint_S \boldsymbol{B} \cdot \mathrm{d}\boldsymbol{S} = 0 \tag{8-58}$$

式中，$\boldsymbol{B}$ 是总的磁感应强度。这说明无论是传导电流产生的磁场还是变化的电场产生的磁场，都是有旋磁场。它同时说明，目前的电磁场理论认为在自然界中没有单一的磁荷（磁单极）存在。

8.5.2　麦克斯韦方程组

综上所述，麦克斯韦把电磁现象的普遍规律概括 4 个麦克斯韦方程组，其积分形式为

$$\begin{cases} \oiint_S \boldsymbol{D} \cdot \mathrm{d}\boldsymbol{S} = \sum Q_{i0} = \iiint_V \rho \mathrm{d}V \\ \oint_L \boldsymbol{E} \cdot \mathrm{d}\boldsymbol{l} = -\iint_S \dfrac{\partial \boldsymbol{B}}{\partial t} \cdot \mathrm{d}\boldsymbol{S} \\ \oiint_S \boldsymbol{B} \cdot \mathrm{d}\boldsymbol{S} = 0 \\ \oint_L \boldsymbol{H} \cdot \mathrm{d}\boldsymbol{l} = \iint_S \dfrac{\partial \boldsymbol{D}}{\partial t} \cdot \mathrm{d}\boldsymbol{S} \end{cases} \tag{8-59}$$

从上面的论述中可知，麦克斯韦电磁场理论不但提出了涡旋电场、位移电流的概念，还包括从特殊（静电场和稳恒磁场）向一般非稳恒情况下的假设性推广。它的正确性由一系列理论和实验符合很好的事实证实。

麦克斯韦方程组的积分形式只能表达空间各电磁量的区域性质和联系，不能将空间每一点的性质和联系体现出来，而麦克斯韦方程组的微分式可以将空间中每一点的性质和联系体现出来。利用数学上关于矢量运算的高斯公式 $\oiint_S \boldsymbol{A} \cdot \mathrm{d}\boldsymbol{S} = \iiint_V (\nabla \cdot \boldsymbol{A}) \mathrm{d}V$ 和斯托克斯公式

$\oint_L \boldsymbol{A} \cdot \mathrm{d}\boldsymbol{l} = \iint_S (\nabla \times \boldsymbol{A}) \cdot \mathrm{d}\boldsymbol{S}$，可得麦克斯韦方程组的微分形式为

$$\begin{cases} \nabla \cdot \boldsymbol{D} = \rho_0 \\ \nabla \times \boldsymbol{E} = -\dfrac{\partial \boldsymbol{B}}{\partial t} \\ \nabla \cdot \boldsymbol{B} = 0 \\ \nabla \times \boldsymbol{H} = \boldsymbol{j}_0 + \dfrac{\partial \boldsymbol{D}}{\partial t} \end{cases} \tag{8-60}$$

其中，$\nabla \cdot \boldsymbol{D}$ 和 $\nabla \cdot \boldsymbol{B}$ 分别为电位移和磁感应强度的散度，说明了电场的有源性和磁场的无源性；$\nabla \times \boldsymbol{E}$ 和 $\nabla \times \boldsymbol{H}$ 分别为电场强度和磁场强度的旋度，说明了静电场的无旋性和感生电场、磁场的有旋性。

在有介质存在时，电场强度 $\boldsymbol{E}$ 和磁感应强度 $\boldsymbol{B}$ 都与介质的性质有关，因此上述麦克斯韦方程组还不完备，还需要加上表征介质性质的下述方程：

$$\begin{cases} \boldsymbol{D} = \varepsilon_0 \varepsilon_r \boldsymbol{E} = \varepsilon \boldsymbol{E} \\ \boldsymbol{B} = \mu_0 \mu_r \boldsymbol{H} = \mu \boldsymbol{H} \\ \boldsymbol{j}_0 = \sigma \boldsymbol{E} \end{cases} \tag{8-61}$$

式(8-61) 中的 ε、μ、σ 分别是介质的介电常数、磁导率和电导率。式(8-60) 和式(8-61) 一起构成了决定电磁场变化的一组完备的方程。当电荷、电流分布给定时，通过麦克斯韦方程组(一般采用微分形式)，根据初始条件及边界条件就可以完全确定电磁场的分布和变化。

【例 8-10】 如图 8-28 所示的平行板电容器，由半径为 R 的 2 块圆形极板构成，用长直导线电流给它充电，使极板间电场强度增加率为 $\dfrac{\mathrm{d}E}{\mathrm{d}t}$，求下面 2 种情况下极板中心连线上处的磁感应强度。(1)$r < R$；(2)$r > R$。

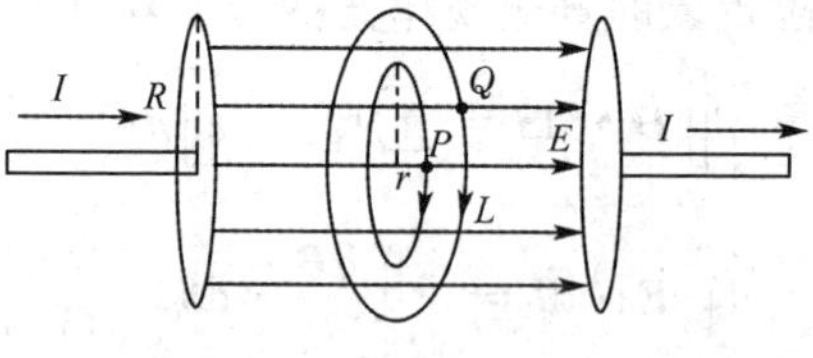

图 8-28　例 8-10

解　忽略电容边缘效应，极板间电场可看作局限在半径 R 内的均匀电场，由对称性可知，变化电场产生的磁场的磁感应线是以极板对称轴上的点为圆心的一系列圆周。

(1)$r < R$

取半径为 r 的磁感应线为绕行回路 l，绕行方向同磁感应线方向。由全电流定律

$$\oint_l \boldsymbol{H} \cdot \mathrm{d}\boldsymbol{l} = \sum I + \frac{\mathrm{d}\Phi_D}{\mathrm{d}t}$$

$$\oint_l \boldsymbol{H} \cdot \mathrm{d}\boldsymbol{l} = \frac{\mathrm{d}\Phi_D}{\mathrm{d}t} (= I_d)$$

$$\oint_l \boldsymbol{H} \cdot \mathrm{d}\boldsymbol{l} = \oint_l H \cdot \mathrm{d}l \cos 0^\circ = H \oint_l \mathrm{d}l = H \cdot 2\pi r$$

$$\Phi_D = \boldsymbol{D} \cdot \boldsymbol{S} = DS\cos 0^\circ = \pi r^2 \cdot \varepsilon_0 E$$

$$\frac{d\Phi_D}{dt}=\pi r^2\varepsilon_0\frac{dE}{dt}$$

$$\Rightarrow H\cdot 2\pi r=\pi r^2\varepsilon_0\frac{dE}{dt}$$

可有

$$H=\frac{1}{2}\varepsilon_0 r\frac{dE}{dt}$$

$$\Rightarrow B=\mu_0 H=\frac{1}{2}\mu_0\varepsilon_0 r\frac{dE}{dt}$$

(2)$r>R$

取半径为 r 的磁感应线为回路,绕行方向同磁感应线方向,由

$$\oint_l \boldsymbol{H}\cdot d\boldsymbol{l}=\frac{d\Phi_D}{dt}$$

有

$$H2\pi r=\frac{d}{dt}(DS)=\frac{d}{dt}(\pi R^2\varepsilon_0 E)=\pi R^2\varepsilon_0\frac{dE}{dt}$$

$$\Rightarrow H=\frac{R^2}{2r}\varepsilon_0\frac{dE}{dt}\text{ 得}$$

$$B=\mu_0 H=\frac{R^2}{2r}\mu_0\varepsilon_0\frac{dE}{dt}$$

【例 8-11】　从公式证明平行板电容器与球形电容器两极板间的位移电流均为 $I_D=C\dfrac{dU}{dt}$,其中 C 为电容,U 为板间电压。

证明　(1) 平行板电容器

$$I_d=\frac{d\Phi_D}{dt}=\frac{d}{dt}(DS)=\frac{d}{dt}(\sigma S)=\frac{dq}{dt}=\frac{d}{dt}(CU)=C\frac{dU}{dt}$$

(2) 球形电容器

$$D=\frac{Q}{4\pi r^2}$$

$$j_D=\frac{dD}{dt}=\frac{d}{dt}\left(\frac{Q}{4\pi r^2}\right)=\frac{1}{4\pi r^2}\frac{dQ}{dt}=\frac{1}{4\pi r^2}\frac{d}{dt}(CU)=\frac{C}{4\pi r^2}\frac{dU}{dt}$$

$$I_D=\oint_S \boldsymbol{j}_d\cdot d\boldsymbol{S}=\oint_S j_D\,dS=j_D\oint_S dS=j_D 4\pi r^2=C\frac{dU}{dt}$$

【例 8-12】　如图 8-29 所示,平行板电容器的正方形极板的边长为 0.3 m,当放电电流为 1.0 A 时,忽略边缘效应,求:

(1) 两极板上电荷面密度随时间的变化率;

(2) 通过极板中如图所示的正方形回路 $abcda$ 区间的位移电流的大小;

(3) 环绕此正方形回路的 $\oint_l \boldsymbol{B}\cdot d\boldsymbol{l}$ 的大小。

解　(1)
$$I_D=\frac{d\Phi_D}{dt}=\frac{d}{dt}(DS)=\frac{d}{dt}(\sigma S)=S\frac{d\sigma}{dt}$$

$$\Rightarrow \frac{d\sigma}{dt}=\frac{1}{S}I_D=\frac{1.0}{0.3^2}=11.1\ c\cdot s^{-1}$$

$\cdot\ m^2$

(2) $I'_D=\int_{s_{abcd}}\boldsymbol{j}_D\cdot d=j_D s_{abcd}=\frac{d\sigma}{dt}\cdot s_{abcd}$

$=11.1\times 0.1^2=0.111\ A$

(3) $\oint_{abcda}\boldsymbol{H}\cdot d\boldsymbol{l}=I_d=0.111\ A$

$\oint_{abcda}\boldsymbol{B}\cdot d\boldsymbol{l}=\mu_0\oint_{abcda}\boldsymbol{H}\cdot d\boldsymbol{l}=4\pi\times 10^{-7}\times 0.111$

$=1.39\times 10^{-7}\ Wb\cdot m^{-1}$

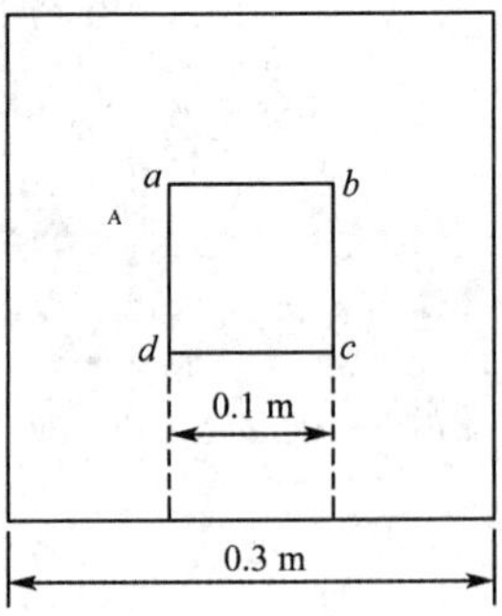

图 8-29 例 8-12

8.5.3 电磁场的基本性质

现在我们已经知道，变化的电场和变化的磁场相互激发、相互依存，构成统一的电磁场，以波动的形式存在于整个空间。电磁场的波动性是麦克斯韦方程组的必然结果，只要对方程组进行简单处理，答案就会一目了然。由于在自由空间里不存在自由电荷和传导电流，则麦克斯韦方程组微分式变为

$$\begin{cases}\nabla\cdot\boldsymbol{D}=0\\ \nabla\cdot\boldsymbol{B}=0\\ \nabla\times\boldsymbol{E}=-\dfrac{\partial\boldsymbol{B}}{\partial t}\\ \nabla\times\boldsymbol{H}=\dfrac{\partial\boldsymbol{D}}{\partial t}\end{cases}\tag{8-62}$$

可见，在自由空间里的电场是由变化的磁场产生的涡旋电场，自由空间里的磁场是由变化的电场激发的磁场，电场和磁场相互激发就形成了电磁波，更深层的含义是变化的电场和磁场可以脱离场源，而在空间独立传播。

对式(8-62)中的式 $\nabla\times\boldsymbol{E}=-\frac{\partial\boldsymbol{B}}{\partial t}$ 求旋度

$$\nabla\times(\nabla\times\boldsymbol{E})=\nabla\times\left(\frac{-\partial\boldsymbol{B}}{\partial t}\right)$$

左端

$$\nabla\times(\nabla\times\boldsymbol{E})=\nabla(\nabla\cdot\boldsymbol{E})-\nabla^2\boldsymbol{E}$$

而涡旋电场 $\boldsymbol{E}$ 的散度 $\nabla\cdot\boldsymbol{E}=0$，即

$$\nabla\times(\nabla\times\boldsymbol{E})=-\nabla^2\boldsymbol{E}\tag{8-63}$$

右端

$$\nabla\times\left(-\frac{\partial\boldsymbol{B}}{\partial t}\right)=-\nabla\times\frac{\partial\boldsymbol{B}}{\partial t}=-\frac{\partial}{\partial t}(\nabla\times\boldsymbol{B})=-\mu_0\frac{\partial}{\partial t}(\nabla\times\boldsymbol{H})$$

而 $\nabla\times\boldsymbol{H}=\frac{\partial\boldsymbol{D}}{\partial t}$，$\boldsymbol{D}=\varepsilon_0\boldsymbol{E}$，则有

$$\nabla\times\left(-\frac{\partial\boldsymbol{B}}{\partial t}\right)=-\mu_0\frac{\partial}{\partial t}\left(\frac{\partial\boldsymbol{D}}{\partial t}\right)=-\mu_0\varepsilon_0\frac{\partial^2\boldsymbol{E}}{\partial t^2}\tag{8-64}$$

联合式(8-63)和式(8-64)，于是有

$$\nabla^2 \cdot \boldsymbol{E}=\mu_0\varepsilon_0\ \frac{\partial^2 \boldsymbol{E}}{\partial t^2} \tag{8-65}$$

令 $c^2=\dfrac{1}{\mu_0\varepsilon_0}$

$$\nabla^2 \boldsymbol{E}=\frac{1}{c^2}\frac{\partial^2 \boldsymbol{E}}{\partial t^2} \tag{8-66}$$

同理,式(8-62)中的式$\nabla\times\boldsymbol{H}=\dfrac{\partial^2 \boldsymbol{D}}{\partial t}$变换可得

$$\nabla^2 \boldsymbol{H}=\frac{1}{c^2}\frac{\partial^2 \boldsymbol{H}}{\partial t^2} \tag{8-67}$$

对于式(8-66)和式(8-67),大家是否有似曾相识的感觉,它与上学期学过的一维机械波的动力学公式$\dfrac{\partial^2 y}{\partial x^2}=\dfrac{1}{\mu^2}\dfrac{\partial^2 y}{\partial x^2}$极其相似,它的特解即机械波的波动方程:

$$y(t,x)=A\cos\left[\omega\left(t-\frac{x}{u}\right)+\varphi\right] \tag{8-68}$$

而式(8-66)和式(8-67)实际上就是电磁波的动力学方程,其特解即电磁波的波动方程,其中 c 为电波的波速。电磁波的电场强度 $\boldsymbol{E}$ 和磁场强度 $\boldsymbol{H}$ 可表示为

$$\boldsymbol{E}(r,t)=\boldsymbol{E}_0\cos\omega\left(t-\frac{r}{u}\right) \tag{8-69}$$

$$\boldsymbol{H}(r,t)=\boldsymbol{H}_0\cos\omega\left(t-\frac{r}{u}\right) \tag{8-70}$$

麦克斯韦在 1862 年就预见了电磁波的存在,在 1864 年导出了电场与磁场的波动方程,其波的传播速度正好等于光的速度。这启发他提出了光的电磁学说,指出光是一种频率很低的电磁波,从而进一步认识了光的本质。赫兹在 1886 年用放电线圈做“火花放电”实验,证实了电磁波的存在。实际上,早在 1842 年,美国物理学家亨利就通过实验实现了无线电波的传播。亨利的实验虽然比赫兹的实验早了 40 多年,但是亨利没有认识到这个实验的重要性,与重大发现擦肩而过。

电磁场是在自由空间体以电磁波的形式传播的能量。自由空间中任一点处的电磁场的能量密度包括自由空间电场的能量密度 $\omega_e=\dfrac{1}{2}\varepsilon_0 E^2$ 和自由空间磁场的能量密度 $\omega_m=\dfrac{1}{2}\cdot\dfrac{B^2}{\mu_0}$,因此电磁场的能量密度为

$$\omega_{em}=\frac{1}{2}\varepsilon_0 E^2=\frac{1}{2}\cdot\frac{B^2}{\mu_0}=\frac{1}{2}\varepsilon_0(E_2+c^2B^2)=\frac{1}{2}(DE+BH) \tag{8-71}$$

如果知道空间电磁场分布情况 $E(x,y,z,t)$和 $B(x,y,z,t)$和,根据式(8-71)可求电磁场在某个空间内的能量为

$$W_{em}=\iiint_V W_{em}\cdot \mathrm{d}V=\iiint_V \frac{1}{2}\varepsilon_0(E^2+c^2B^2)\cdot \mathrm{d}V \tag{8-72}$$

我们知道,质量和能量是有联系的——质能方程 $E=mc^2$,对于电磁场,有能量

$$W_{em}=m_{em}c^2$$

对应质量为

$$m_{em}=\frac{W_{em}}{c^2} \tag{8-73}$$

电磁波既具有能量，也具有动量，利用麦克斯韦方程组、洛伦兹力公式及动量守恒定律可以推导出单位体积中电磁波动量的表达式。在真空中有

$$\boldsymbol{g}=\frac{1}{c^2}(\boldsymbol{E}\times\boldsymbol{H}) \tag{8-74}$$

当光线照射在物体上时，它对物体也会施加压力，称为光压。如果被照射面的反射率是100%，则正入射的光压 $p=\frac{2EH}{c}$，如果被照射面全部吸收（绝对黑体），则 $p=\frac{EH}{c}$。

研究表明，电磁波的性质主要有如下几点。

(1)电磁波是横波，也就是电磁波的电场强度 $\boldsymbol{E}$ 与磁场强度 $\boldsymbol{H}$ 的振动方向与电磁波的传播方向 $\boldsymbol{k}$（单位矢量）垂直，即 $\boldsymbol{E}\perp\boldsymbol{k}$，$\boldsymbol{H}\perp\boldsymbol{k}$。

(2)电场强度 $\boldsymbol{E}$ 与磁场强度 $\boldsymbol{H}$ 垂直，即

$$\boldsymbol{E}\perp\boldsymbol{H}$$

(3)$\boldsymbol{E}$ 与 $\boldsymbol{H}$ 随时间的变化是同步的（这种情况称为“同位相”），并且电磁波的传播方向 $\boldsymbol{k}$ 就是 $\boldsymbol{E}\perp\boldsymbol{H}$ 的方向。

(4)$\boldsymbol{E}$ 与 $\boldsymbol{H}$ 的幅值成比例令 E_o，H_o 代表 $\boldsymbol{E}$ 与 $\boldsymbol{H}$ 的幅值，理论计算表明，E_o 和 H_o 的关系位

$$\sqrt{\varepsilon_o\varepsilon_r}E_o=\sqrt{\mu_o\mu_r}H_o$$

(5)电磁波的传播速度

计算表明，电磁波在介质中的传播速度 v 的大小为

$$v=\frac{1}{\sqrt{\varepsilon_o\varepsilon_r\mu_o\mu_r}}$$

如果在真空中传播，$\varepsilon_r=\mu_r=1$，电磁波的速度大小为

$$C=\frac{1}{\sqrt{\varepsilon_o\mu_o}}\approx 3\times10^8\ \mathrm{m/s}$$

即真空中电磁波的传播速度，正好等于光在真空中的传播速度。麦克斯韦根据这一事实，推断光波就是一种电磁波。

在一般光波和无线电波情况中，辐射压力很小，如距离含100万个烛光的光源1 m远的镜面上受到可见光的光压只有 $10^{-5}\ \mathrm{N\cdot s^{-2}}$，所以一般很难观察到，也不起什么作用。光压只在两个尺度截然相反的领域内起重要的作用。一是在原子物理中，最著名现象是光在电子上散射时与电子交换动量（康普顿效应）。此外，激光器能产生聚集的强光，可以在小面积上产生巨大的辐射压力；二是在天体物理中，光压力在天文领域研究中起着重要的作用。其在星球内部可以和万有引力相抗衡，从而对星球的构造和发展起着重要作用。虽然光压是极其微小的，但对于太空中的尘埃颗粒来说，太阳光压有可能大于太阳的引力。最显著的例子是彗星尾的方向。彗星尾由大量尘埃组成，当彗星运行到太阳附近时，由于这些尘埃颗粒受到的太阳的光压比太阳对它的引力大，因此它们被太阳光推向远离太阳的方向，从而形成长长的彗星尾（图 8-30）。

图 8-30　彗星尾

本章小结

1. 电源的电动势

$$\varepsilon=\frac{A_{\text{非静电力}}}{q_0}=\int_{-}^{+}\boldsymbol{E}_k\cdot \mathrm{d}\boldsymbol{l}=\oint_l \boldsymbol{E}_k\cdot \mathrm{d}\boldsymbol{l}\quad \varepsilon_{ab}=U_b-U_a$$

2. 法拉第电磁感应定律

$$\varepsilon=-\frac{\mathrm{d}\Phi_m}{\mathrm{d}t}$$

$$I=\frac{\varepsilon}{R}=-\frac{1}{R}\cdot\frac{\mathrm{d}\Psi_m}{\mathrm{d}t}$$

$$q=\int_{t_1}^{t_2}I\,\mathrm{d}t=-\frac{1}{4}\int_{\Phi_{m1}}^{\Phi_{m2}}\mathrm{d}\Phi_m=\frac{1}{R}(\Phi_{m1}-\Phi_{m2})$$

3. 楞次定律

变化回路中感应电流的方向,总是使它所激发的磁场去阻碍(反抗)引起感应电流的原磁通量的变化。

4. 动生电动势

$$\varepsilon_{ab}=\int_{-}^{+}\boldsymbol{E}_k\cdot \mathrm{d}\boldsymbol{l}=\int_a^b(\boldsymbol{v}\times\boldsymbol{B})\cdot \mathrm{d}\boldsymbol{l}$$

5. 感生电动势

$$\varepsilon=\oint_l \boldsymbol{E}_c\cdot \mathrm{d}\boldsymbol{l}=-\iint_S\frac{\partial \boldsymbol{B}}{\partial t}\cdot \mathrm{d}\boldsymbol{S}$$

6. 感生电场或涡旋电场 $\boldsymbol{E}_c$

$$\oint_l \boldsymbol{E}_c\cdot \mathrm{d}\boldsymbol{l}=-\iint_S\frac{\partial \boldsymbol{B}}{\partial t}\cdot \mathrm{d}\boldsymbol{S}$$

其物理意义是变化的磁场,可激发涡旋电场。

7. 自感现象、自感系数和自感电动势

自感系数:$L=\frac{\Psi_m}{I}$ 仅与回路的匝数、几何形状、大小及周围磁介质磁导率的大小有关。

自感电动势:$\varepsilon_L=-\frac{\mathrm{d}\Psi_m}{\mathrm{d}t}=-L\frac{\mathrm{d}I}{\mathrm{d}t}$

8. 互感现象、互感系数、互感电动势

互感系数:$M=\frac{\Psi_{12}}{I_2}=\frac{\Psi_{21}}{I_1}$ 与线圈的形状、尺寸、匝数,周围介质的磁导率及 2 个线圈间的相对位置有关。

互感电动势：$\varepsilon_{21}=-\dfrac{\mathrm{d}\Psi_{21}}{\mathrm{d}t}=-M\dfrac{\mathrm{d}I_1}{\mathrm{d}t}$，$\varepsilon_{12}=-\dfrac{\mathrm{d}\Psi_{12}}{\mathrm{d}t}=-M\dfrac{\mathrm{d}I_2}{\mathrm{d}t}$

9. 自感磁场能量

$$W_m=\frac{1}{2}LI^2$$

10. 磁场能量密度、磁场能量

磁场能量密度：$$w_m=\frac{W_m}{V}=\frac{1}{2}\frac{B^2}{\mu}=\frac{1}{2}BH$$

磁场能量：$$W_m=\iiint_V w_m\mathrm{d}V=\iiint_V\frac{1}{2}\cdot\frac{B^2}{\mu}\mathrm{d}V$$

11. 位移电流假说

位移电流密度：$$\boldsymbol{j}_D=\frac{\partial\boldsymbol{D}}{\partial t}=\varepsilon\frac{\partial\boldsymbol{E}}{\partial t}$$

位移电流：$$I_D=\frac{\mathrm{d}\Phi_D}{\mathrm{d}t}=\frac{\mathrm{d}}{\mathrm{d}t}\iint_S\boldsymbol{D}\cdot\mathrm{d}\boldsymbol{S}=\iint_S\frac{\partial\boldsymbol{D}}{\partial t}\cdot\mathrm{d}\boldsymbol{S}=\iint_S\boldsymbol{j}_D\cdot\mathrm{d}\boldsymbol{S}$$

12. 安培环路定理的普遍形式——全电流定律

$$\oint_l\boldsymbol{H}\cdot\mathrm{d}\boldsymbol{l}=I_0+I_D=I_0+\iint_S\frac{\partial\boldsymbol{D}}{\partial t}\cdot\mathrm{d}\boldsymbol{S}$$

13. 麦克斯韦方程组

积分形式：
$$\begin{cases}\displaystyle\oiint_S\boldsymbol{D}\cdot\mathrm{d}\boldsymbol{S}=\sum{}_{i0}=\iiint_V\rho\,\mathrm{d}V\\ \displaystyle\oint_l\boldsymbol{E}\cdot\mathrm{d}\boldsymbol{l}=-\iint_S\frac{\partial\boldsymbol{B}}{\partial t}\cdot\mathrm{d}\boldsymbol{S}\\ \displaystyle\oiint_S\boldsymbol{B}\cdot\mathrm{d}\boldsymbol{S}=0\\ \displaystyle\oint_l\boldsymbol{H}\cdot\mathrm{d}\boldsymbol{l}=\iint_S\frac{\partial\boldsymbol{D}}{\partial t}\cdot\mathrm{d}\boldsymbol{S}+I_0\end{cases}$$

微分形式：
$$\begin{cases}\nabla\cdot\boldsymbol{D}=\rho_0\\ \nabla\times\boldsymbol{E}=-\dfrac{\partial\boldsymbol{B}}{\partial t}\\ \nabla\cdot\boldsymbol{B}=0\\ \nabla\times\boldsymbol{H}=\boldsymbol{j}_0+\dfrac{\partial\boldsymbol{D}}{\partial t}\end{cases}$$

第4篇 光学

引言

光学的起源应追溯到远古时代。我国春秋战国时期，墨翟及其弟子所著的《墨经》中，就记载着关于光的直线传播和光在镜面(凹面和凸面)上的反射等现象，并提出一系列经验规律，把物和像的位置和大小与所用镜面的曲率联系了起来。比《墨经》迟一百多年，希腊数学家欧几里得在《光学》一书中，研究了平面镜的成像问题，指出反射角等于入射角的反射定律。早先关于光的本性的概念，是以光的直线传播观念为基础的，但从17世纪开始，就发现有与光的直线传播不完全符合的事实。意大利人格里马第首先观察到光的衍射现象，接着，胡克也观察到衍射现象，并且和波义耳研究了薄膜所产生的彩色干涉条纹。这些都是光的波动理论的萌芽。17世纪下半叶，牛顿和惠更斯等把光的研究引向进一步发展的道路。这一时期中，在以牛顿为代表的微粒说占统治地位的同时，由于相继发现了干涉、衍射和偏振等光的被动现象，以惠更斯为代表的波动说也初步提出。

到了19世纪，初步发展起来的波动光学体系已经形成。1801年，杨氏最先用干涉原理令人满意地解释了白光照射下薄膜颜色的由来和用双缝显示光的干涉现象，并第一次成功测定了光的波长。1815年，菲涅耳用杨氏干涉原理补充了惠更斯原理，形成了人们所熟知的惠更斯-菲涅耳原理。运用这个原理不仅圆满解释光在均匀的各向同性介质中的直线传播，而且还能解释光通过障碍物时所发生的衍射现象，因此它成为波动光学的一个重要原理。

1808年，马吕斯发现光在2种介质表面上反射时的偏振现象，随后，菲涅耳和阿喇果对光的偏振现象和偏振光的干涉进行了研究。1845年，法拉第发现了光的振动面在强磁场中的旋转，揭示了光学现象和电磁现象的内在联系。1856年，韦伯做的电学实验结果，发现电荷的电磁单位和静电单位的比值等于光在真空中的传播速度(3.0×10^{8} m/s)。从这些发现中，人们得到了启示，即在研究光学现象时，必须和其他物理现象联系起来考虑。

麦克斯韦在1865年的理论研究中指出，电场和磁场的改变不会局限在空间的某一部分，而是以数值等于电荷的电磁单位与静电单位的比值的速度传播的，即电磁波以光速传播。这说明光是一种电磁波。这个理论在1888年被赫兹的实验所证实。他直接从频率和波长来测定电磁波的传播速度，发现它恰好等于光速，至此确立了光的电磁理论基础。

光的电磁理论在整个物理学的发展中起很重要的作用，光和电磁现象的一致性使人们在认识光的本性方面又前进了一大步。

19世纪末到20世纪初是物理学发生伟大革命的时代。光学的研究深入到光的发生、光和物质相互作用的微观机构中。光的电磁理论的主要困难是不能解释光和物质相互作用的某些现象，例如，炽热黑体辐射中能量随波长分布的问题，特别是1887年赫兹发现的光电效应。1900年普朗克提出了量子假说，认为各种频率的电磁波(包括光)，只能像微粒一样，以一定最小份的能量发生，成功解释了黑体辐射问题，开始了量子光学时期。1905年爱因斯坦发展了普朗克的能量子假说，把量子论贯穿到整个辐射和吸收过程中，提出了杰出的光量子(光子)理论圆满解释了光电效应，并为后来的许多实验(如康普顿效应)所证实。光子是和光的波动特性联系的，光同时具有微粒和波动2种特性。在本篇中，我们主要通过光的干涉、衍射和偏振现象讨论光的波动性。关于光的粒子性，将在近代物理部分研究。

第 9 章
波动光学

序号	名称	二维码	序号	名称	二维码
1	光源		6	劳埃镜	
2	光的相干性		7	等倾干涉	
3	从普通光源获得相干光方法		8	等厚干涉	
4	光程 光程差		9	迈克尔逊干涉仪	
5	杨氏双缝干涉		10	光的衍射现象及其衍射分类	

（续表）

序号	名称	二维码	序号	名称	二维码
11	惠更斯- 菲涅尔原理		16	光栅衍射规律	
12	单缝的夫 琅禾费衍射		17	光栅　光谱	
13	圆孔的夫 琅禾费衍射		18	光的偏振状态	
14	光学仪 器分辨率		19	偏振片的起 偏和检偏 马吕斯定律	
15	光栅 光栅常数		20	反射和折射 时光的偏振 布儒斯特定律	

第5篇

热　学

热学是研究热现象的规律及其应用的学科。它是物理学的重要组成部分，也是自然科学的基础学科之一。热现象是热运动的宏观表现，也是物质世界的一种基本运动形式。与热现象有关的宏观物体，也称为**热力学系统**，它是由无数微观粒子组成的，包含的粒子数可用阿伏伽德罗常量表征。大量微观粒子的无规则运动称为热运动。根据对热现象的研究方法的不同，热学分为宏观理论和微观理论。以大量实验为基础研究宏观热现象规律的理论称为**热力学**，是研究热现象中物态转变和能量转换规律的学科。热学的微观理论称为**统计物理学**(**气体动理论**)，它是以统计的方法研究气体微观粒子无规则运动的宏观规律的学科，是统计物理学的初级理论。

热学是伴随着人们对能源的开发和利用的过程发展起来的。古人虽有“温、凉、热、冷、熨”的定性观念，但尚无温度概念，也未曾将热与温度联系在一起。因此，人们对热学的研究始于建立温度的概念，用它表示物体的冷热程度。1593 年，伽利略利用空气热胀冷缩的性质，制成了温度计的雏形(验温器)。1620 年，英国唯物主义哲学家培根根据物体之间摩擦生热的效应，认为热是运动。“热运动说”可以看成人们对“热量”本质进行科学研究的开端。这种观点在 17 世纪比较流行。此后，随着温度计的不断完善，人们建立了多种不同的温标。至今仍普遍使用的摄氏温标就是 1742 年瑞典天文学家摄尔修斯建立的。1854 年，开尔文又提出了热力学温标(开尔文温标)，得到世界公认。

温度的概念建立后，针对如何解释物体的温度存在高低，关于热现象的本质，18 世纪，人们总结的“热质说”(有一种没有质量、没有体积的物质即“热质”存在。物体含有热质越多，温度就越高；热的传递就是热质从高温物体到低温物体的流动。)续了近 80 年。后来人们逐步认识到热现象和物质分子的运动相联系。

从 18 世纪到 19 世纪初，蒸汽机得到广泛应用，但 19 世纪中叶后，热力学才真正发展起来。1698 年，英国工程师萨弗里取得了蒸汽机的发明专利(取名“矿工之友”)，1695 年，法国物理学家巴本(D. Papin. 1647—1712)研制出第一台蒸汽机，但不安全：1705 年，英国铁匠纽科门(T. Newcomen，1663—1729)等人经过改进，制造了具有一定实用价值的蒸汽机。1769 年，英国技工瓦特(J. Watt. 1736—1819)通过改进和创新，进一步提高了蒸汽机的使用价值和性能，并在1782年发明了联动式蒸汽机,1785年发明了工业用蒸汽机,1785年蒸汽机被应用于纺织工业。1807年美国人富尔顿(R. Fulton,1765—1815)把热机应用于轮船。1825年热机被用于火车和铁路。可见,热力学与电磁学不同,是先有工业化的应用,而后才有系统的理论。蒸汽机作为一项国际性发明,它的应用是一个巨大的历史进步。特别值得一提的是,对热学发展做出重大贡献的还有法国的卡诺,他在1824年提出著名的卡诺循环,并认识到热机效率存在极限。热学的发展,加强了物理学与化学的联系,建立了"物理化学"这一交叉学科。蒸汽机的应用揭开了工业革命的序幕,导致了第一次工业革命。

直到19世纪中叶,德国医生、化学家迈耶于1842年提出的能量守恒与转化的思想才真正得到了公认。那些试图制造的"(第一类)永动机",以及许多"天才"的发明,也都被证明是假的,有的干脆就是骗局。可见,在近代物理学的发展史上,热学是最后形成的学科。能量守恒定律的确立被认为是经典物理学的又一次综合,它揭示力、热、电、光等现象之间的内在联系,是自然科学中最重要的普遍定律之一。恩格斯在《自然辩证法》中把基于热力学第一定律的能量守恒定律、细胞学说和达尔文进化论并称为"19世纪自然科学三大发现"。

日常生活经验告诉我们,真实时间是有方向的,死去的生物是不可能再复活的,破碎的瓶子是不可能复原的。物理学中的热力学第二定律指出了时间的方向性和流逝性,自然宏观过程的不可逆性。克劳修斯还引进了熵的概念来描述这种不可逆过程。卡诺的理论为热力学第二定律的建立起到重要的作用,他们二人是建立热力学第二定律的主要贡献者。热力学第一定律和热力学第二定律否定了永动机的构想,指出了提高机器效率的途径,为热机的设计与应用提供了指南,极大促进工业动力化的发展。

热力学建立在大量的实验基础上,能正确说明宏观热现象。但科学家不满足于单纯在宏观层次描述,而是从分子和原子的微观层次上阐明物理规律,因此分子动理论应运而生,这是从物质的微观结构出发,研究热现象的另一途径。气体动理论的成就使人们认识到,对于这种系统,企图利用每个粒子的力学运动规律来解释整个系统的运动规律是失败的。由大量微观粒子组成的系统,其整体服从统计规律性。从这个观点出发,在经典力学基础上结合物质微观结构知识研究气体在平衡状态下的性质,宏观量是相应的微观量的统计平均值。从19世纪中叶麦克斯韦等对气体动理论的研究开始,后经玻耳兹曼、吉布斯等在经典力学的基础上将其发展为系统的经典统计力学(统计物理学或统计力学),人们更加深刻地从微观结构角度认识到了热现象及热力学定律的本质。20世纪初,量子力学建立。在量子力学的基础上,科学家又创立了量子统计力学。统计力学在近代物理都起着重要的作用。

本书热学篇包括2个部分:热力学基础和气体动理论,这是按照研究方法的不同进行分类的,内容涉及宏观与微观两个层次,它们从不同角度研究热现象及其本质。宏观物体的物理特征正是建立在微观粒子热运动的基础上的。简单地说,热力学基础是宏观理论,气体动理论是微观理论,二者相辅相成,有机结合,彼此联系又互相补充,从而使人们能全面认识热运动的规律。因此,本篇在教学上不拘泥于二者的划分,而是注重于内容的叙述,尽可能地将它们相互补充地加以介绍,以达到融会贯通的效果。

第 10 章
气体动理论

气体动理论的正确性依赖于热力学的研究结果并得以验证，它从物质的微观结构出发，根据宏观物质系统，由大量分子和原子组成，粒子在不断做无规则运动为事实，用统计平均的方法，即认为宏观量是微观量的统计平均值，研究宏观量与微观量之间的关系，能够解释决定宏观物理量的微观决定因素，阐明了热力学定律的统计意义，物理过程与物理意义清晰。但由于对物质的微观结构采用理想的物理模型，因而它是近似的，与实验结果有一定偏差。

序号	名称	二维码	序号	名称	二维码
1	分子运动论理论		6	分子的自由度	
2	平衡态　温度　理想气体状态方程		7	能量均分定理　理想气体的内能	
3	统计规律的基本概念		8	麦克斯韦分子速率分布律　三种统计速率	
4	理想气体的压强及其统计意义		9	分子平均碰撞频率　平均自由程	
5	温度的微观解释　方均根速率		10	气体分子运动理论例题解析	

第 11 章 热力学基础

热力学以观察与实验事实为依据，总结热力学定律，用能量转化的观点研究物质状态变化时热功转换、热能传递的宏观理论及过程进行的方向等，得出的结论具有普遍的适应性和可靠性，可以用来验证微观理论的正确性。但由于它们不涉及物质的内部具体结构，往往带有经验或半经验性质，不能从本质上阐述热现象的深刻含义及宏观测量对微观测量的依赖关系。因此它们不能解释宏观性质的涨落。

序号	名称	二维码	序号	名称	二维码
1	准静态过程		4	循环过程	
2	功　热量　内能		5	卡诺循环	
3	热力学 第一定律		6	热力学 第二定律	

第6篇 近代物理

引言

从17世纪牛顿力学的出现，到19世纪末电动力学、热力学、经典统计物理学、麦克斯韦电磁学及光学的建立和发展成熟，完整的经典物理学体系已经形成。人们建立了完整而严密的三大理论体系：机械运动（包括机械波）服从牛顿力学；热运动服从热力学和经典统计物理；电磁运动（包括光）服从麦克斯韦电动力学。这些理论体系在应用上也取得了巨大成果，成功地解释了人们所观察到的许多物理现象。1846年，人们发现了海王星，证明了牛顿力学理论的巨大威力，使人们坚信牛顿力学是不可动摇的。此外，在电磁学发展的基础上，人们不但发展了对人类生活产生重大影响的电技术和电工业，而且由麦克斯韦建立的电磁场理论，预言电磁波的存在。1887—1888年，赫兹通过实验证实了电磁波的存在并揭示了电磁波的性质，从而打开了发展无线电技术的大门。赫兹、亥维赛和洛伦兹等在麦克斯韦理论的基础上发展了经典电动力学，成为宏观电磁现象的系统理论。19世纪，人们还认识到能量和能量守恒定律，并且发展了热力学和分子的统计理论，指导和推动了与热现象有关的许多工业技术的发展。这时，许多物理学家乐观地认为，可以用经典物理学解释所有的物理现象，物理学的发展已经登峰造极，不会再有伟大的发现了，今后的任务无非是在细节上做些补充和修正，提高实验的精度和扩大理论应用范围而已。1900年，英国著名物理学家开尔文在一篇文章中写，“在已经基本建成的科学大厦中，后辈的物理学家只要做一些零碎的修补工作就行了。”然而，正当物理学家为经典物理学的成就感到满意的时候，实验上陆续出现了一系列重大发现，而这些实验事实是当时用经典物理学理论无法解释的，这也是对经典物理学空前的挑战。这些实验主要有1887年的迈克耳逊一莫雷实验否定了绝对参考系的存在；1900年的黑体辐射实验中，瑞利和金斯在用经典的能量均分定理来说明热辐射现象时，出现了“紫外灾难”；1897年J.J汤姆逊发现了电子，这说明原子不是物质的基本单元，是可分的，以及光电效应、原子光谱实验等。正如开尔文在同一篇文章写到的那样,“但是,在物理学晴朗天空的远处,还有两朵小小的令人不安的乌云”,这指的就是迈克耳逊—莫雷实验和黑体辐射实验。开尔文的担心是有远见的。这虽然只是在经典物理学“晴朗的天空”中漂浮在远处的两朵“乌云”,可是它们的出现预示着“暴风雨”的来临。它们把人们的注意力引向更深入、更广阔的天地,拉开了近代物理学革命的序幕。

为摆脱经典物理学的困难,一些思想敏锐又不为旧观念所束缚的物理学家们重新思考了物理学中的某些基本概念,经过艰苦而又曲折的道路,终于在20世纪初期诞生了相对论和量子物理。第一声惊雷是普朗克于1900年12月提出的能量子假说。然而这一声惊雷在当时并没有引起学术界的足够重视。1905—1917年,爱因斯坦做出了一系列重大的贡献:光量子假说、狭义相对论、质能相当、固体比热容的量子理论、等效原理、广义相对论、宇宙学模型和辐射的量子理论等。与此同时,出现了卢瑟福的原子有核模型、玻尔的原子理论,接着出现了德布罗意的物质波,直到建立了量子力学。在这一系列成就之中,诞生了现代物理学的2个基本理论体系——相对论和量子理论。前者是处理高速领域的理论,后者是处理微观领域的理论。为了区分这一明显的发展阶段,物理学史把1900年以前的物理学(包括牛顿力学、热力学、经典统计物理、电磁场理论)称为经(古)典物理学,而把1900年以后的物理学(包括相对论,量子力学)称为近代物理学。为建立这2个理论体系做出重要贡献的科学家有许多位,他们都是一些杰出的物理学大师,其中贡献最大、地位最突出的是爱因斯坦。

在量子理论的建立过程中,爱因斯坦也起了重大的作用,他与普朗克和玻尔3个人被并称为“量子理论的奠基人”。普朗克是量子概念的创始人。玻尔是原子的量子理论的创始人,并且以他的思想帮助年轻一代的物理学家发展了量子力学。爱因斯坦对量子理论的贡献是多方面的。第一,他提出了光量子的假说,最早将量子看作一个实体,提出了“光的波粒二象性”的思想,并将光量子概念发展成具有能量和动量的光子概念。第二,他第一个应用量子理论研究固体比热容,开创了固体量子论的先河。第三,他研究了光辐射的量子理论,提出了光的自发发射、受激发射和受激吸收的概念,他的理论不仅是光谱学的重要内容,而且是现代激光出现的理论前提。爱因斯坦不但对经典统计理论做出了重大贡献,而且是量子统计理论的创始人之一。

相对论和量子理论的诞生,常被称作20世纪物理学的革命,从哲学意义上说是对机械自然观的革命。自然科学的发展历史从哥白尼创立“日心说”开始,是唯物论的自然观战胜唯心论的自然观的历史。然而在17—18世纪,乃至19世纪,伴随着科学的发展,特别是伴随着物理学的发展,机械自然观却占据了统治地位。牛顿力学的成功形成了一种倾向,一些人企图将其他学科的内容都纳入力学体系。牛顿定义的绝对的时空概念渗透于物理学的各个方面。一些人用力学观点来解释电磁现象和光现象,发展了“以太学说”。这是典型的机械自然观的表现。在科学发展的早期,机械自然观对于打破神学的迷信虽然曾经起过积极的作用,然而随着科学的发展,其局限性愈发明显,已经阻碍了科学的迅速发展。19世纪建立的热力学和电动力学已经背离了机械自然观,但是还没有动摇机械自然观的根基。20世纪的相对论和量子理论才真正打破了机械自然观。否定牛顿的绝对的时空概念,建立相对论的时空概念;否定传统的物质不灭的观念,建立相对论的质能相当的关系;否定某些对宇宙的看法,建立相对论的宇宙学说;否定绝对的因果律,建立量子理论的统计规律性,等等。所有这些,都是对某些传统的哲学观念的冲击,特别是对机械自然观的冲击。因此,相对论和量子理论的成功,迫使哲学家们不得不依据物理学的新思想和新成果来重新考察他们的哲学理论。

如果说相对论是在对经典物理的反思中诞生的,是集19世纪物理学之大成的登峰造极之作,那量子理论是在物理学走向未知世界时跨出的崭新的一步。量子理论描述微观世界中最基本的粒子的运动规律,是洞察物质世界的最有力的工具。量子的思想几乎深入所有的自然科学之中,它将物理学、化学、天文学和生物学密切相连,并发展许多极具发展前途的边缘科学。现在最先进的技术(如核技术、激光技术、纳米技术、半导体技术、计算机技术等)无不与量子理论相关。

第 12 章
相对论

虽然在创建狭义相对论之前，有许多科学家为它的诞生准备了必要的条件，在创建广义相对论的过程中，格罗斯曼和希尔伯特等也对爱因斯坦有过帮助，但是，狭义相对论和广义相对论的系统思想和完整理论的建立，都是由爱因斯坦独自完成的。

“对不起，牛顿。”爱因斯坦幽默地说。1687 年，牛顿出版了《自然哲学的数学原理》，推翻了神学千年的根基并建立了完整而严密的经典力学体系。两个多世纪后，爱因斯坦建立了相对论，颠覆了牛顿的经典力学，开辟了现代理论力学的新纪元。**相对论包括狭义相对论和广义相对论**。

狭义相对论是 1905 年由爱因斯坦提出的，仅适用于惯性系。爱因斯坦把伽利略力学运动的相对性原理扩展，使之包括所有物理规律，又把观测和实验得来的“光速不变”也提升为公理，于是爱因斯坦在 1905 年发表的《论动体的电动力学》论文中，他把上述“思想”提升为“公设”提出了**狭义相对论的两个基本假设**。从这两个假设出发，不同的惯性系的各个坐标之间必然存在一种确定的数学关系，这就是**洛伦兹变换**。通过这种变换，他推导出同时性具有相对性，运动的尺子要缩短，运动的时钟要变慢，任何物体的运动速度都不能超过光速的**相对论时空观**。进而爱因斯坦又经过严密的数学分析和推导，建立了**相对论质点动力学**，其正确性也完全被近代物理实验所证实。相对论动力学是一个非常完美的理论，动力学中的一系列基本物理概念和物理量被重新定义，当速度远小于光速时，新定义的物理量又趋于经典物理中对应的量，同时在保证逻辑上的自治性的基础上，尽量使基本守恒定律能继续成立。牛顿力学只是它在低速非相对论极限下的一个近似。这就是狭义相对论。狭义相对论第一次阐明了时间和空间的相互联系及其与物质运动的相互关系；将高速运动和低速运动规律纳入同一个理论框架；使质量和运动、质量和能量的概念“水乳交融”。狭义相对论的建立过程，充满了与传统决裂的勇气和开拓未知领域的大无畏精神。

1916 年，爱因斯坦发表了《广义相对论的基础》，这标志着广义相对论的诞生。爱因斯坦发现现实的有物质存在的空间，不是平坦的欧几里得空间，而是弯曲的黎曼空间；空间的弯曲程度取决于物质的质量及其分布状况，空间曲率就体现为引力场的强度。这就否定了牛顿的绝对时空观。广义相对论实质上是一种引力理论，它把几何学和物理学统一起来，用空间结构的几何性质来表述引力场。爱因斯坦提供了三个可供实验验证的推论：一是水星近日点的进动，这在当时就得到完满解决；二是在强引力场中，时钟要走得慢些，因此从巨大质量的星体表面射到地球上的光的光谱线，必定先要向光谱的红端移动，这在 1925 年得到观测验证。三是光线在引力场中的偏移，这也在第一次世界大战结束后的对日全食的观测中得到了验证。正因如此，广义相对论闻名于世，以它思想的深湛、丰富和形式的完整、美丽而令人赞叹。

爱因斯坦是千年以来最伟大的科学家之一。他以智慧之手，探寻着上帝的脉搏。相对论是历史上最伟大的思想之一。爱因斯坦曾说，世界上可能只有 12 个人能看懂相对论，但是世界上却有几十亿人借此明白没有什么是绝对的。爱因斯坦一生都不赞成将相对论应用于物理学之外，但他生前及身后，相对论却不断被引向文学、艺术、哲学、宗教等几乎所有学科。相对论的理论结果往往超越人们的传统而显得奇怪，但近代物理实验和事实总是支持相对论，无一例外。

序号	名称	二维码	序号	名称	二维码
1	伽利略变换 力学的相对性原理 绝对时空观		7	长度收缩效应	
2	狭义相对论产生的历史背景		8	时间延缓效应	
3	狭义相对论的两个基本假设		9	牛顿定律改造原则	
4	洛伦兹变换		10	相对论动量、质量、质点动力学方程	
5	同时性的相对性		11	相对论中的功和能	
6	因果事件的时序不会颠倒		12	原子核的裂变和聚变 相对论能量和动量的关系	

第13章 量子物理

量子力学是关于微观粒子(如分子、原子、原子核、基本粒子等)运动规律的科学,是20世纪20年代的物理学家在总结大量实验事实和前期量子论的基础上建立的。它和相对论、进化论并称20世纪的"三大发现"。

一直以来,人们都认为物质由一些最小的基本单元组成。最初,人们相信原子是构成物质的基本单元,而且这种基本单元是不可再分的。1897年,J.J汤姆逊发现电子是比原子更基本的物质单元,随后,相继发现了中子、质子、介子、超子等。正是这些不连续的基元通过多样的组合方式,才构成了如此丰富多彩物质世界。但在20世纪以前,人们从来不曾想过物质的能量是否也会是不连续的。在以牛顿为代表的经典力学理论,以玻耳兹曼为代表的统计物理理论,以麦克斯韦为代表的经典电磁理论中,人们一直认为能量是连续分布的,物体之间传递的能量也是以连续的方式进行的。这些观念根深蒂固,不言而喻。直到1900年,普朗克试图在理论上解释黑体辐射的实验规律时,才打破了能量连续变化这一传统的观念,首次提出了量子的概念,从而开创了物理学革命的新纪元,宣告了量子物理的诞生。

量子力学的发展大致可分为三个阶段。

第一个阶段是准备阶段,主要是对新的实验现象和有关经验规律的揭示。爱因斯坦的相对论已对"以太"这朵"乌云"给予了圆满的解释。第二朵"乌云"涉及物体的比热容,即观测到的物体的比热容总是低于经典统计物理学中能量均分定理给出的值。事实上,在这个时期,有一系列重大的实验发现都无法用经典物理学的理论来解释,如氢原子光谱、黑体辐射、光电效应等,这迫使物理学家们必须跳出传统的经典物理学的理论框架去寻找新的解决途径,从而推动了量子理论的诞生。第二个阶段是早期量子论阶段(1900—1923年)。量子理论首先是从黑体辐射问题上得到突破的。1900年,普朗克为了解决利用经典理论解释黑体辐射规律的困难,提出了**普朗克的能量子假说**,导出了与实验符合的黑体辐射公式,为量子理论奠定了基础。完成了从经典物理学到量子理论的**第一个飞跃**。随后,爱因斯坦针对光电效应实验与经典理论的矛盾,于1905年提出了**光量子的假说**,对光电效应给予了正确的解释,并在固体的比热容问题上成功应用了能量子的概念,为量子理论的进一步发展打开了局面。1922年,康普顿发现并解释以他的名字命名的康普顿散射现象在,这里也得到了完美解释。1913年,玻尔在卢瑟福原子有核模型的基础上,应用量子化概念解释了氢原子光谱。这就是半经典半量子的**波尔理论**。前人的这些工作使早期的量子论取得了很大的成功,为量子力学的建立打下了基础。

第三阶段是量子力学的建立阶段，1924 至 1927 年，主要内容包括：1924 年，德布罗意大胆提出**实物粒子也具有波动性**的假设，完成了从经典物理到量子理论的**第二个飞跃**。后又经戴维逊-革末实验、G. P. 汤姆孙电子衍射实验等证明了电子确实具有波动性，指出微观实物粒子具有波动性；关于德布罗意波的实质的解释是玻恩在 1926 年提出的**概率波**概念；1927 年，海森伯的**不确定关系(不确定原理)**又给出了说明经典描述手段对于微观粒子不再适用，不能再用位置和动量来描述其运动状态，为了定量描述微观粒子的状态，波恩引入了**波函数(概率幅)**，对波函数的概率波进行了诠释，它作为量子力学的**第一个基本原理**。对于波函数，不是概率相叠加，而是**概率幅叠加**，这又作为量子力学的**第二个基本原理**。对于波，薛定谔有给出了非相对论的**波动方程(薛定谔波动方程)**，从而完成了从经典物理到量子物理的**第三个飞跃**。这也成为量子力学的**第三个基本原理**。1926 年，薛定谔创立了波动力学；1925 年，德国物理学家海森伯海森伯创立矩阵力学；1927 年，狄拉克创立了相对论量子力学。至此，量子力学的理论体系基本上完成。

量子力学的建立，揭示了微观世界的基本规律，使人们对自然的认识从宏观到微观产生了质的飞跃，开辟了人们认识微观世界的道路，原子和分子之谜被揭开了，物质的属性及在原子水平上的物质结构这个古老而又基本的问题也在原则上得以解决，引发了一场新的技术革命，如晶体管、集成电路、激光、超导材料等，促进了生产力的发展。在量子力学中，人们找到了化学与物理学的紧密联系。大量事实证明，量子力学是许多高新技术的物理基础，离开了量子理论，任何一门近代物理学科及相关的边缘学科的发展都是不可思议的。可以毫不夸张地说，没有量子理论，就没有人类的现代物质文明。

序号	名称	二维码	序号	名称	二维码
1	黑体辐射		5	爱因斯坦的光子论	
2	普朗克能量子假说		6	康普顿散射	
3	原子结构的探索 经典物理理论遇到的困难		7	氢原子光谱的实验规律	
4	光电效应实验规律及经典物理遇到的困难		8	玻尔假设 玻尔的氢原子理论	

（续表）

序号	名称	二维码	序号	名称	二维码
9	德布罗意物质波假设		16	一维无限深势阱中的粒子	
10	德布罗意物质波假设的实验验证		17	有限宽势垒和隧道效应	
11	海森堡的不确定关系		18	氢原子的量子力学处理	
12	物质波的统计诠释——概率波		19	求解氢原子波函数得出的一些重要结论	
13	波函数（概率幅）		20	电子自旋	
14	波函数（概率幅）的复数形式		21	多电子原子中电子的排布	
15	薛定谔方程				

参考文献

[1] 杨学栋. 大学物理学[M]. 哈尔滨:哈尔滨工业大学出版社 2002

[2] 唐南,王佳眉.大学物理学 [M].北京:高等教育出版社,2004

[3] 卢德馨. 大学物理学 [M].北京:高等教育出版社,2004

[4] 张三慧.大学物理学 [M].北京:清华大学出版社,2004

[5] 马文蔚,解希顺,周雨青. 物理学(第五版)下册[M].北京:高等教育出版社,2006

[6] 吴百诗. 大学物理(下册)[M].北京:科学出版社,2006

[7] 程守洙,江之永等,普通物理学[M]. 北京:高等教育出版社 2006

[8] 姚启钧,光学教程[M]. 北京:高等教育出版社 2008

[9] 严燕来,叶庆好. 大学物理拓展与应用 [M].北京:高等教育出版社,2004

[10] 倪光炯,王炎森,钱景华,方小敏.改变世界的物理学(第三版)[M].上海:复旦大学出版社,2007

[11] 倪光炯.朝花夕赏:狭义相对论是经典理论吗? 科学,1998,50(1);29-33;我们又看到了"乌云"了吗? ——谈现代物理学的几个疑难问题.物理通报,1997,(5):39-42;反物质在哪里? 物理,l 999,28(7):437-438

[12] V.F.韦斯科夫著.二十世纪物理学,第 180 — 189 页.杨福家等译.北京:科学出版社,1979

[13] 刘炳胜,李海宝,郭铁梁.大学物理基础(中册)[M].北京:化学工业出版社,2011

[14] 任敦亮,李海宝,姜洪喜.大学物理学[M].北京:机械工业出版社,2011

[15] 金永君,姜洪喜,刘辉.大学物理基础(上册)[M].北京:化学工业出版社,2011

[16] 魏英智,徐宝玉,张琳.大学物理基础(下册)[M].北京:化学工业出版社,2011

[17] 赵近芳,王登龙.大学物理学(上)[M].北京:北京邮电大学出版社,2017

[18] 赵近芳,王登龙.大学物理学(下)[M].北京:北京邮电大学出版社,2017

[19] 石宏新,于佳会,吴迪.大学物理学(上)[M].哈尔滨:哈尔滨工程大学出版社,2022

[20] 魏英智,赵树军,程静思.大学物理学(下)[M].北京:哈尔滨:哈尔滨工程大学出版社,2022